高等职业教育汽车运用与维修专业教材

柴油发动机构造与控制系统检修

主　编　杨长征

中国劳动社会保障出版社

图书在版编目(CIP)数据

柴油发动机构造与控制系统检修/杨长征主编. --北京：中国劳动社会保障出版社，2018
高等职业教育汽车运用与维修专业教材
ISBN 978-7-5167-3607-4

Ⅰ.①柴… Ⅱ.①杨… Ⅲ.①柴油机-构造-高等职业教育-教材②柴油机-检修-高等职业教育-教材 Ⅳ.①TK42

中国版本图书馆 CIP 数据核字(2018)第 176733 号

中国劳动社会保障出版社出版发行

(北京市惠新东街 1 号　邮政编码：100029)

*

三河市华骏印务包装有限公司印刷装订　　新华书店经销

787 毫米×1092 毫米　16 开本　18.5 印张　415 千字

2018 年 8 月第 1 版　　2023 年 1 月第 3 次印刷

定价：48.00 元

营销中心电话：400-606-6496

出版社网址：http://www.class.com.cn

内容简介

本书内容包括柴油发动机基本认知、曲柄连杆机构的构造与检修、配气机构的构造与检修、燃料供给系统的构造与检修、润滑系统的构造与检修、冷却系统的构造与检修、柴油发动机电控技术、柴油发动机电控系统传感器、典型柴油发动机电控系统、柴油发动机进排气控制系统 10 章，系统地讲述了汽车柴油发动机原理和控制系统维修的相关内容。

本书可作为高等职业院校汽车运用技术及相关专业的课程教材，也可作为汽车维修技术人员和相关行业技术人员专业培训用书。

本书由杨长征主编，朱学军主审，乔丽霞、陈纪民、叶新娜、张正华参与编写。

前　言

“高等职业教育汽车运用与维修专业教材”为国家级职业教育规划教材，自出版以来，受到了广大相关职业院校师生的好评。为了更好地服务社会，为广大师生提供实用、好用的教材，中国劳动社会保障出版社适时地对这套教材进行了改版。改版教材是在充分考虑我国汽车运用与维修职业教育特点的基础上，依据最新的法规、标准和技术发展成果，由学术水平高、教学经验丰富的教师编写而成。教材在以下方面进行了尝试和创新：

一、在品种上进行了优化。教材在上一版次的基础上，保留了反响较好的品种，去掉了适用性差的品种，增加了一些学校急需品种。改版后的教材共有 25 个品种，分别为《汽车营销（第三版）》《汽车文化》《新能源汽车概论》《无人驾驶汽车概论》《汽车电气设备构造与维修（第二版）》《汽车车身电气设备系统及附属电气设备检修（第二版）》《汽车总线技术》《汽车销售实务》《汽车售后服务管理》《汽车专业英语（第三版）》《商用车电气系统检修》《柴油发动机构造与控制系统检修》《汽车底盘构造与维修（第二版）》《汽车构造（第三版）》《汽车机械基础（第二版）》《汽车车身修复技术（第二版）》《汽车机械识图》《汽车机械识图习题册》《汽车故障诊断技术（第二版）》《二手车鉴定及评估（第二版）》《汽车发动机构造与维修（第三版）》《汽车检测技术（第三版）》《汽车维修技术（第二版）》《汽车维修质量检验（第二版）》《汽车自动变速器原理与维修（第三版）》。

二、在内容上作了更新。改版教材参考了现行的法律法规、技术标准等规范性文件，吸收了最新的维修技术和方法，在车型的选择上，既着眼于主流车型，又兼顾院校的教学实际，因此，教材能够满足大多数院校的教学使用。为了给教师提供更多的教学便利，每一套教材还配有精心制作的 PPT 课件，尽量采用多媒体的元素来展现教学内容，从而使教学更直观，更轻松。

三、在理念上选择了坚持。同上一版教材一样，改版教材仍然坚持以职业为导向，以能力培养为目标，以适用、够用为原则，实现知识和技能的合理统一。

四、在编写风格上进行了继承和发展。改版教材继承了上一版的编写风格，对图片的质量进行了大幅的提升，强调尽量以表格的形式对内容进行总结、归纳，增加了“技术提示”“安全提示”“环保提示”等模块，以利于学生在学习专业知识的同时，也了解一些紧密相关的其他知识。

五、在服务上进行了大胆的创新。选用教材的教师可以加入教材交流QQ群，通过这个平台教师可以下载资源、浏览样张、分享经验、反馈意见、与主编和出版者交流，享受一对一、面对面的贴心服务。教材QQ交流群号：577237654。

编　者

2018年8月

目　录

第一章　柴油发动机基本认知

第一节　柴油发动机的特点及应用

一、柴油发动机的历史

1882 年，德国人“鲁道夫·狄塞尔”（Rudolf Diesel）提出了柴油发动机工作原理：依靠压缩空气形成高温，然后喷入燃料自燃做功。狄塞尔的原理即“压燃式内燃机”原理，1896 年，制成了第一台四冲程柴油发动机。一百多年来，柴油发动机技术得以全面发展，应用领域越来越广泛。

二、柴油发动机的特点

1. 柴油的特点

作为日常使用的燃料，柴油的能量密度很高，比液化天然气高近 1 倍，比汽油高 10% 以上。与汽油相比，柴油不易挥发，着火点较高，不易被点燃或发生爆炸。由于两者挥发性和燃点的不同，导致使用这两种燃料的发动机有不同的点火方式。

2. 柴油发动机的特点

(1) 热效率和经济性较好。由于不受爆燃的限制以及柴油自燃的需要，柴油发动机压缩比高，热效率和经济性都好于汽油机；同时，在相同功率的情况下，柴油发动机的转矩大，最大功率时的转速低，适合于载货汽车使用。

(2) 可靠性高。柴油发动机采用压缩空气的方法提高空气温度，使空气温度超过柴油的自燃点，这时再喷入柴油，柴油喷雾与高温空气混合的同时自行燃烧，因此，柴油发动机无点火系；同时，柴油发动机的供油系统也相对简单，因此柴油发动机的可靠性比汽油发动机高。

(3) 噪声大，较笨重，冷车起动困难。由于柴油发动机工作压力大，要求其各有关零件具有较高的结构强度和刚度，因此柴油发动机比较笨重，体积较大；柴油发动机的喷油泵与喷油嘴制造精度要求高，所以成本较高；另外，柴油发动机工作粗暴，振动噪声大；柴油不易蒸发，冬季冷车时起动困难。

三、柴油发动机的优势及技术发展

1. 柴油发动机的优势

大量研究成果表明，柴油发动机是目前产业化应用的各种动力机械中热效率最高、能量利用率最好、最节能的机型。采用最先进技术的柴油发动机，升功率可达到 30～50 kW·h/L，转矩储备系数可达到 0.35 以上，最低油耗可达到 198 g/kW·h，标定功率油耗可达到 204 g/kW·h。

2. 柴油发动机的技术发展

经过多年的研究、大量新技术的应用，柴油发动机最大的问题——控制烟度和噪声取得了重大突破，达到了汽油机的水平。

(1) 共轨与四气门技术。在柴油发动机中采用共轨技术、四气门技术和涡轮增压中冷技术相结合，使发动机在性能和排放限值方面取得较好的成效，能满足欧Ⅳ排放限值法规的要求。四气门结构（二进气二排气）不仅可以提高充气效率，还由于喷油嘴可以居中布置，使多孔油束均匀分布，可为燃油和空气的良好混合创造条件；同时，可以在四气门缸盖上将进气道设计成两个独立的具有同形状的结构，以实现可变涡流。这些因素的协调配合，可大大提高混合气的形成质量（品质），有效降低碳烟颗粒、HC 和 NO_x 排放并提高热效率。

(2) 高压喷射和电控喷射技术。高压喷射和电控喷射技术的采用，可使燃油充分雾化，各缸的燃油和空气混合达到最佳，从而降低排放，提高整机（车）性能。目前，国内运输车辆装备的柴油发动机均要求必须安装后处理系统，从而达到国Ⅴ排放标准的要求。

四、柴油发动机的应用

柴油发动机被广泛应用于船舶、发电、灌溉、大中型车辆等领域，尤其在车用动力方面的优势最为明显，全球车用动力“柴油化”的趋势业已形成。在美国、日本以及欧洲，100%的重型汽车使用柴油发动机作动力；在欧洲，90%的商用车及 33%的轿车为柴油车；在美国，90%的商用车为柴油车；在日本，38%的商用车为柴油车，9.2%的轿车为柴油车。

第二节 柴油发动机的基本结构及工作原理

一、发动机的基本结构

柴油发动机由两大机构和四大系统，即曲柄连杆机构、配气机构，燃料供给系统、冷却系统、润滑系统和起动系统组成。

1. 曲柄连杆机构

曲柄连杆机构是柴油发动机借以产生并输出动力的机构。该机构把燃料燃烧后作用在活塞顶上的气体膨胀压力转变为曲轴旋转的转矩而输出动力。曲柄连杆机构是发动机实现工作循环、完成能量转换的基础。在做功行程，它将燃料燃烧产生的热能通过活塞往复运动、曲轴旋转运动转变为机械能，对外输出动力；在其他行程，则依靠曲轴和飞轮的转动惯性，通过连杆带动活塞上下运动，为下一次做功做好准备。曲柄连杆机构包括机体组、活塞连杆组和曲轴飞轮组。

2. 配气机构

配气机构按照发动机各气缸工作循环和工作顺序的要求，定时开启和关闭各气缸的进气门与排气门，使新鲜的气体及时进入气缸，废气及时排出气缸；并在压缩与做功过程中关闭气门，保证燃烧室的密封。配气机构包括气门组和气门传动组。

3. 燃料供给系统

燃料供给系统根据柴油发动机工作循环的需要和柴油发动机负荷的变化，定时、适量地将清洁的柴油按照一定规律和要求供入气缸，使其与空气形成可燃混合气并自行燃烧，最后将燃烧后的废气排出气缸。

4. 冷却系统

冷却系统的功用是将受热零件吸收的部分热量及时散发出去，保证发动机在最适宜的温度状态下工作。柴油发动机的冷却系统有风冷和水冷之分。以空气为冷却介质的冷却系统称为风冷系统，以冷却液为冷却介质的冷却系统称为水冷系统。柴油发动机普遍采用水冷系统，主要包括节温装置、水泵、散热器、风扇等。

5. 润滑系统

润滑系统的功用是向做相对运动的零件表面输送定量的清洁润滑油，以实现液体摩擦，减小摩擦阻力，减轻机件磨损，并对零件表面进行清洗和冷却。润滑系统通常包括机油泵、机油滤清器、机油冷却器和润滑油道等。

6. 起动系统

要使发动机由静止状态过渡到工作状态，必须先用外力使发动机的曲轴转动，使活塞做往复运动。气缸内的可燃混合气燃烧膨胀做功，推动活塞向下运动，使曲轴旋转，发动机才能自行运转，工作循环才能自动进行。因此，曲轴在外力作用下开始转动到发动机开始自动地怠速运转的全过程称为发动机的起动。完成起动过程所需的装置称为发动机起动系统。

二、发动机的基本术语

发动机是将某一种形式的能量转变为机械能的一种机器。

现代商用车用柴油发动机多为往复活塞式内燃机，简称活塞式内燃机。它使柴油在气缸内燃烧产生热能，并将热能转化成机械能对外输出。

1. 发动机的基本术语及应用

如图 1—1 所示，活塞置于气缸中，可在气缸内做往复直线运动；活塞通过连杆与曲轴相连；曲轴可绕其轴线旋转。

(1) 上止点——活塞离曲轴回转中心最远处，通常指活塞顶上行到的最高位置。

(2) 下止点——活塞离曲轴回转中心最近处，通常指活塞顶下行到的最低位置。

(3) 活塞行程（S）——上、下两止点之间的距离，单位为 mm。

(4) 气缸工作容积（V_h）——活塞从上止点到下止点所扫过的容积，也称为气缸排量，单位为 L。

$$V_h = \frac{\pi D^2}{4 \times 10^6} S$$

式中　D——气缸直径，mm；

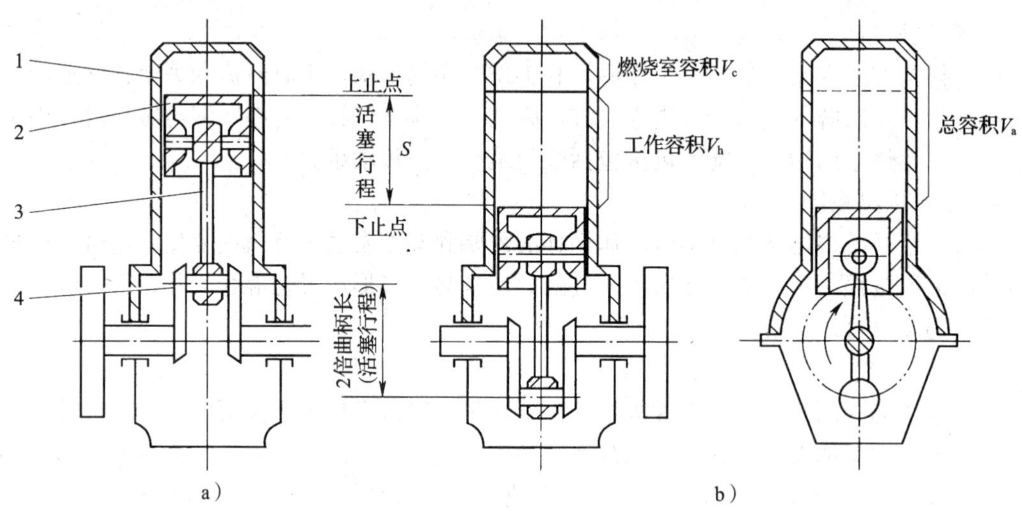

图 1—1　发动机基本术语示意图

a）活塞位于上止点　b）活塞位于下止点

1—气缸　2—活塞　3—连杆　4—曲轴

S——活塞行程，mm。

（5）发动机工作容积（V_L）——发动机所有气缸工作容积之和，也称为发动机排量。若发动机的气缸数为 i，则：

$$V_L = V_h \ i$$

（6）燃烧室容积（V_c）——活塞在上止点时，活塞上方的空间称为燃烧室，它的容积称为燃烧室容积。

（7）气缸总容积（V_a）——活塞在下止点时，活塞上方的容积称为气缸总容积。它等于气缸工作容积与燃烧室容积之和，即：

$$V_a = V_h + V_c$$

（8）压缩比（ε）——气缸总容积与燃烧室容积的比值。即：

$$\varepsilon = \frac{V_a}{V_c} = \frac{V_h + V_c}{V_c} = 1 + \frac{V_h}{V_c}$$

压缩比表示活塞由下止点运动到上止点时气缸内气体被压缩的程度。压缩比越大，压缩终了时气缸内的气体压力和温度就越高。一般柴油发动机的压缩比为 15～22。

（9）发动机的工作循环——在气缸内进行的每一次将燃料燃烧的热能转化为机械能的一系列连续过程（进气、压缩、做功和排气）称为发动机的工作循环。

（10）四冲程发动机——活塞往复四个行程完成一个工作循环的发动机称为四冲程发动机。

三、柴油发动机的工作原理

1. 四冲程柴油发动机的工作原理

四冲程柴油发动机由进气、压缩、做功和排气四个行程完成一个工作循环。

单缸四冲程柴油发动机工作原理如图 1—2 所示。

（1）进气行程。活塞由曲轴带动从上止点向下止点运动。此时，进气门开启，排气门关

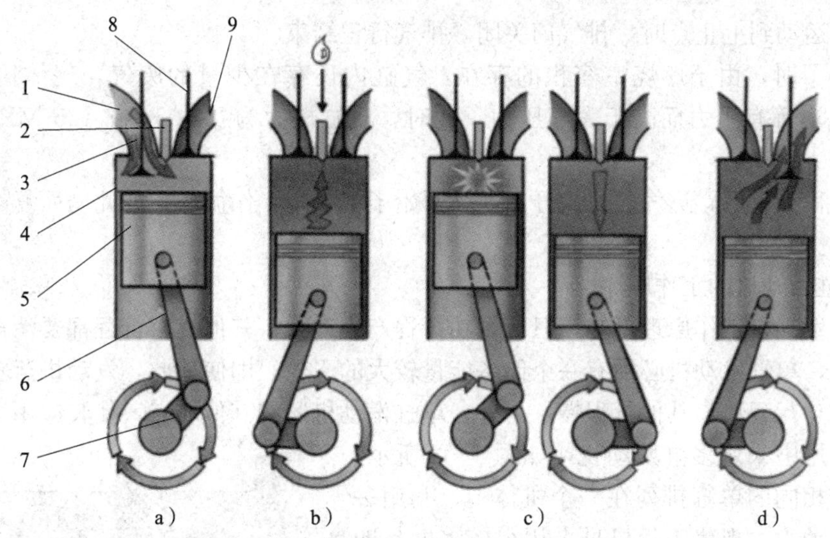

图 1—2　单缸四冲程柴油发动机工作原理

a）进气行程　b）压缩行程　c）做功行程　d）排气行程

1—进气管　2—喷油器　3—进气门　4—气缸　5—活塞　6—连杆　7—曲轴　8—排气门　9—排气管

闭，如图 1—2a 所示。由于活塞下移，活塞上腔容积增大，形成一定的真空度。在真空吸力的作用下，被滤清的纯净空气经进气门被吸入气缸。至活塞运动到下止点时，进气门关闭，停止进气，进气行程结束。

进气行程结束时，由于进气过程中进气管、进气门等有进气阻力，气缸内压力低于大气压力，一般为 0.08～0.09 MPa。由于气缸壁、活塞等高温机件及残留高温废气的加热，气体温度为 50～80℃。

（2）压缩行程。进气行程结束时，活塞在曲轴的带动下从下止点向上止点运动，如图 1—2b 所示。此时，进气门和排气门均关闭。随着活塞上移，活塞上腔容积不断减小，气缸内的空气被压缩，至活塞到达上止点时压缩行程结束。在压缩行程过程中，气体压力和温度同时升高。由于柴油发动机压缩比较大，在压缩终了的温度和压力均较高，压力可达 3～5 MPa，温度可达 530～730℃。

（3）做功行程。压缩行程末，喷油泵将高压柴油经喷油器呈雾状喷入气缸内的高温空气中，柴油迅速汽化并与高温空气形成可燃混合气。因为此时气缸内的温度远远高于柴油的自燃温度（柴油的自燃温度为 230℃左右），柴油自行着火燃烧，且在以后的一段时间内，喷油和燃烧同时进行（即一边喷油，一边混合，一边燃烧）。气缸内的温度、压力急剧升高，推动活塞下行做功，如图 1—2c 所示。

此行程中，开始阶段气缸内气体压力和温度急剧上升，瞬时压力可达 5～10 MPa，瞬时温度可达 1 530～1 930℃，随着活塞下移，压力和温度下降。做功行程终了时，气缸压力为 0.2～0.4 MPa，温度为 930～1 230℃。

（4）排气行程。在做功行程终了时，排气门被打开，活塞在曲轴的带动下由下止点向上止点运动，如图 1—2d 所示。废气在自身的剩余压力和活塞的驱赶作用下自排气门排出气缸，至活塞运动到上止点时，排气门关闭，排气行程结束。

排气终了时，由于燃烧室容积的存在，气缸内还存在少量的废气，气体压力也因排气门和排气道等有阻力而高于大气压力。此时，气缸压力为 0.105～0.125 MPa，温度为 530～730℃。

排气行程结束后，进气门再次开启，又开始了下一个工作循环。如此周而复始，发动机就自行运转。

2. 多缸发动机的工作顺序

从单缸发动机工作原理可知，只有做功行程产生动力，其他三个行程都要消耗动力。为了维持运动，单缸发动机必须有一个储备能量较大的飞轮。即使如此，发动机运转仍然是不平稳的，做功行程快，其他行程慢。另外，单缸发动机还有其他缺点，使其应用受到限制。

实际使用中采用多缸发动机，如图 1—3 所示。它由若干个相同的单缸排列在一个机体上，共用一根曲轴输出动力。现代工程机械上用得较多的是四缸、六缸、八缸、十二缸等四冲程柴油发动机。

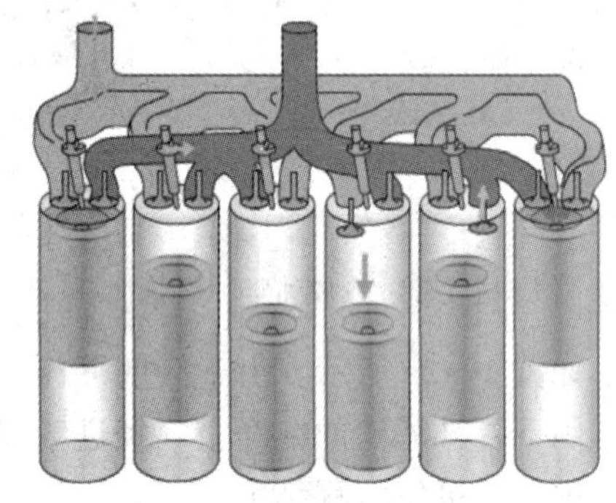

图 1—3　多缸发动机的工作顺序

多缸发动机是在曲轴转角 720°内，各缸都像单缸发动机一样完成一个工作循环。为了使发动机运转平稳，除少数发动机因结构限制外，各缸做功间隔角大都均等。如四冲程六缸发动机，做功间隔角 $\varphi=\frac{720^\circ}{6}=120^\circ$，即曲轴每转 120°就有一个缸做功，各缸做功行程略有重叠，这样发动机运转比单缸发动机平稳得多。另外，由于各缸的做功行程为其他缸的准备行程提供动力，因此储存能量的飞轮也比单缸发动机小得多。

多缸柴油发动机做功行程发生的顺序称为发动机的工作顺序。图 1—4a、b 分别表示四缸、六缸四冲程发动机的一种工作顺序（阴影线部分为做功行程）。从理论上讲，四缸发动机做功行程连续，而六缸发动机存在做功重叠，且缸数越多重叠得就越多，发动机运转就越平稳。

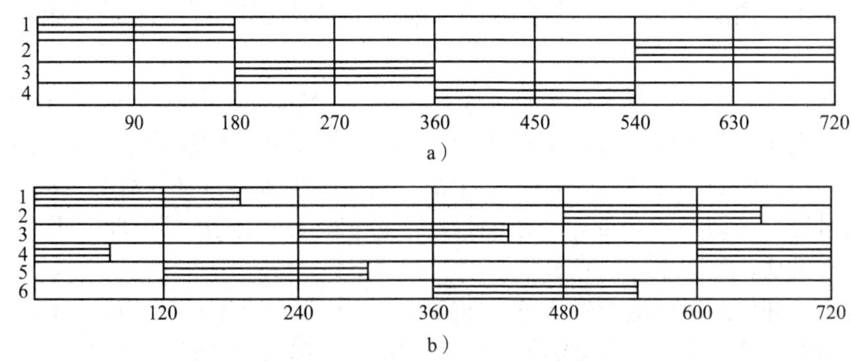

图 1—4　常见多缸发动机的工作顺序和做功重叠

a）四缸（工作顺序 1—3—4—2）　b）六缸（工作顺序 1—5—3—6—2—4）

四、柴油发动机的主要性能指标

发动机的性能指标用来表征发动机的性能特点，并作为评价各类发动机性能优劣的依据；同时，发动机性能指标的建立还促进了发动机结构的不断改进和创新。因此，发动机构造的变革和多样性是与发动机性能指标的不断完善和提高密切相关的。

1. 动力性能指标

动力性能指标是表征发动机做功能力大小的指标，一般用发动机的有效转矩、有效功率、转速和平均有效压力等作为评价发动机动力性好坏的指标。

（1）有效转矩。发动机对外输出的转矩称为有效转矩 M_e，单位为 N・m。有效转矩与曲轴角位移的乘积即为发动机对外输出的有效功。

（2）有效功率。发动机在单位时间对外输出的有效功称为有效功率，记作 P_e，单位为 kW，它等于有效转矩与曲轴角速度的乘积。发动机的有效功率可以用台架试验方法测定；也可用测功器测定有效转矩和曲轴角速度，然后用公式计算得出：

$$P_e = M_e \frac{2\pi n}{60} \times 10^{-3} = \frac{M_e n}{9\ 550}$$

式中　n——发动机转速，r/min。

（3）发动机转速。发动机曲轴每分钟的回转数称为发动机转速，用 n 表示，单位为 r/min。发动机转速的高低关系到单位时间内做功次数的多少或发动机有效功率的大小，即发动机的有效功率随转速的不同而改变。因此，在说明发动机有效功率的大小时，必须同时指明其相应的转速。

（4）平均有效压力。单位气缸工作容积发出的有效功称为平均有效压力，记作 p，单位为 kPa。显然，平均有效压力越大，发动机的做功能力越强。柴油发动机平均有效压力值的一般范围是 588～1 170 kPa。

2. 经济性能指标

发动机经济性能指标包括有效燃油消耗率和有效热效率等。

（1）有效燃油消耗率。发动机输出 1 kW 有效功在 1 h 内所消耗的燃油量称为有效燃油消耗率，记作 g_e。

$$g_e = \frac{G_T}{P_e \times 10^3}$$

式中　G_T——发动机在单位时间内的耗油量，kg/h；

　　　P_e——发动机的有效功率，kW。

（2）有效热效率。燃料燃烧所产生的热量转化为有效功的百分数称为有效热效率，用 η_e 表示。有效热效率越高，发动机的经济性越好。

柴油发动机 η_e 和 g_e的数值范围：η_e 为 0.3～0.4，g_e为 215～285 g/（kW・h）。

复习思考题

一、填空题

1. 常用的发动机基本术语有________、________、________、________和________。

2. 四冲程柴油发动机的一个工作循环有________行程、________行程、________行程、________行程。

二、判断题

1. 维修检测气缸压力就是压缩比。 ( )

2. 压缩比随发动机气缸磨损而变化。 ( )

3. 利用起动灵（起动液）可以判断柴油发动机油路故障。 ( )

4. 对于四冲程发动机，无论是几缸，其做功间隔均为180°曲轴转角。 ( )

三、思考题

1. 绘图说明四冲程柴油发动机的工作原理。

2. 简述起动灵（起动液）的特点及在维修中的应用。

3. 简述四缸或六缸发动机的工作顺序。

4. 简述柴油发动机着火要素。

第二章　曲柄连杆机构的构造与检修

第一节　曲柄连杆机构概述

在发动机工作过程中，燃料燃烧产生的气体压力直接作用在活塞顶上，推动活塞做往复直线运动，经活塞销、连杆和曲轴，将活塞的往复直线运动转换为曲轴的旋转运动。发动机产生的动力大部分经曲轴后端的飞轮输出，还有一部分通过曲轴前端的齿轮与带轮驱动其他机构和系统。

一、曲柄连杆机构的组成

根据机件的运动方式不同，通常将曲柄连杆机构分为机体组、活塞连杆组和曲轴飞轮组三个组件，如图 2—1 所示。

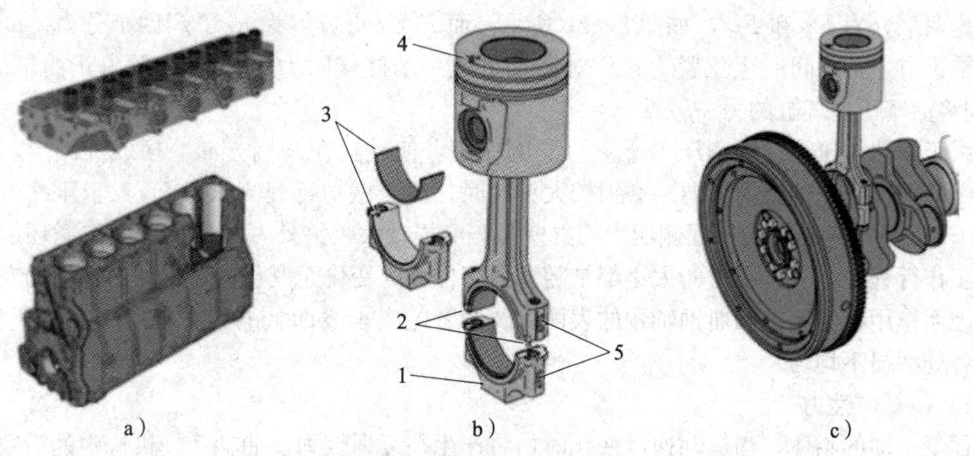

图 2—1　发动机曲柄连杆机构的组成

a）机体组　b）活塞连杆组　c）曲轴飞轮组

1—连杆盖　2—定位销　3—定位凸唇　4—朝前标记　5—配对记号

机体组主要包括气缸体、油底壳、气缸盖、气缸盖罩、气缸垫等不动件。活塞连杆组主要包括活塞、活塞环、活塞销、连杆等运动件。曲轴飞轮组主要包括曲轴、飞轮等机件。

二、曲柄连杆机构的工作条件

曲柄连杆机构是在高温、高压、高速和化学腐蚀的条件下工作的。同时，曲柄连杆机构在工作时做变速运动，受力情况相当复杂，气体压力、往复惯性力、旋转运动的离心力、相对运动件接触表面的摩擦力等都作用在曲柄连杆机构上，使其工作条件十分恶劣。

1. 气体压力

在发动机工作循环的每个行程中，气体压力始终存在且不断变化。做功行程压力最大；压缩行程次之；进气和排气行程较小，对机件影响不大。这里主要分析做功和压缩两个行程中的气体压力。气体压力作用情况如图 2—2 所示。

在做功行程中，气体压力推动活塞向下运动，如图 2—2a 所示。活塞所受总压力为 F_p，它传到活塞销上可分解为 F_{p1} 和 F_{p2}。分力 F_{p1} 通过活塞传给连杆，并沿连杆方向作用在连杆轴颈上。F_{p1} 还可分解为两个分力 R 和 S。沿曲柄方向的分力 R 使曲轴主轴颈与主轴承间产生压紧力；与曲柄垂直的分力 S 除了使主轴颈与主轴承间产生压紧力外，还对曲轴形成转矩 T，推动曲轴旋转。F_{p2} 把活塞压向气缸壁，形成活塞与缸壁间的侧压力，有使机体翻倒的趋势，故机体下部的两侧应支承在车架上。

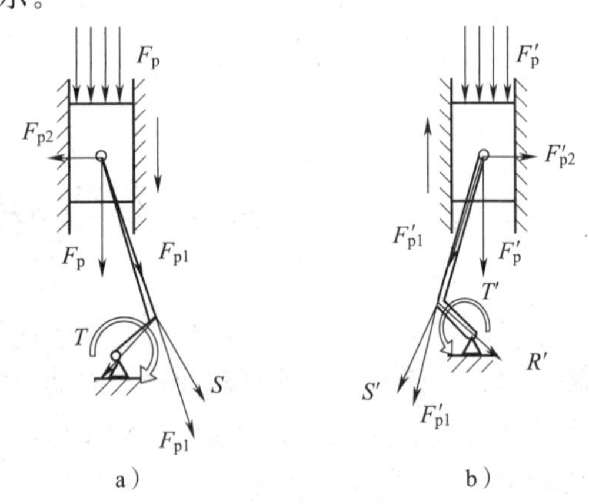

图 2—2　气体压力作用情况

a）做功行程　b）压缩行程

在压缩行程中，气体压力阻碍活塞向上运动。这时作用在活塞顶部的气体压力 F'_p 也可分解为两个分力 F'_{p1} 和 F'_{p2}，如图 2—2b 所示。而 F'_{p1} 又可分解为 R' 和 S' 两个分力。R' 使曲轴主轴颈与主轴承间产生压紧力；S' 对曲轴造成一个旋转阻力矩 T'，企图阻止曲轴旋转。F'_{p2} 则将活塞压向气缸的另一侧壁。

由于做功与压缩行程侧压力 F_{p2}、F'_{p2} 的作用，使气缸在圆周方向磨损成椭圆形，左右方向（即垂直于曲轴轴向方向）磨损较大。同时，由于做功行程侧压力 F_{p2} 大于压缩行程侧压力 F'_{p2}，所以承受做功行程侧压力的缸壁一侧磨损较大。另外，在发动机工作循环的任何一个工作行程中，气体压力的大小都是随着活塞位移的变化而变化的，再加上连杆的左右摇摆，因而作用在活塞销和曲轴轴颈的表面以及两者的支承表面上的压力和作用点不断变化，造成各处磨损不均匀。

2. 往复惯性力

往复运动的物体，当运动速度变化时，将产生往复惯性力。曲柄连杆机构中的活塞组件和连杆小头在气缸中做往复直线运动，其速度很高且数值变化。当活塞从上止点向下止点运动时，速度变化规律是从零开始逐渐增大，临近中间达最大值，然后又逐渐减小至零。即前半行程是加速运动，惯性力向上，以 F_j 表示，如图 2—3a 所示；后半行程是减速运动，惯性力向下，以 F'_j 表示，如图 2—3b 所示。同理，当活塞向上运动时，前半行程是加速运动，惯性力向下；后半行程是减速运动，惯性力向上。

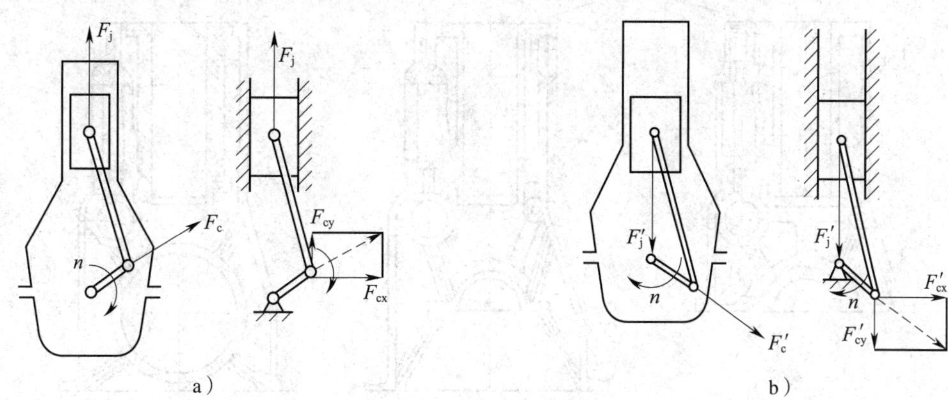

图 2—3　往复惯性力和离心力作用情况

a）活塞在上半行程的惯性力　b）活塞在下半行程的惯性力

惯性力使曲柄连杆机构各零件和所有轴颈承受周期性的附加载荷，加快轴承磨损；未被平衡的、变化的惯性力传到气缸体后，还会引起发动机振动。

3. 离心力

物体绕某一中心做旋转运动时，就会产生离心力。在曲柄连杆机构中，偏离曲轴轴线的曲柄、连杆轴颈、连杆大头在绕曲轴轴线旋转时将产生离心力 F_c，其方向沿曲柄向外，如图 2—3 所示。离心力在垂直方向上的分力 F_{cy} 与惯性力 F_j 的方向总是一致的，因而加剧了发动机的上下振动。而水平方向的分力 F_{cx} 则使发动机产生水平方向的振动。此外，离心力使连杆大头的轴承和轴颈受到又一附加载荷，增加了它们的变形和磨损。

4. 摩擦力

任何一对互相压紧并做相对运动的零件表面之间都存在摩擦力。在曲柄连杆机构中，活塞、活塞环、气缸壁之间，以及曲轴、连杆轴承与轴颈之间都存在摩擦力，摩擦力是造成零件配合表面磨损的根源。

上述各种力作用在曲柄连杆机构和机体的各有关零件上，使它们受到压缩、拉伸、弯曲、扭转等不同形式的载荷。为保证发动机工作可靠，减小磨损，在结构上应采取相应措施。

第二节　机体组的构造与检修

机体组包括气缸体、气缸套、气缸盖、气缸垫、曲轴箱和油底壳等。

一、气缸体和气缸套的结构与检修

1. 气缸体的结构形式

气缸体是气缸的壳体。柴油发动机气缸体一般采用整体式结构，即气缸体与上曲轴箱连为一体。气缸体是组装发动机的基础件，它可以保持发动机各运动件相互之间的位置关系。气缸体的结构形式通常有平分式、龙门式和隧道式三种，如图 2—4 所示。

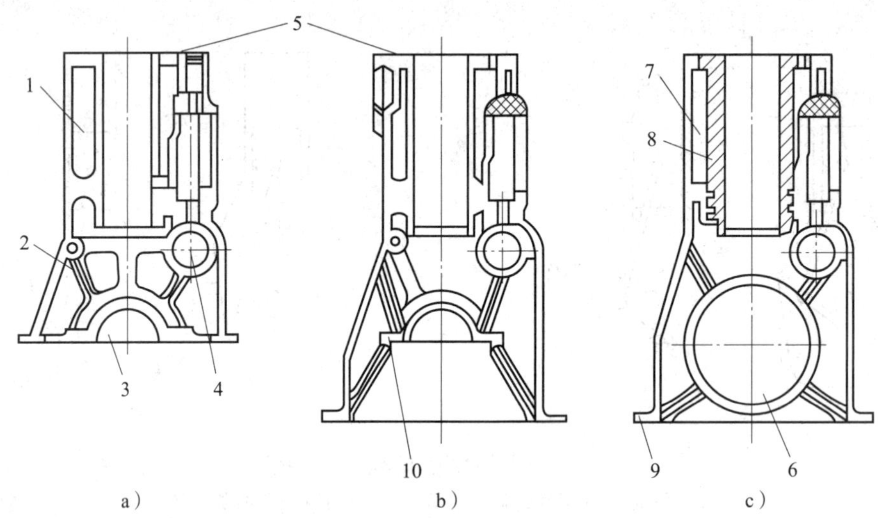

图 2—4　气缸体的结构形式

a）平分式　b）龙门式　c）隧道式

1，7—水套　2—加强肋　3，6—主轴承座孔　4—凸轮轴座孔　5—气缸体上平面

8—湿式缸套　9—安装油底壳平面　10—主轴承座

（1）平分式气缸体。平分式气缸体的结构如图 2—4a 所示，它的上、下曲轴箱的接合面与曲轴中心线在同一个平面上。其特点是结构简单、制造方便，但刚度小，且前后端呈半圆形，与油底壳接合面的密封较困难，不便于维修。平分式气缸体多用于中、小型发动机。

（2）龙门式气缸体。龙门式气缸体的结构如图 2—4b 所示，其上、下曲轴箱的接合面在曲轴中心线以下。其特点是气缸体抗弯曲、扭转的刚度大，曲轴箱前后端面为平面，密封简单可靠，曲轴拆装方便，故被大、中型柴油发动机广泛采用。

（3）隧道式气缸体。隧道式气缸体（见图 2—4c）的主轴承座孔与曲轴箱的横隔板铸为一体，使气缸体的结构刚度大，主轴承同轴度易于保证，不需要大型的曲轴锻造设备。但曲轴主轴承必须采用滚动轴承，使曲轴拆装较困难。国产 135 系列柴油发动机即采用隧道式气缸体。

2. 气缸的排列方式

发动机气缸排列方式有直列式、V 形和对置式三种，如图 2—5 所示。

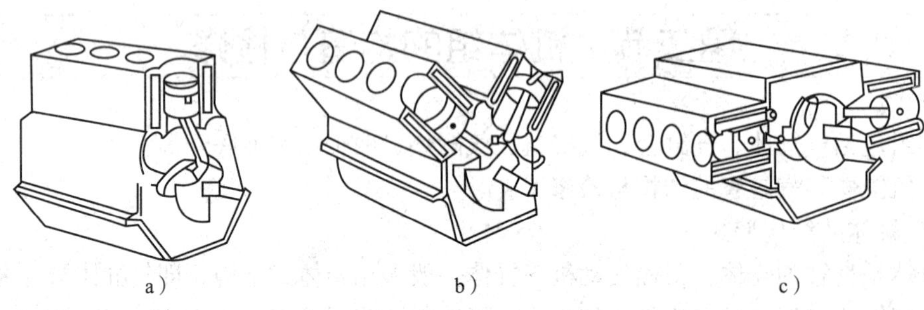

图 2—5　多缸发动机气缸排列方式

a）直列式　b）V 形　c）对置式

3. 气缸与气缸套

气缸体内引导活塞做往复运动的圆柱形空腔称为气缸。气缸工作表面承受燃气的高温、高压作用，且活塞在其中高速运动，因此要求其耐高温、耐高压、耐磨损和耐腐蚀。为了提高耐磨性，有时在铸铁中加入一些合金元素，如镍、钼、铬和磷等。但如果气缸体全部采用优质耐磨材料，则成本太高，因为除与活塞配合的气缸壁表面外，其他部分对耐磨性的要求并不高，所以，现代发动机广泛采用在气缸体内镶入气缸套的方式形成气缸工作表面。这样，气缸套可用耐磨性较好的合金铸铁或合金钢制造，而气缸体则用价格较低的普通铸铁或铝合金等材料制造。

气缸套有三种结构形式，即干式、湿式和无缸套，如图 2—6 所示。

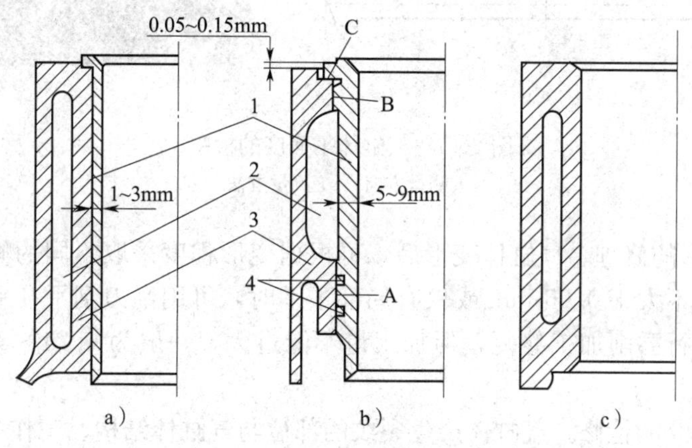

图 2—6　气缸套的结构形式

a）干式　b）湿式　c）无缸套

1—气缸套　2—水套　3—气缸体　4—橡胶密封圈

A—下支承密封带　B—上支承定位带　C—缸套凸缘下平面

干式气缸套（见图 2—6a）不直接与冷却液接触，壁厚较薄，一般为 1～3 mm。湿式气缸套（见图 2—6b）与冷却液直接接触，壁厚较厚，一般为 5～9 mm。为了保证径向定位，气缸套外表面有两个凸出的圆环带，即上支承定位带和下支承密封带，轴向定位利用上端凸缘实现。湿式缸套的顶部和底部必须采用密封件，以防止冷却液从冷却系统中渗出。大多数湿式缸套压入缸体后，其顶面高出气缸体上平面 0.05～0.15 mm。这样当紧固气缸盖螺栓时，可将气缸盖衬垫压得更紧，以保证气缸更好地密封和气缸套更好地定位。湿式缸套铸造方便，容易更换，冷却效果好，但气缸体刚度小，易出现漏气、漏水、穴蚀现象。无缸套式（见图 2—6c）即不镶嵌任何气缸套，在机体上直接加工出气缸，优点是可以缩短气缸中心距，使机体尺寸和质量减小，缺点是成本较高。

4. 气缸体的检修

气缸体常见的损伤主要有变形、裂纹、磨损等。

（1）气缸体变形的检修。由于拆装螺栓时力矩过大、不均匀或不按顺序拧紧，或高温下拆卸气缸盖等都会引起气缸体与气缸盖接合平面的翘曲变形。气缸体变形主要表现为上下平面、端面的翘曲和配合表面的相对位置误差增大。

1）气缸体变形的检验。气缸体的翘曲变形可用平板接触法检验，如图 2—7 所示。将等于或大于被测平面全长的刀口形样板尺放到气缸体平面上，沿气缸体平面的纵向、横向和对角线方向多处用塞尺进行测量，求得其平面度误差。

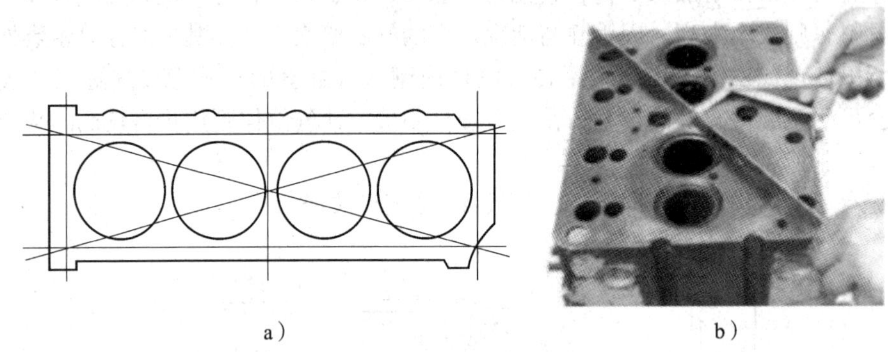

a）　　b）

图 2—7　气缸体平面度的检验

a）测量方向　b）测量方法

2）气缸体变形的修理。气缸体变形后，可根据变形程度采取不同的修理方法。平面度误差在整个平面上不大于 0.05 mm 或仅有局部不平时，可用刮刀刮平；平面度误差较大时可采用平面磨床进行磨削加工修复，但加工量不能过大，一般为 0.24～0.50 mm，否则会影响压缩比。

（2）气缸体裂纹的检修。气缸体产生裂纹的部位与气缸体结构、工作条件、使用及操作有关。常见的裂纹如水套的冰冻裂纹；曲轴箱的共振裂纹；气缸套修理尺寸级数过多和镶装气缸套过盈量过大、压装工艺不当等造成的裂纹；气缸体各处壁厚不均匀造成应力，在一些薄弱部位出现裂纹；发动机长时间在超负荷条件下工作，造成气缸体内应力过大产生裂纹；拆卸和搬运不慎，使气缸体受振动、碰撞而致裂等。

裂纹会引起发动机漏气、漏水和漏油，影响发动机正常工作，必须及时检修。

1）气缸体裂纹的检验。气缸体外部明显的裂纹可直接观察到。而对于细微裂纹和内部裂纹，一般将气缸体与气缸盖装合后进行水压试验，如图 2—8 所示。

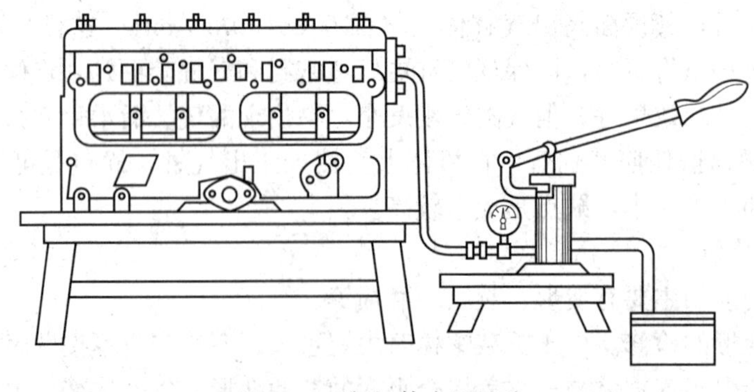

图 2—8　气缸体水压试验

将气缸盖和气缸衬垫装在气缸体上，将水压机出水管接头与气缸前端水泵入水口连接好，并封闭所有水道口，然后将水压入水套，要求在 0.3～0.4 MPa 的压力下保持约 5 min，应没有任何渗漏现象。如有水珠渗出，则表明该处有裂纹。

2）气缸体裂纹的修理。在对气缸体裂纹进行修理时，凡涉及漏气、漏水和漏油等问题，一般予以更换；对未影响到燃烧室、水道和油道的裂纹，则根据裂纹的大小、部位和损伤程度等情况选择粘接、焊接等修理方法进行修补。

(3) 气缸磨损的检修。活塞在气缸中高速运动，长时间工作后会产生磨损，当磨损达到一定程度后，将引起发动机动力性、经济性明显下降。

1）气缸的磨损规律。气缸正常磨损的特征是不均匀磨损。气缸孔沿高度方向磨损成上大下小的倒锥形，最大磨损部位是活塞处于上止点时第一道活塞环对应的气缸壁位置，而该位置以上几乎无磨损形成明显的“缸肩”。气缸沿圆周方向的磨损形成不规则的椭圆形，其最大磨损部位一般是前后或左右方向。

造成上述不均匀磨损的原因如下：活塞在上止点附近时各道环的背压最大，其中又以第一道环为最大，以下逐道减小；加之气缸上部温度高，润滑条件差，进气中的灰尘附着量大，废气中的酸性物质引起的腐蚀等，造成了气缸上部磨损较大。而圆周方向的最大磨损部位主要是侧向力、曲轴的轴向窜动等造成的。

2）气缸磨损程度的衡量指标。气缸的磨损程度一般用圆度和圆柱度表示，也可用标准尺寸和气缸磨损后的最大尺寸之差值来衡量。

圆度误差是指同一截面上磨损的不均匀性，用同一横截面上不同方向测得的最大直径与最小直径差值的一半作为圆度误差。

圆柱度误差是指沿气缸轴线的轴向截面上磨损的不均匀性，用被测气缸表面任意方向所测得的最大直径与最小直径差值的一半作为圆柱度误差。

3）气缸磨损的检验。在进行测量时，测量部位的选择很重要。气缸的测量位置如图 2—9 所示，在气缸体上部距气缸上平面约 10 mm 处、气缸中部和气缸下部距缸套下口 20～30 mm 处的三个截面，按 A、B 两个方向分别测量气缸的直径（A 为前后方向，B 为左右方向）。

①气缸圆度的测量

a. 安装量缸表。根据气缸直径，选择合适的接杆，装入量缸表的下端（见图 2—10a），并使伸缩杆有 1～2 mm 的压缩量。

b. 量缸表的使用方法。将量缸表的测杆伸入气缸中的相应部位，微微摆动表杆，使测杆与气缸中心线垂直（见图 2—9b），量缸表指示最小读数的位置即为正确的气缸直径测量位置。

c. 气缸圆度的测量。用量缸表在气缸上部 A 向测量（见图 2—10b），旋转表盘使“0”刻度对准大指针，然后将测杆在此截面上旋转 90°，进行 B 向测量（见图 2—10c），此时表针所指刻度与“0”位刻度之差的 1/2 即为该截面的圆度误差。

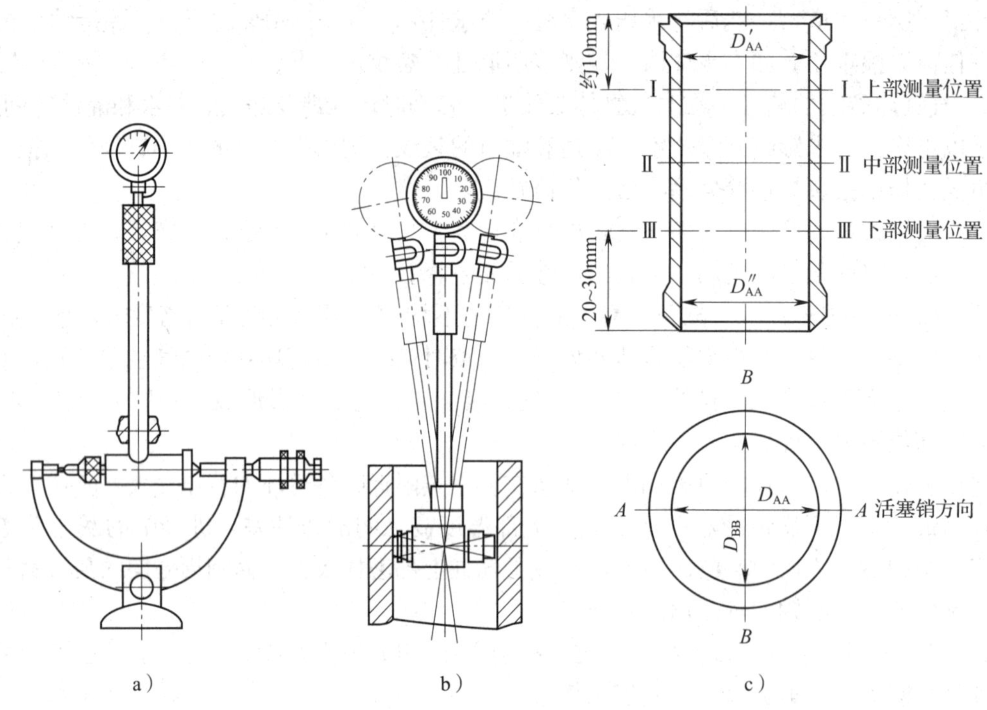

图 2—9　测量气缸磨损量

a）量缸表对尺　b）测量方法　c）测量位置

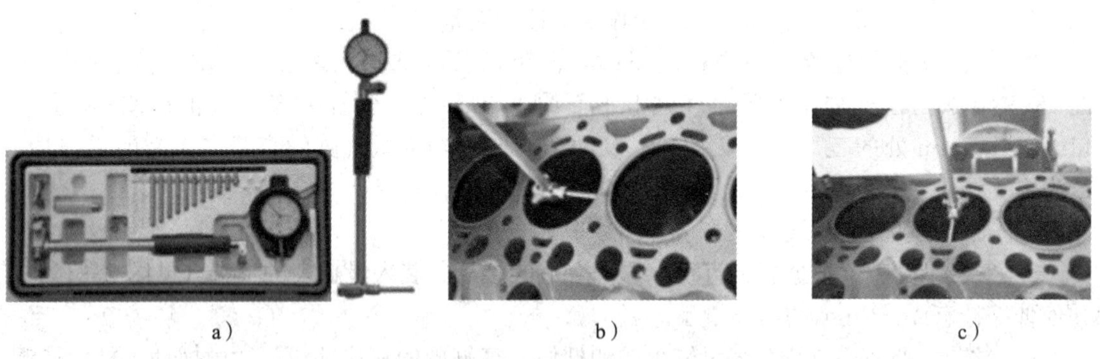

图 2—10　气缸磨损的检测

a）量缸表　b）用量缸表在上部 A 向测量　c）用量缸表在上部 B 向测量

②气缸圆柱度的测量。用量缸表在气缸上部 A 向测量并找出正确的直径位置，旋转表盘使“0”刻度对准大指针；然后依次测出其他五个数值，取六个数值中最大差值的 1/2 作为该气缸的圆柱度误差。

③气缸磨损尺寸的测量。一般发动机最大磨损尺寸在前后两缸的上部。测量时，用量缸表在上部 A 向测量并找出正确的气缸直径位置，旋转表盘使“0”刻度对准大指针，并记住

小指针所指位置。取出量缸表，将测杆放置于千分尺两测头之间，旋转千分尺的活动测头，使量缸表的大指针指向“0”，且小指针指向原来的位置（在气缸中所指示的位置）。此时，千分尺的尺寸即为气缸的磨损尺寸。

4）气缸的修理。当发动机磨损量最大的气缸磨损程度衡量指标超过规定标准时，则应进行修理。气缸的修理通常采用机械加工的方法，即修理尺寸法和镶套修复法。

修理尺寸法是指在零件结构、强度和强化层允许的条件下，将配合副中主要零件的磨损部位经过机械加工至规定尺寸，恢复其正确的几何形状和精度，然后更换相应的配合件，得到尺寸改变而配合性质不变的修理方法。修复后的尺寸称为修理尺寸，对于孔件是扩大了的尺寸，对于轴件是缩小了的尺寸。

镶套修复法是对于经过多次修理，直径超过最大修理尺寸，或气缸壁上有特殊损伤时，可对气缸承孔进行加工，用过盈配合的方式镶上新的气缸套，使气缸恢复到原来尺寸的修理方法。

①气缸的镗磨加工。气缸镗磨加工按以下步骤进行：

a. 确定气缸的修理尺寸。气缸的修理尺寸应按修理级别确定。修理级别一般分为 4～6 级，每加大 0.25 mm 为一级，最大不超过 1.00 mm 或 1.50 mm。修理级别应符合原厂规定。

气缸的修理尺寸＝气缸最大直径＋镗磨余量

镗磨余量一般取 0.10～0.20 mm。计算出的修理尺寸应与修理级别对照。如与修理级别不相符，应圆整到下一个修理级别。同一台发动机的各气缸应采用同一级修理尺寸。

b. 确定镗削量。气缸修理尺寸确定后，选配同级修理尺寸的活塞，并依次测量每个活塞裙部的尺寸，结合活塞与气缸壁的配合间隙和镗磨余量，分别根据各缸的实际尺寸计算确定各缸的镗削量。

镗削量＝活塞裙部最大直径－气缸最小直径＋配合间隙－磨缸余量

磨缸余量一般取 0.01～0.05 mm。

c. 镗缸。气缸镗削加工质量要求如下：缸壁表面粗糙度应不大于 Ra2.5 μm；干式缸套圆度误差不大于 0.005 mm，圆柱度误差不大于 0.007 5 mm；湿式缸套圆柱度误差不大于 0.012 5 mm；气缸轴线对两端主轴承座孔轴线的垂直度误差不大于 0.05 mm。

d. 气缸的珩磨。气缸镗削加工后，表面存在螺旋形的细微刀痕，必须进行珩磨加工，使气缸具有合理的表面粗糙度和配合特性，并具有良好的磨合性能。

气缸珩磨后缸壁表面粗糙度应不大于 Ra0.63 μm，气缸的圆度、圆柱度及配缸间隙应符合规定。

②镶装气缸套。气缸用修理尺寸法修理超过最后一级时，可用镶套法恢复至原始尺寸。

a. 干式气缸套的镶配工艺

选择气缸套。第一次镶套选用标准尺寸的气缸套；若气缸体上已镶有缸套，应先拆除旧套，再选用大一级修理尺寸的气缸套。拆卸气缸套应使用的专用工具，如图 2—11 所示，按照图 2—12 所示安装工具，在缸套下缘安装拉板，然后用扳手旋转螺母即可将缸套拉出。

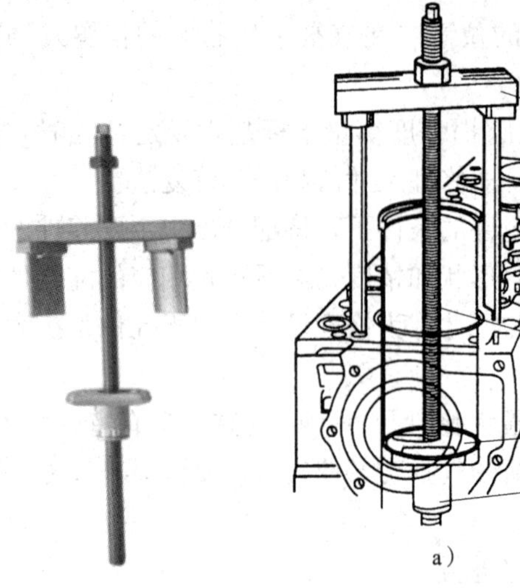

图 2—11　拆装气缸套专用工具

图 2—12　气缸套拆解
a）示意图　b）实物图
1—支架　2—拉杆　3—拉板　4—快速安装螺母

检修气缸套承孔。根据气缸套的外径尺寸，将气缸套承孔镗至所需尺寸，按要求留有过盈量。

镶配。将气缸套外壁涂以机油，放正气缸套，用压床以 20～50 kN 的压力缓慢压入。也可采用图 2—11 所示的专用工具，将拉板装在上方，支架装在下方，通过扳手旋转螺母缓缓将缸套压入，如图 2—13所示。为防止缸体变形，应采用隔缸压入法。压入缸套前后应对气缸体进行水压试验。

图 2—13　气缸套的装配

测量气缸套高出量。气缸套压入后，应用图 2—14a所示的专用工具测量气缸套高出气缸体上平面的高出量，测量方法如图 2—14b 所示。在发动机气缸体上平面安装专用测量工具 2、垫块 3 和百分表 1（注意：两个垫块应放置在气缸体上平面上而不能放置在气缸套的边缘上），让百分表测头顶在气缸体上平面上，小指针有 1～2 mm预压量，大指针调零；移动专用测量工具 2，使百分表指针对着气缸套的上缘，百分表大指针偏离“0”刻线的最大值即为气缸套的高出量。在三个不同的位置测量缸套的高出量。如测量的缸套高出量超出了标准范围值，则予以更换。如沃尔沃 D7E 发动机的缸套高出量标准范围为 0.03～0.08 mm。

b. 湿式气缸套的镶配工艺

拆除旧气缸套，并清除气缸体承孔接合面上的沉积物。

在镗磨好的气缸套装水封圈的部位涂以密封胶，装妥水封圈并压紧在气缸体承孔内。装好后应进行水压试验。

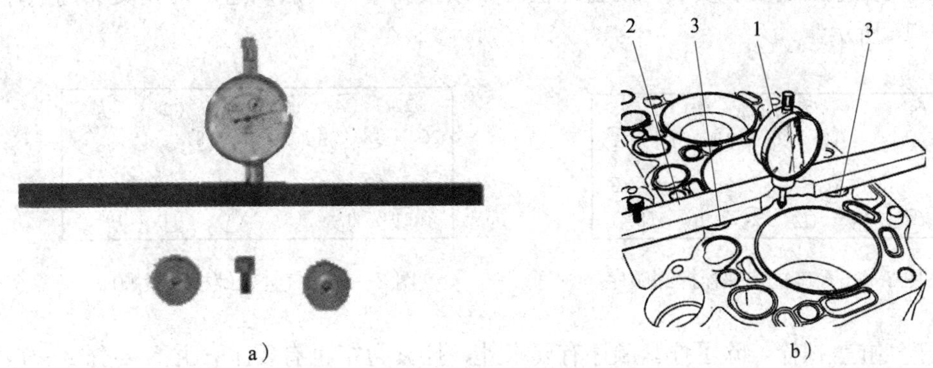

图 2—14 气缸套高出量的测量

a）专用工具 b）测量方法

1—百分表 2—专用测量工具 3—垫块

二、气缸盖的结构与检修

1. 气缸盖的作用与类型

气缸盖的作用是密封气缸，并与活塞共同组成燃烧室。在气缸盖内有冷却液腔、进气道、排气道。气缸盖上装有进气门和排气门座圈、气门、气门弹簧、进气管和排气管、摇臂及摇臂轴、喷油器、冷起动预热塞等。

柴油发动机气缸盖是在很高的燃气压力和热应力下工作的，同时承受缸盖螺栓预紧力的作用。气缸盖应具有足够的刚度与强度，以免产生翘曲变形，保证气缸的密封性。

柴油发动机气缸盖一般采用优质铸铁制造。强化柴油发动机的气缸盖，为提高其耐热强度而采用合金铸铁或高强度球墨铸铁制造。

柴油发动机气缸盖一般采用整体式、分块式和单体式三种结构。整体式具有结构紧凑、制造成本低的优点，但由于其尺寸较长，刚度较差，易变形，在使用中易发生漏气、漏水故障，适用于小型柴油发动机。分块式和单体式即多缸一盖和一缸一盖结构，常用在缸径较大的多缸柴油发动机中。例如，YC6110Q 型柴油发动机采用整体式气缸盖，YC6105QC 型柴油发动机是三个气缸共用一个气缸盖，6135G 型柴油发动机是每两个气缸共用一个气缸盖，WD615 系列柴油发动机则采用一缸一盖。

2. 气缸盖的修理

气缸盖的主要损坏形式是裂纹和变形。裂纹多发生在进、排气门座之间，一般是由于气门座或气门导管配合过盈量过大及镶换工艺不当所引起的，检测方法与气缸体裂纹的检测方法相同。气缸盖出现裂纹一般应予以更换。气缸盖变形是指与气缸体的接合面翘曲变形，这种损伤通常是由于高温或拆装气缸盖时操作不当，以及未按气缸盖螺栓规定的顺序和力矩拧紧所致，其检测方法与气缸体变形的检测方法相同。

3. 气缸盖的拆装

（1）气缸盖的拆卸。拆卸气缸盖螺栓时必须按先四周、后中央、对角交叉的顺序进行，并分多次（一般为三次）拧动，如图 2—15 所示。

（2）气缸盖的安装。安装气缸盖螺栓时必须按先中间、后两边、对角交叉的顺序进行，如图 2—16 所示。

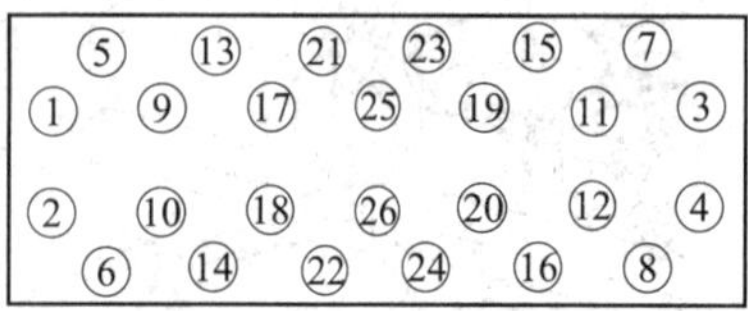

图 2—15　气缸盖螺栓拆卸顺序

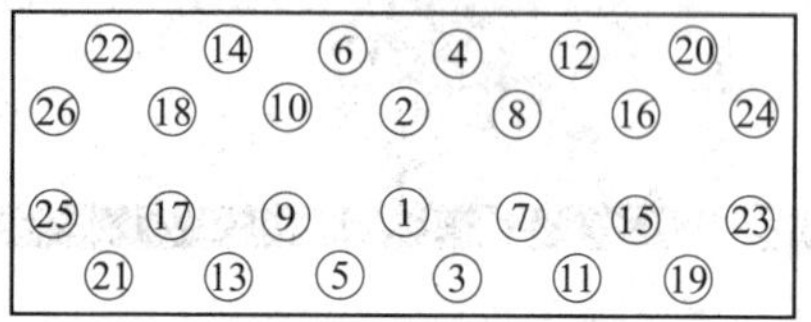

图 2—16　气缸盖螺栓拧紧顺序

对于气缸盖螺栓，除了拧紧顺序有要求外，拧紧力矩也有要求，并且要分 2～3 次拧紧至规定力矩，切不可一次拧紧到位。如东风 EQ1090F2D 型车用柴油发动机气缸盖螺栓规定力矩为 147 N·m，按顺序分三次拧紧：第一次拧紧到 78 N·m，第二次拧紧到 118 N·m，第三次拧紧到 147 N·m。

对于一些进口柴油发动机，装配精度要求较高，气缸盖螺栓采用角度拧紧法拧紧。现以沃尔沃 D7E 系列发动机为例介绍角度拧紧法。第一步，先用扭力扳手按气缸盖螺栓拧紧顺序将螺栓拧紧至 50 N·m；第二步，用扭力扳手按气缸盖螺栓拧紧顺序将螺栓拧紧至 130 N·m，然后用旋转角度规将每个缸盖螺栓按顺序拧 90°即可，如图 2—17 所示。

图 2—17　用旋转角度规将缸盖螺栓拧 90°

三、气缸垫的结构与检修

1. 气缸垫的作用、要求与结构

（1）气缸垫的作用与要求。气缸垫用来保证气缸体与气缸盖的密封，防止其漏气、漏水。

气缸垫应满足下列主要要求：在高温、高压燃气作用下有足够的强度，不易损坏；耐热和耐腐蚀，即在高温、高压燃气或有压力的机油和冷却液的作用下不烧损、不变质；具有一定的弹性，能补偿接合面的不平度，以保证密封；拆装方便，能重复使用，寿命长。

（2）气缸垫的结构。气缸垫的结构如图 2—18 所示。目前气缸垫的结构大致有以下几种：

1）金属-石棉垫。金属-石棉垫外包铜皮和钢片，且在缸口、水道孔、油道口周围卷边加强，内填石棉（常掺入铜屑或钢丝，以加强导热效果，平衡缸体和缸盖的温度），如图 2—18a、b 所示。这种衬垫压紧厚度为 1.2～2 mm，有很好的弹性和耐热性，能重复使用，但厚度和质量的均一性较差。

另一种是金属骨架-石棉垫，以编织的钢丝网（见图 2—18c）或有孔钢板（见图 2—18d）为骨架，外覆石棉及橡胶黏结剂压成垫片，表面涂以石墨粉等润滑剂，只在缸口、

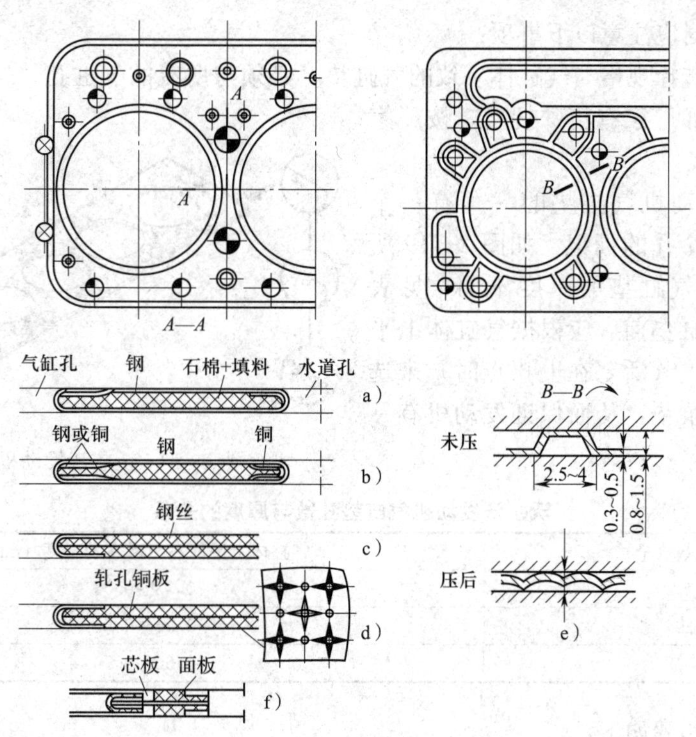

图 2—18　气缸垫的结构

a）、b）、c）、d）金属-石棉垫　e）轧孔铜板　f）无石棉气缸垫

水道孔及油道口处用金属片包边。这种缸垫弹性好，但易黏结，一般只能使用一次。有的气缸垫既有金属骨架，石棉外又包金属包皮。

为了提高气缸口处的防烧蚀能力，有的气缸垫镶以抗高温氧化能力较强的镍边；有的气缸垫缸口部分则没有石棉，只由几层薄钢片组成。

2）纯金属垫。由单层或多层金属片（铜、铝或低碳钢）制成，在气缸孔和水道孔等周围冲出一定高度的凸纹，利用其弹性变形来实现对气缸的密封，如图 2—18e 所示。这种气缸垫有较高的抗交变弯曲强度，使用寿命较长，用于某些强化发动机；但对气缸盖和气缸体接合面的平整度和刚度要求较高。

3）无石棉气缸垫（见图 2—18f）。国际上已公认石棉是一种致癌物质，因此一些发动机已开始使用无石棉气缸垫。以无石棉密封材料（无石棉抄取板、无石棉压缩板、无石棉橡胶板等不含石棉的材料），用模具或各种工具冲压、剪切而制成气缸垫。

国外一些发动机开始使用耐热密封胶，彻底取代了气缸垫。它与使用纯金属垫的发动机一样，对缸体和缸盖接合面的加工精度要求较高。

2. 气缸垫的安装

气缸垫安装不正确或者经过多次拆装，厚度被压薄，伸缩性减弱或根本没有伸缩性；气缸垫凸凹不平或被气体冲坏等，都会造成气缸垫漏气、漏水。漏气将使发动机的功率下降。漏水将使气缸机件锈蚀，发动机起动困难。水漏到油底壳内，使润滑油变质。冷却液漏到排气管内，会发出“突突”的声音，同时散热器中还会有冒气泡的现象。

安装气缸垫时应注意以下事项：

(1) 首先应选择规格与气缸体一致的气缸垫，必须与所有的气缸孔、螺栓孔、水道孔、杆孔等相配合。如厂家有特殊规定，按厂家规定选用气缸垫。

如沃尔沃发动机气缸垫的一角有一个孔、两个孔或三个孔的标记，如图 2—19 所示。孔数不同，气缸垫的厚度不同，见表 2—1。在安装气缸垫前，应根据气缸体上平面高出活塞的高度（活塞在上止点时）来选用不同厚度的气缸垫，从而保证发动机有一个正确的空燃比。

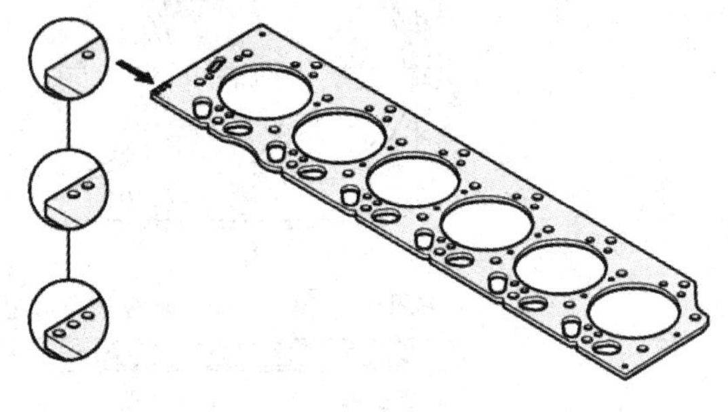

图 2—19 沃尔沃发动机气缸垫

表 2—1 沃尔沃发动机气缸垫孔数与厚度的关系

标记孔数（个）	气缸体上平面高出活塞的高度（mm）
1	0.33～0.55
2	0.56～0.65
3	0.66～0.76

气缸垫选用步骤如下：

1）如图 2—20 所示，在发动机气缸体上平面安装专用测量工具、垫块和百分表（注意：两个垫块应放置在气缸体上平面上而不能放置在气缸套的边缘上），让百分表测头顶在气缸体上平面上，小指针有 1～2 mm 预压量，大指针调零。

2）移动专用测量工具，使百分表测头对着活塞顶上的测量点放置，每个活塞有两个测量点，如图 2—21 所示。转动曲轴，观察活塞到达上止点时百分表大指针偏离“0”刻线的最大值，即为气缸体上平面高出活塞的高度。

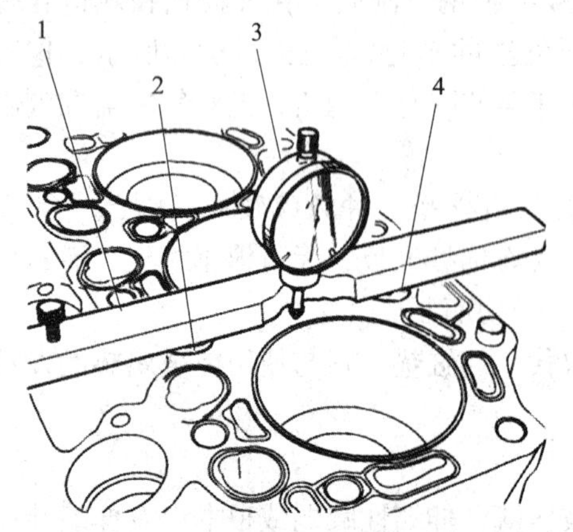

图 2—20 安装专用测量工具并使百分表调零

1—专用测量工具 2，4—垫块 3—百分表

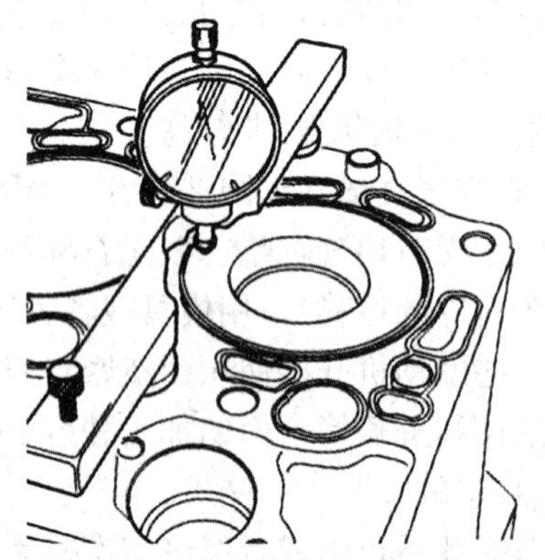

图 2—21 使百分表测头对着活塞顶上的测量点测量活塞高度

3）在所有的活塞上重复相同的测量，在测量值中找到最大值，按照表 2—1 选用气缸垫。

（2）安装气缸前，应清洁气缸盖和气缸体的两接合平面，清理冷却水道和螺孔、螺纹上的污物，并清洁气缸垫和螺栓，检查气缸垫有无折损和变形。

（3）气缸垫必须按一定的方向安装。要认清气缸垫上的识别标记，如“朝上”“朝前”或“此面朝上”标记。若表面上没有标记，则将冲压出的号码标记朝向气缸盖，如图 2—22 所示。

对于金属-石棉垫，由于缸口卷边一面高出一层，对与它接触的平面会造成单面压痕变形，因此，卷边应朝向易修整的接触面或硬平面。

1）气缸盖和气缸体同为铸铁时，卷边应朝向缸盖（易修整面）。

2）对于铝合金气缸盖、铸铁气缸体，卷边应朝向缸体（硬平面）。

3）气缸体和气缸盖同为铝合金时，卷边应朝向缸体，即朝向湿式缸套的凸缘（硬平面）。

4）安装气缸盖时，要仔细检查各孔位的配合是否正确，若孔位偏移，将会损伤气缸垫及造成冷却液渗漏。

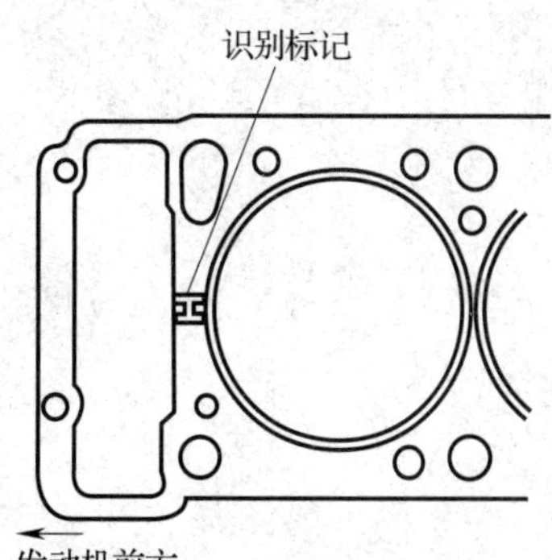

图 2—22　气缸垫上的标记

新的气缸垫受压以后，便与表面的微观凹凸不平相适应。但若将气缸垫装用后再重新装上，就很难与原来的凹凸不平吻合，这就使得气缸垫容易失效。

四、油底壳的结构与检修

1. 油底壳的结构

油底壳的主要功用是储存和冷却机油，并封闭曲轴箱。在壳体最低处设有放油螺塞，以便放出润滑油。有的放油塞还带有磁性，可以吸附润滑油中的铁屑，以减小发动机的磨损。为了防止发动机振动时油底壳油面产生较大的波动，在油底壳的内部设有稳油挡板，如图 2—23 所示。由于油底壳受力很小，一般用薄钢板冲压而成，有些铝合金油底壳还带有散热片。为了防止漏油，曲轴箱与油底壳之间装有软木衬垫，也有涂密封胶的。

2. 油底壳的修理

油底壳常见故障主要表现为气缸体下平面翘曲导致漏油，油底壳放油螺塞滑牙而漏油。

气缸体下平面翘曲，会引起油底壳密封衬垫密封不严，造成油底壳漏油，这不仅会使润滑油消耗量增加，甚至会因润滑油不足而引起“烧瓦”等事故性损坏。

油底壳放油螺塞螺纹损坏会导致油底壳漏油，处理方法：一是直接更换；二是将原来的放油螺塞口扩大，使用更大的螺塞。

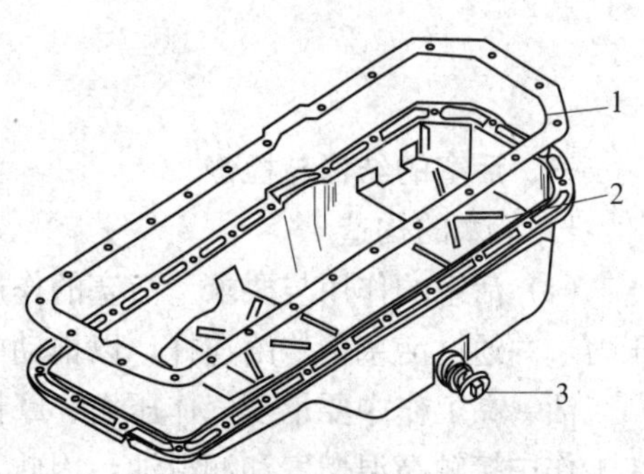

图 2—23　油底壳

1—衬垫　2—稳油挡板　3—放油螺塞

第三节　活塞连杆组的构造与维修

活塞连杆组用来将燃烧过程中获得的动力传递给曲轴，如图 2—24 所示。活塞连杆组由活塞、活塞环、活塞销和连杆等主要机件组成，如图 2—25 所示。

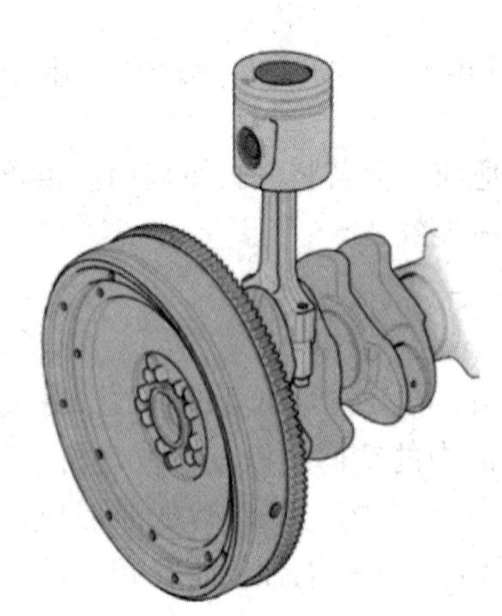

图 2—24　活塞连杆组与曲轴的连接

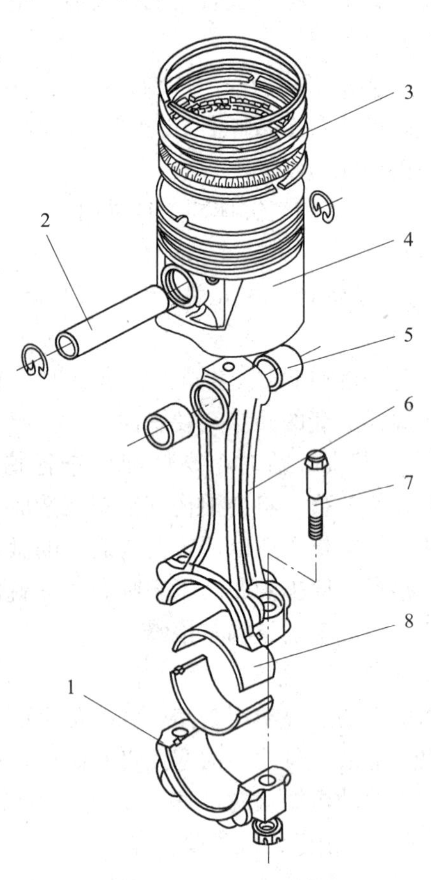

图 2—25　活塞连杆组的组成

1—连杆盖　2—活塞销　3—活塞环　4—活塞
5—连杆衬套　6—连杆　7—连杆螺栓　8—连杆轴瓦

一、活塞的结构与检修

1. 活塞的构造

（1）活塞的作用与要求。活塞的作用是与气缸盖和气缸壁等共同组成燃烧室，承受气体压力，并通过活塞销传给连杆，以推动曲轴旋转。

活塞在工作中要承受气体压力、摩擦力、惯性力及侧压力等交变载荷的作用，同时活塞在工作中接触高温燃气和润滑油，因此，要求活塞具有足够的强度和刚度、较小的质量、小的膨胀量、良好的导热性、耐磨性、耐腐蚀性等，并且要求在各种工况下能与气缸壁之间有合适的间隙。

（2）活塞的材料。目前活塞广泛采用的是质量小、导热性能好、膨胀系数小的铝合金材料。近年来国内外新生产的强化柴油发动机，活塞又重新采用球墨铸铁或灰铸铁，以提高活塞的强度、刚度，降低其制造成本。

（3）活塞的基本结构。根据其作用，活塞可分为顶部、环槽部、裙部和活塞销座四部分，如图 2—26 所示。

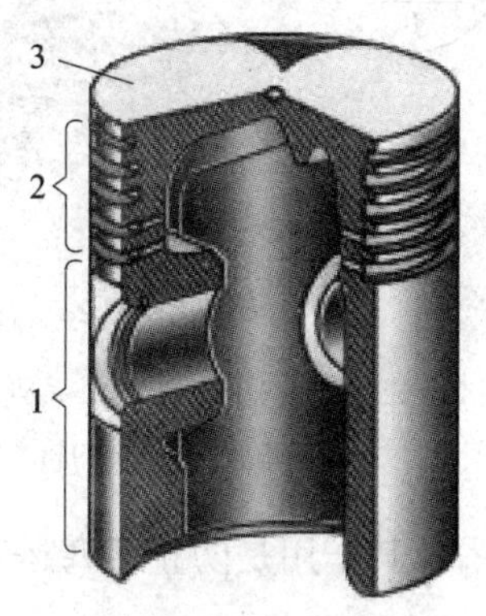

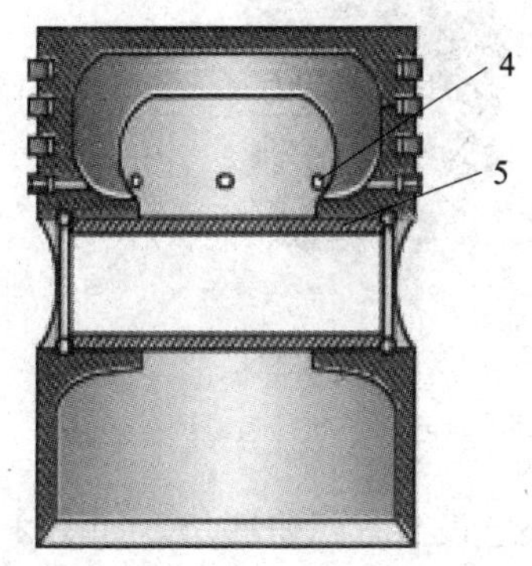

图 2—26　活塞的基本结构

1—裙部　2—环槽部　3—顶部　4—泄油孔　5—活塞销座

1）顶部。活塞的顶部是燃烧室的组成部分，用来承受气体压力。为了提高刚度和强度，并加强散热能力，背面多有加强肋。根据不同的目的和要求，活塞顶部制成各种不同的形状。柴油发动机活塞顶部常见的形状如图 2—27 所示。

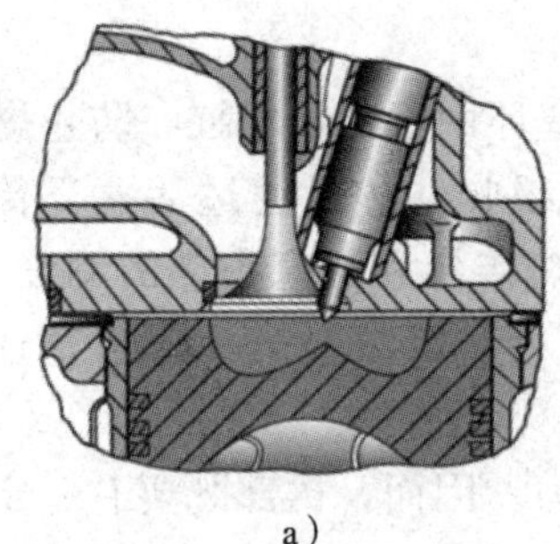
a）
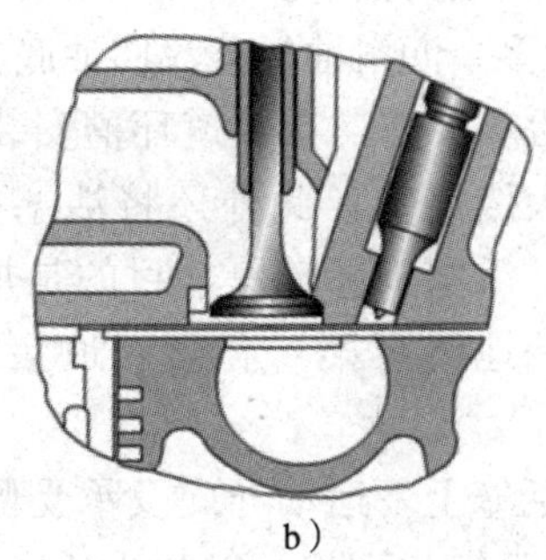
b）
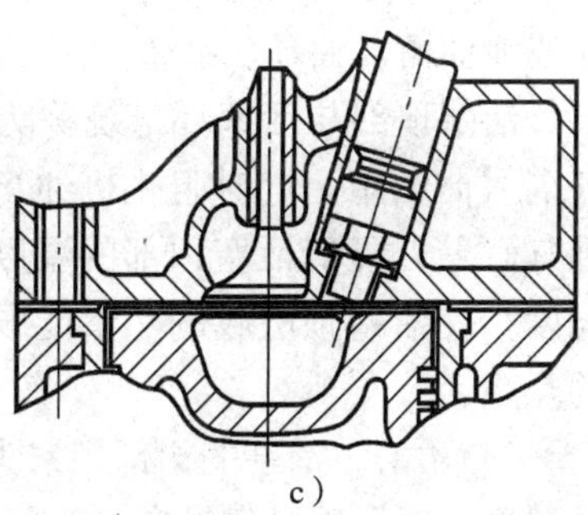
c）

图 2—27　柴油发动机活塞顶部常见的形状

a）ω形　b）球形　c）U形

柴油发动机活塞顶部的形状是根据燃烧室要求设计的。大多数非直喷式柴油发动机活塞采用平顶或接近平顶结构。如涡流室式和预燃室式燃烧室便采用接近平顶或浅凹坑结构。直喷式柴油发动机由于可燃混合气形成的需要，活塞顶有不同形状的燃烧室。如 YC6110Q 型柴油发动机采用花瓣形燃烧室，T815 型及 6135 系列柴油发动机采用ω形燃烧室。燃烧室的形状和尺寸都有一定要求，以保证燃料与空气形成良好的可燃混合气，从而实现完善的燃烧过程。

活塞顶部一般都标有朝前标记，安装活塞时应将此标记朝向发动机前端，如图 2—28 所示。当然也有例外的，如沃尔沃 D6、D7 系列发动机，其活塞顶部的标记如图 2—29 所示，而这个标记不是朝向发动机前端，而是朝向发动机飞轮侧，同时该发动机靠近飞轮侧的气缸设定为第一缸。

图 2—28　活塞顶部标记
1—朝前标记　2—气门避碰坑

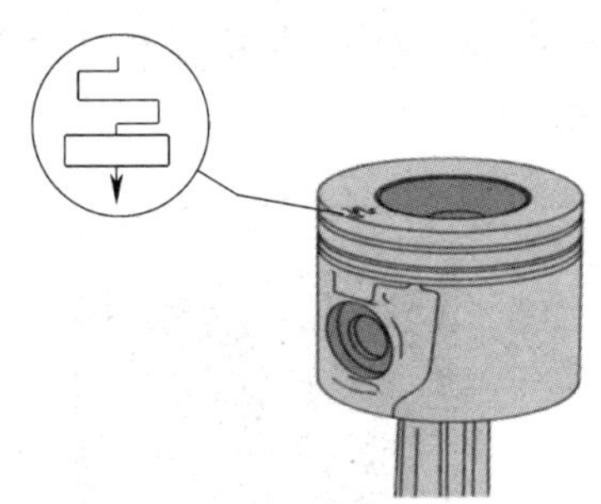

图 2—29　沃尔沃 D6、D7 系列发动机活塞顶部的标记

活塞顶部还会设有气门避碰坑，如图 2—28 所示，其作用是防止活塞运动到上止点时与气门相碰撞。

2）环槽部。活塞的环槽部切有若干环槽，用以安装活塞环。它是活塞的防漏部分，两环槽之间称为环岸。

环槽的形状与活塞环断面形状相适应，通常为矩形或梯形。靠顶部的环槽装压缩环（气环），一般为 2～3 道；下面的环槽装油环，一般为 1～2 道。柴油发动机活塞上大多装有三道活塞环，上面两道为气环，下面一道为油环。油环环槽的槽底圆周上制有若干贯通的泄油孔或泄油槽，油环从缸壁上刮下的多余润滑油经此流回油底壳。

活塞顶部与活塞环槽统称为活塞头部，有数道环槽安装活塞环用于密封气缸，防止燃气漏入曲轴箱，同时阻止机油窜入燃烧室；此外还将活塞头部吸收的热量通过活塞环传到气缸壁，降低活塞顶部的温度。活塞头部较厚，目的是加强热传导和活塞头部的刚度、强度，使活塞顶吸收的热量能顺利地传至第二和第三道活塞环处，以减轻第一道活塞环的热负荷。

3）裙部。活塞的裙部用来为活塞上下运动导向及承受侧压力。因而，裙部既要有一定的长度，以保证可靠导向；又要有足够的面积，以防止活塞对气缸壁的单位面积压力过大，破坏润滑油膜，加大磨损。

裙部的基本形状为一薄壁圆筒，完整的称为全裙式，如图 2—30a 所示。高速发动机趋于大缸径短行程，并降低发动机的高度。为了避免活塞与曲轴平衡重块相碰，有时也为了减小质量，在保证有足够承压面积的情况下，在活塞不受作用力的两侧，即将沿销座孔轴线方向的裙部去掉一部分，形成半托板式裙部，如图 2—30b 所示；或者将其全部去掉，形成托板式裙部，如图 2—30c 所示。托板式裙部弹性较大，可以减小活塞与气缸壁间的装配间隙。

4）活塞销座。活塞销座是活塞与活塞销的连接部分，位于活塞裙部的上部，为厚壁圆筒结构，用以安装活塞销。活塞所承受的气体压力、惯性力都是通过销座传给活塞销的。为了限制活塞销的轴向窜动，大部分活塞在销座孔内接近外端面处开有卡环槽，用以安装卡

a）　　b）　　c）

图 2—30　活塞裙部

a）全裙式　b）半托板式　c）托板式

环。两卡环之间的距离大于活塞销的长度，使卡环与活塞销端面之间留有足够的间隙，以防止冷却过程中活塞的收缩大于活塞销的收缩而将卡环顶出。销座孔有很高的加工精度，并且分组与活塞销选配，以达到高精度的配合。销座孔的尺寸分组通常用色漆标于销座下方的外表面。

(4) 活塞的其他结构

1）温控结构。为了防止活塞顶部和第一道环槽的温度过高，可采用多种措施来降低活塞温度，喷油冷却即为常用的方法。T815 系列、YC6105QC 型柴油发动机采用由连杆小头向活塞内腔顶部喷射润滑油的方法，如图 2—31a 所示。T815 系列、WD615 系列、YC6110Q 型、沃尔沃系列柴油发动机在气缸体下部设有专门的喷嘴，在活塞运行到下止点时向活塞内腔顶部喷射机油，以降低活塞的温度，如图 2—31b、图 2—32 所示。

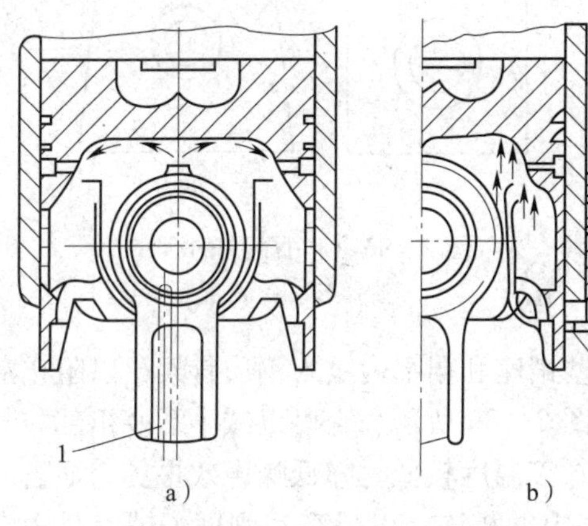

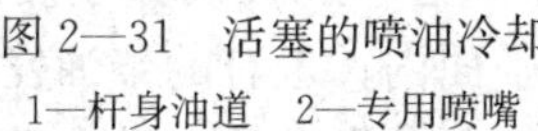

图 2—31　活塞的喷油冷却

1—杆身油道　2—专用喷嘴

图 2—32　沃尔沃系列发动机活塞喷油冷却装置

2）应对活塞变形的结构。活塞裙部是为活塞运动导向和承受侧压力的，因而裙部有一定的长度，以保证可靠的导向和足够的承压面积。裙部的基本结构和形状为一薄壁圆筒。活塞在工作时由于承受气体的压力、侧压力及受活塞热膨胀冷缩的影响，会使活塞变成椭圆形，如图 2—33 所示。

为了使活塞呈圆形，所以将活塞加工成反椭圆形，其长轴位于垂直于活塞销座轴线方向

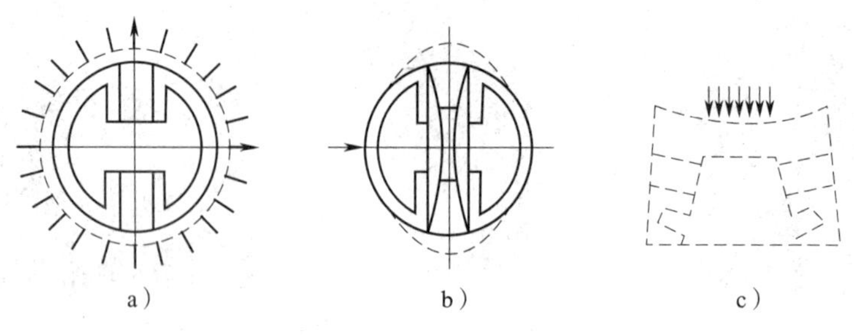

图 2—33　活塞变形

a）热膨胀　b）侧压力　c）气体压力

上，以保持活塞变形后圆周间隙比较均匀。现代车用高速柴油发动机的活塞，沿其高度根据其各处膨胀量的大小和方向有不同的椭圆度，一般为 0.10～0.60 mm，如图 2—34 所示。

活塞的温度分布是不均匀的，由顶部到裙部温度逐渐降低，会导致在发动机工作时，活塞头部的膨胀量大于裙部，自上而下膨胀由大而小。因此，柴油发动机活塞的外径尺寸沿高度方向上做成上小下大的阶梯形或截锥形（见图 2—35），使活塞在热状态时与气缸形状吻合。

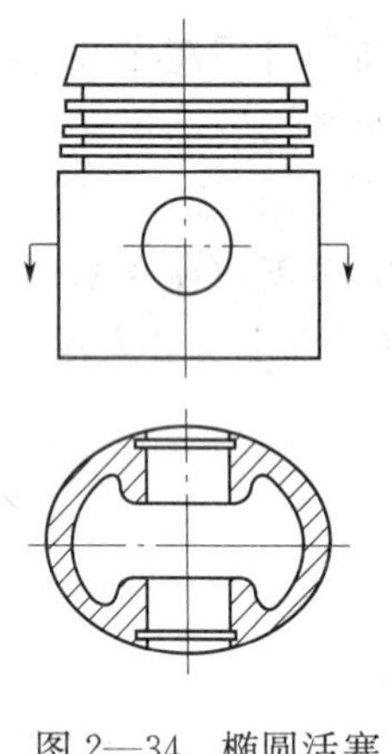

图 2—34　椭圆活塞

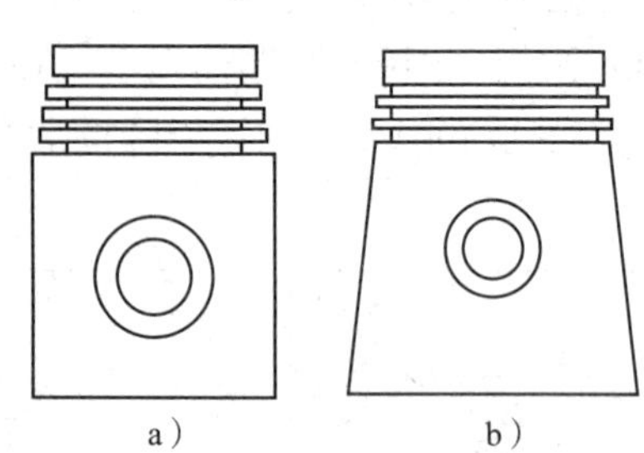

图 2—35　上小下大的活塞

a）阶梯形　b）截锥形

为了控制铝合金活塞受热后的膨胀量，在活塞销座和裙部内镶入钢质骨架，以阻止活塞裙部的热膨胀。这种活塞又称自动热控活塞，如图 2—36 所示。它可以减小活塞裙部与气缸的配合间隙，降低柴油发动机噪声，特别是在冷却液温度较低时降低噪声效果更为显著。

3）偏置销座。活塞销座通常用加强肋与活塞内壁相连，以提高其刚度。销座孔内有安装卡环的卡环槽。销座中心线一般都在活塞中心线的平面内；也有的柴油发动机将销孔中心偏离活塞中心，以减小活塞对气缸的冲击和噪声，提高柴油发动机的动力性。

一般发动机活塞的销座轴线与活塞的中心线垂直相交，当活塞在上止点改变运动方向时，由于侧压力瞬间换向，使活塞与缸壁的接触面突然由一侧平移至另一侧（见图2—37a），使活塞对气缸壁产生拍击（俗称敲缸），增大了发动机的噪声。因此，高速发动机将活塞销座向承受膨胀做功侧压力的一面（图中左侧）偏移 1～2 mm，如图 2—37b 所示。这样，在接近上止点时，作用在活塞销座轴线右侧的气体压力大于左侧，使活塞倾斜，裙部下端提前

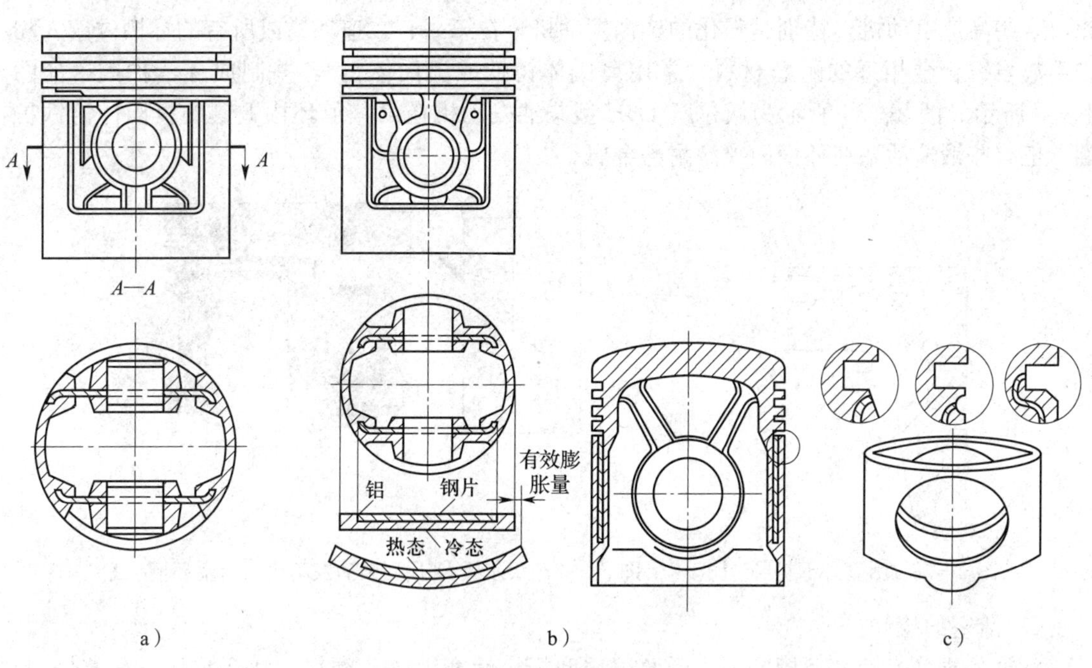

图 2—36　镶钢质骨架活塞

a）恒范钢片活塞　b）自动调节式活塞　c）镶筒形钢片的活塞

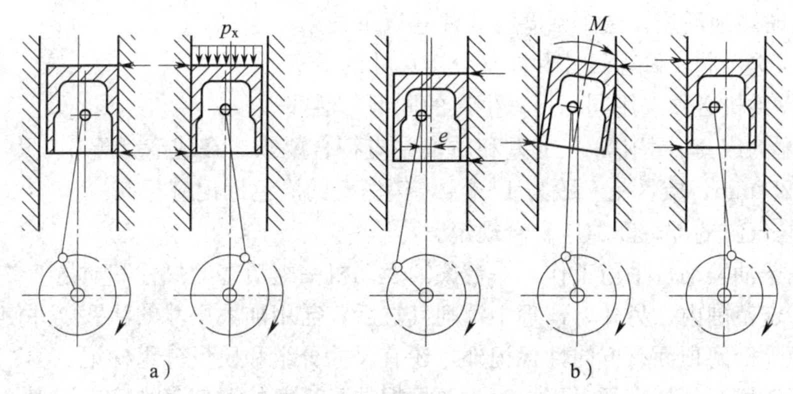

图 2—37　销座位置与活塞的换向过程

a）销座对中布置　b）销座偏置

换向；当活塞越过上止点，侧压力反向时，活塞以左下端接触处为支点，顶部旋转（不是平移），完成换向。可见，偏置销座延长了活塞换向时间，分为两步：第一步是在气体压力较小时进行，且裙部弹性好，有缓冲作用；第二步虽气体压力大，但它是一个渐变过程。因此，两步过渡使换向冲击大为减弱。

4）环槽护圈。活塞环槽上下侧面在工作时产生冲击磨损，使配合间隙增大，密封性能变差，这是活塞报废的主要原因之一。其中，第一、二道环槽因气体压力的作用受活塞环的冲击力较大，而且越靠近顶部温度越高，材料硬度和强度下降越严重，所以磨损也越快。为此，某些高速发动机，特别是强化的柴油发动机，在第一、二道环槽或所有的环槽内镶入膨胀系数与铝合金相近的耐磨材料（常用奥氏体铸铁或奥氏体钢），并制成环槽护圈，如图2—38所示。图2—39所示为沃尔沃D6E型柴油发动机在第一道环槽上镶的奥氏体铸铁护圈。也有些锻造活塞在环槽内喷涂耐磨金属。

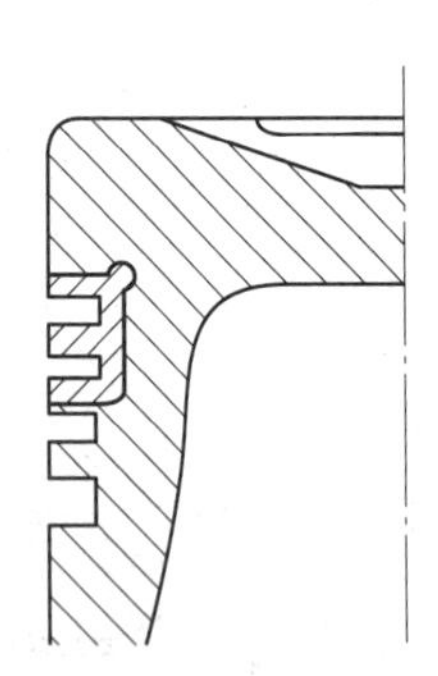

图2—38　活塞环槽护圈

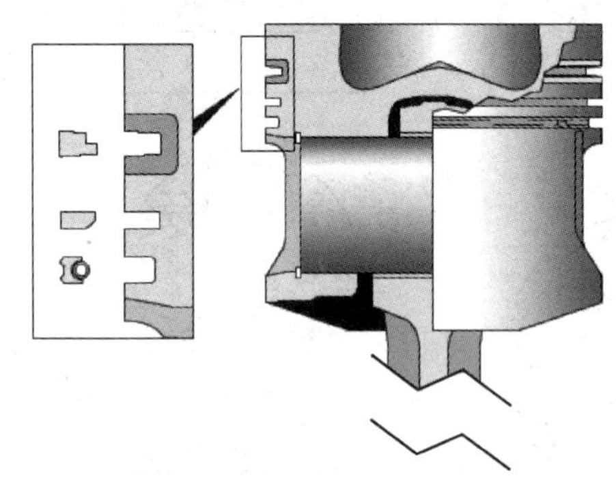
图2—39　沃尔沃D6E型柴油发动机的活塞环槽护圈

2. 活塞的检修

活塞的损伤有活塞环槽磨损、活塞裙部磨损、活塞销座孔磨损、活塞拉伤、活塞烧顶、活塞脱顶等。

（1）活塞的选配。在发动机大修或更换气缸体（或气缸套）时，应根据气缸的标准尺寸或修理尺寸同时更换活塞，选配活塞时要注意以下几点：

1）各缸应选用同一修理尺寸和同一分组尺寸的活塞。

2）同一发动机必须选用同一厂家生产的同型号活塞。

3）在选配的成套活塞中，尺寸差和质量差应符合要求。在成套活塞中，其尺寸差一般为0.02～0.025 mm，质量差一般为4～8 g，销座孔的涂色标记应相同。

4）活塞与气缸的配缸间隙应符合规定。

为了保证柴油发动机平稳工作，一台柴油发动机一组活塞的尺寸和质量偏差都用分组选配法控制在一定范围内。另外，修理中镗削气缸后，需用加大尺寸的活塞，并使活塞与气缸相对应。因而除活塞顶面有方向性标记外，还有尺寸分组和质量分组标记。

（2）检测活塞裙部的直径。镗缸时，要根据选配活塞的裙部直径确定镗削量，活塞裙部直径的测量方法如图2—40所示。在活塞下部离裙部底边约10 mm、与活塞销垂直方向处用外径千分尺测量活塞裙部直径。测量值与标准尺寸的偏差量约为0.04 mm。

（3）检测配缸间隙。活塞与气缸壁之间的间隙称为配缸间隙（见图2—41），此间隙应符合标准。发动机配缸间隙为0.045 mm。检测时可用量缸表测量气缸的直径，用外径千分尺测量活塞的直径，两者之差即为配缸间隙。

二、活塞环的结构与检修

1. 活塞环的结构

（1）活塞环的功用与分类。按功用不同，活塞环可分为气环和油环两种。

气环的作用是保证活塞与气缸壁间的密封，防止高温、高压的燃气漏入曲轴箱，同时将

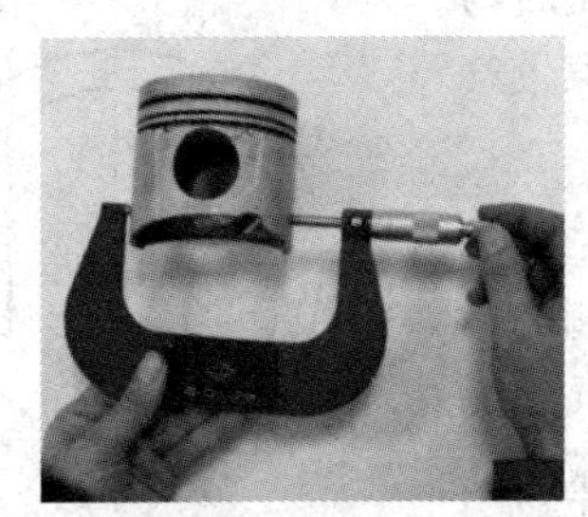

图 2—40　活塞裙部直径的测量方法

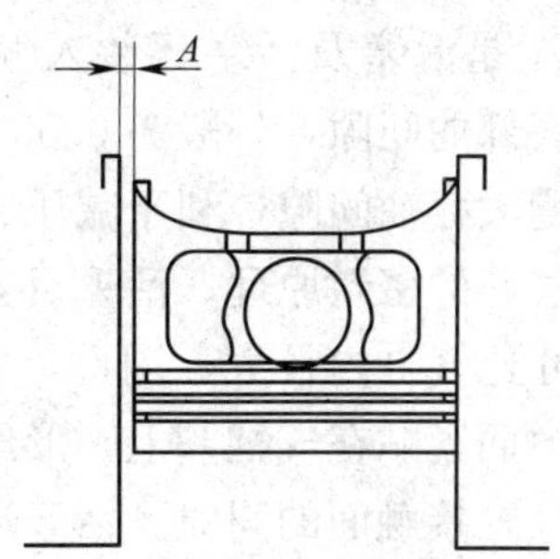

图 2—41　配缸间隙的检测
A—活塞与气缸壁之间的间隙

活塞顶部的热量传导到气缸壁，再由冷却液或空气带走。气环为一带有切口的弹性片状圆环，在自由状态下，气环的外径略大于气缸的直径，当环装入气缸后，产生弹力使环压紧在气缸壁上，其切口具有一定的间隙，如图 2—42a 所示。一般发动机每个活塞上装有 2～3 道气环。

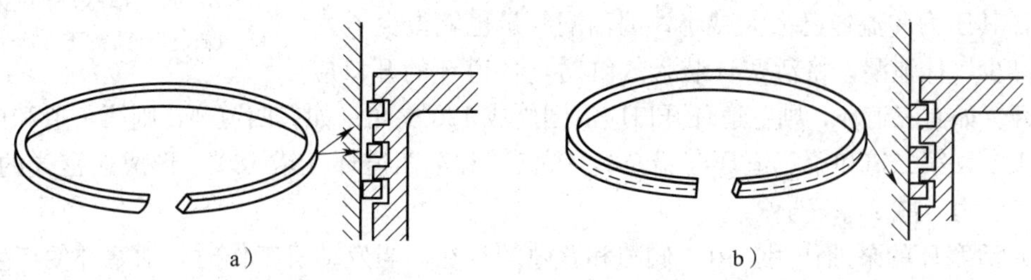

图 2—42　活塞环的结构
a）气环　b）油环

油环用来刮除气缸壁上多余的润滑油，并在气缸壁上布上一层均匀的油膜，这样可以防止机油窜入燃烧室燃烧，又可以减小活塞、活塞环与气缸的磨损和摩擦阻力，如图 2—42b 所示。此外油环也起到密封的辅助作用。通常发动机上有 1～2 道油环。

由于活塞环也是在高温、高压、高速及润滑困难的条件下工作的，运动情况复杂，因此，要求其材料应有良好的耐热性、导热性、耐磨性、磨合性、韧性及足够的强度和弹性。目前，活塞环的材料采用球墨铸铁、合金铸铁，并对第一道环甚至所有环实行工作表面镀铬或喷钼处理，以提高其耐磨性。

（2）活塞环的间隙。发动机工作时，活塞、活塞环都会发生热膨胀，为防止环卡死在缸内或胀死在环槽中，安装时活塞环应留有端隙、侧隙和背隙，如图 2—43 所示。

端隙 Δ_1 又称开口间隙，是活塞环在冷态下装入气缸后，该环在上止点时环的两端头间隙，一般为 0.25～0.50 mm。

侧隙 Δ_2 又称边隙，是指活塞环装入活塞后，其侧面与活塞环槽之间的间隙。第一道环因工作温度高，间隙较大，一般为 0.04～0.10 mm；其他环一般为 0.03～0.07 mm。油环侧隙较气环小。

背隙Δ_3是活塞及活塞环装入气缸后，活塞环内圆柱面与活塞环槽底部的间隙，一般为0.50～1.00 mm。油环背隙较气环大，以增大存油间隙，利于减压、泄油。

（3）气环的密封原理。活塞环在自由状态下不是圆环形，其外形尺寸比气缸内径大，因此，它随活塞一起装入气缸后，便产生弹力而紧贴在气缸壁上，形成第一密封面，使燃气不能通过环与气缸接触面的间隙。活塞环在燃气压力作用下压紧在环槽的下端面上，形成第二密封面，于是燃气绕流到环的背面，并发生膨胀，其压力降低。同时，燃烧压力对环背的作用力F_2使环更紧地贴在气缸壁上，形成对第一密封面的第二次密封，如图2—44所示。燃气从第一道气环的切口漏到第二道气环的上平面时压力已有所降低，又把这道气环压贴在第二环槽的下端面上，于是，燃气又绕流到这个环的背面，再发生膨胀，其压力又进一步降低。如此下去，从最后一道气环漏出来的燃气，其压力和流速已大大减小，因而漏气量也就很少了。

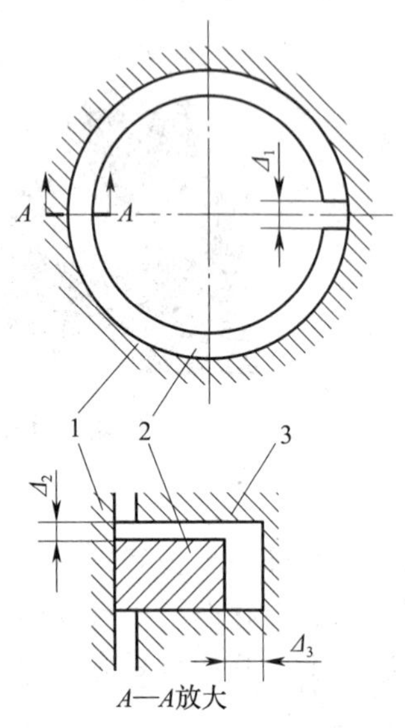

图2—43　活塞环的间隙

1—气缸　2—活塞环　3—活塞

为减少气体泄漏，将活塞环装入气缸时，各道环的开口应相互错开。如有三道环，则各道环开口应沿圆周成120°夹角；如有四道环，则第一道和第二道环互错180°，第二道和第三道环互错90°，第三道和第四道环互错180°，形成迷宫式的路线，增大漏气阻力，减少漏气量。

（4）活塞环的泵油作用。由于侧隙和背隙的存在，当发动机工作时，活塞环便产生了泵油作用，如图2—45所示。环在气体压力、惯性力、摩擦力的作用下，反复地靠在环槽的上沿和下沿。其过程如下：当活塞带动活塞环下行（进气过程）时，环靠在环槽的上方，环从缸壁上刮下来的润滑油充入环槽下方，如图2—45a所示；当活塞带动活塞环上行（压缩行程）时，环则靠在环槽的下方，同时将油挤压到环槽的上方，如图2—45b所示。如此反复运动，就将油泵到活塞顶。

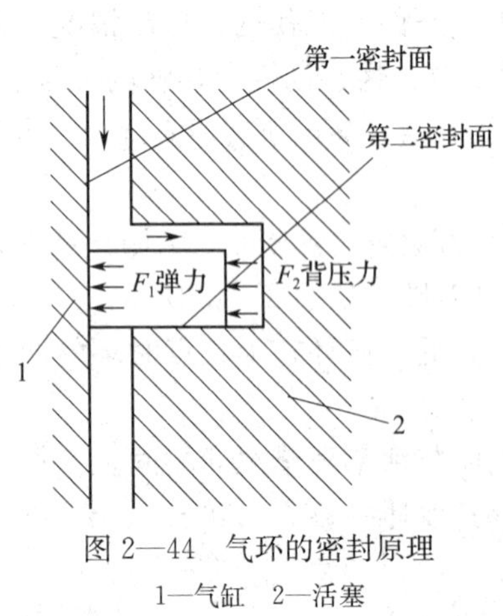

图2—44　气环的密封原理

1—气缸　2—活塞

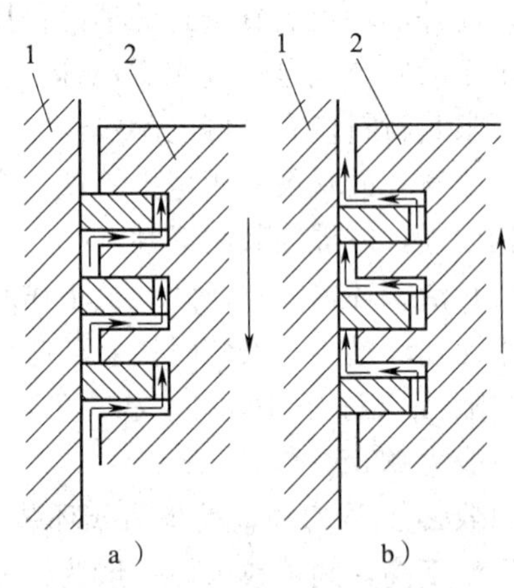

图2—45　活塞环的泵油作用

1—气缸　2—活塞

活塞环的泵油作用一方面对润滑困难的气缸是有利的。另一方面，随发动机转速的日益提高，泵油作用加剧，不仅增加了润滑油的消耗，而且会使燃烧室内积炭增多，甚至环槽内形成积炭，挤压活塞环而失去密封性。另外，还加剧了气缸等构件的磨损。为此，大多数发动机在结构上采取以下措施：尽量减小环的质量，气环采取特殊断面形状，油环下设减压腔，气环下面的油环加衬簧或用组合式油环等。

（5）气环的种类及特点。为了提高压强和密封性，加速磨合，减少泵油量和改善润滑（布油和刮油），除合理选择材料及加工工艺外，在构造上出现了许多不同断面形状的气环，常见的有以下几种：

1）矩形环。如图 2—46a 所示，气环的断面为矩形，结构简单，制造方便，与缸壁接触面积大，对活塞头部的散热有利。但磨合性能和刮油性能较差，随活塞做往复运动时在环槽内上下窜动，把气缸壁上的机油不断挤入燃烧室中，产生泵油作用，使机油消耗量增加，活塞顶及燃烧室壁面形成积炭。

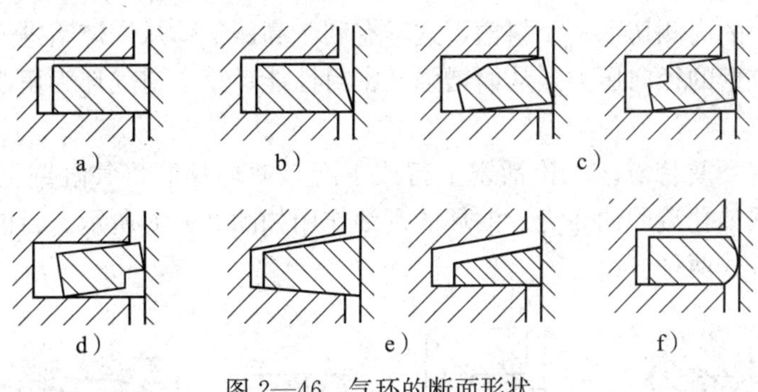

图 2—46 气环的断面形状

a）矩形环 b）锥形环 c）内切口扭曲环

d）外切口扭曲环 e）梯形环 f）桶形环

2）锥形环。如图 2—46b 所示，外圆面为锥角很小的锥面，与缸壁是线接触，有利于磨合和密封。另外，这种环在活塞下行时有刮油作用，上行时有布油作用。安装这种环只能按图示方向安装。为避免装反，在环端上侧面标有记号（“向上”或“TOP”等）。

3）扭曲环。如图 2—46c、d 所示，是在矩形环的内圆上边缘或外圆下边缘切去一部分，形成断面不对称。装入气缸后，由于弹性内力的作用使断面发生扭转，从而使环的边缘与环槽的上、下端面接触，防止活塞环在环槽内上下窜动而造成的泵油作用，同时还增加了密封性，易于磨合，并具有向下的刮油作用。在安装扭曲环时，必须注意环的断面形状和方向，应将其内圆切槽向上，外圆切槽向下，不能装反；如果在扭曲环的一侧面上标有朝上标记，这时扭曲环的安装方向应以朝上标记为准。如图 2—47 所示，沃尔沃 D11F、D13F 型发动机活塞上的第二道扭曲环按活塞环朝上标记安装，内切口朝下。

4）梯形环。如图 2—46e 所示，断面为梯形，抗黏结性好，当活塞受侧压力的作用而改变位置时，环的侧隙相应地发生变化，使沉积在环槽中的结焦被挤出，避免了环被粘在环槽中而失效，常用于热负荷较高的柴油发动机第一道环。

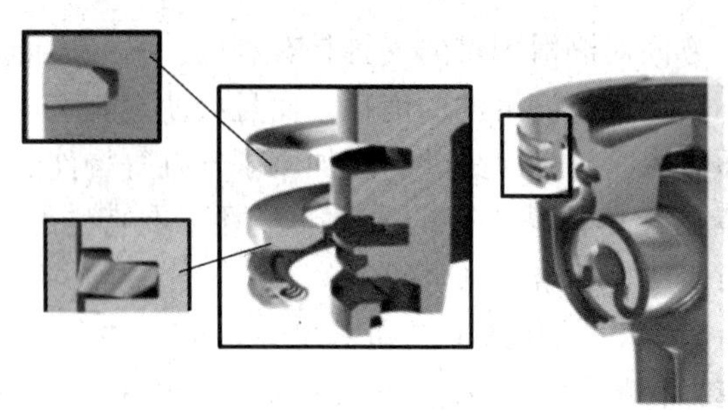

图 2—47　沃尔沃 D11F、D13F 型发动机所安装的活塞环

5）桶形环。如图 2—46f 所示，外圆面为外凸圆弧形，其密封性、磨合性及对气缸壁表面形状的适应性都比较好。当活塞上下运动时，桶形环均能形成楔形间隙，使机油容易进入摩擦面，从而使磨损大为减小，但圆弧表面加工较困难。

图 2—47 所示为沃尔沃 D11F、D13F 型发动机活塞上所用的活塞环。第一道气环为梯形环，并在梯形环的内侧切了一个斜槽，这样有利于高压气体从燃烧室进入环的背隙，以增强第一道环对气缸壁的径向压力，从而增强其密封性能；第二道气环为扭曲环；第三道气环为整体式油环。

（6）油环的种类及特点。无论活塞上行或下行，油环都能将气缸壁上多余的机油刮下来，经活塞上的回油孔流回油底壳。油环的刮油作用如图 2—48 所示。目前发动机采用的油环有整体式和组合式两种。

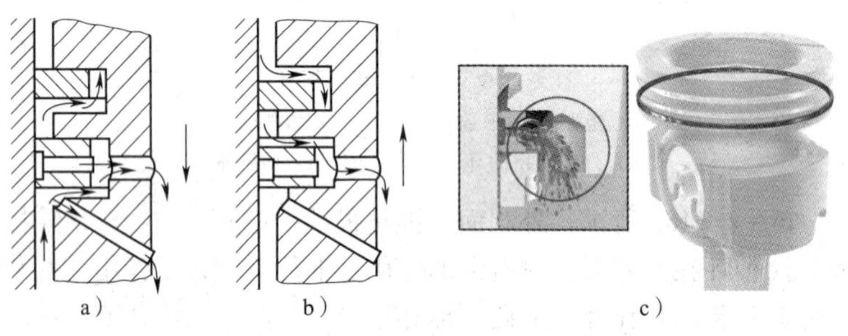

图 2—48　油环的刮油作用

a）活塞下行　b）活塞上行　c）刮油效果图

1）整体式。整体式油环的基本结构和形状如图 2—49a 所示。为了增强刮油效果，其外圆上切有环形槽，槽底开有若干回油用的小孔或窄槽。

不少发动机将油环减薄，在其背后加装弹性衬簧，如图 2—49b 所示。这样既保证了对缸壁的压力，又有较好的柔性，改善了对缸壁贴合的适应性；此外，也显著减小了因环面磨损而使弹力下降的影响，从而延长了油环的使用寿命。

2）组合式。组合式油环由起刮油作用的钢片（也叫刮油片）和产生径向、轴向弹力作用的衬簧组成，如图 2—50 所示。它由两片钢片和一个兼起径向、轴向弹力作用的衬簧组成。这种衬簧之所以能产生轴向弹力，是因为自由状态时衬簧和两片钢片的总厚度大于环槽的高度，径向弹力使两钢片分别贴合在环槽上的上、下侧，使第二密封面密封，并消除了侧隙。图 2—50 所示为由四片钢片和径向、轴向两个衬簧组成的组合式油环，片多而薄，顺应性好，而且各片开口错开，更有利于密封。

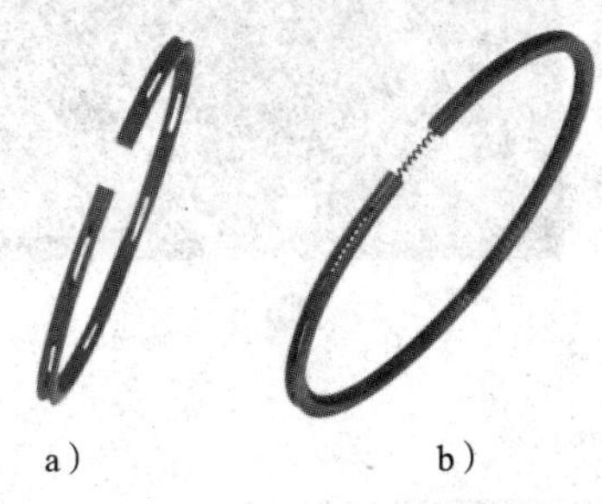

图 2—49　整体式油环
a）不带衬簧　b）带衬簧

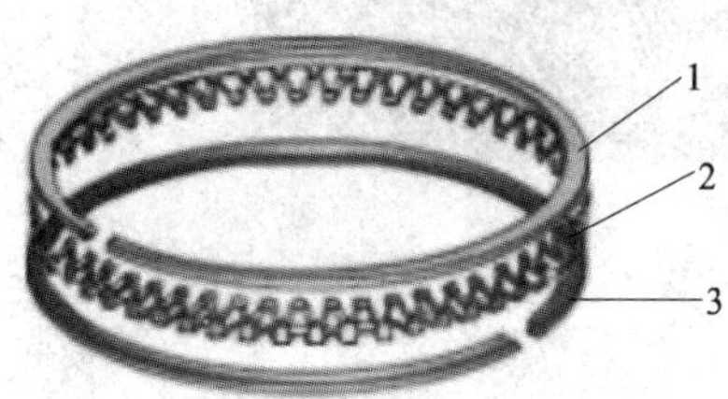

图 2—50　组合式油环
1—上刮片　2—衬簧　3—下刮片

组合式油环的钢片表面都是镀铬的，否则易产生粘着磨损。由于组合式油环没有侧隙，因此环不能在环槽内浮动，从而关闭了润滑油经背隙和侧隙窜油的通道，再加上其弹力大，三个方向的回油能力强，以及因上下刮片分别动作而适应性强，使刮油效果显著优于整体式油环，因而组合式油环应用越来越广泛，有取代整体式油环之势。

2. 活塞环的检修

活塞环的损伤主要有活塞环的磨损、弹性减弱、断裂等。

（1）活塞环的选配。在发动机大修时应更换所有活塞环，更换时应按气缸修理级别选用，必须与气缸、活塞选用同一修理级别的活塞环。在维护和小修中，如需更换活塞环，选用的活塞环修理尺寸级别应与被更换的活塞环相同，不允许用加大级别的活塞环代替较小级别的活塞环使用。

为保证活塞环与活塞环槽及气缸的良好配合，在选配活塞环时，还应检测活塞环间隙、弹力和漏光度，当其中任一项不符合要求时，应重新选配活塞环。

（2）检测活塞环的“三隙”

1）端隙的检测

①将活塞环放在气缸内，用活塞顶将活塞环推正。

②如图 2—51 所示，用塞尺插入活塞环开口处进行端隙的检测，其值应符合要求。

③活塞环端隙大于规定值时，应另选活塞环；小于规定值时，可对环口的一端加以锉修。锉修时，应注意环口平整，锉修后环外口应去掉毛刺，以防止锋利的环口刮伤气缸。

2）侧隙的检测

①经验法。将活塞环放入环槽内，围绕环槽滚动一周，应能自由滚动，既不松动，又无阻滞现象。

②用塞尺按图 2—52 所示的方法测量（也可按图 2—53 所示的方法测量），其值应符合要求。

③如侧隙过小，可将活塞环放在平板上面的砂布上研磨，不允许加工活塞；如侧隙过大，则应另选活塞环。

a）

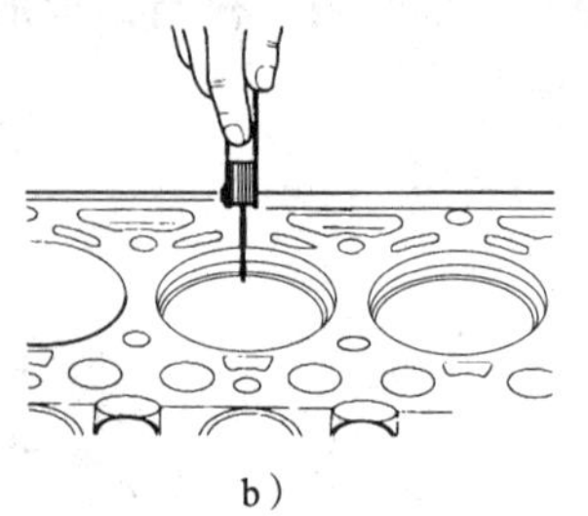
b）

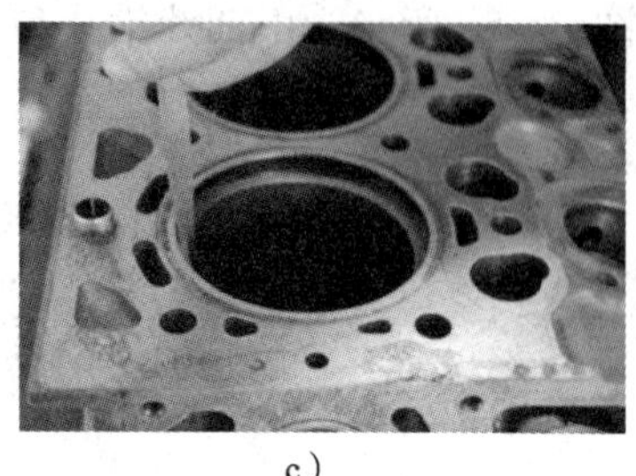
c）

图 2—51　活塞环端隙的检测
a）塞尺　b）示意图　c）实物图

a）

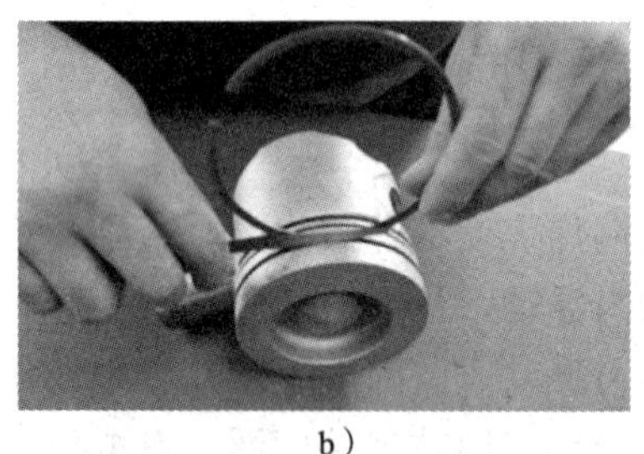
b）

图 2—52　活塞环侧隙的检测（一）
a）示意图　b）实物图

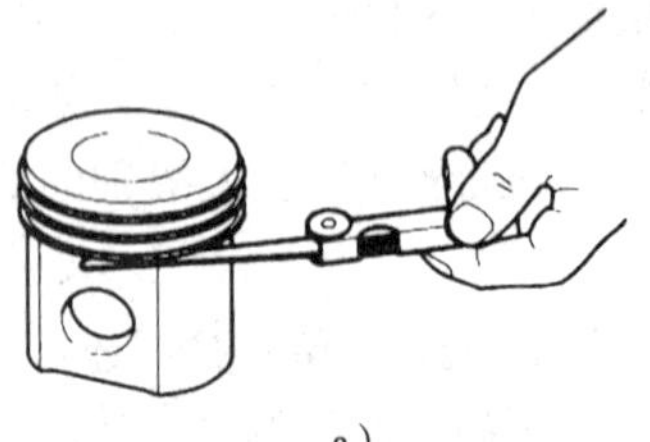
a）

b）

图 2—53　活塞环侧隙的检测（二）
a）示意图　b）实物图

3）背隙的检测

①将活塞环放入环槽内，活塞环的宽度应低于活塞环槽。

②用游标深度尺测量背隙，一般为 0～0.35 mm。

③也可用计算的方法得到活塞环的背隙，计算公式为：

活塞环的背隙＝环槽深度（见图 2—54）＋活塞与气缸壁间的间隙－环的宽度

活塞环的背隙过大或过小都应重新选配。

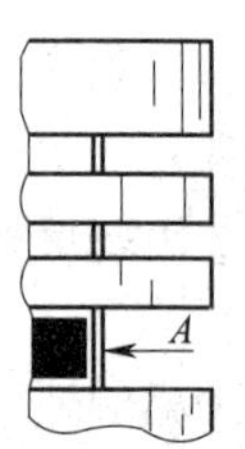

图 2—54　环槽深度

（3）检测活塞环的弹力。活塞环的弹力是指活塞环端隙达到规定值时作用在活塞环上的径向力。活塞环的弹力是保证气缸密封的必要条件。弹力过弱，气缸密封性变差，燃、润料消耗增加，燃烧室积炭严重，发动机动力性、经济性降低；弹力过大则使环的磨损加剧。

活塞环的弹力可用活塞环弹力检验仪检测，如图 2—55 所示。

1）把活塞环放在弹力检验仪上，使环的开口处于水平位置。

2）移动检验仪上的量块，把活塞的开口间隙压缩到标准值，观察秤杆上指示的质量，其值应符合规定。

(4) 检测活塞环漏光度。活塞环漏光度用于检查活塞环外圆与缸壁贴合的良好程度。漏光度的检测方法如图 2—56 所示。

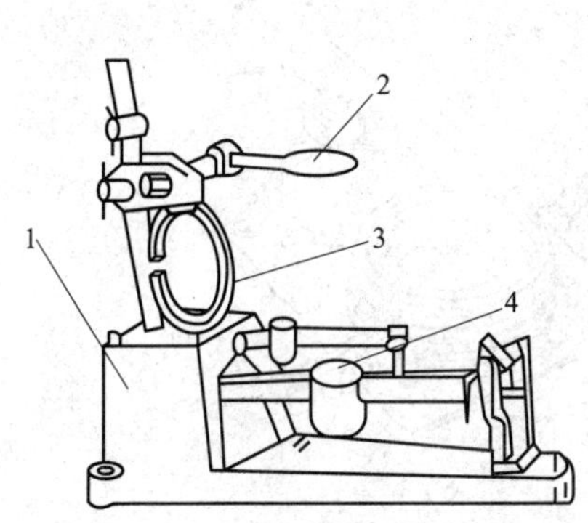

图 2—55　活塞环弹力的检测

1—弹力检测仪　2—施压手柄　3—活塞环　4—量块

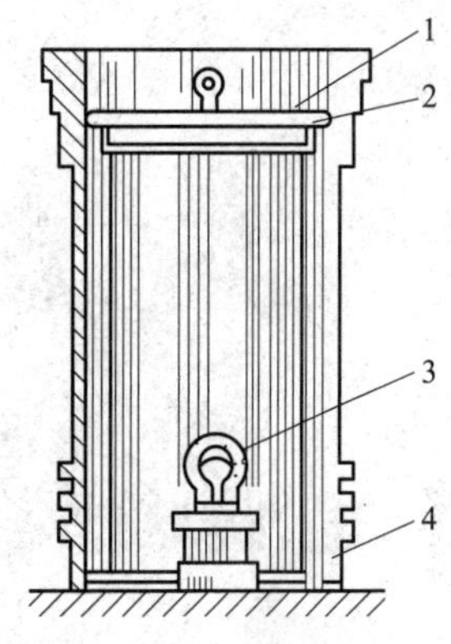

图 2—56　漏光度的检测

1—盖板　2—活塞环　3—灯泡　4—缸套

1）将活塞环平正地放入气缸内，用活塞顶部把它推正。

2）在气缸下部放置一发亮的灯泡，在活塞环上放一直径略小于气缸内径、能盖住活塞环内圆的盖板。

3）从气缸上部观察活塞环外圆与气缸壁之间是否漏光。一般要求活塞环局部漏光每处不大于 25°；最大漏光缝隙不大于 0.03 mm；每环漏光处不超过两个，每环总漏光度不大于 45°；在活塞环开口处 30°范围内不允许有漏光现象。

(5) 活塞环的安装

1）用清洁的机油润滑活塞和裙部，如图 2—57a 所示。

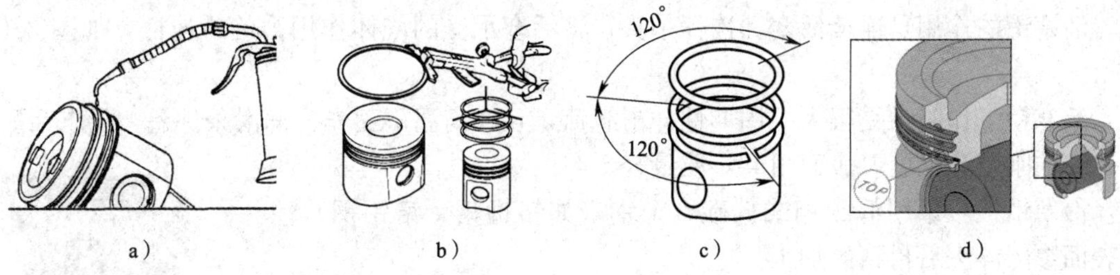

图 2—57　安装活塞环

a) 润滑活塞及裙部　b) 安装活塞环　c) 各环开口错开 120°　d) 活塞环标记朝上

2）用活塞环拆装钳将活塞环安装到相应的活塞环槽内，如图 2—57b 所示。

3）将环的开口互相错开 120°。油环的衬簧开口相对于刮油环开口成 180°，如图 2—57c

所示。

4）注意安装标记应朝上，如图 2—57d 所示。

（6）活塞连杆组的安装。在活塞环、活塞裙部、连杆小头两侧及连杆轴承上涂上适量机油，根据活塞及连杆上的标记，将活塞连杆组自缸体上方装入各气缸中，用活塞环卡箍（见图 2—58a）约束活塞环，如图 2—58b 所示；用橡胶锤将活塞推入气缸内，使连杆大头落于曲轴连杆轴颈上，如图 2—58c 所示；盖上连杆盖，用规定力矩拧紧连杆螺栓，如图 2—58d 所示。

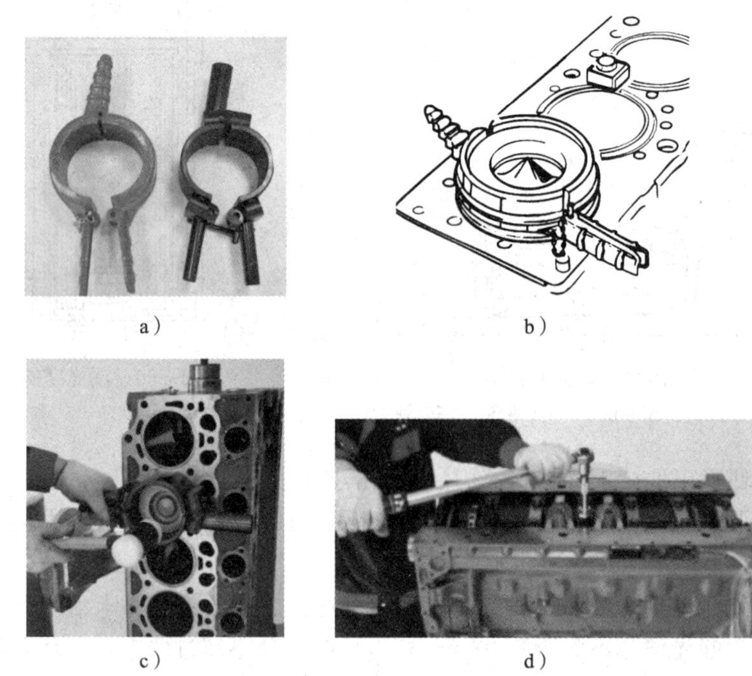

a）　b）　c）　d）

图 2—58　安装活塞连杆组

a）活塞环卡箍　b）用活塞环卡箍约束活塞环　c）将活塞推入气缸内　d）用规定力矩拧紧连杆螺栓

三、活塞销的结构与检修

活塞销的作用是连接活塞和连杆小头，将活塞承受的气体作用力传给连杆，如图 2—59 所示。

活塞销工作时承受很大的周期性冲击载荷，且在高温下工作，润滑条件差，要求活塞销有足够的刚度和强度，表面耐磨，质量轻。

活塞销一般采用低碳钢或低碳合金钢（如铬锰钢、铬钼钢），经表面渗碳淬火后再精磨加工。

1. 活塞销的结构

活塞销一般做成空心圆柱形，以减小质量。空心圆柱的内孔可以是圆柱形，也可以是柱—锥组合形或两段截锥形，如图 2—60 所示。

图 2—59　活塞销

2. 活塞销的连接方式

活塞销的连接方式有两种，即全浮式和半浮式，如图2—61所示。

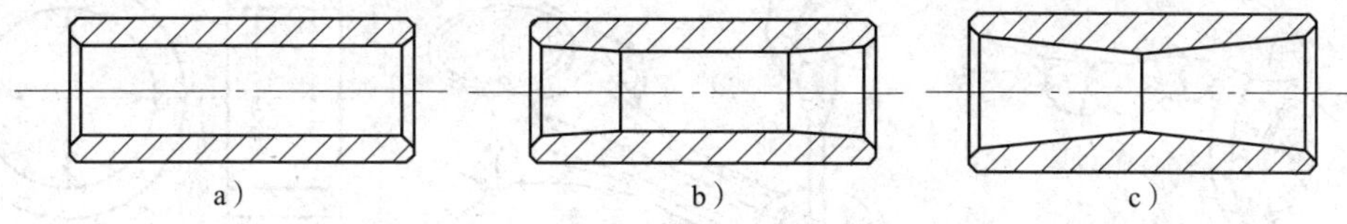

图 2—60 活塞销的内孔形状

a）圆柱形 b）柱—锥组合形 c）两段截锥形

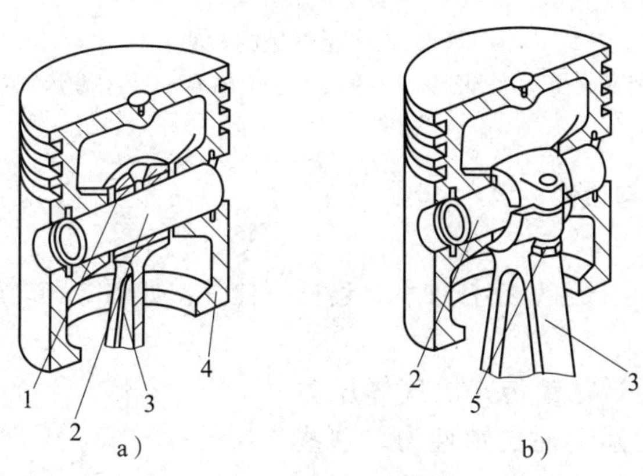

图 2—61 活塞销的连接方式

a）全浮式 b）半浮式

1—连杆衬套 2—活塞销 3—连杆 4—卡环 5—连杆螺栓

1）全浮式。全浮式连接是指在发动机工作时，活塞销与销座、活塞销与连杆小头之间都是间隙配合，可以相互转动。这种连接方式增大了实际接触面积，减小了磨损且使磨损均匀，因此被广泛采用。为防止工作时活塞销从孔中滑出，必须用卡环将其固定在销座孔内。

2）半浮式。半浮式连接是指销与座孔或销与连杆小头两处，一处固定，一处浮动。其中大多数采用销与连杆小头固定的方式。可以将活塞销压配在连杆小头孔内，也可将活塞销中部与连杆小头用紧固螺栓连接。这种方式不需要卡环，也不需要连杆衬套。

3. 活塞销的检修

沃尔沃 D6E 型发动机活塞销、连杆小头磨损情况及活塞销与连杆小头配合情况的检查方法如下：

（1）用外径千分尺测量活塞销直径，如图 2—62a 所示。注意应多个截面、多个方向测量，其正常值应该为 39.994～40.000 mm。

（2）将衬套压入连杆小头，如图 2—62b、c 所示，在点 1 和点 2 用内径百分表测量连杆小头的轴承衬套在平面 a 和平面 b 的内径，其正常值范围为 40.035～40.045 mm。

（3）计算轴承衬套与活塞销的配合间隙。用测得的最大轴承衬套的内径减去测得的最小活塞销直径，得到活塞销与衬套的最大配合间隙，其正常值范围为 0.025～0.041 mm。

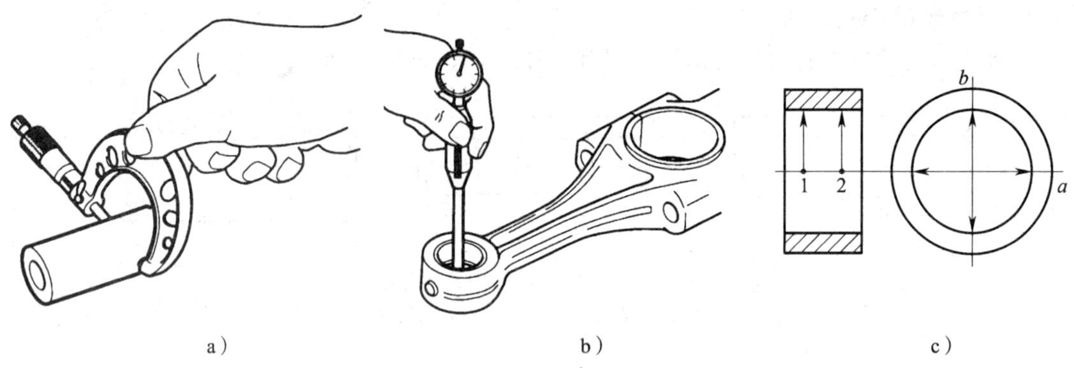

图 2—62　活塞销的检测

a）测量活塞销直径　b）测量轴承衬套内径　c）轴承衬套内径测量的位置及方向

四、连杆组的结构与检修

1. 连杆组的结构

连杆组包括连杆、连杆盖、连杆轴承、连杆螺栓等，如图 2—63 所示。通常将连杆和连杆盖统称为连杆。

连杆工作时要承受活塞销传来的气体压力及本身摆动和活塞往复运动时的惯性力。这些周期性变化的力使连杆受到拉伸、压缩、弯曲等交变载荷的作用，因此要求连杆有足够的刚度和强度，质量尽可能小。

连杆一般采用中碳钢或中碳合金钢经模锻成型，然后进行机械加工和热处理。

（1）连杆。连杆由小头、杆身和大头三部分组成。连杆小头与活塞销连接。采用全浮式连接时，小头孔中有减摩青铜衬套，小头和衬套上钻有集油槽，用来收集飞溅来的润滑油进行润滑。有些发动机连杆小头采用压力润滑，则在连杆杆身内钻有纵向油道。

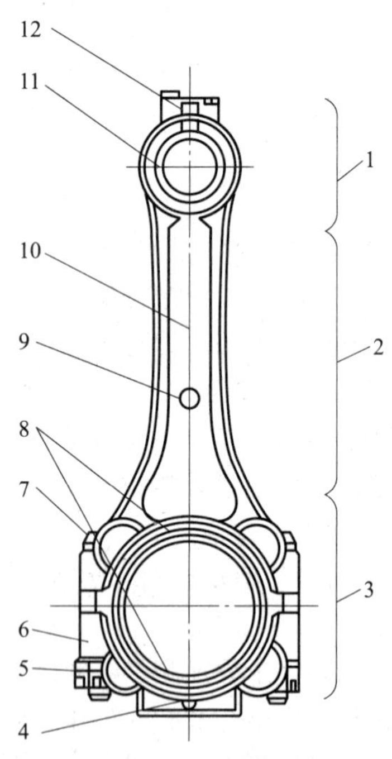

图 2—63　连杆组

1—小头　2—杆身　3—大头　4，9—装配记号（朝前）　5—螺母　6—连杆盖　7—连杆螺栓　8—轴瓦　10—连杆体　11—衬套　12—集油孔

连杆杆身制成“工”字形断面，以求在强度和刚度足够的前提下减小质量。连杆杆身上一般都有朝前标记（见图 2—64a），安装连杆时此标记应朝向发动机前端。图2—64b所示为沃尔沃 D6E 型发动机的活塞连杆，其连杆用大端接合面的定位销作为朝向标记，安装活塞连杆时，定位销应与活塞顶上的朝向标记在同一个方向，共同指向飞轮侧。

连杆大头与曲轴的连杆轴颈连接。为便于安装，连杆大头一般做成剖分式，被分开的部分称作连杆盖，用连杆螺栓紧固在连杆大头上。连杆盖与连杆大头是组合加工的，为防止装配时配对错误，在同一侧刻有配对记号，如图 2—65 所示。

连杆大头按剖分面的方向可分为平切口和斜切口两种。平切口如图 2—66a 所示，切口的剖分面垂直于连杆轴线。一般连杆大头尺寸小于气缸直径时，多采用平切口。斜切口连杆大头如图 2—66b 所示。因为某些发动机连杆大头直径较大，为了拆装时能从气缸内通过，采用了这种形式。剖分面与杆身中心线一般成 30°～60°（常用 45°）夹角，多用于柴油发动机。

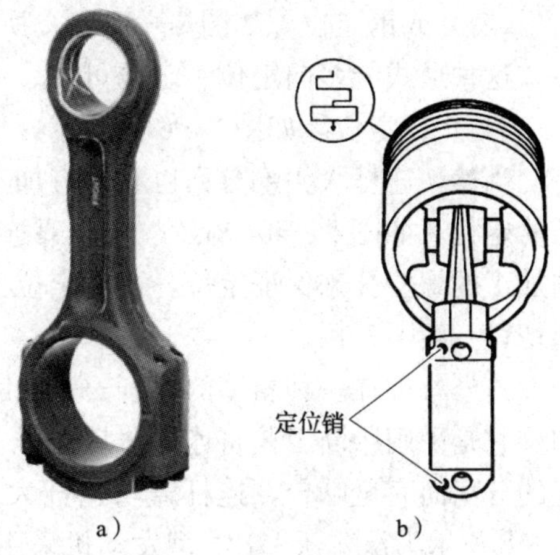

图 2—64　朝前标记

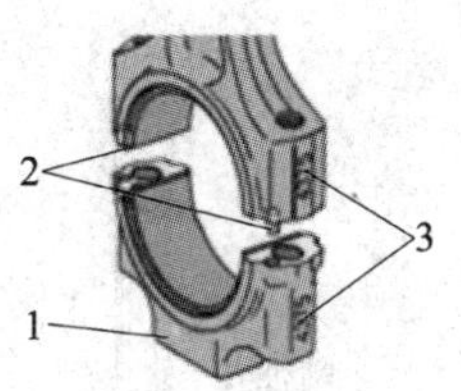

图 2—65　配对记号

1—连杆盖　2—定位销　3—配对记号

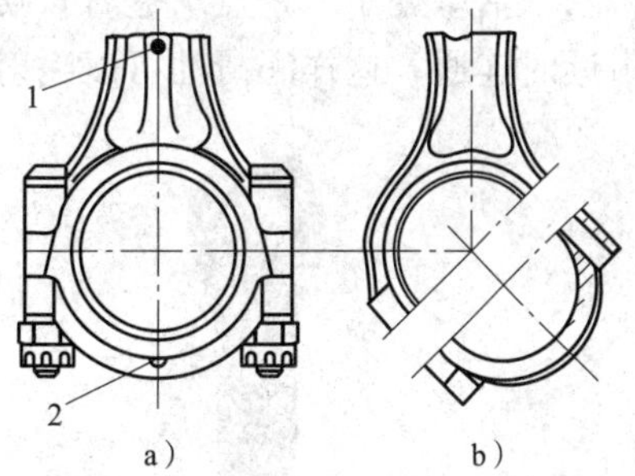

图 2—66　连杆大头剖切形式

a）平切口　b）斜切口

连杆大头剖分面一般会加工出一些定位结构，这样可以减轻连杆螺栓的受力，保证连杆大头内孔的正确形状。常见的切口定位方式有以下几种：

1）锯齿形定位。如图 2—67a 所示，依靠接合面的齿形定位。这种定位方式的优点是贴合紧密，定位可靠，结构紧凑。

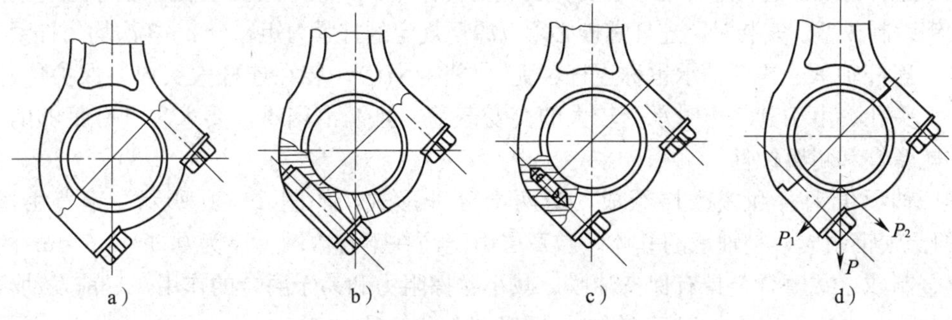

图 2—67　连杆大头定位方式

a）锯齿形　b）定位套　c）定位销　d）止口

2）套或销定位。如图 2—67b、c 所示，依靠套或销与连杆体（或盖）的孔紧密配合定位。这种形式能多向定位，定位可靠。

3）止口定位。如图 2—67d 所示，这种形式工艺简单。

当然，连杆大头剖分面也有没有加工特殊定位结构的，这时连杆大头与连杆盖采用连杆螺栓定位，如图 2—66a 所示。它依靠连杆螺栓上精加工的圆柱凸台式光圆柱面部分与经过精加工的螺栓孔来保证定位。这种定位方式精度较低，一般用于不受横向力的平切口连杆，斜切口一般不采用。

另外，现在一种新型的连杆——胀断连杆，在连杆大头剖分面也不用加工特殊的定位结构，它是采用胀断工艺将连杆盖从连杆本体上断裂而分离出来，这样装配时连杆大头与连杆盖的分离面完全啮合，连杆盖与连杆大头分离面的结合不需要增加额外的定位装置。如图 2—68 所示为沃尔沃 D12F 型发动机采用的胀断连杆。

有些发动机在连杆大头与杆身连接处，面对气缸主承压面（面对发动机的左侧）的一侧钻一喷油孔（直径为 1～1.5 mm），如图 2—69 所示。当曲轴转至曲柄销的油道口与该喷油孔相对的瞬间（活塞处于上止点附近时）喷出润滑油，以润滑气缸壁的承压面。喷油孔正好在上止点附近时连通，这样润滑油可以喷射到气缸的大部分表面上。

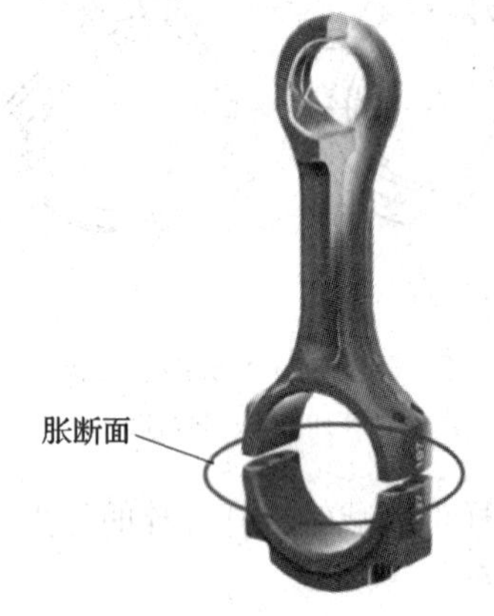

图 2—68　胀断连杆

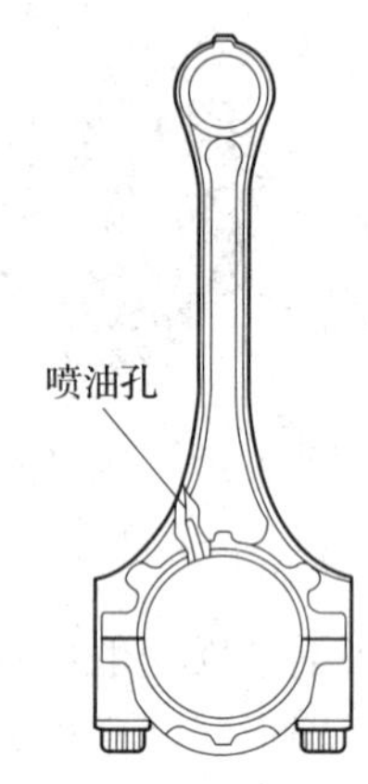

图 2—69　喷油孔

（2）连杆螺栓。连杆螺栓经常承受交变载荷的作用，一般采用韧性较好的优质合金钢或优质碳素钢锻制成型。安装时，连杆螺栓必须以原厂规定的拧紧力矩，分 2～3 次均匀拧紧。

（3）连杆轴承。连杆轴承也称连杆轴瓦（俗称小瓦），装在连杆大头内，保护连杆轴颈和连杆大头孔。由于其工作时承受较大的交变载荷，且润滑困难，要求它具有足够的强度、良好的减摩性和耐腐蚀性。

连杆轴承由钢背和减摩层组成，为两半分开形式，如图 2—70 所示。钢背由厚 1～3 mm的低碳钢制成，是轴承的基体。减摩层由浇注在钢背内圆上厚为 0.3～0.7 mm 的薄层减摩合金制成。减摩合金具有保持油膜、减小摩擦阻力和易于磨合的作用，目前发动机的轴承减摩合金主要有白合金（巴氏合金）、铜铅合金和铝基合金。

半个连杆轴承在自由状态下并不是半圆形，即 $R_1>R_2$。当它们装入连杆大头孔内时，

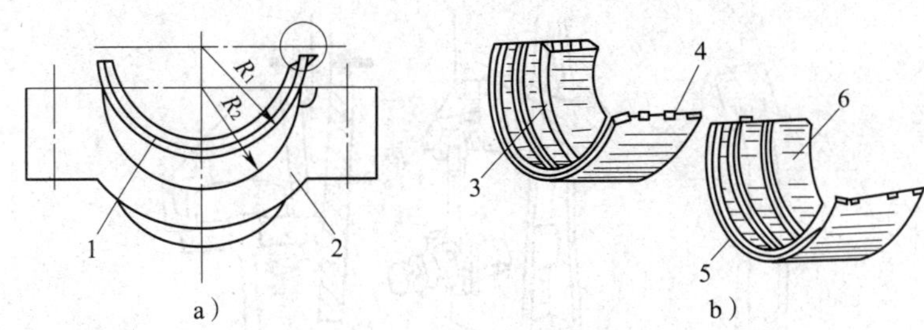

图 2—70　连杆轴承

1—轴承　2—连杆盖　3—油槽　4—定位凸唇　5—钢背　6—减摩合金层

又有过盈，故能均匀地紧贴在大头孔壁及连杆盖上，具有很好的承载和导热能力。在两个连杆轴承的剖分面上分别冲压出高于钢背面的两个定位凸唇，以防止连杆轴承在工作中发生转动或轴向移动。装配时，这两个凸唇分别嵌入连杆大头和连杆盖上相应的凹槽中。在连杆轴承内表面还加工有油槽，用以储油，保证可靠润滑。

2. 连杆组的检修

连杆的损伤有杆身的弯曲变形、扭转变形，小头孔、大头侧面的磨损等。

（1）连杆变形的检测。连杆变形的检测在连杆检验仪上进行，如图 2—71 所示。连杆检验仪上的棱形支承轴能保证连杆大端承孔轴向与检验平板垂直。测量工具是一个带 V 形槽的“三点规”，三点规上三点构成的平面与 V 形槽的对称平面垂直，两下测点的距离为 100 mm，上测点与两下测点连线的距离也是 100 mm。

1）将连杆大头的轴承盖装好（不装轴承），按规定力矩把螺栓拧紧，检查连杆大头孔的圆度和圆柱度应符合要求，然后装上已修配好的活塞销。

2）把连杆大头装在检验仪的支承轴上，拧紧调整螺钉，使定心块向外扩张，把连杆固定在检验仪上。

3）将 V 形检验块两端的 V 形定位面靠在活塞销上，观察 V 形三点规的三个接触点与检验平板的接触情况，即可检查出连杆的变形方向和变形量。

4）连杆变形的检测结果

①没有变形。三点规的三个测点都与平板接触，说明连杆没有变形。

②弯曲变形。若上测点与平板接触，两下测点不接触且与平板距离一致；或两下测点与平板接触而上测点不接触，表明连杆弯曲。用塞尺测出测点与平板的间隙，即为连杆在 100 mm 长度上的弯曲度，如图 2—72 所示。

③扭曲变形。若只有一个下测点与平板接触，另一个下测点与平板不接触，且间隙为上测点与平板间隙的两倍，这时下测点与平板的间隙即为连杆在 100 mm 长度上的扭曲度，如图 2—73 所示。

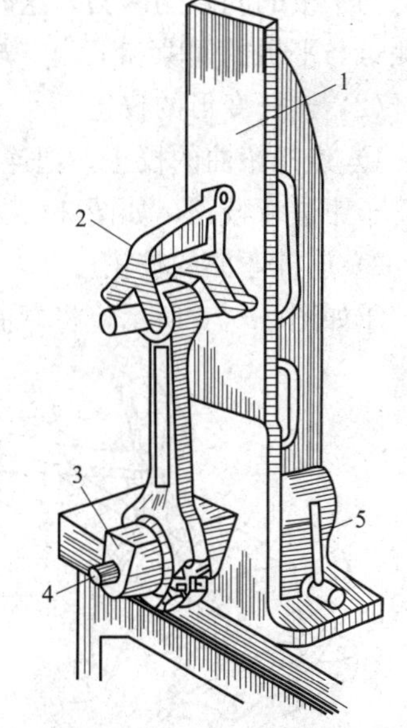

图 2—71　连杆检验仪

1—检验平板　2—量规　3—棱形支承轴　4—调整螺钉　5—锁紧板杆

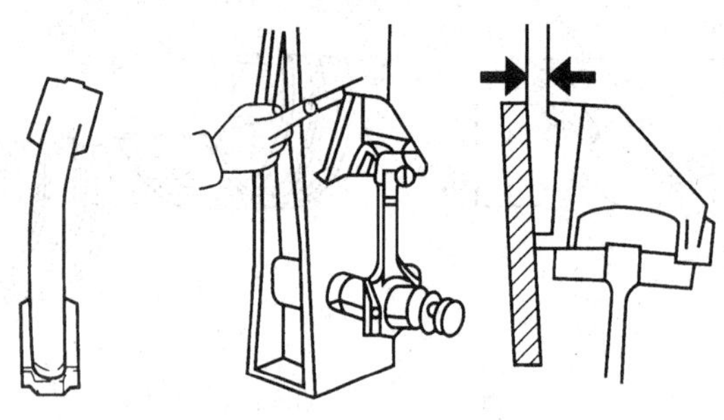

图 2—72　弯曲变形

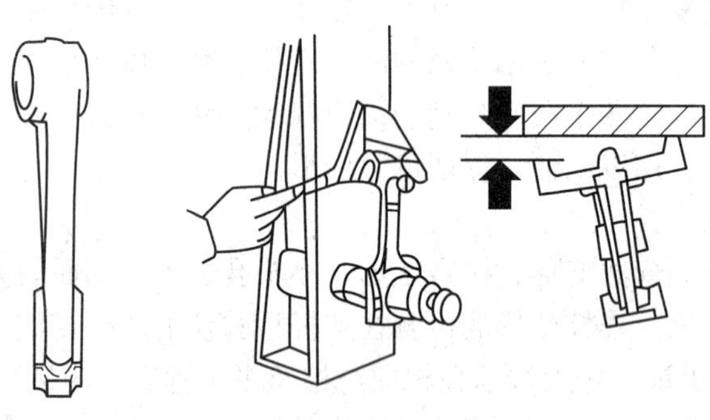

图 2—73　扭曲变形

④弯扭变形并存。如果一个下测点与平板接触，但另一个下测点与平板的间隙不等于上测点与平板的间隙的两倍，这时连杆弯扭变形并存。下测点与平板的间隙为连杆的扭曲度，上测点与平板的间隙和下测点与平板的间隙一半的差值为连杆的弯曲度。

（2）连杆变形的校正

1）连杆扭曲的校正。把连杆盖装好，将连杆夹在台虎钳上，用扭曲校正器、长柄扳钳或管子钳进行校正，如图 2—74 所示。

2）连杆弯曲的校正

①如图 2—75 所示，将弯曲的连杆置于压具上，弯曲部位朝上。

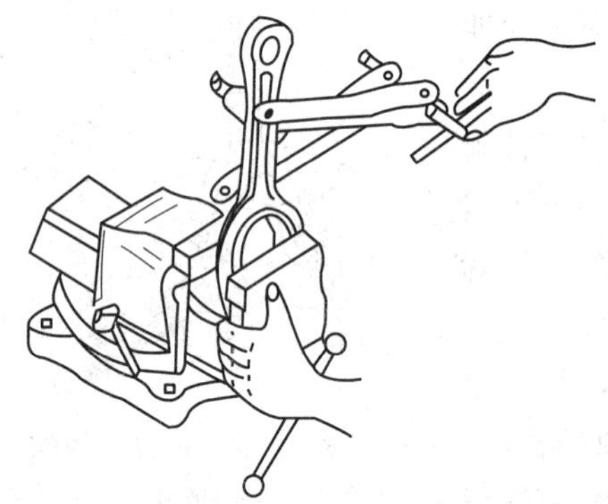

图 2—74　连杆扭曲的校正

图 2—75　连杆弯曲的校正

②施加压力，使连杆向已弯曲的反方向发生变形，并使变形量达到已弯曲部位变形量的数倍以上，停止一段时间，等金属组织稳定后再去掉负荷。

③重新复查校正情况，确定是否需要再校正。

注意
校正时先校扭曲变形，再校弯曲变形，避免反复校正；校正后要进行时效处理，消除弹性后效作用。

五、活塞连杆组的拆装

1. 从发动机上拆下活塞连杆组

(1) 将安装在拆装架上的发动机侧置，拆下离合器罩。

(2) 拧下油底壳上的所有螺栓，拆下油底壳及衬垫。

(3) 拆除机油挡油板、曲轴前端油封支架、机油泵。

(4) 摇转曲轴，将要拆卸的气缸活塞转到处于下止点位置，同时检查活塞顶、连杆大头处有无装配记号，若无装配记号，应先按次序在活塞顶、连杆大头用钢字号码打上记号。

(5) 用扭力扳手拆下连杆螺栓，取下连杆端盖和轴承，按顺序放好，以免搞错。

(6) 用手将连杆向上推，使连杆大头与曲轴连杆轴颈分离，然后用锤柄将活塞连杆组推出气缸。

(7) 取出活塞连杆组后，应将连杆盖和轴承、螺栓按原样装固。注意不要装错，并按缸号顺序整齐地放好。

2. 分解活塞连杆组

(1) 用活塞环拆装钳依次将气环、油环从活塞上拆下，如图 2—76 所示。

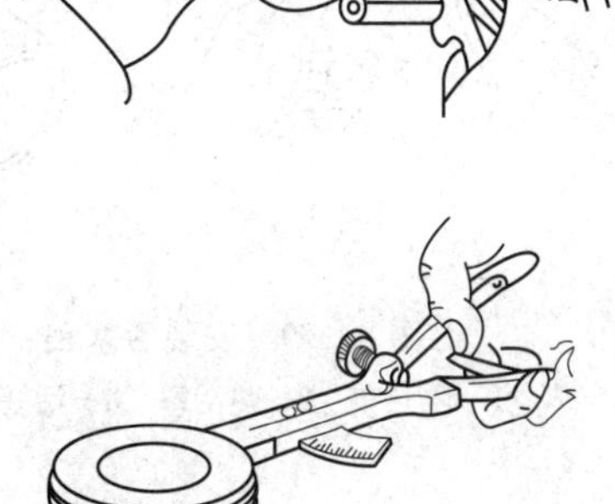

图 2—76　活塞环的拆卸

(2) 将活塞销卡簧用卡簧钳取下，如图 2—77 所示。使用专用工具将活塞销拆下，如图 2—78 所示。

(3) 分解后依次按缸号分组放好，仔细观察活塞连杆组各零件间的相互装配位置。

3. 装配活塞连杆组

(1) 将活塞放在热水中加热至 60℃后取出，擦拭干净。

(2) 安装活塞销。在活塞销座孔、连杆小头衬套孔和活塞销上涂上一层薄薄的机油。若发动机采用全浮式连接的活塞销，安装时先将活塞在温度为 70～80℃的水中或机油中加热，然后再用手指将涂有润滑油的活塞销推入座孔，如图 2—79a 所示。应注意活塞上的朝前标记应与连杆杆身上的朝前标记在同一侧，如图 2—79b 所示。

(3) 安装活塞销两侧的卡簧，如图 2—80 所示。

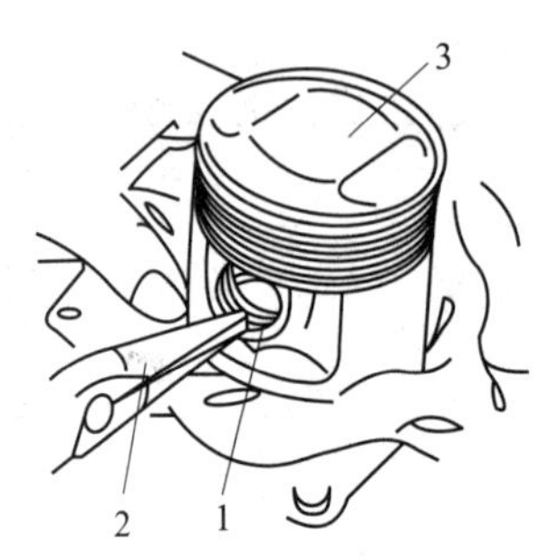

图 2—77　活塞销卡簧的拆卸

1—活塞销卡簧　2—卡簧钳　3—活塞

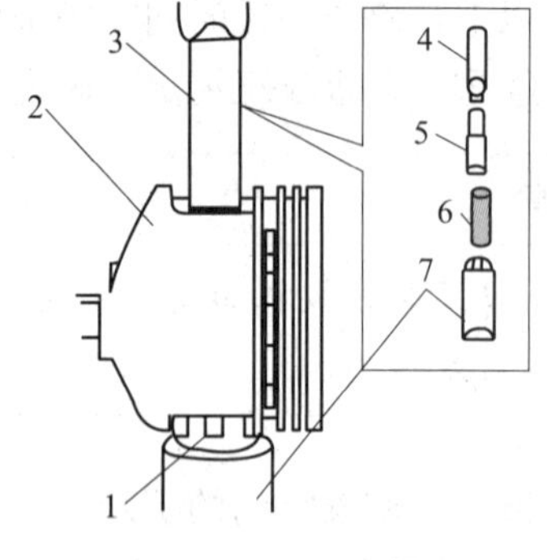

图 2—78　活塞销的拆卸

1，4—调整窗口　2—活塞　3—冲头

5—导管　6—活塞销　7—工具

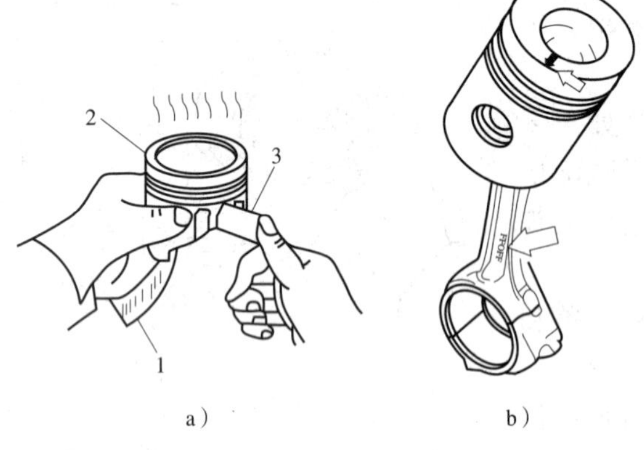

图 2—79　安装活塞销

1—隔热布　2—热活塞　3—活塞销

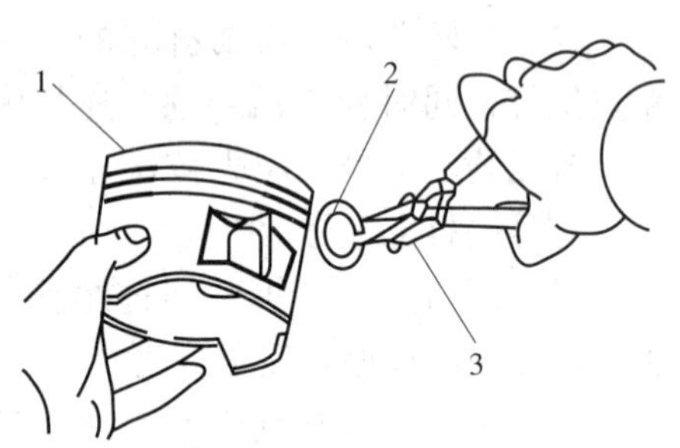

图 2—80　安装活塞销卡簧

1—活塞　2—卡簧　3—卡簧钳

第四节　曲轴飞轮组的构造与检修

曲轴飞轮组主要由曲轴、飞轮、扭转减振器、带轮、正时齿轮（或链轮）等组成，如图 2—81 所示。

一、曲轴的构造与检修

1. 曲轴的构造

（1）曲轴的功用与工作条件。曲轴的主要作用是把活塞连杆组传来的气体压力转变为转矩对外输出。另外，曲轴还用来驱动发动机的配气机构及其他辅助装置（如发电机、风扇、水泵、转向油泵等）。

工作时，曲轴承受气体压力、惯性力、惯性力矩等的作用，受力大而且受力复杂；同时曲轴又是高速旋转件，因此，要求曲轴具有足够的刚度和强度，具有良好的承受冲击载荷的能力，耐磨损且润滑良好。

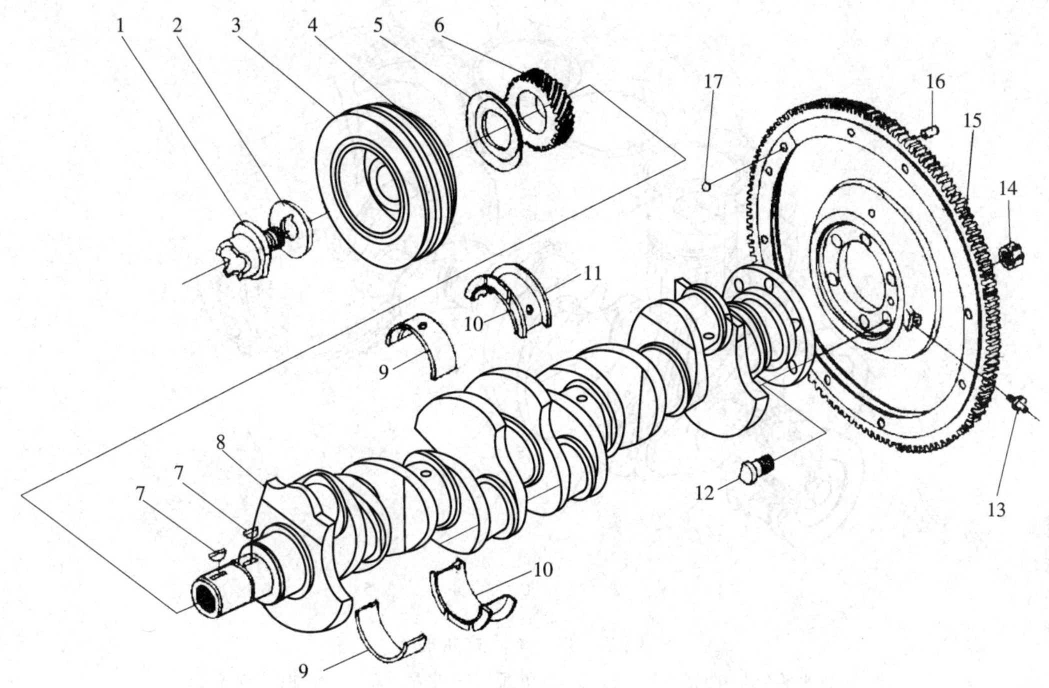

图 2—81　曲轴飞轮组

1—起动爪　2—起动爪锁紧垫圈　3—扭转减振器　4—带轮　5—挡油片　6—正时齿轮　7—半圆键　8—曲轴　9—主轴承上、下瓦　10—中间主轴承上、下瓦　11—止推片　12—螺栓　13—润滑脂嘴　14—螺母　15—飞轮与齿圈　16—离合器盖定位销　17—第一、第六缸活塞压缩上止点记号

(2) 曲轴的材料。目前曲轴大多采用优质中碳钢（如 45 钢）或中碳合金钢（如 45Mn2、40Cr 钢等）锻制，轴颈再经表面淬火。另外，球墨铸铁曲轴也广泛应用。球墨铸铁曲轴刚度大，耐磨性能好，还有良好的吸振性，但较脆。

(3) 构造。曲轴有整体式和组合式两种。

整体式曲轴如图 2—82 所示。曲轴的基本组成包括前端轴、主轴颈、连杆轴颈、曲柄、平衡重、后端轴等。一个连杆轴颈和它两端的曲柄及主轴颈构成一个曲拐。

1) 主轴颈和连杆轴颈。主轴颈是曲轴的支承部分，每个连杆轴颈两边都有一个主轴颈的称为全支承曲轴（见图 2—83a），显然它的主轴颈数比连杆轴颈数多一个。主轴颈数等于或少于连杆轴颈数的称为非全支承曲轴，如图 2—83b 所示。全支承曲轴因其刚性好且主轴颈的负荷较小，用于柴油发动机和负荷较大的汽油机。非全支承曲轴结构简单且长度较短，常用于中、小负荷的汽油机。

因为前端轴驱动辅助装置和后端轴支承飞轮，增加了两端主轴颈的负荷。有些曲轴中间一道主轴颈两边的连杆轴颈在同一个方向，或中间两气缸进气道短、充气量大、动力大，使得中间主轴颈负荷较大。所以，一般发动机曲轴两端的主轴颈和有些曲轴的中间主轴颈较长，使接触面积增大，可均衡各主轴颈的磨损。

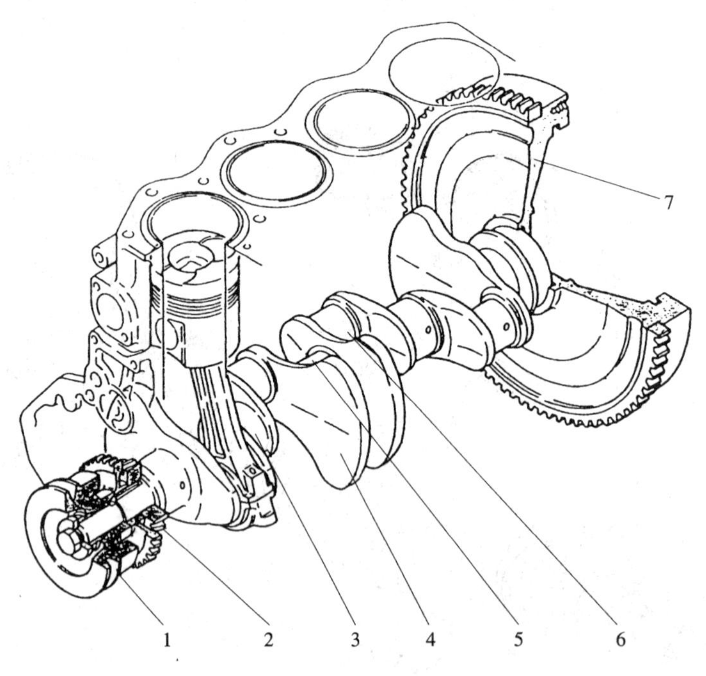

图 2—82　整体式曲轴

1—曲轴带轮　2—曲轴齿轮　3，5—主轴颈　4—曲柄　6—连杆轴颈　7—飞轮

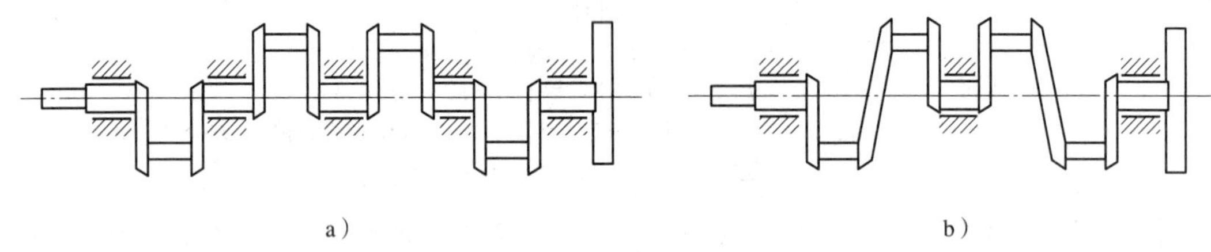

图 2—83　曲轴的支承形式

a）全支承式　b）非全支承式

连杆轴颈又叫曲柄销。在直列发动机上，连杆轴颈与气缸数相同。在 V 形发动机上，因为绝大多数是在一个连杆轴颈上装左、右两列各一个气缸的连杆，所以连杆轴颈为气缸数的一半。

曲轴上钻有贯穿主轴颈、曲柄和连杆轴颈的油道，以使润滑油能够润滑主轴颈和连杆轴颈。油道口有倒角，以防刮伤轴承。有些连杆轴颈做成中空式，如图 2—84 所示。空腔的开口用螺塞 8 封闭，在连杆轴颈的油道内插有油管 6，管口伸入空腔，并弯成图示形状。这种中空式连杆轴颈，一方面减小了质量和离心力，另一方面又构成了积污腔，使从主轴承来的润滑油中的机械杂质由于离心力而甩向腔壁，使流入连杆轴承的润滑油得到离心滤清而净化。这种结构的缺点如下：在起动初期有时连杆轴颈不能立即得到润滑，需待润滑油充满大部分空腔之后才能获得良好的润滑。有积污腔的曲轴，维修时应清除积污，以保证连杆轴承的润滑。此外，常把连杆轴颈空心部分的中心线稍向外偏移（见图 2—84），这是为了进一步减小离心力。

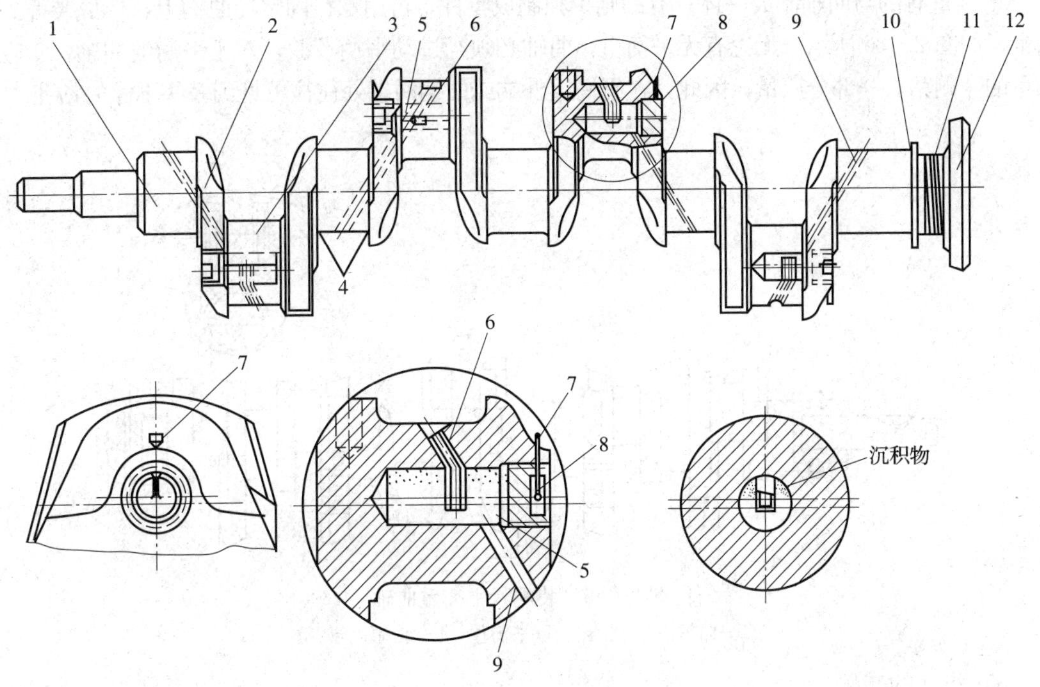

图 2—84　曲轴油道

1—主轴颈　2—轴柄　3—连杆轴颈　4—圆角　5—积污腔　6—油管　7—开口销　8—螺塞　9—油道　10—挡油盘　11—回油螺纹　12—凸缘盘

2）曲柄和平衡重。曲柄是用来连接主轴颈和连杆轴颈的。平衡重的作用是平衡连杆大头、连杆轴颈和曲柄等产生的离心力及其力矩，有时也平衡活塞连杆组的往复惯性力和力矩，以使发动机运转平稳，并减小曲轴轴承的负荷。

四缸以上的直列式发动机，虽从整体上来说其惯性力矩是平衡的，但曲轴局部却受弯矩作用，如图 2—85a 所示。惯性力 F_1、F_4 与 F_2、F_3 互相平衡，力矩 M_{1-2} 与 M_{3-4} 互相平衡，但两个力矩会造成曲轴弯曲并加重曲轴的负荷。为了减轻主轴承的负荷，改善其工作条件，一般都在曲柄的相反方向上设置平衡重，使其产生的力矩与上述惯性力矩相平衡，如图2—85b所示。

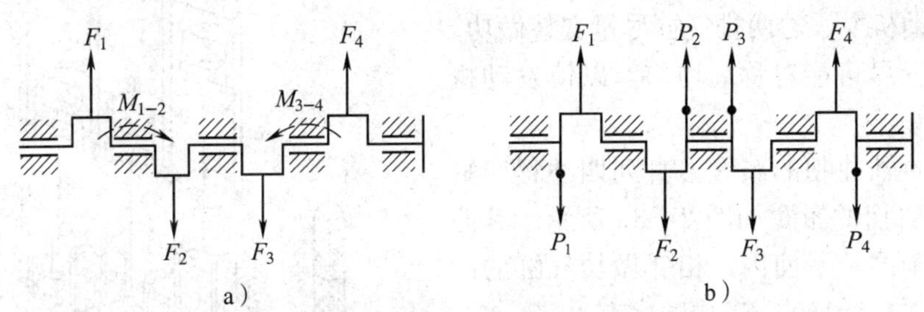

图 2—85　曲轴的平衡

a）无平衡重　b）加平衡重

F_1、F_2、F_3、F_4—曲拐和活塞连杆组的惯性力　P_1、P_2、P_3、P_4—平衡重的离心力

平衡重有的与曲轴制成一体；有的则单独制成零件，再用螺钉固定在曲柄上，形成装配式平衡重，如图 2—86 所示。无论有无平衡重，曲轴必须经过动平衡校验，对不平衡的曲轴，常在其偏重的一侧钻去一部分质量，因此，在平衡重外端或曲柄两端处往往可见到一些不深的钻孔。

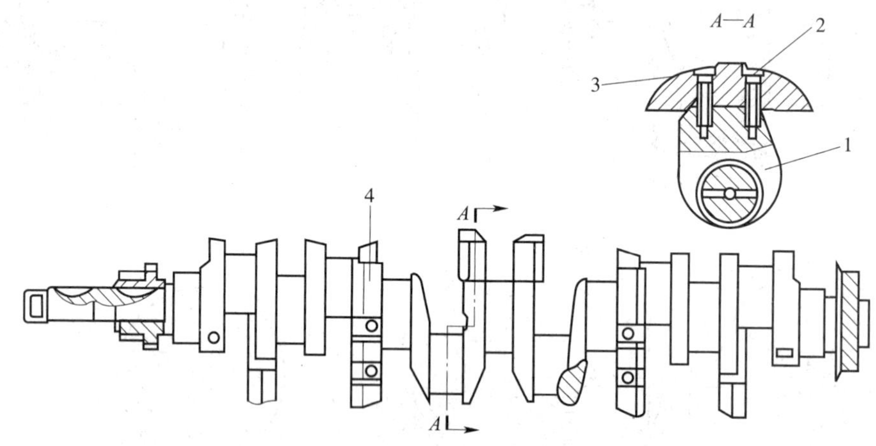

图 2—86　装配式平衡重曲轴

1—曲轴　2—螺栓　3—平衡重　4—紧固螺栓焊缝

3）曲拐的布置

①曲拐布置的一般规律。多缸发动机曲轴曲拐的布置与气缸数、气缸的排列形式（直列、V 形）、发动机的平衡以及各缸工作顺序有关。

各缸的做功间隔角要尽量均衡，以使发动机运转平稳。与此对应的是，对于直列式发动机来说，连续工作的两个气缸相对的夹角（即连杆轴颈的分配角）要相等，并等于一个工作循环期间曲轴转角除以气缸数。如四冲程六缸发动机，曲轴每转两圈（720°）各缸都应工作一次，则相邻做功的两气缸相对应的曲拐互成 720°/6＝120°夹角。

连续做功的两缸相隔尽量远些，最好是在发动机的前半部和后半部交替进行，这样一方面可减少主轴承连续承载，另一方面避免相邻两缸进气门同时开启而发生抢气现象，可使各缸进气分配较均匀。

V 形发动机左、右两排气缸尽量交替做功。

曲拐布置尽可能对称、均匀，以使发动机工作平衡性好。

②常用曲轴曲拐的布置。直列四冲程四缸发动机曲轴曲拐的布置如图 2—87 所示。其曲拐对称布置于同一平面内，相邻做功气缸的曲拐夹角为 720°/4＝180°，工作顺序有 1—3—4—2 和 1—2—4—3 两种，在柴油发动机上前者应用较多，工作循环见表 2—2。

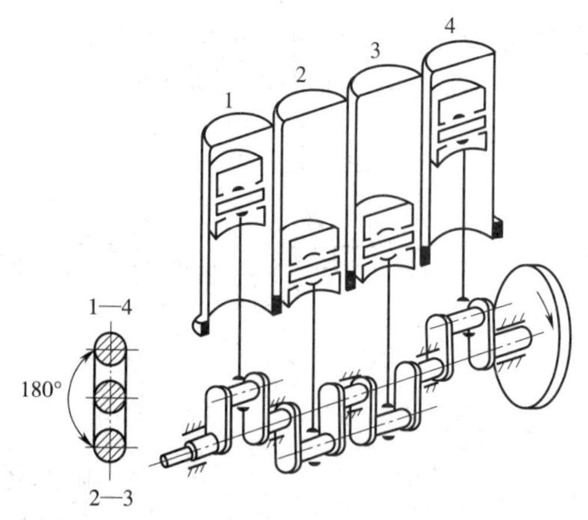

图 2—87　直列四冲程四缸发动机曲轴曲拐的布置简图

表 2—2　　　　　　　　直列四冲程四缸发动机工作循环

工作顺序 1—3—4—2					工作顺序 1—2—4—3				
曲轴转角（°）	第一缸	第二缸	第三缸	第四缸	曲轴转角（°）	第一缸	第二缸	第三缸	第四缸
0～180	做功	排气	压缩	进气	0～180	做功	压缩	排气	进气
180～360	排气	进气	做功	压缩	180～360	排气	做功	进气	压缩
360～540	进气	压缩	排气	做功	360～540	进气	排气	压缩	做功
540～720	压缩	做功	进气	排气	540～720	压缩	进气	做功	排气

直列四冲程六缸发动机中应用较广泛的一种曲轴曲拐布置形式如图 2—88 所示，曲拐均匀地布置在互成 120°的三个平面内，相邻工作两缸的曲拐夹角为 720°/6=120°，工作顺序为 1—5—3—6—2—4 或者 1—4—2—6—3—5，前者应用较多，工作循环见表 2—3。

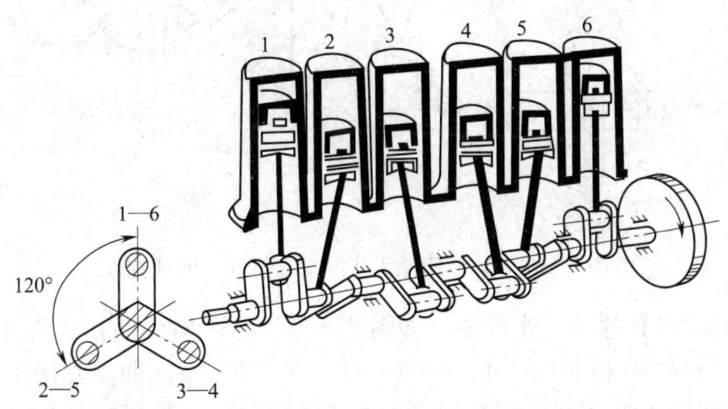

图 2—88　直列四冲程六缸发动机曲轴曲拐的布置简图

表 2—3　　　　直列四冲程六缸发动机工作循环（工作顺序 1—5—3—6—2—4）

<table>
<tr><th colspan="2">曲轴转角（°）</th><th>第一缸</th><th>第二缸</th><th>第三缸</th><th>第四缸</th><th>第五缸</th><th>第六缸</th></tr>
<tr><td rowspan="3">0～180</td><td>0～60</td><td rowspan="3">做功</td><td rowspan="2">排气</td><td></td><td></td><td rowspan="2">压缩</td><td rowspan="3">进气</td></tr>
<tr><td>60～120</td><td rowspan="3">压缩</td><td rowspan="3">排气</td></tr>
<tr><td>120～180</td><td rowspan="3">进气</td><td rowspan="3">做功</td></tr>
<tr><td rowspan="3">180～360</td><td>180～240</td><td rowspan="3">排气</td><td rowspan="3">压缩</td></tr>
<tr><td>240～300</td><td rowspan="3">做功</td><td rowspan="3">进气</td></tr>
<tr><td>300～360</td><td rowspan="3">压缩</td><td rowspan="3">排气</td></tr>
<tr><td rowspan="3">360～540</td><td>360～420</td><td rowspan="3">进气</td><td rowspan="3">做功</td></tr>
<tr><td>420～480</td><td rowspan="3">排气</td><td rowspan="3">压缩</td></tr>
<tr><td>480～540</td><td rowspan="3">做功</td><td rowspan="3">进气</td></tr>
<tr><td rowspan="3">540～720</td><td>540～600</td><td rowspan="3">压缩</td><td rowspan="3">排气</td></tr>
<tr><td>600～660</td><td rowspan="2">进气</td><td rowspan="2">做功</td></tr>
<tr><td>660～720</td><td></td><td></td></tr>
</table>

V形四冲程八缸发动机曲轴有四个曲拐，结构形式如下：一种为正交两平面内布置的空间曲拐，如图2—89所示；另一种为平面曲拐，与图2—87所示直列四冲程四缸发动机布置相同。因空间曲拐平衡性较好，应用较多。

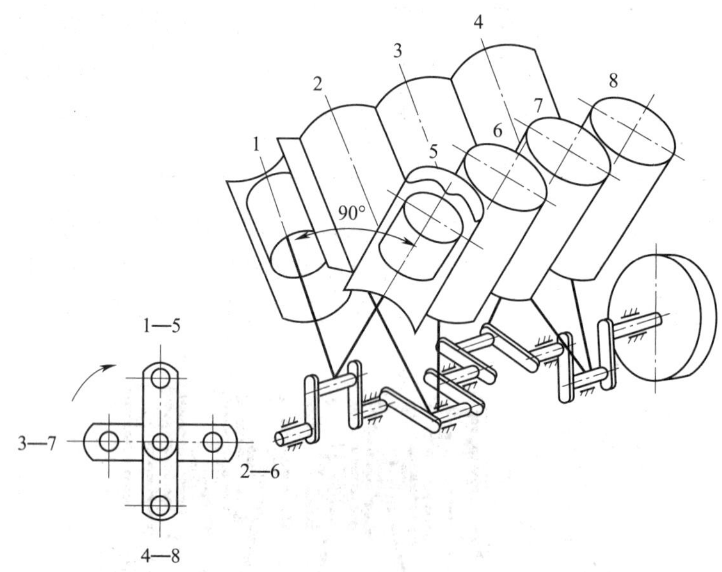

图2—89　V形四冲程八缸发动机的空间曲拐

两种曲拐的发动机有数种工作顺序。如图2—89所示的空间曲拐，其发动机工作顺序有1—5—4—8—6—3—7—2和1—5—4—2—6—3—7—8等。空间曲拐发动机气缸中线夹角均为90°，各缸做功间隔为720°/8=90°。表2—4列出了一种工作循环。为了显示多缸做功过程的重叠，表中的缸号是按工作顺序排列的。

表2—4　　V形四冲程八缸发动机工作循环（工作顺序1—5—4—8—6—3—7—2）

<table>
<tr><th>曲轴转角（°）</th><th>第一缸</th><th>第五缸</th><th>第四缸</th><th>第八缸</th><th>第六缸</th><th>第三缸</th><th>第七缸</th><th>第二缸</th></tr>
<tr><td rowspan="2">0
↓　90—
180</td><td rowspan="2">做功</td><td>压缩</td><td rowspan="2">压缩</td><td>进气</td><td rowspan="2">进气</td><td>排气</td><td rowspan="2">排气</td><td>做功</td></tr>
<tr><td rowspan="2">做功</td><td rowspan="2">压缩</td><td rowspan="2">进气</td><td rowspan="2">排气</td></tr>
<tr><td rowspan="2">180
↓　270—
360</td><td rowspan="2">排气</td><td rowspan="2">做功</td><td rowspan="2">压缩</td><td rowspan="2">进气</td></tr>
<tr><td rowspan="2">排气</td><td rowspan="2">做功</td><td rowspan="2">压缩</td><td rowspan="2">进气</td></tr>
<tr><td rowspan="2">360
↓　450—
540</td><td rowspan="2">进气</td><td rowspan="2">排气</td><td rowspan="2">做功</td><td rowspan="2">压缩</td></tr>
<tr><td rowspan="2">进气</td><td rowspan="2">排气</td><td rowspan="2">做功</td><td rowspan="2">压缩</td></tr>
<tr><td rowspan="2">540
↓　630—
720</td><td rowspan="2">压缩</td><td rowspan="2">进气</td><td rowspan="2">排气</td><td rowspan="2">做功</td></tr>
<tr><td>压缩</td><td>进气</td><td>排气</td><td>做功</td></tr>
</table>

平面曲拐的发动机工作顺序有 1—8—2—7—4—5—3—6 和 1—8—3—6—4—5—2—7 等。它的气缸中线夹角有的不为 90°，如太脱拉 T—928 型柴油发动机夹角为 75°，所以它的做功间隔角不等，是 75°和 105°相间进行的。

事实上，V 形发动机气缸序号的排列方法因机型而异。有的以左右顺序排列，有的以左右交叉排列。所以说，要想知道 V 形发动机的工作顺序，必须先弄清该发动机气缸序号的排列方式。

③前端轴与后端轴。前端轴是第一道主轴颈之前的部分，通常有键槽和螺纹，用来安装正时齿轮、带轮以及起动爪、扭转减振器等。图 2—90 所示为曲轴前端的一种结构形式。

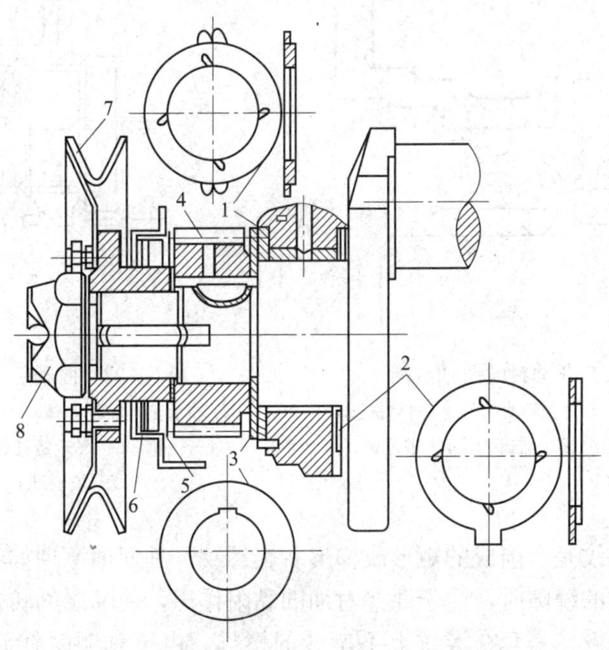

图 2—90 曲轴前端的结构形式

1，2—滑动推力轴承 3—止推片 4—正时齿轮 5—甩油盘
6—自紧油封 7—带轮 8—起动爪

后端轴是最后一道主轴颈之后的部分，一般在其后端有凸缘盘，用以安装飞轮。另外，轴颈上通常还有一些防漏装置。不少曲轴没有凸缘盘，飞轮用螺栓紧固于曲轴后端面，整体式自紧油封装于后端，密封功能好，油封更换方便，此类结构日渐广泛使用。其中，有的发动机曲轴还在该段装有信号发生器齿轮，如图 2—91 所示。

曲轴前、后端都伸出曲轴箱，为了防止润滑油沿轴颈流出，在曲轴前、后端都设有防漏装置。常用的防漏装置有挡油盘、填料油封、自紧油封、回油螺纹等。一般发动机采用两种或两种以上防漏装置组成复合式防漏结构，但一般都有起主要防漏作用的挡油盘。

图 2—90 所示为曲轴前端的一种复合式防漏结构，带轮 7 内端装有甩油盘 5，正时齿轮室盖上装有自紧油封 6。其防漏过程如下：当飞溅的润滑油落在甩油盘上时，由于盘随曲轴高速旋转产生离心力，使油甩到正时齿轮室内，流回油底壳；剩下少量润滑油落在甩油盘与

油封之间的轴颈上，被自紧油封所密封，从而达到防漏的目的。

图 2—92 所示为曲轴后端的复合防漏结构，由与曲轴制成一体的甩油盘、回油螺纹、扣合式填料油封（油质石棉盘根）组成。其防漏过程如下：从主轴缝隙中流向后端的润滑油主要被甩油盘甩入轴承座孔后面的凹槽内，并经轴承盖上的回油孔流回油底壳；少量润滑油流至回油螺纹区，被回油螺纹返回甩油盘而甩回油底壳；再有少量润滑油流至回油螺纹以外，便由填料油封所密封，从而起到防漏作用。

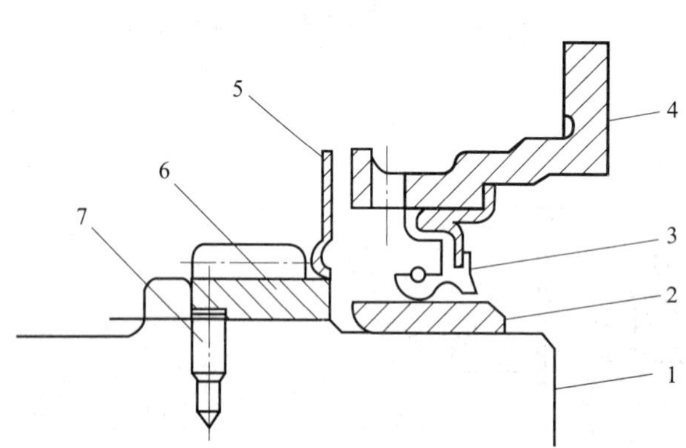

图 2—91　装自紧油封的曲轴后端

1—曲轴　2—衬套　3—自紧油封　4—油封护圈　5—甩油盘　6—信号发生器齿轮　7—定位销

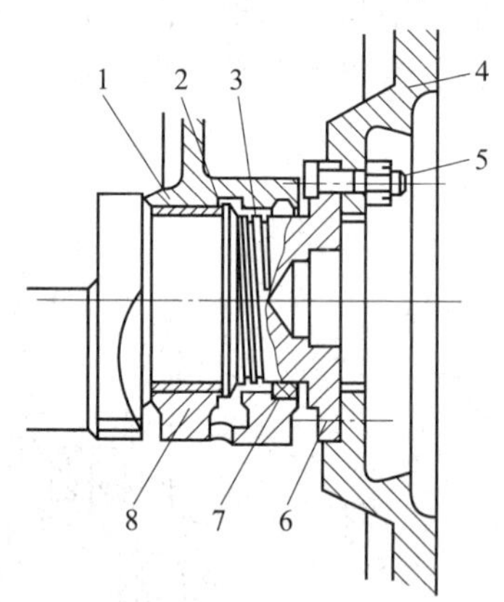

图 2—92　曲轴后端的复合防漏结构

1—轴承座（曲轴箱体）　2—甩油盘　3—回油螺纹　4—飞轮　5—飞轮螺栓、螺母　6—曲轴凸缘盘　7—填料油封　8—轴承盖

曲轴上的回油螺纹是车削成的矩形或梯形右旋螺纹。其回油原理如下：当润滑油流至回油螺纹区轴与孔之间的缝隙时，由于孔壁对油的黏附作用，使油层的转速低于轴的转速，这时可相对地将润滑油看作是套在螺纹上不旋转的螺母。由于轴顺时针旋转（从前向后看），油层就被向前旋回油底壳。使用回油螺纹防漏，孔和轴的配合间隙不能过大，其同轴度的要求也较高。因为热车时机油黏度降低，如果间隙过大，靠近孔壁的一层机油不能随曲轴转回，使密封效能降低。

无论前端还是后端，自紧油封应使其刃口朝向曲轴箱内，才能很好地发挥其密封作用。挡油盘应使其凹面朝外，如前端的凹面应朝前，一方面防止其外沿碰撞正时齿轮，更重要的是为了遮盖轴颈，减小油封的负荷。

④曲轴的轴向定位。曲轴作为长杆形转动件，必须与其固定件之间有一定的轴向间隙。间隙过小，曲轴转动阻力大；间隙过大，曲轴发生轴向窜动，从而影响活塞连杆组的正常运动和其他机件的正常工作。因此曲轴必须有轴向定位装置。

曲轴的轴向定位方式有止推片（或止推轴承）和翻边轴瓦两种。

止推片与轴瓦相似，是在低碳钢背上浇注一层减摩合金，且制有若干凹穴，以便机油进入摩擦表面。

止推片装在前端第一道主轴承时，一般是整体式的（止推轴承），如图 2—90 所示。它是两片整体式圆环，分别装在主轴承两侧。后片外圆上有一舌榫，舌榫伸入轴承盖相应的凹槽内；前片则用两个止动销做周向定位，防止其转动。止推片有减摩合金的一面应朝向曲轴及正时齿轮等转动件。

当曲轴向前窜动时，后止推片承受轴向推力。曲轴向后窜动时，前止推片承受轴向推力。当止推片装在中间某道主轴承上时，一般采用分开式的止推片或翻边轴瓦。分开式止推片即将止退圈做成两个半圆止推片，如图 2—93 所示。

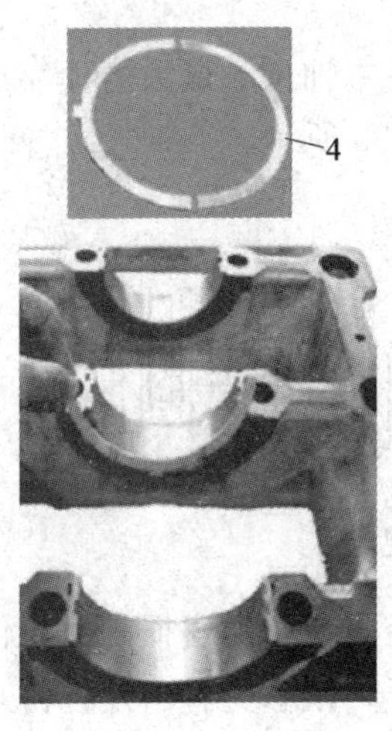

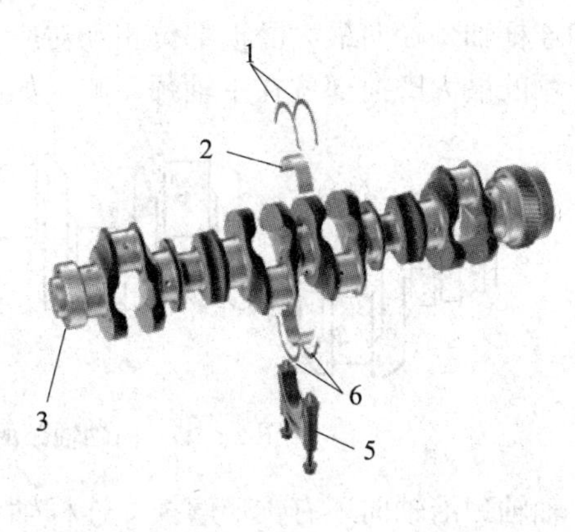

图 2—93　分开式止推片

1，4，6—止推片　2—主轴承　3—曲轴　5—主轴承盖

翻边轴瓦是将止推片与主轴承制成一体，如图 2—94 所示。其安装位置如图 2—81 所示，图 2—81 中装在中间第四道主轴承处的 10、11，就是与止推片制成一体的翻边轴瓦。

曲轴的轴向间隙是由止推片的厚度来调整的，在使用中垫片磨薄，间隙增大，则应更换或修复止推片。

⑤主轴承。主轴承（俗称大瓦）的基本构造与连杆轴承大体相同，主要区别如下：为了向连杆轴承输送润滑油，在主轴承上都开有周向油槽和主油孔。有些负荷不太大的发动机，为了通用，上、下两片轴承都制有油槽。有些发动机只在上轴承上开油槽式通油孔；而负荷较重的下轴承不开油槽，在相应的主轴颈上开径向通孔。这样，主轴承便能不间断地向连杆轴承供给润滑油。但应注意，后一种主轴承上、下片不能互换，否则主轴承的来油通路将被堵塞。

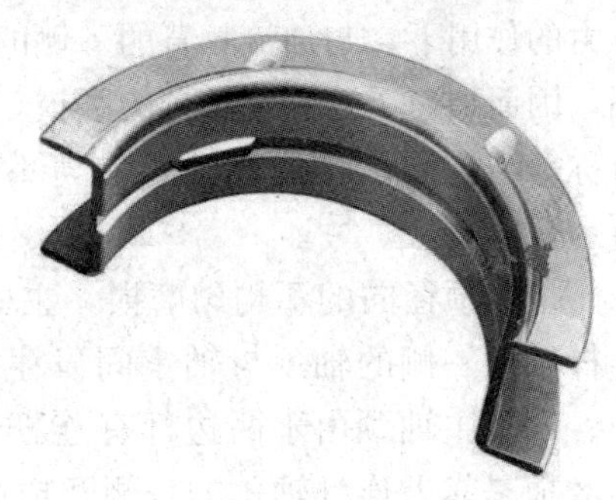

图 2—94　翻边轴瓦

2．曲轴的检修

曲轴本身结构和形状复杂，沿长度上各处断面尺寸差异很大。曲轴的抗弯强度低，连杆轴颈与曲柄臂交接处应力集中相当严重。在工作时，既要承受周期性不断变化着的燃烧气体压力和活塞连杆组往复运动的惯性力，还要承受自身旋转运动的离心惯性力，以及这些力所

形成的力矩的作用。如果曲轴的扭转刚度不够或动不平衡值超限，在高速运动时就会引起曲轴强烈的扭转共振。另外，曲轴各道轴颈表面要承受很大的单位压力，且有很高的滑动摩擦速度，摩擦副的散热条件也较差。上述工况可能导致曲轴的弯曲、扭转、断裂破坏和轴颈磨损。对曲轴进行适时检验和及时修理，可有效提高发动机性能并延长其使用寿命。

（1）曲轴的耗损

1）轴颈的磨损。曲轴主轴颈和连杆轴颈的磨损是不均匀的，但磨损部位有一定的规律性。

主轴颈和连杆轴颈径向最大磨损部位相互对应，即各主轴颈的最大磨损靠近连杆轴颈一侧，而连杆轴颈的最大磨损部位在主轴颈一侧，如图 2—95 所示。

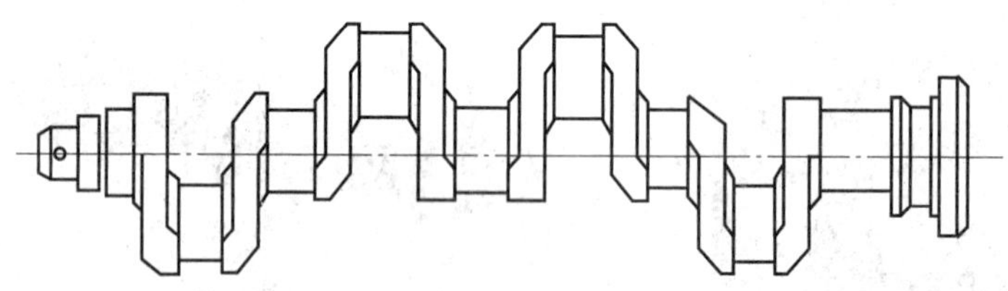

图 2—95 曲轴轴颈的磨损规律

此外，曲轴轴颈沿轴向还有锥形磨损。连杆轴颈的径向不均匀磨损是由于作用在轴颈上的力沿圆周方向分布不均匀引起的。发动机工作时，连杆轴颈承受着由连杆传来的周期性变化的气体压力、活塞连杆组往复运动的惯性力及连杆大端回转运动的离心力作用，这些力的合力作用在连杆轴颈内侧，方向始终沿曲柄半径向外，使连杆大头始终压紧在连杆轴颈内侧，因而连杆轴颈的内侧磨损最大。

连杆轴颈轴向也呈不均匀磨损。由于通往连杆轴颈的油道是倾斜的，曲轴旋转时，在离心力的作用下，与油流相背的一侧的轴承间隙形成涡流，使机械杂质偏积在连杆轴颈的这一端，因而加速了这一端轴颈的磨损，使连杆轴颈磨损呈锥形。此外，连杆弯曲、连杆大头不对称等结构原因，造成轴颈受力不均匀，都会使轴颈沿轴向呈不均匀磨损，如图 2—95 所示。

主轴颈径向的不均匀磨损，主要是受连杆、连杆轴颈及曲柄臂离心力的影响，使靠近连杆轴颈一侧的轴颈与轴承间发生的相对磨损较大。如图 2—95 所示，五个主轴颈中，二、四道主轴颈由于两边都有连杆轴颈，受力较均匀，磨损也较均匀，而其余三道轴颈的磨损是靠近连杆轴颈的一侧磨损严重。实践证明，连杆轴颈的磨损比主轴颈的磨损严重，这主要是由于连杆轴颈的负荷较大、润滑条件较差等造成的。同时，主轴颈的不均匀磨损后果也相当严重，各轴颈不同方向的磨损导致主轴颈同轴度破坏，这往往是某些曲轴断裂的原因。

轴颈表面还可能出现擦伤和烧伤。擦伤主要是机油不清洁，其中较大的机械杂质在轴颈表面划出沟痕。烧瓦后，轴颈表面会出现严重的擦伤划痕，轴颈表面烧灼后变成蓝色。

2）曲轴弯曲与扭曲变形。所谓曲轴弯曲，是指主轴颈的同轴度误差大于 0.05 mm。若连杆轴颈分配角误差大于 0°30′，则称为曲轴扭曲。曲轴发生弯曲和扭曲变形，是由于使用不当和修理不当造成的。如发动机在爆燃和超负荷等条件下，个别气缸不工作或工作不均衡，各道主轴承松紧度不一致，主轴承承孔同轴度偏差增大等，都会造成曲轴承载后的弯扭变形。曲轴发生弯曲变形后，将加剧活塞连杆组各气缸的磨损，以及加剧曲轴和轴承的磨损，甚至导致曲轴的疲劳折断。

曲轴的扭曲变形也将影响发动机的配气正时和点火正时。经验证明，扭曲变形主要是由于烧瓦和个别活塞卡缸（胀缸）造成的。当个别气缸壁间隙过小或活塞热膨胀过大，活塞运动阻力将增大，曲轴运转不均匀，发展到活塞卡缸，若未及时发现或卡缸发生后处理不当，便会导致曲轴的扭曲。此外，拖挂时起步过猛和紧急制动（未踩下离合器踏板）以及起步、超载等，都会引起曲轴的扭曲变形及其他耗损。

3）曲轴的断裂。曲轴的裂纹多发生在曲柄臂与轴颈之间的过渡圆角处以及油孔处。前者是横向裂纹，严重时将造成曲轴断裂；后者多为轴向裂纹，沿斜置油孔的锐边向轴向发展。

曲轴的横向、轴向裂纹主要是应力集中引起的，曲轴变形和修磨不慎也会使过渡区的应力陡增，易导致曲轴的疲劳断裂。

4）曲轴的其他损伤。曲轴的其他损伤有起动爪螺孔损伤、曲轴前后油封轴颈磨损、曲轴后凸缘固定飞轮的螺栓孔磨损、凸缘盘中间支承孔磨损、带轮轴颈和凸缘圆跳动误差过大等。

（2）曲轴的检验。曲轴的检验主要包括裂纹的检验、变形的检验和磨损的检验等。

1）裂纹的检验。曲轴清洗后，应检查有无裂纹。可用磁力探伤法、浸油敲击法或荧光探伤法等进行裂纹的检验。

2）弯曲变形的检验。检验弯曲变形应以曲轴两端主轴颈的公共轴线为基准，测量中间主轴颈的径向圆跳动误差。检验时，将曲轴两端主轴颈分别放置在检验平板上的 V 形块上，将百分表测头垂直地抵在中间主轴颈上（与两端主轴颈相比较，因中间主轴颈两侧气缸进气阻力最小，中间主轴颈负荷最大，因而往往在此处的弯曲变形最大），如图 2—96 所示。慢慢转动曲轴一圈，百分表指针所示的最大摆差即为中间主轴颈的径向圆跳动误差值。若该误差值大于 0.15 mm，则应进行压力校正；低于此限可结合磨削主轴颈予以修正。

图 2—96　曲轴弯曲、扭曲变形的检验

3）扭曲变形的检验。以六缸发动机曲轴为例，将第一、第六缸连杆轴颈转到水平位置，用百分表分别测量第一缸连杆轴颈和第六缸连杆轴颈至平板的距离，求得同一方位上两个连

杆轴颈的高度差 ΔA。扭转变形的扭转角若大于 $0°30'$，可进行表面加热校正或敲击校正。扭转角 θ 用以下公式进行计算：

$$\theta = \frac{360\Delta A}{2\pi R} = 57\Delta A/R$$

式中 R——曲柄半径，mm。

6135ZG 型柴油发动机的 R 为 70 mm，12V135AG 型柴油发动机的 R 为 75 mm，其他机型的曲柄半径可查阅有关资料获取。

4）轴颈磨损的检验。对经探伤检查允许修复的曲轴，进行轴颈磨损量的检查。首先检视轴颈有无磨痕和损伤，然后测量主轴颈和连杆轴颈并计算其圆度误差和圆柱度误差，测量方法如图 2—97 所示。在点 1 和点 2 所在截面，用千分尺分别测量平面 a 和平面 b 的外径（平面 a 和平面 b 中应有一个平面为其最大磨损位置所在平面）。部分发动机曲轴轴颈的标准尺寸见表 2—5。

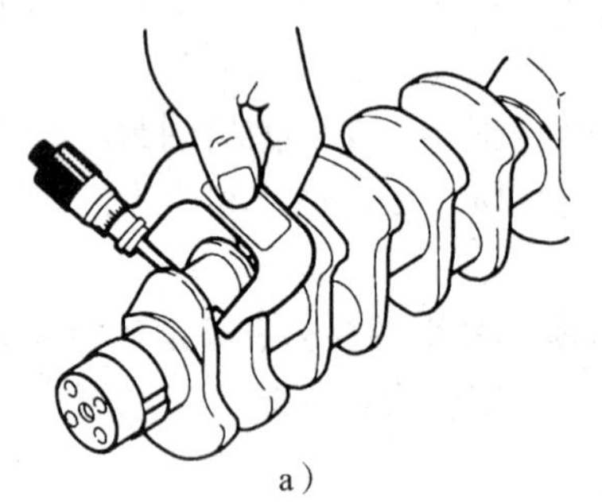

a）

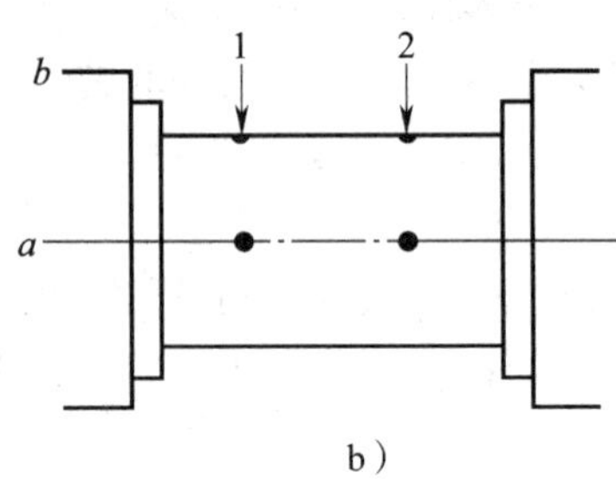

b）

图 2—97　用千分尺测量曲轴主轴颈与连杆轴颈

a）测量方法　b）测量位置及方向

表 2—5　**部分柴油发动机曲轴轴颈的标准尺寸**　单位：mm

发动机型号	沃尔沃 D6E 型柴油发动机	康明斯 K38K50 型柴油发动机	135 系列柴油发动机
主轴颈	84.00～83.98	165.05～165.10	179.75～180.00
连杆轴颈	70.026～70.065	107.87～107.95	94.92～94.94

对曲轴短轴颈的磨损以检验圆度误差为主，对长轴颈则必须检验圆度与圆柱度误差。曲轴主轴颈和连杆轴颈的圆度、圆柱度误差不得大于 0.025 mm（参考值，不同品牌此数字会有出入，如沃尔沃 D6E 型柴油发动机曲轴主轴颈和连杆轴颈的圆度、圆柱度误差不得大于 0.01 mm），超过该值，则按修理尺寸对轴颈进行磨削。

曲轴检验分类时应注意：曲轴轴颈和连杆轴颈圆度误差大于 0.025 mm 或表面划伤时，应磨削修理。当轴颈的圆度、圆柱度误差小于 0.025 mm，表面无其他类型的损伤，且圆跳动误差不大于 0.15 mm 时，可直接使用，不需修磨。虽然两种轴颈圆柱度误差大于 0.025 mm 或有其他类型的损伤，但圆跳动误差不大于 0.15 mm，可直接修磨并通过修磨校正变形；否则必须先校正至圆跳动误差小于 0.15 mm，才能进行修磨。

某些进口发动机采用经软氮化工艺强化的曲轴，表面硬度为 64～67HRC，不仅具有很好的耐磨性，还具有极好的抗粘着、抗擦伤性能，而且疲劳强度可提高 60%左右，强化层的深度可达 0.20 mm。因此，这种曲轴无修理尺寸（俗称一次性曲轴）。检验时，用有机溶剂洗净表面的油污，再喷洒质量分数为 5%～10%的氯化铜溶液，待 30～40 s 后，若不改变颜色可继续使用（轴颈的圆度误差必须在公差范围内）；若溶液由浅蓝色变为透明，轴颈表面变为铜色，说明强化层已磨损耗尽，则应更换新轴。在使用及维修过程中，应注意此种曲轴的轴承间隙一般不得大于 0.08 mm，使用极限间隙不得大于 0.12 mm。

曲轴连杆轴颈和主轴颈的修理尺寸是根据曲轴轴颈前一次的修理尺寸、磨损程度和磨削余量来选择的。

曲轴连杆轴颈和主轴颈的修理尺寸，柴油发动机可达六级。相邻两级修理尺寸的级差以 0.25 mm 递减，并在数值前加“-”作为其代号。

现在曲轴的修理尺寸等级比以前有所减少，具体修理尺寸应根据发动机的设计要求决定。

在保证磨削质量的前提下，应尽可能选择最接近的修理尺寸级别，以延长曲轴的使用寿命。曲轴的连杆轴颈和主轴颈应分别磨削成同一级别的修理尺寸，以便于选配轴承，保证合理的配合间隙。

5）曲轴轴承的选配。为适应高速、重载、高自锁性能的要求，达到便于大批量生产和降低成本的目的，现代发动机的主轴承和连杆轴承普遍采用薄型多层合金（3～5 层）的滑动轴承，改善了轴承与承孔的贴合能力，提高了轴承的疲劳强度。表面镀层使轴承具有良好的抗咬性、顺应性、嵌藏性和亲油性等表面性能。现代发动机曲轴轴承均为直接选配，不允许用刮削法修配曲轴轴承。

另外，轴承在结构设计上预留了高出量（压缩量），确保曲轴与承孔为过盈配合，使钢背与承孔产生足够的摩擦力而锁死轴承自身，防止工作中轴承转动而烧瓦。因此，轴承上已不再允许加垫片。

轴承结构上的另一特点是轴承上预留了一定的自由弹开量（扩张量），确保轴承压缩后均匀地向外张而不收缩，从而防止从瓦口处烧瓦。

综上所述，直接选配、不刮瓦、不加垫片就是现代曲轴轴承的修理特点。

3. 轴承的检修

（1）轴承的耗损。轴承的耗损形式有磨损、合金疲劳剥落、轴承疲劳收缩及粘着咬死等。轴承的径向间隙超限后，因轴承对润滑油流动阻尼能力减弱，使主油道压力降低，可能破坏轴承的正常润滑；加之引起的冲击载荷又造成轴承疲劳应力剧增，使轴承疲劳而导致粘着咬死，发动机将丧失工作能力。因此，若发现瓦响应立即停机检修。二级维护时，必须检查轴承间隙，发现轴承间隙超限时，即更换轴承。若因曲轴异常磨损造成上述故障，应进行修磨或校正曲轴。修理发动机总成时应更换全部轴承。

（2）轴承的选配。轴承的选配包括选择合适内径的轴承以及检验轴承的高出量、自由弹开量、横向装配标记——凸唇、轴承钢背表面质量等内容。

1）选择轴承内径。根据曲轴轴颈的直径和规定的轴承径向间隙选择合适内径的轴承。

现代发动机曲轴轴承在制造时，根据选配的需要，其内径已制成一个尺寸系列，每种型号的发动机有多种不同内径的轴承供选用。

2）检验轴承钢背表面质量。钢背光整、无损，横向定位凸唇完好。

3）检验轴承自由弹开量和高出量。柴油发动机轴承自由弹开量一般为 1.5～2.5 mm，如图 2—98a所示。

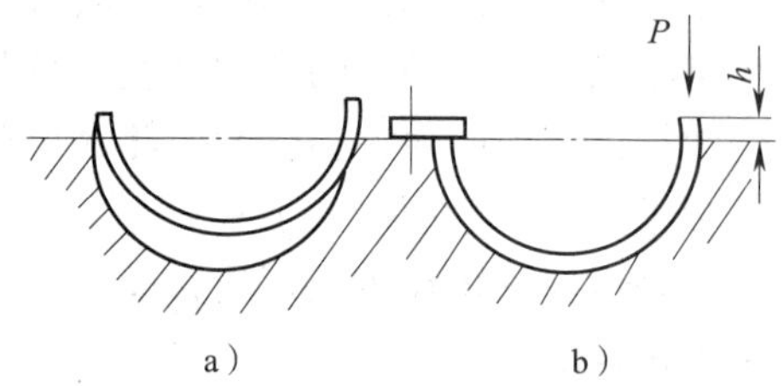

图 2—98　轴承的检验
a）检验自由弹开量　b）检验高出量

汽油机轴承高出量一般为 0.04～0.09 mm；柴油发动机轴承负荷大，高出量也应大些。检验时，把轴承装入承孔，按原厂规定的紧固力矩拧紧两侧的紧固螺栓，然后完全松开一侧的紧固螺栓，再用塞尺检查轴承承孔剖分面的间隙，此间隙就是轴承的高出量，如图 2—98b 所示。

轴承高出量过小，轴承装配后与承孔的过盈不足，自锁能力弱，在工作中容易产生转动而引起烧瓦。高出量过大，装配后轴承局部可能翘起，在冲击载荷下，合金层不但容易疲劳剥落，加速轴承疲劳而引起烧瓦，还可能造成承孔穴蚀，也同样破坏轴承的自锁性能。

4）装配轴承。装配轴承是一个非常重要的修理工艺过程，它将影响整个发动机的运转情况。将选择好的轴承嵌入轴承承孔及盖内，轴瓦应与承孔及盖密合，凸口应与承孔及盖的凹槽相嵌合，轴承上的油孔应与承孔座上的油道相通。

轴承嵌入承孔后，其两端边缘须高出承孔平面相应的高出量，以使装合后能得到更好的密合。

（3）轴承间隙的检查。曲轴轴承间隙是指曲轴的径向和轴向间隙。这两种间隙都是为了适应发动机在运转中机件受热膨胀的需要而规定的。曲轴轴承间隙的检查包括曲轴主轴承径向间隙和轴向间隙的检查、曲轴连杆轴承径向间隙的检查。

1）曲轴主轴承径向间隙的检查。轴承与轴颈之间的间隙称为轴承的径向间隙。检查的方法有以下三种。

方法一：将轴承盖螺栓按规定顺序及力矩拧紧后，用适当的力矩（四道轴承的用 30～40 N·m，七道轴承的用 60～70 N·m）转动曲轴，以试其松紧度；或用双手扭动曲轴臂使曲轴转动，试其松紧。这是最简单的方法，但须有一定的经验。

方法二：用千分尺分别测量轴颈的外径和轴承的内径，测得的这两个尺寸之差就是它们之间的间隙。沃尔沃 D6E 型发动机曲轴径向间隙的检查过程如下：

①如图 2—97 所示，在点 1 和点 2 用外径千分尺测量主轴颈在平面 a 和平面 b 的外径，其正常值应该在 83.980～84.000 mm（小号为 83.73～83.75 mm）之间。

②把主轴瓦安装到主轴承盖中，把主轴承盖安装到发动机缸体中。如图 2—99 所示，在点 1 和点 2 用内径百分表测量主轴承在平面 a 和平面 b 的内径，其正常值范围为 83.980～84.000 mm。

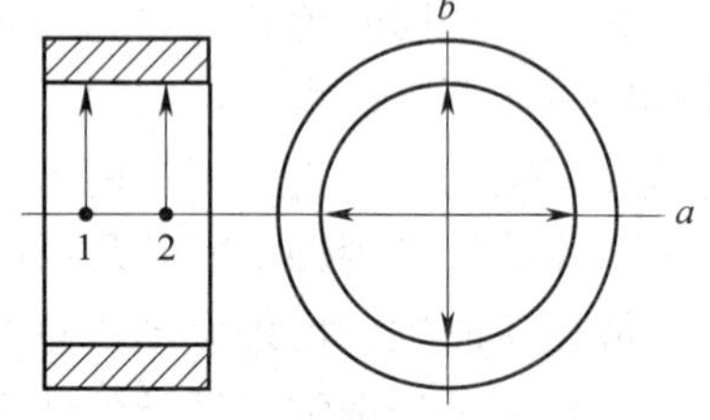

图 2—99　测量主轴承内径时的位置及方向

③计算主轴承与主轴颈的配合间隙。用测得的最大

主轴承的内径减去测得的最小主轴颈的外径，得到主轴承与主轴颈的最大配合间隙，其正常值范围为 0.030～0.092 mm。

方法三：用塑胶量规测量及检查。取与轴承宽度相同的塑胶量规，与轴颈平行放置，盖上轴承盖并按规定力矩拧紧螺栓（注意不要转动曲轴）；拆下螺栓，取下轴承盖，使用塑胶量规袋上的量尺，对比测量被压扁的塑胶最宽点的宽度，换算成径向间隙值（注意：测量后应立即彻底清洁塑胶间隙规尺）。如果其值不在规定的范围内，就要更换轴承。

2）曲轴主轴承轴向间隙的检查。曲轴轴承的轴向间隙是指轴承承推端面与轴颈定位肩之间的间隙。间隙过小，会在机件受膨胀时卡滞；间隙过大，曲轴前后窜动，则给活塞连杆组的机件带来不正常的磨损。所以，在装配曲轴时，应进行曲轴轴向各间隙的检查，检查的方法有以下两种。

方法一：擦拭干净轴承盖及两侧止推轴承，然后将两个带有凸缘的止推轴承安装到轴承盖两侧（见图 2—100a），用外径千分尺测量其整体宽度，如图 2—100b 所示；用内径百分表量取对应曲轴主轴颈的宽度，如图 2—100c 所示；用曲轴主轴颈的宽度减去测量的轴承盖与止推轴承的整体宽度就可得出轴承的轴向间隙。不同厂家、不同型号的发动机曲轴轴向间隙值不同，如沃尔沃 D6E 型柴油发动机的曲轴轴向间隙为 0.1～0.28 mm。如轴向间隙过大或过小，则应更换止推轴承。如沃尔沃 D6E 型柴油发动机配备的有标准止推轴承（厚度为 2.0～2.05 mm）和加厚止推轴承（厚度为 2.20～2.25 mm），若采用标准止推轴承时曲轴轴向间隙过大，则可更换为加厚止推轴承。

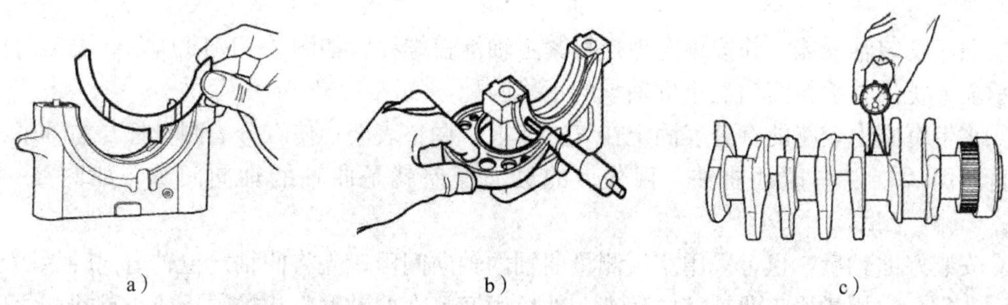

a）　　　　b）　　　　c）

图 2—100　曲轴轴向间隙的检测（一）

a）将止推轴承安装到轴承盖两侧　b）测量轴承盖的整体宽度　c）测量轴承主轴颈的宽度

方法二：如图 2—101 所示。

①将曲轴安装到发动机上，步骤如下：

将主轴承座孔、主轴承盖、主轴承、止推轴承擦拭干净。

将曲轴主轴承安装到发动机主轴承座孔中，如图 2—101a 所示。注意安装前应在主轴承内侧涂少量润滑油。

用吊带将曲轴吊至正确位置，将曲轴安装到发动机机体上，如图 2—101b 所示。

将没有凸缘的止推轴承插入曲轴下方位置，如图 2—101c 所示。注意带油槽的侧面应朝向曲柄侧。

在轴承盖内安装主轴承，在轴承盖的两侧面安装带凸缘的止推轴承。注意安装前应在主轴承及止推轴承的工作面涂少量润滑油（下同），止推轴承带油槽的侧面应朝向外侧。

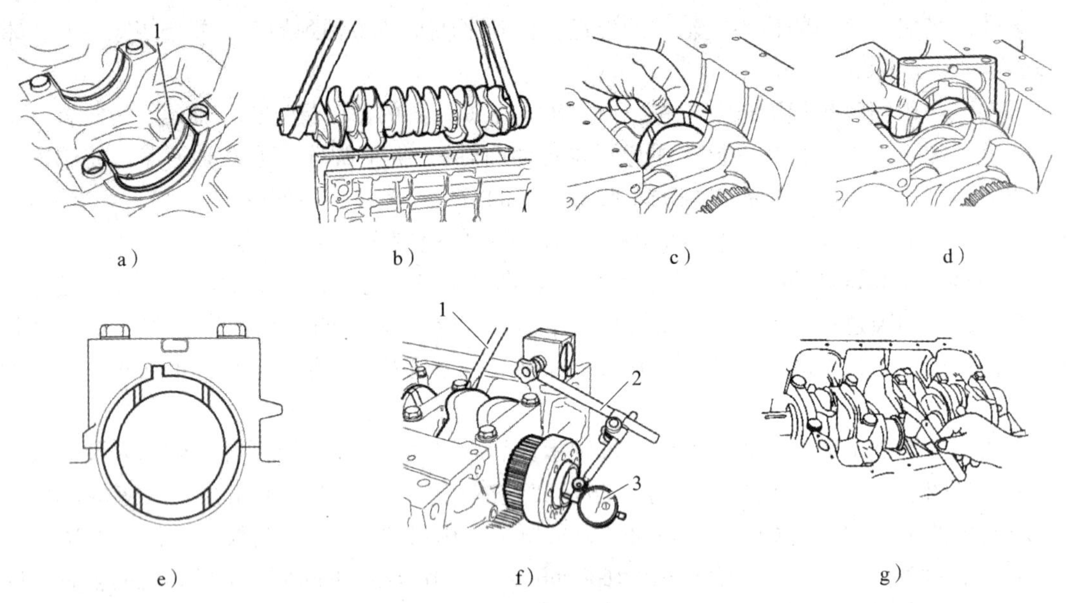

图 2—101　曲轴轴向间隙的检测（二）

a）将主轴承放入主轴承座孔　b）将曲轴安装到主轴承座孔中　c）将不带凸缘的止推轴承插入曲轴下方

d）安装轴承盖，按规定力矩拧紧主轴承盖螺栓　e）主轴承座孔内上、下止推轴承的正确匹配

f）用百分表测量轴向间隙　g）用塞尺测量曲轴轴向间隙

1—撬杠　2—表架　3—百分表

按顺序安装轴承盖，并按规定力矩拧紧主轴承盖螺栓，如图 2—101d 所示。安装时应注意轴承盖上止推轴承与曲轴上止推轴承的正确匹配，如图 2—101e 所示。

②将带有磁力表座的百分表固定在气缸体上，调整表架，使百分表测量杆与曲轴轴线方向平行，用撬杠左右撬动曲轴，百分表的最大摆差就是曲轴的轴向间隙，如图 2—101f 所示。

③安装好曲轴后，也可采用塞尺测量曲轴的轴向间隙。先将曲轴定位轴肩向轴承的承推端面一边靠合，用撬棒将曲轴挤向后端，然后用塞尺在曲轴臂与止推轴承或止推垫圈之间进行测量，如图 2—101g 所示。

3）曲轴连杆轴承径向间隙的检查。用千分尺分别测量连杆轴颈的外径及连杆轴承的内径，测得的这两个尺寸之差就是它们之间的间隙。沃尔沃 D6E 型发动机曲轴连杆轴承径向间隙的检查过程如下：

①如图 2—97 所示，在点 1 和点 2 用外径千分尺测量连杆轴颈在平面 a 和平面 b 的外径，其正常值应该在 70.026～70.065 mm（小号为 69.775～69.815 mm）之间。

②把连杆轴瓦安装到连杆大头中，安装连杆盖，用规定力矩拧紧连杆螺栓。如图2—102 所示，在点 1 和点 2 用内径百分表测量主轴承在平面 a 和平面 b 的内径，其正常值范围为 70.026～70.065 mm（小号为 69.775～69.815 mm）。

③计算主轴承与主轴颈的配合间隙。用测得的最大主轴承的内径减去测得的最小主轴颈的外径，得到主轴承与主轴颈的最大配合间隙，其正常值范围为 0.036～0.095 mm。

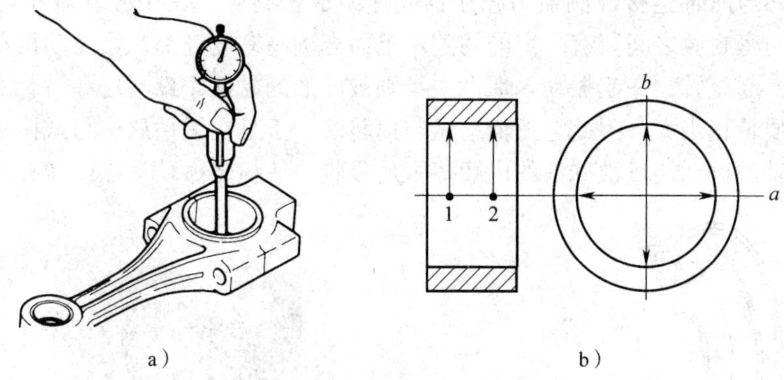

图 2—102　连杆轴承内径的测量

a）测量方法　b）位置及方向

二、扭转减振器的构造与检修

1. 扭转减振器的构造

(1) 扭转振动的产生。发动机等速运转时，由于飞轮的惯性很大，可以认为它是等速运转。而各缸气体压力和往复运动件的惯性力是周期变化地作用在曲轴连杆轴颈上的，给曲轴一个周期变化的扭转外力，使曲轴忽快忽慢地转动。于是可把飞轮看作是相对静止件，曲轴的飞轮端看作是固定端，另一端看作是自由端，在上述周期变化的外力作用下，曲轴相对飞轮产生强迫扭转振动。同时，由于曲轴的弹性及曲柄、平衡重、活塞连杆组等运动件的惯性，曲轴要产生自由扭转振动。曲轴上的这两种振动会产生共振，从而引起功率损失、曲轴扭转变形甚至扭断、正时齿轮产生冲击噪声等不良现象。产生共振的转速称为临界转速。

(2) 扭转减振器的功用。扭转减振器的功用就是吸收曲轴扭转振动的能量，消减扭转振动。

一般低速发动机不易达到临界转速，因而在曲轴上不加装扭转减振器。但曲轴刚度小、旋转质量大、缸数多及转速高的发动机，由于自振动频率低，强迫振动频率高，容易达到临界转速而产生强烈共振，因而应加装曲轴扭转减振器。

(3) 扭转减振器的构造和工作原理。常用的扭转减振器有干摩擦式、橡胶式、黏液式（硅油）及橡胶-黏液式数种。

图 2—103 所示为一种橡胶式扭转减振器。减振器圆盘、带轮和轮毂用螺栓紧固在一起，橡胶垫与圆盘及惯性盘硫化在一起。当曲轴发生扭转振动时，力图保持等速转动的惯性盘与橡胶垫产生内摩擦，从而消耗了扭转振动的能量，消减了扭转振动。

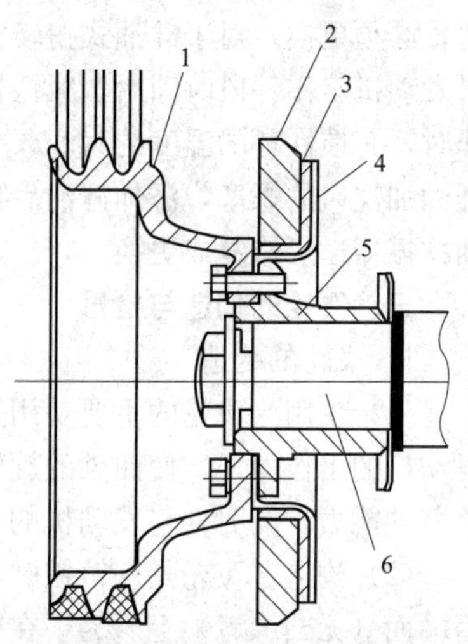

图 2—103　橡胶式扭转减振器

1—带轮　2—惯性盘　3—橡胶垫　4—减振器壳　5—带轮轮毂　6—曲轴前端

图 2—104 所示为硅油式扭转减振器。由钢板冲压而

成的减振器壳体与曲轴连接。侧盖与减振器壳体组成密封腔，其中嵌套着扭转振动惯性质量。惯性质量与密封腔之间留有一定的间隙，里面充满高黏度硅油。当发动机动作时，减振器壳体与曲轴一起旋转、一起振动，惯性质量则被硅油的黏性摩擦阻尼和衬套的摩擦力所带动。由于惯性质量相当大，因此它近似地做匀速转动，于是在惯性质量与减振器壳体间产生相对运动，曲轴的振动能量被硅油的内摩擦阻尼吸收，使扭转振动消除或减轻。

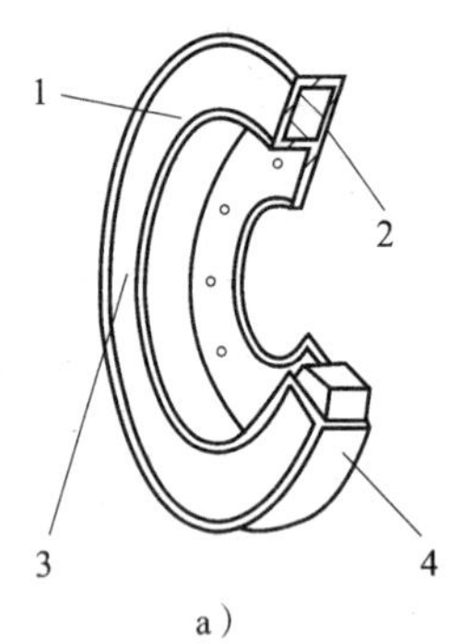

a）

b）

图 2—104　硅油式扭转减振器

a）结构图　b）实物图

1—侧盖　2—扭转振动惯性质量　3—硅油加注口螺塞　4—减振器壳体

2. 扭转减振器的检修

现代发动机曲轴的前端多数都有扭转减振器，用于减小曲轴的共振倾向及平衡曲轴前、后两端的振动，降低曲轴的疲劳应力。目前使用比较普遍的是橡胶式扭转减振器。在检查橡胶式扭转减振器时，若发现内环（轮毂）与外环（风扇带轮或平衡盘）之间的橡胶层脱层，内、外环出现相对转动，两者的装配记号（刻线）相错，说明扭转减振器已丧失了工作能力，必须更换。对于硅油式扭转减振器，可根据减振器惯性质量的温度判断其工作情况。如果发动机工作一段时间后，减振器惯性质量的温度很低，甚至没有温度感觉（减振器正常工作时，其惯性环的温度约为 80℃），表明硅油减振器已失效。这时，某些硅油减振器可卸下硅油加注口的螺塞，添加硅油后再起动发动机进行检查；如仍然出现上述情况，则应拆下硅油减振器送厂修复或更换。

三、飞轮的构造与检修

1. 飞轮的构造

（1）功用。飞轮的主要功用是储存做功行程的能量，用以在其他行程中克服阻力并完成发动机的工作循环，使曲轴的旋转角速度和输出转矩尽可能均匀，并改善发动机克服短暂超负荷的能力。同时，将发动机的动力传给离合器。

（2）构造。飞轮是一铸铁圆盘，其构造如图 2—81 所示，用螺栓固定于曲轴后端凸缘或后端面（无凸缘者）上。为了在同样质量下增大转动惯量，飞轮的外缘做得较厚。飞轮外缘镶有齿圈，与起动机齿轮啮合。齿圈与飞轮有很大的配合过盈，是将齿圈加热后进行镶配的。

飞轮上有第一缸上止点记号（有的刻在前端带轮上），不少刻有供油提前角刻度线，以便调整及检验供油提前角和气门间隙。图 2—105 所示为一种柴油发动机飞轮上的刻记，在外圆柱面上刻有一缸上止点记号和供油提前角刻度线。当飞轮上的 0 刻度线与窗口凸缘的边缘 A 对正时，一缸活塞正处于上止点位置；当飞轮上的 15 刻度线对正边缘 A 时，为一缸开始供油的位置。图 2—106 所示为第一缸上止点记号刻在前端带轮上的发动机，在发动机机体上固定一刻度盘，当带轮上的第一缸上止点记号与刻度盘上的 0 刻度线对齐时，一缸活塞正处于上止点位置。

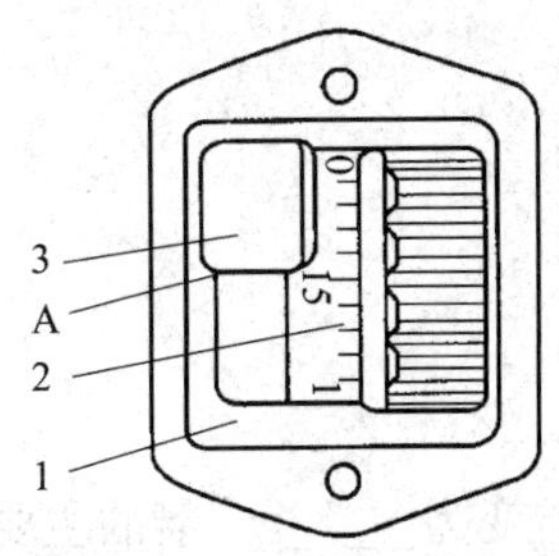

图 2—105　柴油发动机飞轮上的刻记
1—检查窗孔　2—飞轮上的刻线　3—凸缘
A—凸缘边缘

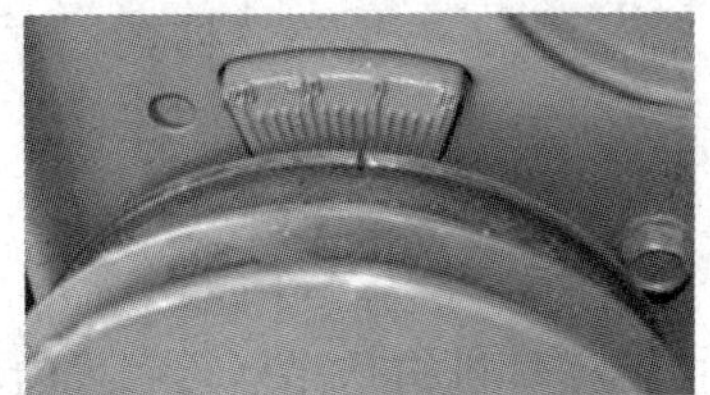

图 2—106　刻在前端带轮上的一缸上止点记号

由于飞轮与曲轴装配后进行过动平衡校验以及飞轮上有确定上述位置的标记，为避免装错而影响动平衡或造成上述记号错乱，飞轮和曲轴的装配都有周向定位装置，如固定螺孔采用不对称布置、两种不同直径的固定螺栓或定位销等。

2. 飞轮的修理

(1) 更换齿圈。飞轮齿圈有断齿或齿端冲击损耗，与起动机齿轮啮合困难时，应更换齿圈或飞轮组件。齿圈与飞轮的配合为过盈配合，更换时先将齿圈加热，进行热压配合。沃尔沃发动机飞轮齿圈的更换过程如下：

1) 拆卸飞轮固定螺栓，安装吊耳和吊索，用吊车卸下飞轮，如图 1—107a 所示。

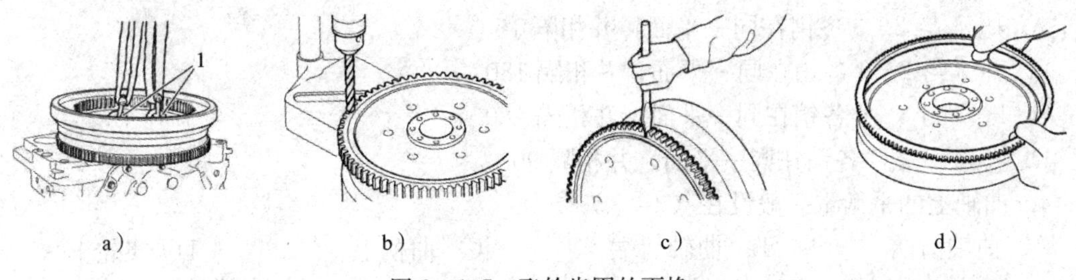

图 2—107　飞轮齿圈的更换
a) 将飞轮从发动机上拆下　b) 在飞轮齿圈上钻孔　c) 用錾子錾开飞轮齿圈　d) 安装加热后的新齿圈

2) 加热新的飞轮齿圈至 210℃以上。如果采用烤箱加热，应当在拆卸旧齿圈前加热；如果采用氧—乙炔焰加热，在安装之前加热即可。

3) 拆卸旧齿圈。用钻头在旧齿圈的两个轮齿之间（即齿槽部位）钻一个直径为10 mm、深为 9 mm 的孔，如图 2—107b 所示；然后用台虎钳夹持飞轮，用錾子敲击在飞轮齿圈上所钻的孔（见图 2—107c），直至飞轮齿圈在钻孔处断开，取下旧齿圈。

4）安装飞轮齿圈。取出加热后的新齿圈，安装到飞轮上，如图 2—107d 所示。要保证齿圈底部贴住飞轮法兰。

（2）修理飞轮工作平面。飞轮工作平面有严重烧灼或磨损沟槽深度大于 0.50 mm 时，应进行修整。修整后，工作平面的平面度误差应不大于 0.10 mm，飞轮厚度极限减薄量为 1 mm，与曲轴装配后的端面圆跳动误差应不大于 0.15 mm。此外，还应在平衡机上进行动平衡试验，允许的动不平衡值应符合原厂标准。

复习思考题

一、填空题

1. 曲柄连杆机构是往复活塞式内燃机将________能转变为________能的主要机构。

2. 曲柄连杆机构由________、________和________三部分组成。

3. 气缸体根据其结构形式的不同，可分为________、________和________。

4. 气缸体内引导活塞做往复运动的圆柱形空腔称为________。

5. 根据是否与冷却液相接触，气缸套分为________式气缸套和________式气缸套。

6. 发动机工作时，为保证气缸的密封性，防止活塞环卡死在缸内或胀死于环槽中，安装时活塞环应留有________、________和________，简称“三隙”。

二、选择题

1. V 形四冲程六缸发动机的做功间隔角为（　　）。

A. 60°　　B. 90°　　C. 120°　　D. 180°

2. 曲轴（　　）的作用是降低曲轴的扭转振动。

A. 平衡重　　B. 减振器　　C. 飞轮　　D. 带轮

3. 直列式四缸发动机曲轴销的间隔角度是（　　）

A. 1—4 与 2—3 各销在同一平面，并相隔 180°

B. 1—3 与 2—4 各销在同一平面，并相隔 180°

C. 1—2 与 3—4 各销在同一平面，并相隔 180°

D. 1、2、3、4 各销在同一平面，并相隔 90°

4. 曲轴上的平衡重一般设在（　　）。

A. 曲轴前端　　B. 曲轴后端　　C. 曲柄上　　D. 飞轮上

5. 发动机各机构和系统的装配基体是（　　）。

A. 气缸体　　B. 气缸盖　　C. 曲轴箱　　D. 齿轮箱

6. 气缸的最大磨损部位是（　　）。

A. 活塞位于上止点时第一道环对应部位　　B. 活塞位于下止点时第一道环对应部位

C. 气缸上边　　D. 气缸下边

7. 气缸横向磨损大的最主要原因是由于（　　）。

A. 粘着磨损　　B. 磨粒磨损　　C. 侧压力　　D. 腐蚀磨损

8. 活塞销偏置的目的是（　　）。

A. 使活塞容易装置于气缸内　　B. 使活塞销拆装容易

C. 可增大活塞的推力　　D. 可减小活塞对缸壁的冲击力

三、思考题

1. 曲柄连杆机构的功用是什么？它由哪几部分组成？
2. 飞轮的主要功用是什么？飞轮上所刻的标记有什么用途？
3. 气缸体的结构形式有哪几种？各有什么优缺点？
4. 什么是干式缸套与湿式缸套？湿式缸套如何防止漏水？
5. 活塞有什么功用？它由哪几部分组成？结构特点有哪些？
6. 如何检验和校正连杆的弯曲变形与扭曲变形？

第三章　配气机构的构造与检修

第一节　配气机构的组成和配气相位

配气机构的功用是按照发动机每个气缸内所进行的工作循环和发火顺序的要求，定时开启及关闭气缸的进气门和排气门，使新鲜可燃混合气（汽油机）或空气（柴油发动机）得以及时进入气缸，废气得以及时从气缸中排出。

一、配气机构的组成

1. 对配气机构的要求

配气机构要有利于减小进气和排气阻力，保证进、排气门的开启时刻和适当的持续开启时间，使进气和排气都尽可能充分，以得到较大的功率和较好的排放性能。

2. 配气机构的组成及类型

配气机构由气门组件和气门传动组两部分组成，如图 3—1 所示。气门组件由气门、气门弹簧、气门弹簧座、气门锁片、气门油封、气门导管、气门座等组成；气门传动组由凸轮轴正时齿轮、凸轮轴、气门挺柱、推杆、摇臂轴支架、摇臂轴、调整螺钉及锁紧螺母、摇臂等组成。

配气机构按气门数分为双气门式（见图 3—1）和四气门式（见图 3—2）。按曲轴和凸轮轴的传动方式可分为齿轮传动（见图 3—3）、链传动及齿形带传动（见图 3—4）。以图3—2b 所示的四气门机构为例，凸轮凸起部分转过来，凸轮通过挺杆、推杆、气门间隙调整螺钉推动摇臂，摇臂改变力的方向后克服气门弹簧力推动气门向下，使气门打开；凸轮凸起部分转过去，摇臂给气门向下的推力消失，气门在气门弹簧的作用下向上回位，使气门关闭。

二、配气相位

在讲述四冲程发动机工作原理时，把进气、排气过程都看作是在活塞的一个行程内，曲轴转角在 180°内完成的，即气门开关时刻是在活塞的上、下止点处。但实际工作情况并非如此。由于发动机转速很高，一个行程的工作时间极短，再加上配气机构的凸轮驱动气门开启需要一个过程，气门全开的时间就更短了，这样短的时间难以做到进气充分、排气彻底。为了改善换气过程，实际发动机的气门开启和关闭并不恰好在活塞的上、下止点，而是适当地提前和迟后，以延长进气、排气时间，提高发动机性能。

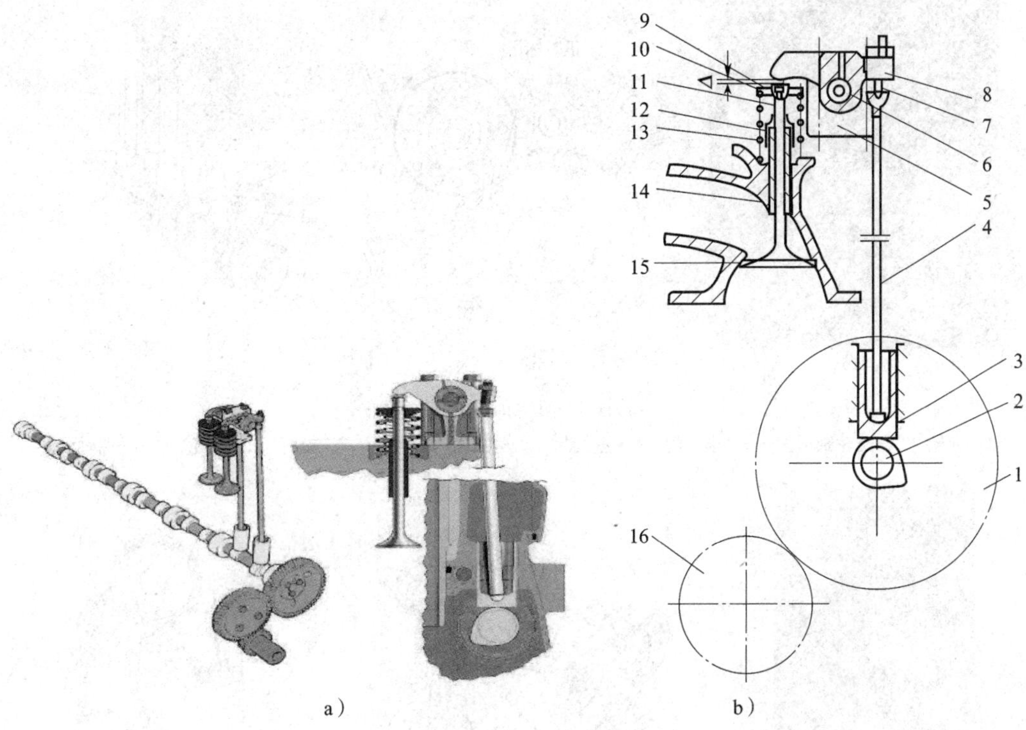

图 3—1　配气机构的组成

1—凸轮轴正时齿轮　2—凸轮轴　3—气门挺柱　4—推杆　5—摇臂轴支架　6—摇臂轴　7—调整螺钉及锁紧螺母　8—摇臂　9—气门锁片　10—气门弹簧座　11—气门　12—防油罩　13—气门弹簧　14—气门导管　15—气门座　16—曲轴正时齿轮　Δ—气门间隙

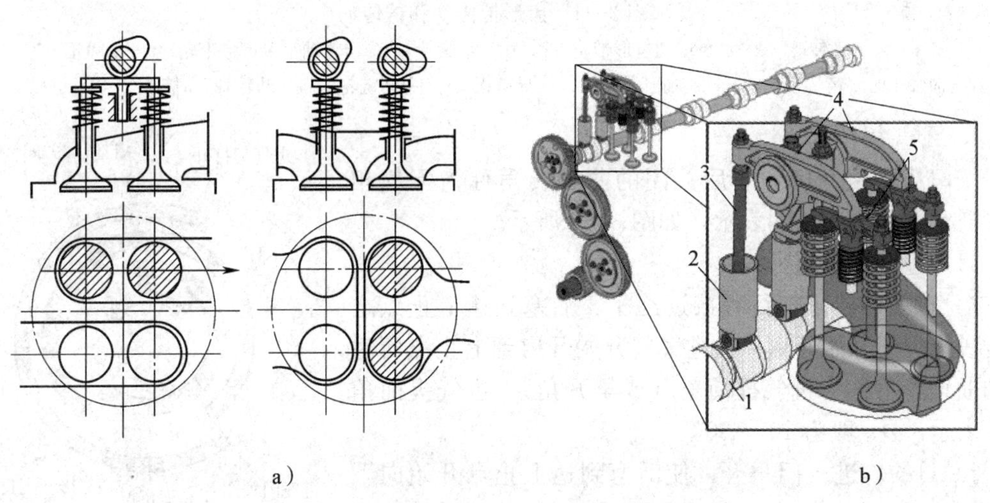

图 3—2　四气门机构

1—凸轮轴　2—挺杆　3—推杆　4—摇臂　5—气门

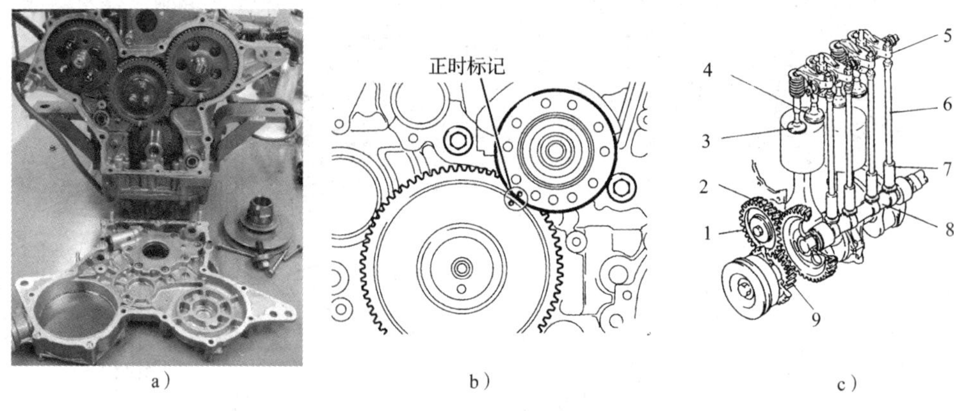

a）　　　　b）　　　　c）

图 3—3　齿轮传动

1—介轮　2—凸轮轴齿轮　3—排气门　4—进气门　5—摇臂　6—推杆　7—挺杆　8—凸轮轴　9—曲轴齿轮

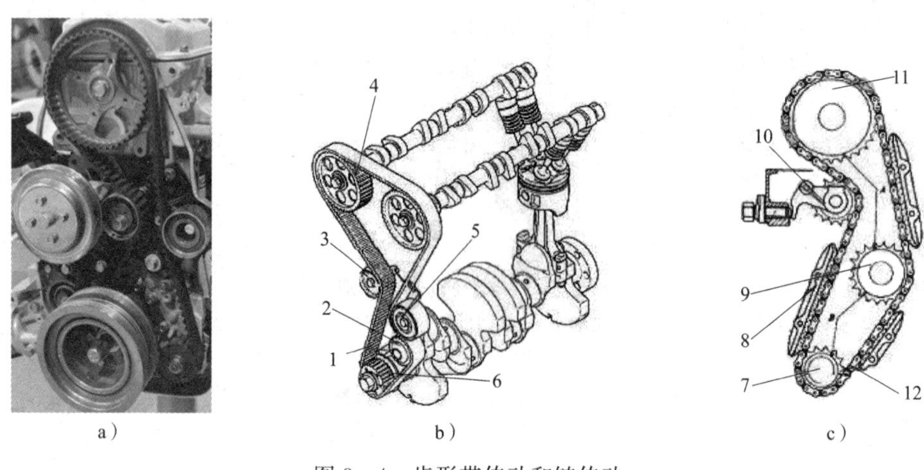

a）　　　　b）　　　　c）

图 3—4　齿形带传动和链传动

1—齿形带传动　2—水泵传动齿形带轮　3，10—张紧轮　4—凸轮轴正时齿形带轮　5—中间轮　6—曲轴正时　齿形带轮　7—曲轴正时链轮　8—导链板　9—中间链轮　11—凸轮轴正时链轮　12—链传动

1. 配气相位

气门从开始开启到最后关闭的曲轴转角称为配气相位，通常用配气相位图表示，如图 3—5 所示。

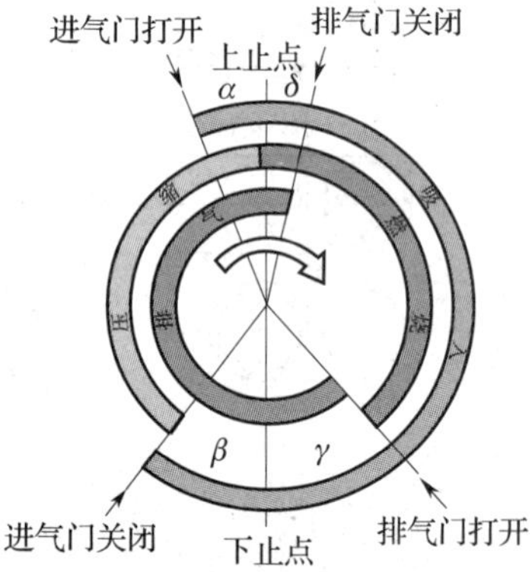

图 3—5　配气相位图

α—进气提前角　β—进气迟后角

γ—排气提前角　δ—排气迟后角

（1）进气提前角

1）定义。在排气行程接近终了、活塞到达上止点之前，进气门便开始开启。从进气门开始开启到上止点所对应的曲轴转角称为进气提前角（或早开角）。进气提前角用 α 表示，α 一般为 10°～30°。

2）目的。进气门早开，使活塞到达上止点开始向下运动时，因进气门已有一定开度，所以可较快地获得较大的进气通道截面，减小进气阻力。

（2）进气迟后角

1）定义。在进气行程下止点过后，活塞重又上行一段，进气门才关闭。从下止点到进气门关闭所对应的曲轴转角称为进气迟后角（或晚关角）。进气迟后角用β表示，β一般为40°～80°。

2）目的。一方面利用压力差继续进气，另一方面利用进气惯性继续进气。

（3）排气提前角

1）定义。在做功行程的后期，活塞到达下止点前，排气门便开始开启。从排气门开始开启到下止点所对应的曲轴转角称为排气提前角（或早开角）。排气提前角用γ表示，γ一般为40°～80°。

2）目的。利用气缸内的废气压力提前自由排气；减小排气消耗的功率；高温废气的早排还可以防止发动机过热。

（4）排气迟后角

1）定义。在活塞越过上止点后，排气门才关闭。从上止点到排气门关闭所对应的曲轴转角称为排气迟后角（或晚关角）。排气迟后角用δ表示，δ一般为10°～30°。

2）目的。利用气缸内外压力差继续排气，利用惯性继续排气。

由此可见，气门开启持续时间内的曲轴转角，即排气持续角为$\gamma+180°+\delta$，进气持续角为$\alpha+180°+\beta$。

2. 气门重叠角

配气相位图中显示，由于进气门早开和排气门晚关，出现了一段进气门、排气门同时开启的现象，称为气门重叠角，同时开启的角度为$\alpha+\beta$。

由于气门重叠角的开度很小，且新鲜空气和废气流的惯性保持原来的流动方向，因此，适当的气门重叠角不会产生废气倒排回进气管和新鲜气体随废气排出的问题。相反，由于废气气流周围有一定真空度，从进气门进入的少量新鲜气体可对此真空度加以填补，有助于废气的排出。

3. 充气效率

每循环实际进入气缸内的新鲜充气量与在进气状态下充满气缸工作容积的新鲜充气量的比值称为充气效率，即

$$\eta_v = \Delta G/\Delta G_0$$

式中　ΔG_0——进气状态下充满气缸工作容积的新鲜充气量的质量；

ΔG——实际进入气缸内的新鲜充气量的质量。

所谓进气状态，是指空气滤清器后进气管内的气体状态。对非增压发动机，可近似采用当时、当地的大气状态；对增压发动机，则指增压器出口处的状态。

第二节　配气机构零部件结构及特点分析

一、气门组结构及特点分析

气门组由气门、气门座、气门油封、气门弹簧、气门弹簧座、气门导管等组成，如

图 3—6 所示。

1. 气门

(1) 工作条件。承受气体高温、高压作用，承受气门落座的冲击，润滑困难。

(2) 要求。气门应该具有足够的强度、刚度及耐磨、耐高温、耐腐蚀、耐冲击等性能，与气门导管有适当的配合间隙，同时又要有较小的质量。

(3) 材料。进气门采用合金钢（铬钢或镍铬钢等），排气门采用耐热合金钢（硅铬钢等）。

(4) 构造。气门由头部、杆身和尾部组成，如图 3—7 所示。

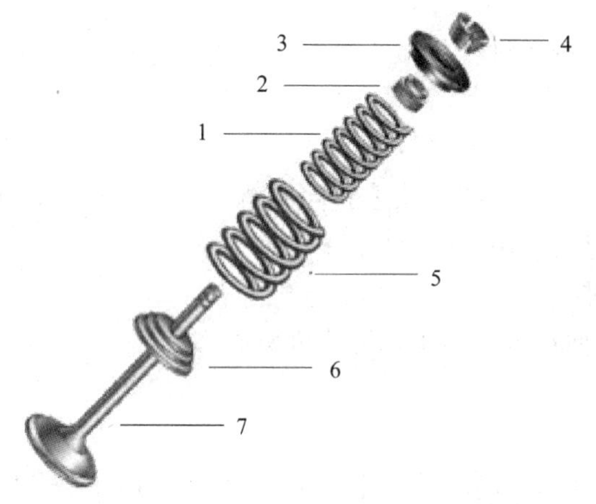

图 3—6 气门组的组成

1—内气门弹簧 2—气门油封 3—上气门弹簧座 4—锁片 5—外气门弹簧 6—下气门弹簧座 7—气门

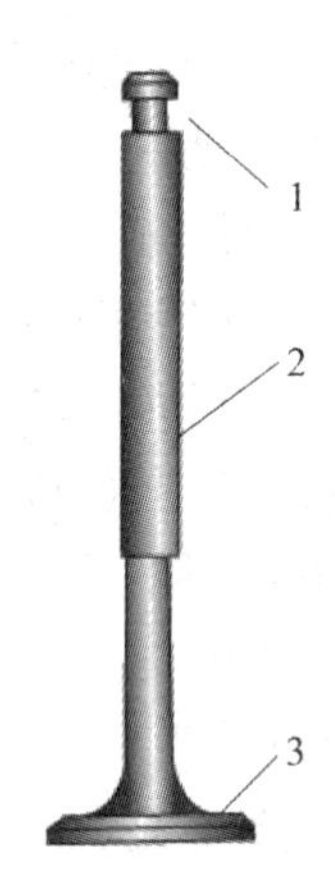

图 3—7 气门

1—尾部 2—杆身 3—头部

1) 气门头部。如图 3—8 所示，气门头部用来封闭气道，是一个具有圆锥斜面的圆盘。通常进气门用 30°锥角，增大进气通道面积；排气门用 45°锥角，提高气门强度。气门头边缘应保持一定厚度，一般为 1～3 mm，以防止工作中冲击损坏和被高温烧蚀。气门密封锥面与气门座配对研磨。

2) 杆身。气门杆身起导向作用，与气门导管的配合间隙为 0.05～0.12 mm。

3) 气门尾部。气门尾部的形状决定了上气门弹簧座的固定方式。采用剖分成两半且外表面为锥面的气门锁片来固定上气门弹簧座，结构简单，工作可靠，拆装方便，因此得到了广泛应用。气门锁片内表面有多种形状，相应地气门尾端也有各种不同形状的气门锁夹槽。有些发动机的气门，在杆部锁片槽下面另有一条切槽装一卡环（见图 3—9），以防止气门弹簧折断时气门有落入气缸发生捣缸的危险。

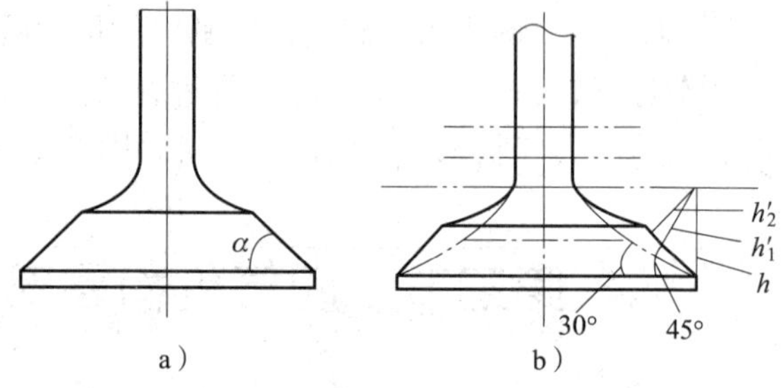

图 3—8 气门锥角及其对气门通道截面的影响

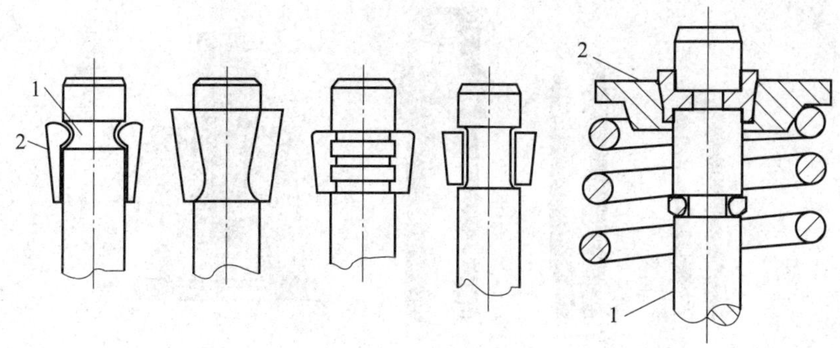

图 3—9 气门尾端的形状及固定方式

1—气门杆 2—锁片

2. 气门座

气缸盖的进气道、排气道与气门锥面相结合的部位称为气门座，如图 3—10 所示，它也有相应的锥角。大多数发动机在缸盖上镶气门座圈，其主要优点是延长使用寿命，提高耐磨性，便于修理及更换；缺点是导热性差，座圈脱落容易造成事故。

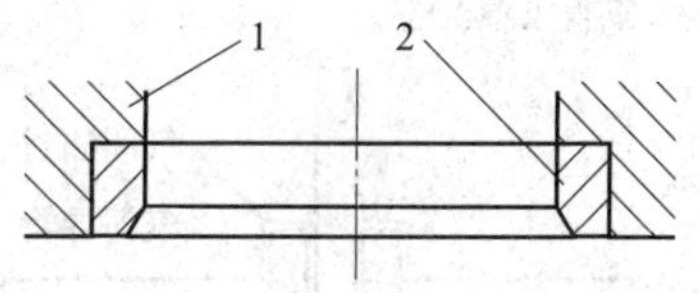

图 3—10 气门座

1—气缸盖 2—气门座圈

气门座圈材料为耐热钢、合金铸铁或特种青铜。

气门座锥角由三部分组成，如图 3—11 所示，其中 45°或 30°锥面为与气门配合的密封锥面。为了使密封更可靠，密封锥面的宽度一般为 1～2.5 mm。15°和 75°锥角是用来修正密封锥面的宽度及上下位置的。

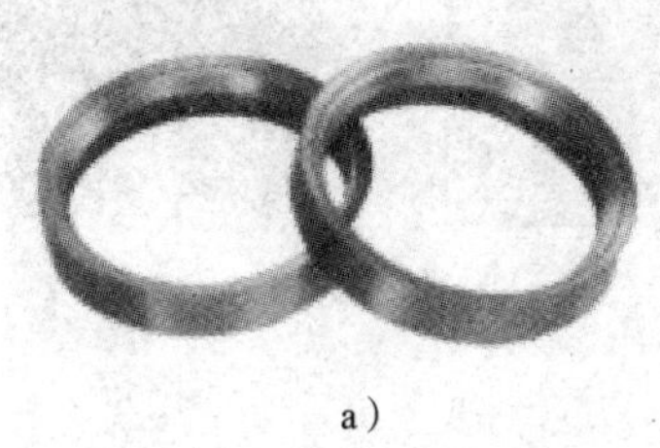

a）

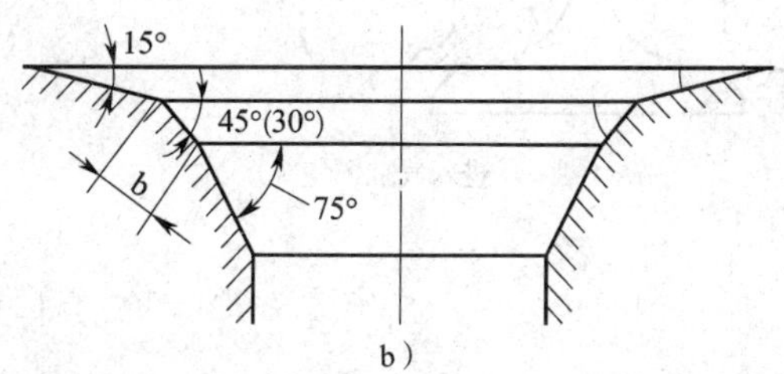

b）

图 3—11 气门座圈结构及锥角结构

3. 气门导管和油封

如图 3—12 所示，气门导管的作用是在气门做往复直线运动时进行导向，以保证气门与气门座之间的正确配合与开闭。另外，气门导管还在气门杆与气缸盖之间起导热作用。气门导管多用灰铸铁、球墨铸铁或粉末冶金制成。当凸轮直接作用于气门杆端时，承受侧向作用力。气门导管与气缸盖上的气门导管孔为过盈配合，气门导管内、外圆柱面经加工后压入气缸盖中，然后精铰内孔。为防止气门导管在工作中松落，有的采用卡环定位。

气门与气门导管间留有 0.05～0.12 mm 间隙，使气门能在导管中自由运动，适量的配气机构飞溅出来的润滑油由此间隙对气门杆和气门导管进行润滑。该间隙过小，会导致气门杆受热膨胀而与气门导管卡死；间隙过大，会使机油进入燃烧室燃烧，产生积炭，加剧活

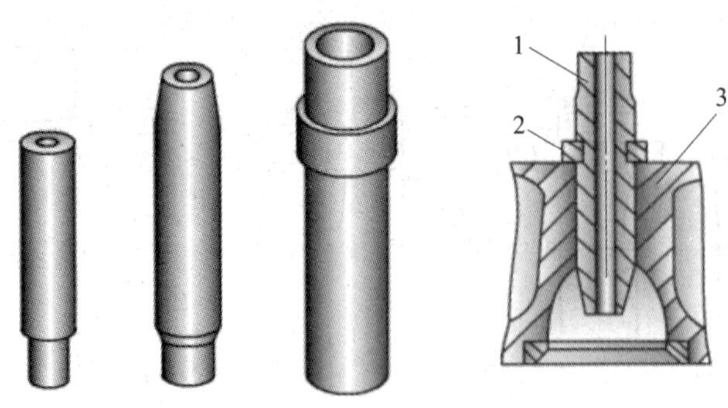

图 3—12　气门导管

1—气门导管　2—卡簧　3—气缸盖

塞、气缸和气门的磨损，增加润滑油消耗，同时造成排气冒蓝烟。为了防止过多的润滑油进入燃烧室，很多发动机在气门导管上安装有橡胶油封，如图 3—13 所示。

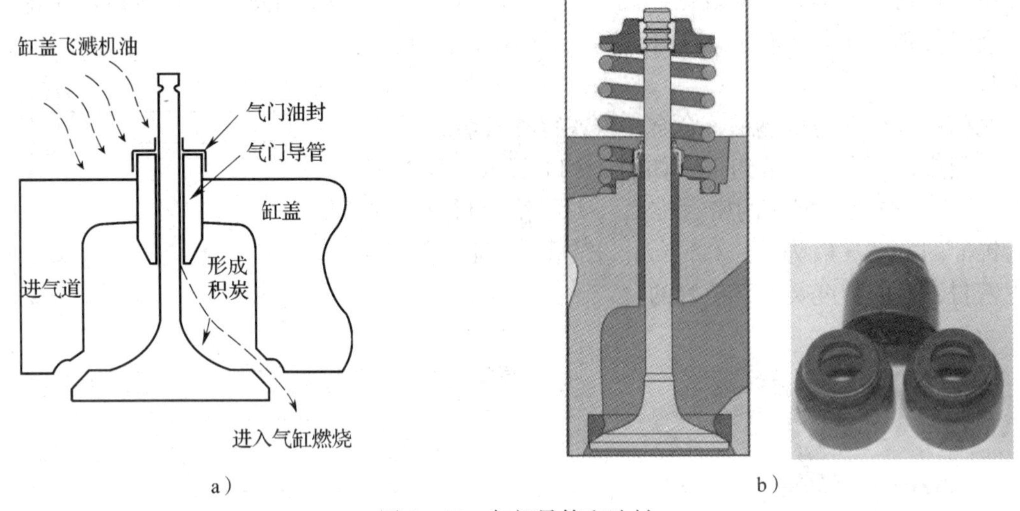

图 3—13　气门导管和油封

4. 气门弹簧

（1）作用。保证气门及时落座并紧密贴合，防止气门在发动机振动时发生跳动而密封不严；防止传动件之间因惯性力的作用而出现间隙，保证气门按凸轮轮廓曲线的规律关闭。

（2）安装方式。一端支承在气缸盖上，另一端压靠在气门杆尾端的弹簧座上，弹簧座用锁片或锁销固定。

（3）结构。气门弹簧多为等螺距弹簧；部分发动机为了避免弹簧在工作中产生共振断裂，采用变螺距弹簧（见图 3—14b）或旋向相反的双弹簧结构（见图 3—15）。

不等螺距弹簧工作时，螺距小的一端逐渐叠合，有效圈数逐渐减小，自然频率也就逐渐提高，无法形成共振。安装不等螺距的气门弹簧时，螺距小的一端应朝向气门头部。

对于双弹簧，每个气门装两根直径不同，旋向相反的内、外弹簧。两弹簧的自然振动频率不同，当某一弹簧发生共振时，另一弹簧可起减振作用。由于两根弹簧旋向相反，可以防

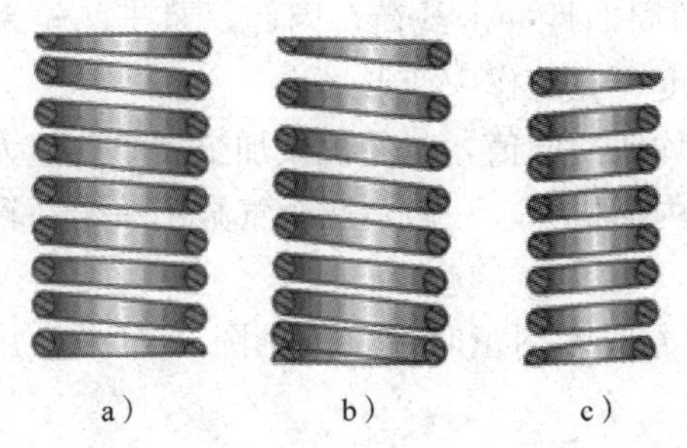

图 3—14　气门弹簧

a）等螺距弹簧　b）变螺距弹簧　c）反旋向弹簧

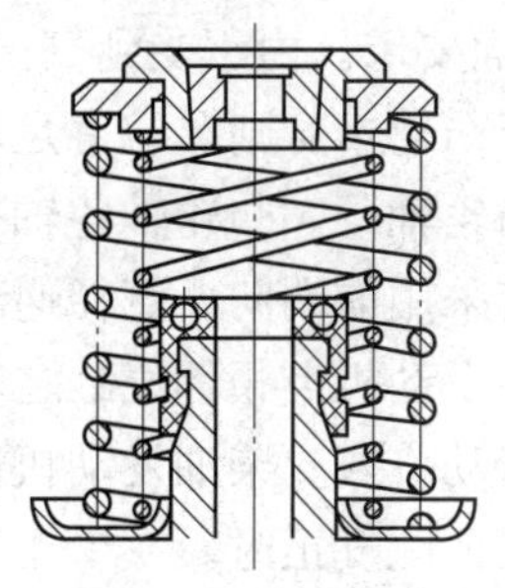

图 3—15　双弹簧

止一根弹簧折断时卡入另一根弹簧内而导致好的弹簧被卡住或损坏。另外，万一某根弹簧折断，另一根弹簧仍可保持气门不落入气缸内。

二、气门传动组结构及特点分析

气门传动组主要包括凸轮轴、正时齿轮、挺柱及其导杆、推杆、摇臂和摇臂轴等，其作用是使进、排气门按配气相位规定的时刻开闭，并保证有足够的开度。

1. 凸轮轴

凸轮轴由凸轮、支承轴颈及附属件组成，如图 3—16 所示。

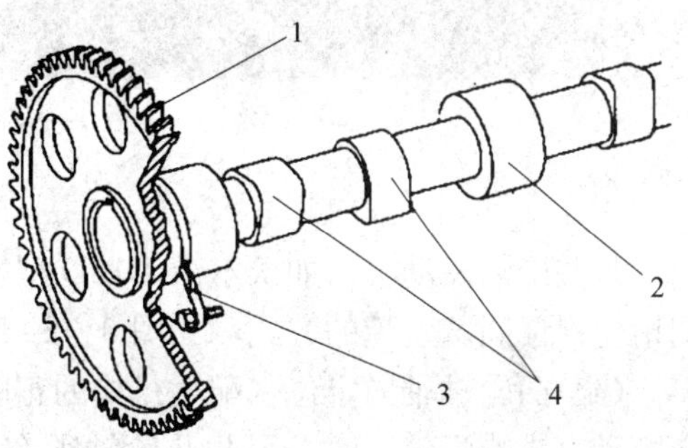

图 3—16　凸轮轴

1—传动齿轮　2—支承轴颈

3—止推板　4—进、排气凸轮

（1）凸轮

1）功用。控制气门运动。各气缸的进、排气凸轮按照配气相位和发火顺序的关系配置在凸轮轴上（见图 3—17），凸轮数目取决于气缸数目及其传动关系。凸轮高度及轮廓决定了气门打开、关闭的时刻和气体流通截面的大小，如图 3—18 所示。凸轮轮廓应保证气门平稳、光滑地移动，并在正常工作所允许的惯性力的情况下，能足够快速打开和关闭气门。

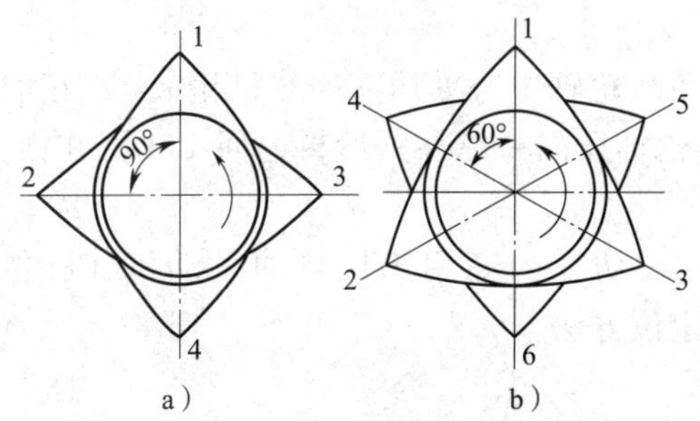

图 3—17　同名凸轮夹角

a）四缸机　b）六缸机

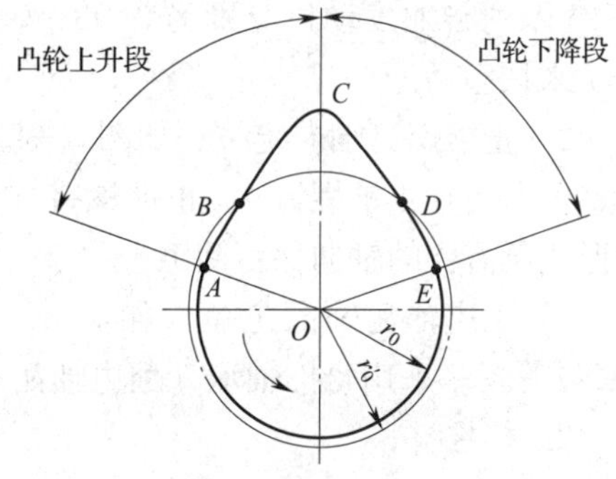

图 3—18　凸轮轮廓

2）表面要求。由于受到气门间歇性开启的周期性冲击载荷，因此，对于凸轮表面要求耐磨，对于凸轮本身则要求有足够的韧性和刚度，在工作中变形最小。

（2）凸轮轴颈。凸轮轴各轴颈的直径一般均取相同值，以使机械加工简单。但为了拆装方便，也有采用前端向后直径递减的。在小型内燃机上，一般每两个气缸用一个凸轮轴颈支承；在大型发动机上相邻气缸之间都有一个轴颈支承。

（3）传动方式。柴油发动机凸轮轴的驱动方式多用正时齿轮（见图3—19），并按照记号安装，保证配气正时。

图3—19　正时齿轮传动

某些柴油发动机（如沃尔沃D12D型发动机）采用凸轮轴记号装配、曲轴记号装配、中间惰轮保证间隙装配的方式，如图3—20所示。

（4）凸轮轴轴向定位。配气机构的正时齿轮多采用斜齿轮传动，因而易使凸轮轴产生轴向窜动，影响配气正时，因此凸轮轴须有轴向定位装置。凸轮轴轴向定位主要有以下三种方法：

1）止推片轴向定位。如图3—21所示，止推片5用螺钉3固定在气缸体上，定位于凸轮轴与正时齿轮之间。止推片与正时齿轮之间留有一定的间隙，如YC6105QC型和T815系列柴油发动机分别为0.08～0.20 mm和0.14～0.22 mm。其间隙大小可通过调整环4来调整。

2）止推螺钉轴向定位。如图3—22所示，在凸轮轴中心处压入一止推销6，在正时齿轮室盖上装有止推螺钉4。止推螺钉拧入并将凸轮轴压向一端靠紧后再退回1/4圈并锁紧，即形成所需要的轴向保留间隙。

3）翻边轴瓦轴向定位。如图3—23所示，大功率的商用车用柴油发动机（沃尔沃D12D等）多采用止推轴承（翻边轴瓦）的轴向定位方法。

2. 挺柱

挺柱应用于中置式凸轮轴、下置式凸轮轴的配气机构中，其作用是把凸轮的曲线运动转化为自身的直线往复运动并传递给推杆，使之上下运动。根据其结构不同，挺柱分为球面挺

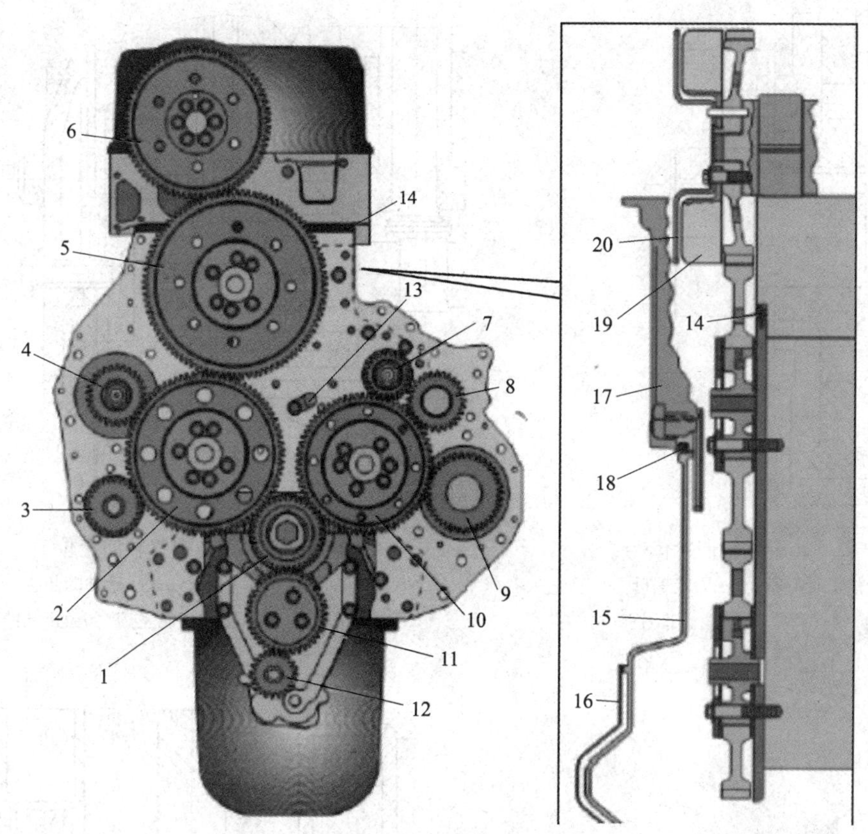

图 3—20　沃尔沃 D12D 型柴油发动机凸轮轴装配

1—曲轴正时齿轮　2，5，10，11—惰轮　3—水泵齿轮　4，7，9—取力器动力输出齿轮　6—凸轮轴正时齿轮　8—燃油泵齿轮　12—机油泵齿轮　13—喷油器　14，18—密封条　15—下正时齿轮盖　16—隔声器　17—上正时齿轮盖　19—凸轮轴减振器　20—凸轮轴位置指示器

柱、平面挺柱和滚子挺柱，如图 3—24 所示。

挺柱的结构特点是刚性好，质量小。为了减小质量，挺柱也可以设计成空心结构。

3. 摇臂组

如图 3—25 所示，摇臂组主要由摇臂、摇臂轴、摇臂轴支座和定位弹簧等组成。摇臂轴为空心轴，安装在摇臂轴支座孔内，支座用螺栓固定在气缸盖上。为防止摇臂轴转动，在图示结构中利用摇臂轴紧固螺钉将摇臂轴固定在支座上。中间支座上有油孔，与气缸盖上的油道及摇臂轴上的油孔相通。机油可进入空心的摇臂轴内，然后又经摇臂轴上正对着摇臂处的油孔进入轴与摇臂衬套之间进行润滑，并经摇臂上的油道对摇臂的两端进行润滑。在摇臂轴上的两个摇臂之间套装着一个定位弹簧，以防止摇臂轴向窜动。

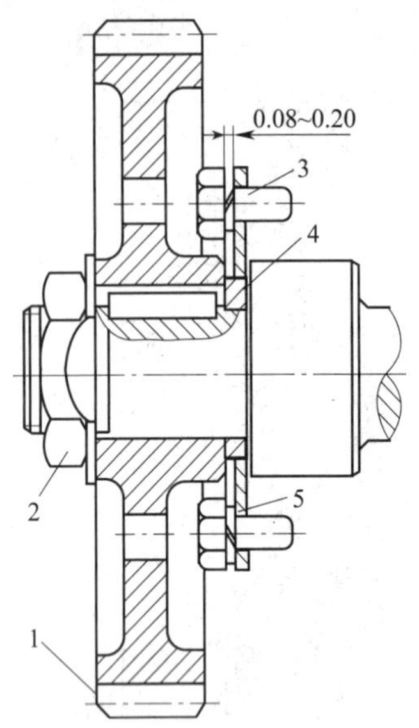

图 3—21　止推片轴向定位

1—凸轮轴正时齿轮　2—固定螺母

3—螺钉　4—调整环　5—止推片

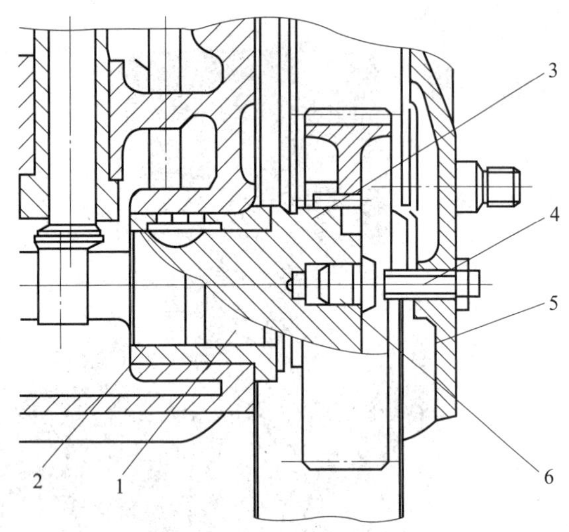

图 3—22　止推螺钉轴向定位

1—凸轮轴　2—轴承　3—凸轮轴的凸缘

4—止推螺钉　5—正时齿轮室盖　6—止推销

图 3—23　翻边轴瓦轴向定位

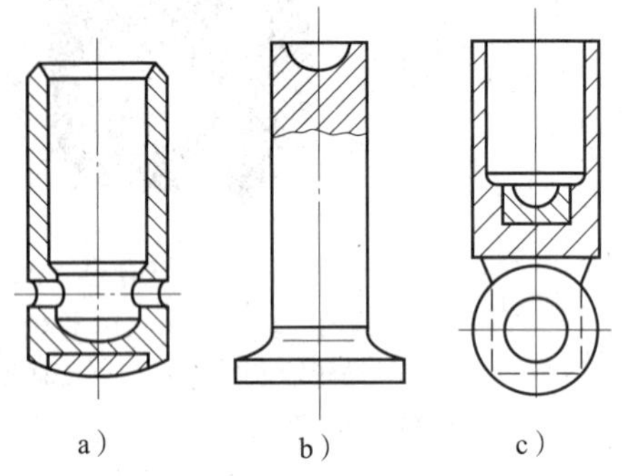

图 3—24　挺柱

a）球面挺柱　b）平面挺柱　c）滚子挺柱

三、气门间隙的检查与调整

1. 气门间隙的作用

发动机工作时，气门及传动机构因温度升高而膨胀。如果气门及其传动件之间在冷态时无间隙或间隙过小，则在热态时气门及其传动件受热膨胀引起气门关闭不严，造成发动机在压缩和做功行程中漏气，从而使功率下降，严重时会损坏零部件。因此，在发动机冷态装配时，气门与其传动机构中应留有适当的间隙，以补偿配气机构零部件受热后的膨胀量，这一间隙通常称为气门间隙。

发动机在使用过程中，气门间隙通常会因配气机构零件的磨损变形而发生变化，导致气门间隙过大或过小而影响发动机的正常工作。因此，在发动机使用和维护时，应对气门间隙

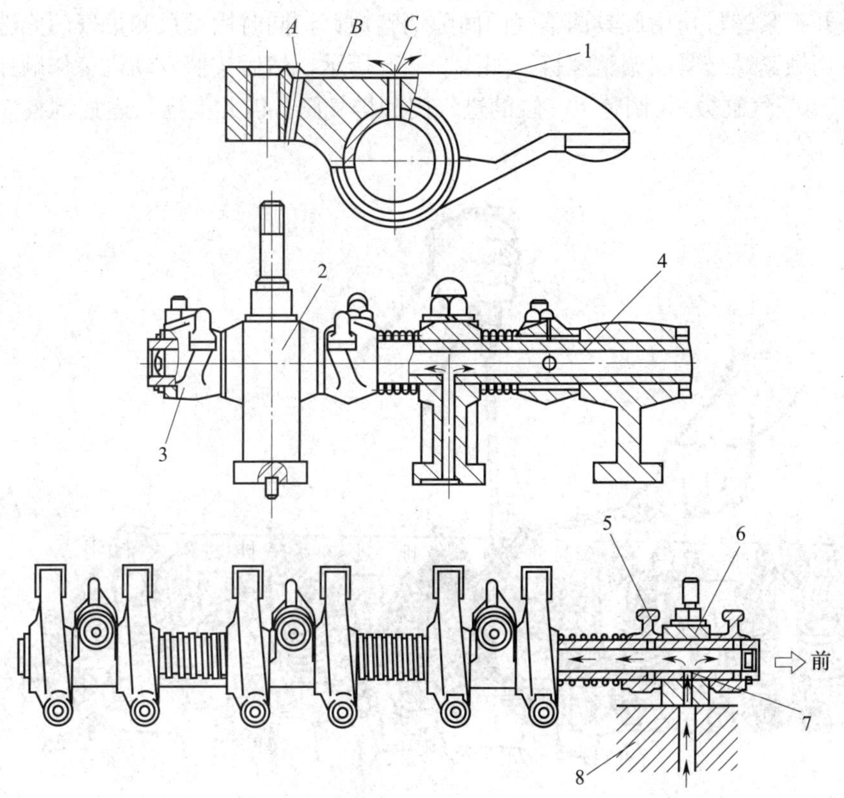

图 3—25　摇臂组

1，3，5—摇臂　2，6—摇臂轴支座　4，7—摇臂轴　8—缸盖及缸盖油道

进行检查与调整，使其符合原厂规定。

气门间隙的大小由发动机制造厂根据试验确定。一般在冷态时，柴油发动机进气门的间隙为 0.25～0.30 mm，排气门的间隙为 0.30～0.35 mm。如果气门间隙过小，发动机在热态下可能因气门关闭不严而发生漏气，导致功率下降，甚至烧坏气门。如果气门间隙过大，则使传动零件之间以及气门与气门座之间产生撞击响声，并加速磨损；同时也会使气门开启的持续时间减少，气缸的充气以及排气状况变差。

2. 气门间隙的检查与调整

气门间隙的检查与调整必须在气门完全关闭的状态下进行。在检查与调整气门间隙之前，必须分析、判断各气缸所处的工作行程，以确定可调气门。根据四冲程发动机工作原理可知：处于压缩行程上止点的气缸，进气门和排气门均可调；处于排气行程上止点的气缸，进气门和排气门均不可调；处于进气行程和压缩行程的气缸，排气门可调；处于做功行程和排气行程的气缸，进气门可调。

四冲程发动机气门间隙的检查与调整常用以下两种方法：

(1) 逐缸调整法。利用专用工具，旋转曲轴，观察四（或六）缸气门摇臂运动方式（排气门上行、进气门下行，即气门重叠瞬间），按照发动机装配记号，找出一缸活塞处于压缩上止点的位置；在摇臂或摆臂上驱动气门的一端安装有气门间隙调整螺钉及其锁紧螺母，用梅花扳手松开锁紧螺母，用旋具调整气门间隙调整螺钉，同时用塞尺测量气门间隙，待其符合标准后再用锁紧螺母紧固调整螺钉，如图 3—26 所示；然后按照发动机工作顺序旋转相应曲轴转角（720°/气缸数），调整下一缸的进气门和排气门。以此类推，逐缸调整完毕再对应检测一遍。

图 3—26　气门间隙的调整

（2）二次调整法。“二次调整法”同样是找出第一缸活塞处于压缩行程上止点。第一次当第一缸处于压缩行程上止点时，调整一缸的进、排气门间隙，并按“双、排、不、进”（见表 3—1）调整相应气缸的气门间隙。飞轮按工作方向旋转 360°，调整剩下的气门间隙。

表 3—1　　二次气门间隙调整法

<table>
<tr><td>第一次时气缸调整顺序</td><td>1</td><td>5</td><td>3</td><td>6</td><td>2</td><td>4</td></tr>
<tr><td>第二次时气缸调整顺序</td><td>6</td><td>2</td><td>4</td><td>1</td><td>5</td><td>3</td></tr>
<tr><td>第一次（一缸在压缩上止点）</td><td rowspan="2">双</td><td rowspan="2" colspan="2">排</td><td rowspan="2">不</td><td rowspan="2" colspan="2">进</td></tr>
<tr><td>第二次（六缸在压缩上止点）</td></tr>
</table>

第三节　配气机构零件的检修

一、气门组零件的检修

拆卸气门组时，必须使用专用的气门弹簧拆卸器进行规范操作。拆卸时使用弹簧拆卸器将弹簧座连同已被预紧的弹簧一起压下，使锁销（锥形锁片）处于自由状态，可方便取下。

然后将弹簧座连同弹簧一起慢慢放松，直至弹簧处于完全放松的自由状态，即可轻松取出弹簧座、弹簧和气门。

1. 气门的检修

（1）通常用如图 3—27 所示的专用工具拆装气门和气门弹簧。

（2）清除气门头上的积炭，检视气门锥形工作面及气门杆的磨损、烧蚀及变形情况，视情况更换气门。

（3）如图 3—28 所示，检查气门头圆柱面的厚度 H，柴油发动机进、排气门该厚度值一般应大于 0.80 mm。

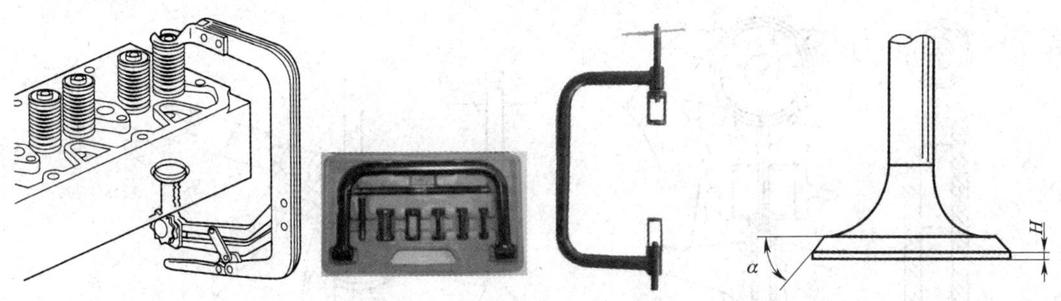

图 3—27　气门拆装工具　　图 3—28　气门头圆柱面厚度的检测

（4）检查气门尾部端面。该端面在工作时经常与气门摇臂碰擦，需检视此端面的磨损情况，看有无凹陷现象。磨损不严重时可用油石修磨；如果修磨量超过 0.5 mm，则需更换气门。

（5）检查气门工作锥面的斜向圆跳动。如图 3—29 所示，使用百分表、等高 V 形块和平板，检查每个气门工作锥面的斜向圆跳动值。测量时，将 V 形块 1 置于平板上，使百分表 3 的测头垂直于气门 2 的工作锥面，轻轻转动气门一周，百分表读数的差值即为气门工作锥面的斜向圆跳动。为使检测准确，需测量若干个斜面，取其中的最大差值作为气门工作锥面的斜向圆跳动值。其极限值为 0.08 mm，如果测量值超过极限值，则需更换气门。

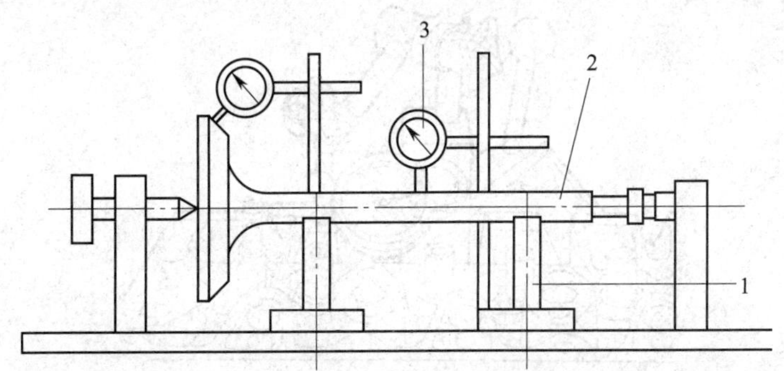

图 3—29　检查气门杆的弯曲变形及工作锥面的斜向圆跳动

1—等高 V 形块　2—气门杆　3—百分表

（6）检查气门杆的弯曲变形。气门杆的弯曲变形常用气门杆圆柱面的素线直线度误差表示。如图 3—29 所示，将气门杆支承在 V 形块上，转动气门杆，百分表读数最大差值的一半即为气门杆素线的直线度误差。该直线度误差值应不大于 0.02 mm，否则应更换气门。

2. 气门导管的检修

（1）清洗气门导管。

（2）检查气门杆与气门导管的间隙（在气门的弯曲变形检验合格后进行）。用千分尺测量气门杆的直径，用内径百分表测量气门导管的直径，如图 3—30 所示。为使测量准确，需在气门杆和气门导管长度方向测得多个测量值，并注意气门和气门导管的对应性，不得装错。气门杆与气门导管直径及其配合间隙应符合原厂要求。

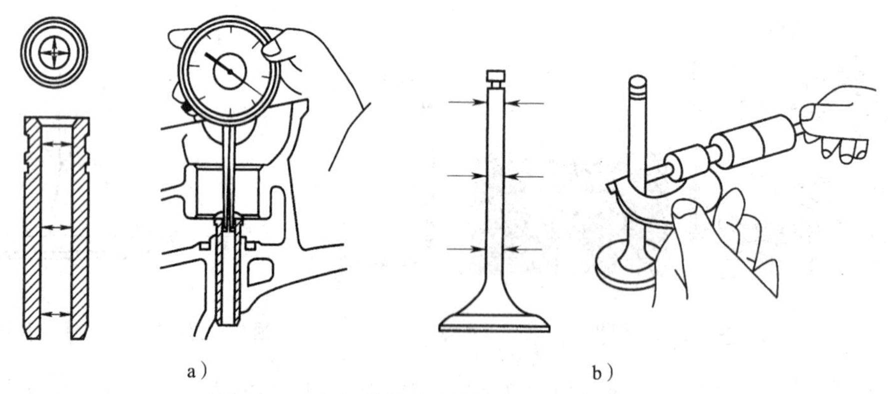

图 3—30　气门导管内径及气门杆外径的检测

a）测量气门导管内径　b）测量气门杆外径

该间隙的大小也可通过百分表测量气门杆尾部的偏摆量间接地判断。如图 3—31 所示，导管内安装对应的气门，用百分表测头顶住气门杆尾部，用手推动气门的尾部，观察百分表指针的摆差。气门杆尾部偏摆极限：进气门为 0.12 mm，排气门为 0.16 mm。如气门杆与气门导管配合间隙或气门杆尾部偏摆超限，则应根据测量的气门杆直径和气门导管内径情况，更换气门或气门导管。

图 3—31　气门与导管间隙的测量（一）

如图 3—32 所示，用同样的方法检测气门与导管间隙，根据维修手册判断是否需更换零部件。

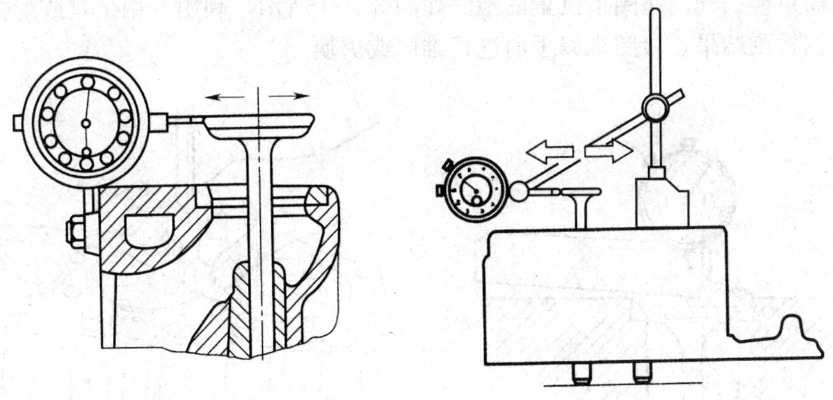

图 3—32　气门与导管间隙的测量（二）

(3) 气门导管的更换。气门导管与气缸盖底孔是过盈配合，过盈量为 0.025～0.056 mm。更换气门导管时，应先选用与气门导管尺寸相适应的专用工具，将旧导管在压力机上压出或用锤子直接拆下，除去毛边。因新导管的外径与气缸盖上的导管孔有一定的过盈量，为便于压入导管和防止气缸盖产生变形，在新导管外壁应涂以发动机机油，有条件时均匀地把气缸盖加热至 80～100℃，再用专用工具将新气门导管压入或用锤子将气门导管轻轻敲入气门导管座孔内，如图 3—33 所示。上述操作应迅速进行，以便所有气门导管在较均衡的温度下被压进气缸盖内。此时气门导管的伸出量为 15 mm。

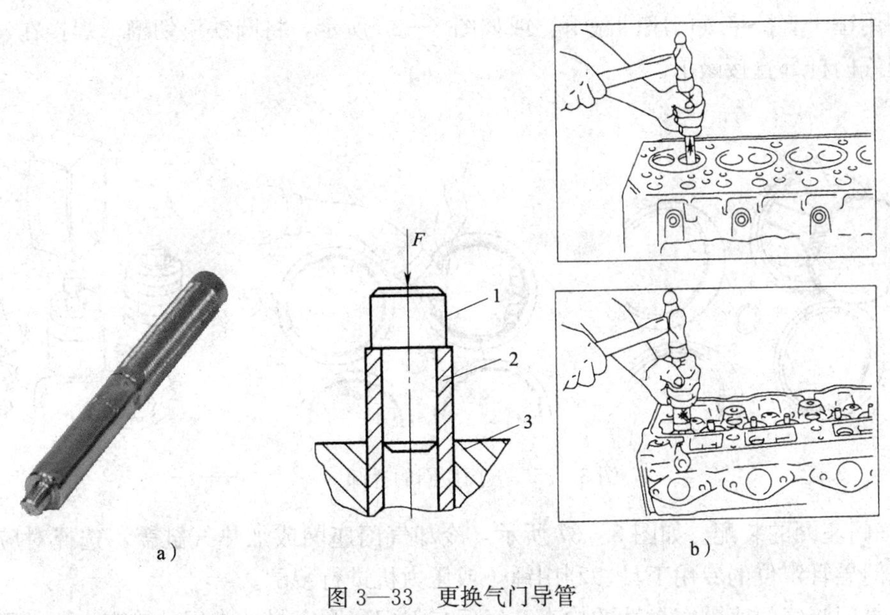

图 3—33　更换气门导管

a) 专用工具　b) 操作方法

1—专用工具　2—气门导管　3—气缸盖

3. 气门座的检查与维修

(1) 检视气门座外观，气门座表面如有斑痕、麻点，则需用专用铰刀进行铰削；如有松动、下沉则需更换。气门座圈下沉量的检测如图 3—34 所示，利用专用工具或游标深度尺进行检测，根据检测结果，参照维修手册进行维修或更换。

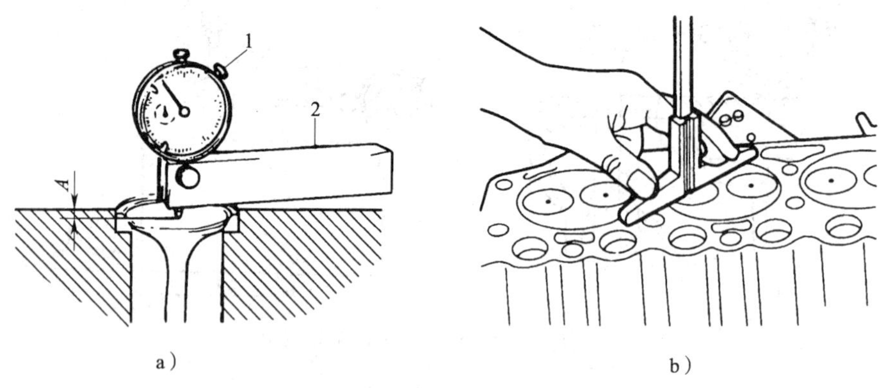

图 3—34 气门座圈下沉量的检测

1—百分表 2—专用工具

(2) 更换气门座圈。新座圈与座孔一般有 0.075～0.125 mm 过盈量。将气门座圈镶入座圈孔内，通常采用冷缩法和加热法。冷缩法是将选好的气门座圈放入液氮中冷却片刻，使座圈冷缩；加热法是将气缸盖加热至 100℃左右，迅速将座圈压入座孔内。没有条件时，可以直接采用冷压法装配气门座圈。

1) 气门座圈的拆卸。如图 3—35 所示，把旧气门两端切口，将气门直接焊接在气门座圈上，利用锤子直接将气门座圈敲下。或如图 3—36 所示，将圆铁块切槽，焊接在气门座圈上，利用气门杆部直接敲下。

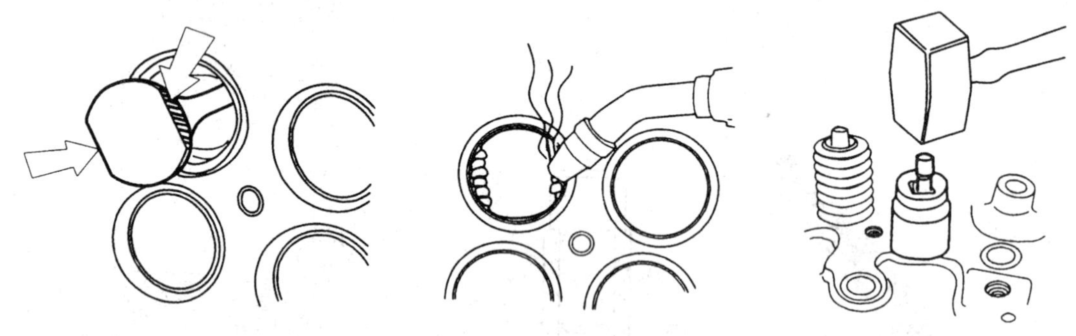

图 3—35 气门座圈的拆卸（一）

2) 气门座圈的装配。如图 3—37 所示，冷却气门座圈或加热气缸盖，选择对应该气门座圈和气门导管定位的专用工具，利用锤子或压力机进行装配。

(3) 气门与气门座圈密封性的检查。气门与气门座圈密封性常用的检查方法如下：

1) 画线法。用软铅笔在气门密封锥面上，每隔 8 mm 顺轴向均匀地画上直线（见

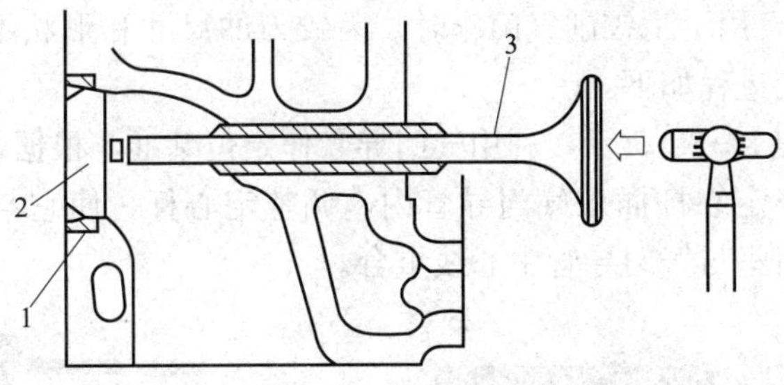

图 3—36　气门座圈的拆卸（二）
1—气门座圈　2—与座圈焊在一起的圆铁块　3—旧气门

图 3—38a)，然后将气门对号入座插入导管中，用气门捻子吸住气门顶面，将气门上下拍击数次取出，观察铅笔线是否全部被切断，如图 3—38b 所示。如铅笔线全部被切断，则说明气门与气门座密封性良好；如发现有未被切断的线条，可将气门再插入原座，转动 1～2 圈后取出，若线条仍未被切断，说明气门有缺陷，若转动后线条被切断，则说明气门座有缺陷。

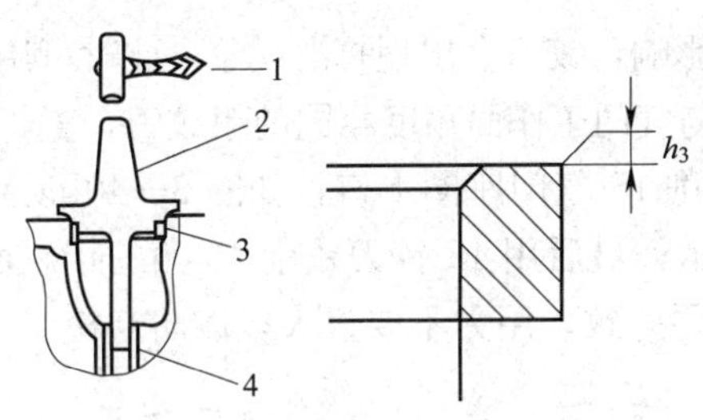

图 3—37　气门座圈的装配
1—锤子　2—专用工具
3—气门座圈　4—气门导管

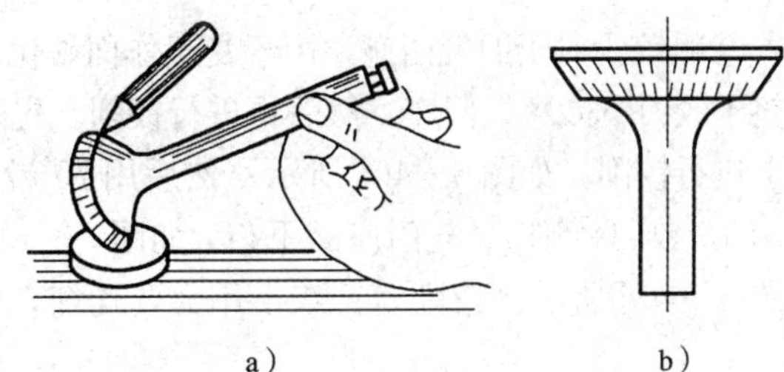

图 3—38　用铅笔画线法检查气门密封面

2）轻拍法。清洗气门和气门座圈，安装对应的气门，在气门头部距离气门座圈 20～30 mm 时，用手将气门轻拍数下，若气门与气门座圈的工作面能出现一条完整的光环视为正常。

3）汽油检测法。把气缸盖平面水平朝上放置，将汽油倒入装有气门的燃烧室，5 min 内如密封环带处无渗漏，即为合格。

（4）气门密封环带的检测和维修

1）气门密封环带的检测。一般要求进、排气门接触环带宽度为 1～2.5 mm，位置居于气门工作面中部偏上；排气门宽度大于进气门宽度，柴油发动机的宽度大于汽油机的宽度。如气门与气门座不能产生均匀的接触环带，或接触环带宽度不在规定的范围内（密封环带宽度过小，将使气门磨损加剧；宽度过大则容易烧蚀），必须铰削或磨削气门座，并最后研磨。

气门密封环带的检测方法是将气门座圈涂上红丹粉，再将气门插入原座圈，轻轻拍打并旋转后取出，观察气门工作面上红丹粉印痕，判断密封环带是否符合要求。如环带过宽、过窄或位置不正确，可采用铰削气门座圈的方法进行维修。

2）气门座的铰削。用手工铰削气门座时，因铰刀的尺寸和形状不同，导杆的尺寸也不同。气门座的铰削工艺过程如下：

①选择导杆。如图 3—39 所示，利用气门导管作定位基准，根据气门导管的内径选择相适应的定心杆直径。将定心杆插入气门导管内，调整定心杆，使它与气门导管内孔密切配合，以保证铰削的气门座与气门导管中心线重合。

图 3—39　气门座圈铰刀

②粗铰。对于旧气门座，由于受工作面硬化层的影响，铰刀会出现打滑现象，此时可用砂布垫于铰刀下砂磨气门座，然后再进行铰削。先选用与气门工作面角度相同的粗铰刀，置于导杆上进行铰削，如图 3—40a 所示；然后用 75°铰刀铰削 15°气门座圈上口，如图 3—40b所示；再用 15°铰刀铰削 75°气门座圈下口，如图 3—40c 所示；最后用 45°铰刀铰削 45°角的接触面，如图 3—40d 所示。铰削时，双手用力要均衡，转速要一致，用力不要过大，以防起棱。

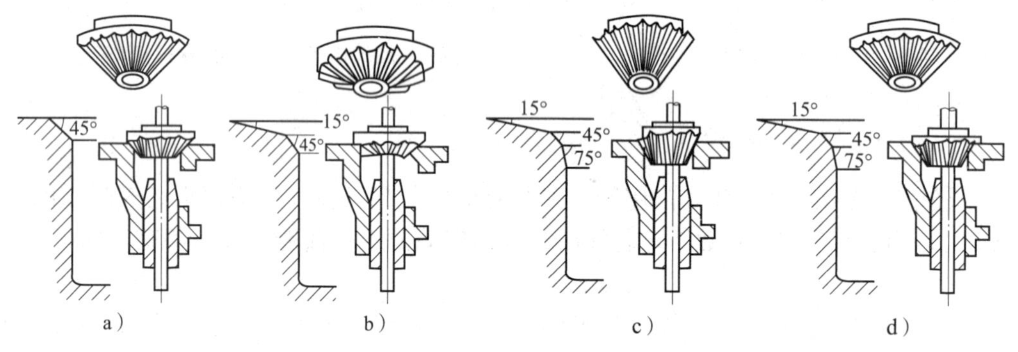

图 3—40　气门座的铰削顺序

③试配。粗铰后，应用同一组气门进行试配，查看接触环带所处的位置。接触环带应在气门工作面的中部偏上位置，并符合宽度要求，以保证进、排气门的密封性和排气门的散热。

若接触环带偏于气门座圈上部，应用 75°铰刀再铰削气门座上口；若接触面偏于气门座圈下部，则应用 15°铰刀再铰削气门座下口。即接触环带偏上铰上口，偏下铰下口。若接触环带宽度达不到要求，则应铰削 45°角的工作面。

④精铰。选用 45°角的细刃铰刀进行精铰，或在铰刀下面垫以细砂布进行砂磨，如图 3—41 所示。

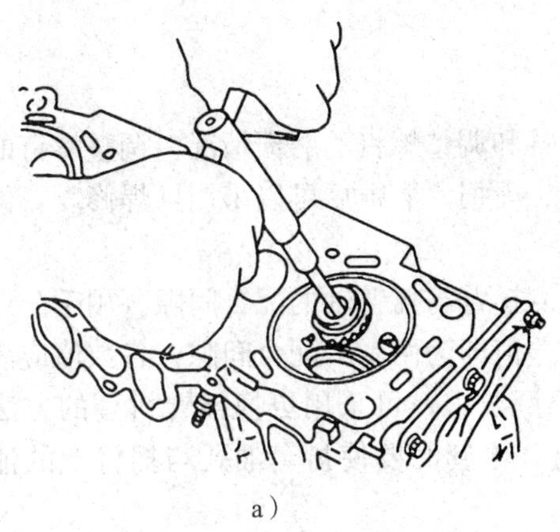

a）

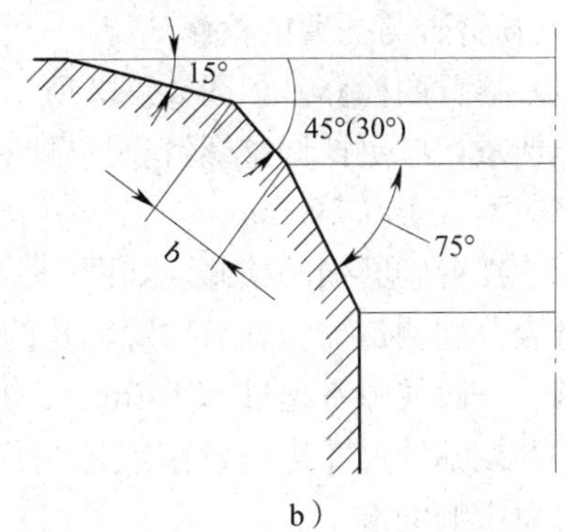

b）

图 3—41　气门座圈的铰削方法

3）气门的研磨。为进一步提高气门座的密封性，气门与气门座必须进行研磨。气门的研磨有手工研磨法和机动研磨法两种。

①手工研磨法。清洗气门、气门座和气门导管。如图 3—42 所示，在气门工作面上涂一层薄的研磨膏，用带橡皮碗的木柄捻子吸住气门头进行研磨。

研磨时手腕着力，不要用力太大，并注意防止研磨膏进入气门导管内。在研磨中应不时地提起和转动气门，变换气门对气门座的相对位置，以保证研磨均匀。

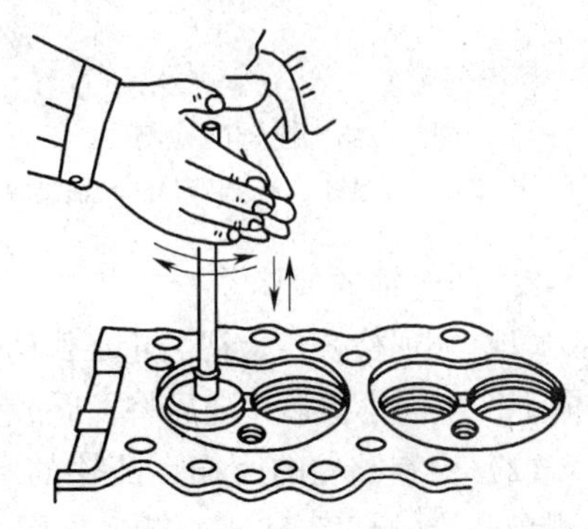

图 3—42　气门的研磨

应边研磨边进行检查，当气门座和气门工作面出现一条整齐、连续、无斑点的接触环带，同时环带位置和宽度满足要求后，洗净气门和气门座，换用细研磨膏，磨到接触环带整齐且呈无光泽的灰色状时，洗去气门及气门座上的研磨膏，在气门工作面涂上发动机机油，再研磨几分钟，洗去机油，进行密封性检查。气门研磨后应打上顺序号，以免装错。

②机动研磨法。将气缸盖清洗干净，置于研磨机工作台上。在已配好的气门工作面上涂一层研磨膏，将气门杆部涂以发动机机油后装入气门导管内。调整气缸，使各气门的座孔对正转轴的垂直位置，连接好研磨手柄，调节气门升程，即可开机进行研磨。研磨至与手工研磨相同的要求为止。

4. 气门弹簧的检查

（1）检查气门弹簧的自由长度。用游标卡尺测量气门弹簧的自由长度，检测结果参考维修手册。也可用新、旧弹簧对比的经验方法进行检查。自由长度比使用限度小 1.3～2.0 mm时，应更换新件。

（2）检查气门弹簧端面与其中心轴线的垂直度。将气门弹簧直立置于平板上，用 90°角尺检查每根弹簧的垂直度（气门弹簧上端和直角尺之间的间隙即为垂直度误差的大小），其极限值为 2.0 mm。如该间隙超限，则必须更换气门弹簧。

二、气门传动组零件的检修

1. 摇臂轴与摇臂的检修

（1）摇臂的检修。如图 3—43 所示，检视摇臂和调整螺钉的磨损情况。调整螺钉的端头如磨损严重，应更换调整螺钉。摇臂头部应光洁、无损。磨损后可以采用堆焊修复，修复后的凹陷应不大于 0.50 mm。

（2）摇臂轴磨损的检修。如图 3—44 所示检测摇臂与摇臂轴的配合间隙。用千分尺和内径百分表分别测量摇臂轴与摇臂轴孔的尺寸，其差值即为两者的配合间隙，各数值应满足原厂要求，一般间隙不超过 0.15 mm。如果超过原厂要求，可采用更换摇臂衬套的方法进行修理，并按轴的尺寸进行铰削或镗削修理。注意：镶套时要使衬套油孔与摇臂上的油孔对准，以免影响润滑。

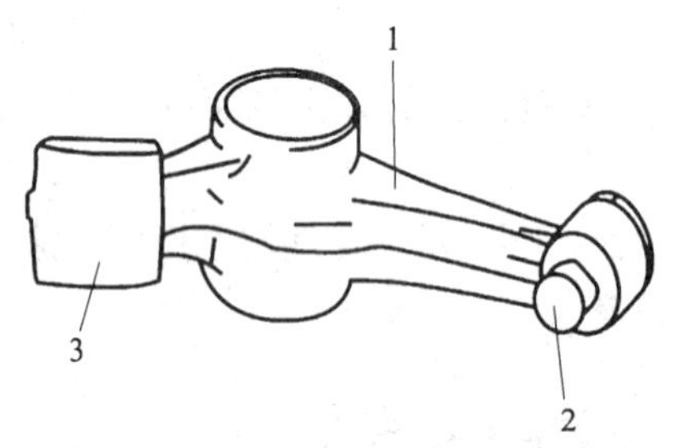

图 3—43　摇臂的检测

1—摇臂　2—调整螺钉　3—摇臂与凸轮轴接触面

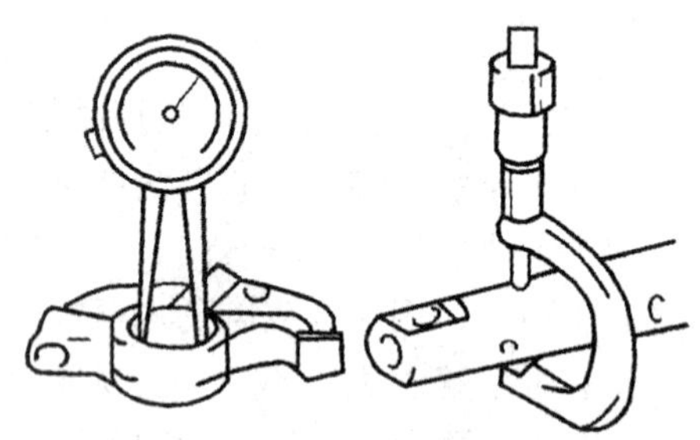
图 3—44　摇臂与摇臂轴配合间隙的检测

2. 凸轮轴的检修

（1）外观检视。检视凸轮工作面是否有擦伤和疲劳剥落现象。凸轮工作面的擦伤是沿滑动方向上产生的小擦痕，随后将发展成为严重的粘着损伤。如有上述现象，则应更换凸轮轴。

（2）检查凸轮的磨损。凸轮的磨损程度可用外径千分尺测量凸轮的高度 H 来判断，如图 3—45 所示。如果被测凸轮高度 H 小于使用限度，应更换凸轮轴。

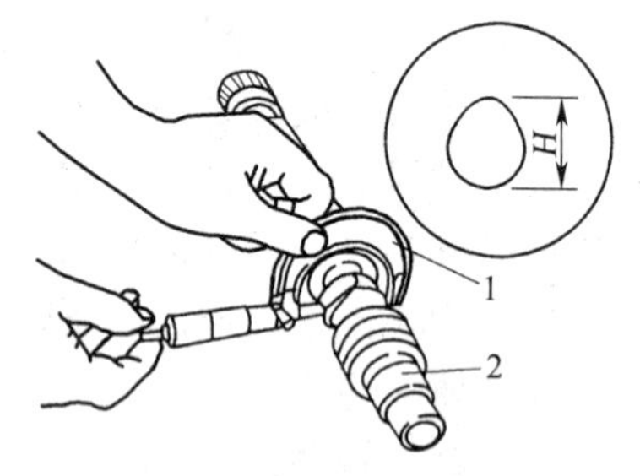

图 3—45　检查凸轮的磨损

1—外径千分尺　2—凸轮轴

（3）检查凸轮轴的弯曲变形。如图 3—46 所示，把 V 形块置于平板上，将凸轮轴置于 V 形架上，用百分表测量凸轮轴中间支承的径向圆跳动。轻轻地回转凸轮轴一周，百分表指针的读数差即为凸轮轴的径向圆跳动值。若测量值超过极限值（0.05 mm），则应进行冷压校正或更换凸轮轴。凸轮轴校直后，其径向圆跳动误差应不大于规定值。

（4）检查凸轮轴轴颈的磨损。如图 3—47 所示，用千分尺利用“两点法”测量每个凸轮轴轴颈的直径，即在轴颈的两个不同截面上分别测量两垂直方向的直径尺寸（得到 4 个测量值）；同时用内径百分表利用“两点法”测量凸轮轴轴颈承孔的内径（每个承孔得到 4 个测量值）。用所测轴颈承孔内径减去相应轴颈直径即得轴颈与轴颈承孔的配合间隙。如果该配合间隙超过极限值，则应更换凸轮轴和轴瓦。

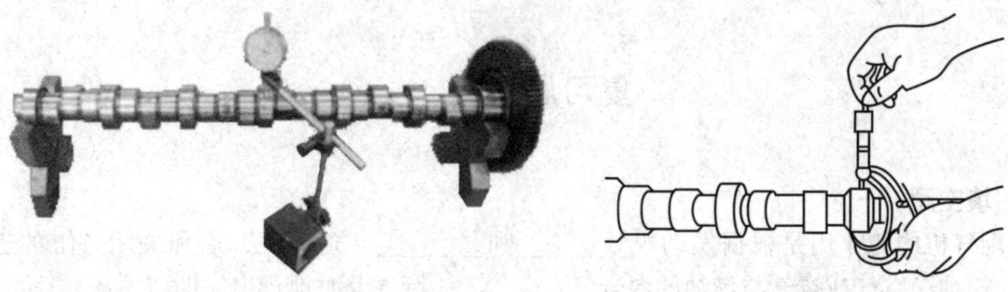

图 3—46　凸轮轴弯曲变形的检测　　图 3—47　凸轮轴轴颈磨损量的测量

(5) 检查凸轮轴的轴向间隙（止推间隙）。凸轮轴轴向间隙应按图 3—48 所示进行测量。凸轮轴轴向间隙是靠止推板来保证的。测量该间隙时，可用撬杠拨动凸轮轴沿轴向移动，用塞尺或百分表进行测量，如果测量值超限，则通过增减止推板或调整圈的厚度来调整。

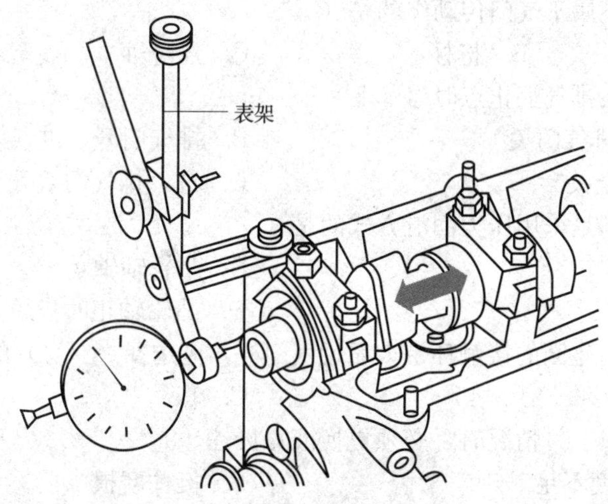

图 3—48　测量凸轮轴的轴向间隙

3. 挺柱的检修

挺柱常见损伤形式有挺柱底部出现剥落、裂纹、擦伤划痕，挺柱与导孔配合间隙过大等。如果出现这些损伤，则视情况检修。

(1) 挺柱底部出现疲劳剥落或擦伤划痕时，应更换新件。

(2) 挺柱底部出现环形光环，该光环说明磨损不均匀，应尽早更换新件。

(3) 挺柱圆柱部分与导孔的配合间隙超过规定值时，应视情况更换挺柱或导孔支架。装有衬套的结构可更换衬套。

4. 推杆的检修

推杆一般都是空心细长杆，工作时易发生弯曲，要求其直线度误差不大于 0.30 mm；若上端凹球端面和下端凸球面磨损则应更换新件。

5. 传动齿轮的检修

凸轮轴传动齿轮的齿形应无磨损，齿轮的啮合间隙应在规定值内。

复习思考题

一、填空题

1. 配气机构的作用是根据发动机________和________，适时地开启和关闭各缸的进、排气门，使纯净空气或空气与燃油的混合气________，废气及时地排出，即“________”。

2. 气门间隙是指________、________时，气门与________之间的间隙。其作用是为气门及驱动组件工作时留有________的余地。

3. 气门从开始________到________的________叫作配气相位，通常用________来表示。

二、选择题

1. 下述各零件不属于气门传动组的是（　　）。

A. 气门弹簧　　B. 挺柱　　C. 摇臂轴　　D. 凸轮轴

2. 进、排气门在排气上止点时（　　）。

A. 进气门开，排气门关　　B. 排气门开，进气门关

C. 进、排气门全关　　D. 进、排气门叠开

3. 下面零件中不是采用压力润滑方式的是（　　）。

A. 挺柱　　B. 凸轮轴轴承

C. 摇臂　　D. 凸轮轴正时齿轮

4. 若气门与气门座圈的接触环带太靠近气门杆，应选择（　　）的铰刀修正。

A. 75°　　B. 45°　　C. 15°　　D. 60°

5. 出现下列（　　）情况时，必须更换液力挺柱。

A. 气门开启高度不足　　B. 挺柱磨损

C. 挺柱泄漏　　D. 配气相位不准

6. 做功顺序为1—3—4—2的发动机，在第三缸活塞压缩上止点时，可以检查及调整（　　）间隙。

A. 3缸的进、排气门和4、2缸的进气门

B. 1、4缸的进气门和2缸的排气门

C. 3缸的进气门和排气门、4缸的排气门和2缸的进气门

D. 1缸的进气门和排气门、4缸的排气门和2缸的进气门

7. 下列选项中不可能出现双凸轮轴结构的是（　　）。

A. V型发动机　　B. 四气门配气方式

C. 侧置气门式　　D. 齿形带传动方式

第四章　燃料供给系统的构造与检修

第一节　柴油发动机燃料供给系统概述

一、柴油发动机燃料供给系统的功用

柴油发动机燃料供给系统的功用是完成燃料的储存、滤清和输送工作，按柴油发动机不同工况的要求，定时、定量并以一定的喷油压力将柴油喷入燃烧室，使其与空气迅速而良好地混合和燃烧，最后使废气排入大气中。

二、柴油发动机燃料供给系统的组成及工作原理

1. 柴油发动机燃料供给系统的组成

（1）燃油供给装置。包括柴油箱、输油泵、柴油滤清器（柴油滤清器有粗、细两种，一般粗滤器设在输油泵之前，细滤器设在输油泵之后）、喷油泵、喷油器等，如图 4—1 所示。

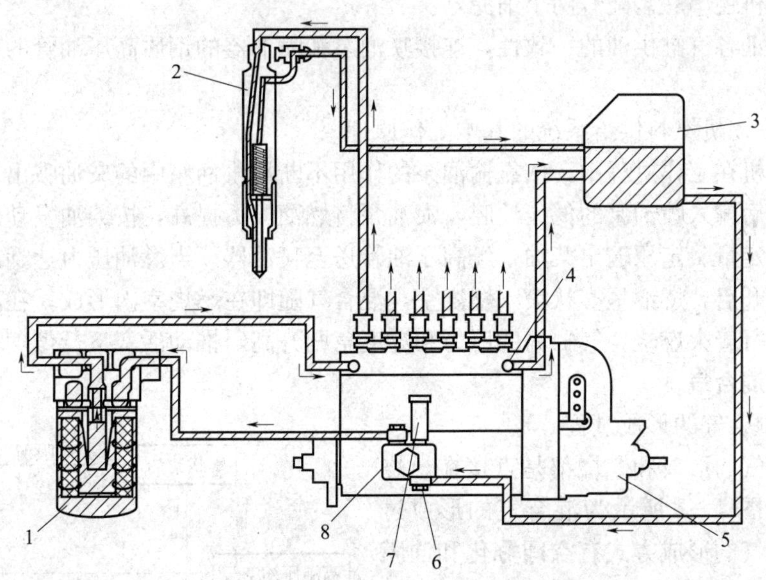

图 4—1　柴油发动机燃料供给系统的组成

1—燃油滤清器　2—喷油器　3—燃油箱　4—溢流阀　5—喷油泵　6—滤网　7—手动泵　8—输油泵

(2) 空气供给装置。包括空气滤清器、进气管道；增压柴油发动机增加涡轮增压器、中冷器等。

(3) 混合气形成装置。主要指燃烧室。

(4) 废气排出装置。包括排气管道、消声器。

2. 柴油发动机燃料供给系统的基本油路

柴油发动机燃料供给系统的基本油路如图 4—1 所示。

(1) 低压油路。从油箱到喷油泵入口这段油路中的油压是由输油泵建立的，而输油泵的出油压力一般为 150～300 kPa，所以这段油路称为低压油路。

(2) 高压油路。从喷油泵到喷油器这段油路中的油压是由喷油泵建立的，一般在 10 MPa以上，故这段油路称为高压油路。

(3) 多余燃油回流的回油油路。由于输油泵的供油量比喷油泵的出油量大 3～4 倍，为了保持进入喷油泵进油室内的油压稳定，滤清器或喷油泵上装有限压阀（又称溢流阀），大量多余的燃油经限压阀和回油管流回输油泵的进口或直接流回柴油箱。喷油器工作间隙泄漏的少量柴油也经回油管流回柴油箱。

对于使用燃料含轻馏分较多的柴油发动机，喷油压力较高，喷油泵的负荷较大，柱塞回油的瞬间进油室内压力波动较大。为此，系统中的限压阀多设在喷油泵上，这样大部分多余的燃油通过喷油泵流回油箱，因而可使喷油泵得到燃油的冷却，使其维持正常温度（限压阀设在细滤器上，喷油泵的温度将有所升高），并且还可以利用大量回流的燃油驱净油路中的气体。适量的燃油流回油箱还对油箱内的燃油有加热的作用，可防止冬季燃油中石蜡成分析出结晶颗粒，使燃油的流动性增大并防止滤清器堵塞。

(4) 柴油滤清器有粗、细两种，一般粗滤器设在输油泵之前，细滤器设在输油泵之后，有的柴油发动机还串联装配有两个细滤器。

(5) 为保证各气缸供油的一致性，连接喷油泵和喷油器的钢质高压油管的直径和长度要尽量相等。

3. 柴油发动机燃料供给系统的基本工作原理

柴油发动机在工作过程中，依靠输油泵的作用不断地将油箱中的柴油吸出，并经柴油滤清器滤去杂质后输入喷油泵的低压油腔，喷油泵将燃油压力提高，按柴油发动机不同工况的要求，定时、定量、定压输出柴油，经高压油管送至喷油器。当燃油压力达到规定值时，喷油器的喷油孔开启，燃油呈雾状喷入燃烧室，混合气随即在燃烧室内形成，在高温、高压条件下，柴油自行着火燃烧，气缸内的压力和温度急剧升高，推动活塞下行做功输出动力。

三、可燃混合气

1. 可燃混合气的形成过程

可燃混合气的形成和燃烧都是直接在燃烧室内进行的。图 4—2 所示为混合气的形成过程。可燃混合气的形成方式有空间雾化和油膜蒸发两种。

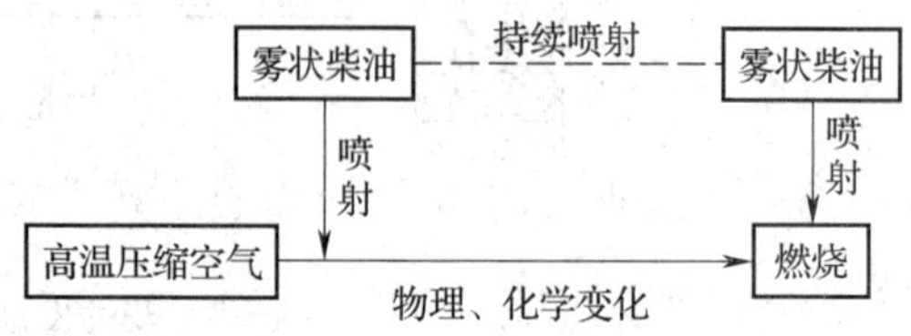

图 4—2 可燃混合气的形成过程

2. 柴油燃烧的主要特点

(1) 燃料的混合和燃烧是在气缸内进行的。

(2) 混合与燃烧的时间很短。

(3) 柴油黏度高，不易挥发，必须以雾状喷入。

(4) 可燃混合气的形成和燃烧过程是同时、连续重叠进行的，即边喷射，边混合，边燃烧。

3. 可燃混合气的形成与燃烧

可燃混合气的形成与燃烧过程可以分为四个时期，整个过程中气缸压力与曲轴转角的关系如图 4—3 所示。

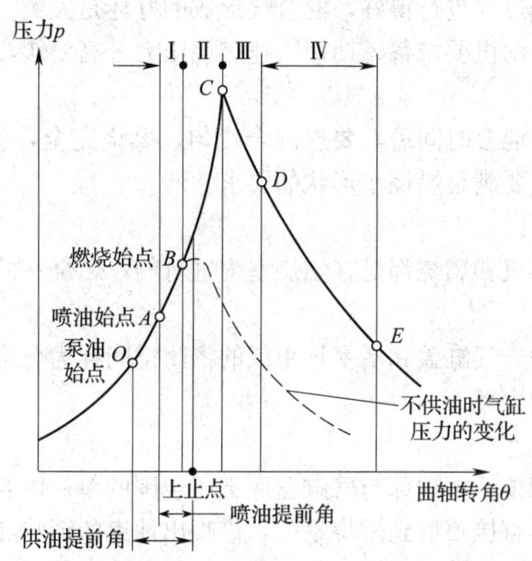

图 4—3　气缸压力与曲轴转角的关系

Ⅰ—备燃期　Ⅱ—速燃期　Ⅲ—缓燃期　Ⅳ—后燃期

(1) 备燃期Ⅰ。从喷油开始，至开始着火燃烧为止。

喷入气缸中的雾状柴油并不能马上着火燃烧，这是因为气缸中的气体温度虽然已高于柴油的自燃点，但柴油的温度不能马上升高到自燃点，要经过一段物理和化学的准备过程。也就是说，柴油在高温空气的影响下，吸收热量，温度升高，逐层蒸发而形成油气，向四周扩散并与空气均匀混合（物理变化）。

随着柴油温度的升高，少量的柴油分子首先分解，并与空气中的氧分子进行化学反应，具备着火条件而着火，形成了火源中心，为燃烧做好了准备。这一时期很短，一般仅为 0.000 3～0.000 7 s。

(2) 速燃期Ⅱ。从燃烧开始，至气缸内出现最高压力时为止。

火源中心已经形成，已准备好了的混合气迅速燃烧，在这一阶段由于喷入的柴油几乎同时着火燃烧，而且是在活塞接近上止点、气缸工作容积很小的情况下进行燃烧的，因此，气缸内的压力 p 迅速增大，温度升高很快。

(3) 缓燃期Ⅲ。从出现最高压力开始，至出现最高温度为止。

这一阶段喷油器继续喷油，由于燃烧室内的温度和压力都很高，柴油的物理和化学准备时间很短，几乎是边喷射边燃烧。但因为气缸中氧气减少，废气增多，燃烧速度逐渐减慢，气缸容积增大，所以气缸内压力略有下降，温度达到最高值。通常喷油器已结束喷油。

（4）后燃期Ⅳ。缓燃期以后的燃烧。

这一时期虽然不喷油，但仍有一少部分柴油没有燃烧完，随着活塞下行继续燃烧。后燃期没有明显的界限，有时甚至延长到排气行程还在燃烧。后燃期放出的热量不能充分利用来做功，很大一部分热量将通过缸壁散至冷却液中或随废气排出，使发动机过热，排气温度升高，造成发动机动力性和经济性下降。因此，要尽可能地缩短后燃期。

综上所述，要使燃烧过程进行得好，混合气形成的好坏是关键。根据可燃混合气的形成与燃烧过程可知，柴油发动机要求备燃期短，速燃期压力升高要快，才能使动力性、经济性好，工作柔和，不冒烟。

因为柴油挥发性差，混合时间短，要想混合均匀、燃烧完全，就必须满足喷射压力高、雾化好的要求，喷射质量要满足燃烧室形状的要求。

四、燃烧室

由于柴油的混合气形成和燃烧都是在燃烧室内进行的，燃烧室的结构形式直接影响混合气的品质和燃烧状况。

当活塞到达上止点时，气缸盖和活塞顶组成的密闭空间称为燃烧室。燃烧室分为统一式燃烧室和分隔式燃烧室两大类。

1. 统一式燃烧室

统一式燃烧室是由凹顶活塞顶部与气缸盖底部所包围的单一内腔，几乎全部容积都在活塞顶面上。燃油自喷油器直接喷射到燃烧室中，借喷出油束的形状和燃烧室形状的匹配，以及燃烧室内的空气涡流运动，迅速形成混合气。统一式燃烧室又叫作直接喷射式燃烧室，如图 4—4 所示。其构造特点是气缸盖底面是平的，活塞顶部下凹（ω形、球形、U 形）。

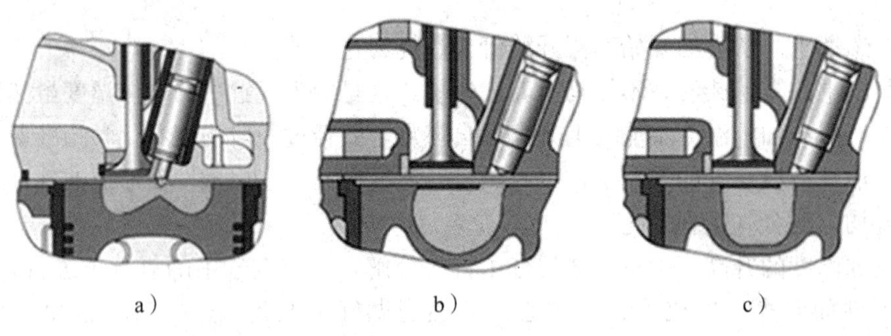

图 4—4　统一式燃烧室

a）ω形燃烧室　b）球形燃烧室　c）U 形燃烧室

（1）ω形燃烧室。如图 4—4a 所示，柴油直接喷射在活塞顶的浅凹坑内，喷射的柴油雾化要好，而且要均匀地分布在空气中。即要求喷射压力高（一般为 17～22 MPa），雾化质量好。因此采用多孔喷嘴，孔数一般为 6～12 个。

1）优点。形状简单，结构紧凑；燃烧室与水套接触面积小，散热少，可减少热损失，热效率高，经济性较好。

2）缺点。工作粗暴，喷射压力高，制造困难，喷孔易堵。

（2）球形燃烧室。如图 4—4b 所示，空气由缸盖螺旋形进气道以切线方向进入气缸，绕气缸轴线做高速螺旋转动，并一直延续到压缩行程。喷油器沿气流运动的切线方向喷入柴油，使绝大部分柴油直接喷射在燃烧室壁面上而形成油膜；小部分柴油雾珠散布在压缩空气中，并迅速蒸发燃烧，形成火源。油膜一方面受灼热的燃烧室壁面的加温，同时又受已燃柴油的高温辐射，使柴油逐层蒸发，与涡流空气边混合边燃烧。

1）优点。工作柔和，噪声低，又称轻声发动机。

2）缺点。起动困难，螺旋形进气道结构复杂、制造困难。

（3）U 形燃烧室。如图 4—4c 所示。U 形燃烧室的特点介于 ω 形燃烧室和球形燃烧室之间。

2. 分隔式燃烧室

分隔式燃烧室由两部分组成。一部分位于活塞顶与气缸底面之间，称为主燃烧室；另一部分在气缸盖中，称为副燃烧室。这两部分由一个或几个孔道相连。分隔式燃烧室的常见形式有涡流室式燃烧室和预燃室式燃烧室两种，如图 4—5 所示。

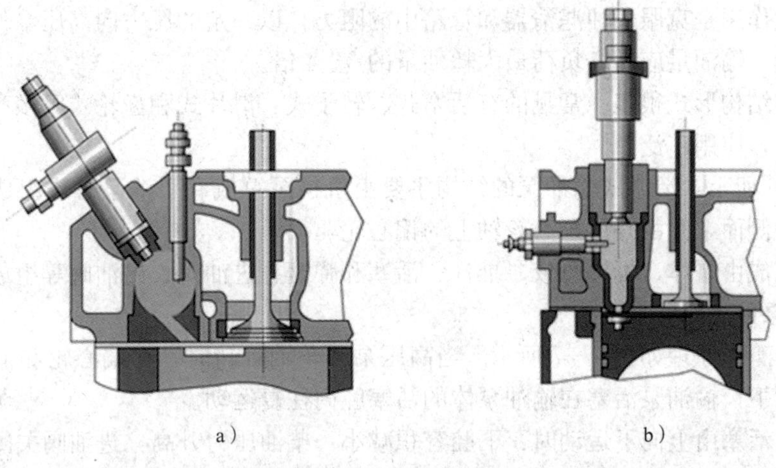

图 4—5　分隔式燃烧室

a）涡流室式燃烧室　b）预燃室式燃烧室

（1）涡流室式燃烧室。如图 4—5a 所示，它的副燃烧室是球形或圆柱形的涡流室，其容积占燃烧室总容积的 50%～80%，涡流室有切向通道与主燃烧室相通。在压缩行程中，气缸内的空气被活塞推挤，经过通道进入涡流室，形成强烈的有组织的高速旋转运动（每分钟几百转）。柴油喷入涡流室中，在空气涡流的作用下，形成较浓的混合气。部分混合气在涡流室中着火燃烧，已燃与未燃的混合气高速（经通道）喷入主燃烧室，借活塞顶部的双涡流凹坑产生第二次涡流，促使进一步混合和燃烧。

1）要求。顺气流方向喷射；由于涡流运动促进了混合气的形成与燃烧，可采用较大孔径的喷油器，喷射压力也较低（12～14 MPa）。

2）优点。工作柔和，空气利用率较高，喷射压力也较低。

3）缺点。热损失大，经济性差，起动困难。

（2）预燃室式燃烧室。如图 4—5b 所示，缸盖上有预燃室，占燃烧室总容积的 1/3。预燃室与主燃室有通道，活塞为平顶。因为通道不是切向的，所以压缩时不产生涡流。连通预燃室与主燃室的孔道直径较小，由于节流作用产生压力差，使预燃室内形成紊流运动，油束大部分射在预燃室的出口处，只有少部分与空气混合（出口处较浓，而上部较稀）；而上部着火后产生高压，已燃的和出口处较浓的混合气一同高速喷入主燃烧室，在主燃烧室内产生强烈的燃烧扰流运动，使大部分燃料在主燃烧室内混合和燃烧。

这种燃烧室的优点和缺点与涡流室式燃烧室基本相同。

第二节　燃料供给系统低压油路主要部件构造与检修

燃料供给系统中，低压油路主要零部件是油箱、低压油管、油水分离器、输油泵和滤清器。

一、输油泵

1. 输油泵的结构

输油泵的作用是克服柴油滤清器和管路中的阻力，以一定的压力向高压泵低压油腔输送足够量的柴油，输油量应为全负荷最大耗油量的 3～4 倍。

输油泵的结构形式很多，常见的有活塞式、转子式、滑片式和齿轮式等多种。活塞式输油泵工作可靠，应用广泛。

如图 4—6 所示，活塞式输油泵的结构主要由机械泵总成和手油泵总成组成，安装在柱塞式喷油泵的侧面，并由高压泵凸轮轴上的偏心轮驱动。

机械泵总成由泵体、挺柱总成、推杆、活塞和弹簧、进油阀、出油阀等组成。

2. 输油泵的工作原理

输油泵的工作原理如图 4—7 所示。当高压泵凸轮轴旋转时，在偏心轮和输油泵活塞弹簧的共同作用下，输油泵活塞在输油泵体的活塞腔内往复运动。

当输油泵活塞由上向下运动时：下腔容积减小，柴油压力升高，进油阀关闭，出油阀开启；与此同时，上腔容积增大，柴油从下腔流入上腔。

当输油泵活塞由下向上运动时：上腔容积减小，柴油压力升高，出油阀关闭，燃油被送往滤清器；下腔容积增大，产生真空度，进油阀开启，柴油经进油阀被吸入下腔。

高压泵低压油腔的压力由溢流阀控制，输油泵提供的多余燃油经过溢流阀流回油箱。部分发动机没有溢流阀，随柴油发动机负荷减小，需要的柴油量减少，会使输油泵上腔油压增高；当此油压与输油泵活塞弹簧的弹力相平衡时，活塞往上腔的运动便停止，活塞的移动行程减小，输油泵的输出油量减少，实现了输油量的自动调节，而输油压力则基本稳定。

输油泵外侧装有手油泵，其作用是在柴油发动机燃料供给系统维修等作业项目后，排出低压油路中的空气，或检测低压油路故障。操作时，依次将燃油滤清器和喷油泵的放气螺钉旋松，再将手油泵拉钮旋开，上下反复拉动手油泵拉钮，使柴油自进油口吸入，经出油阀压

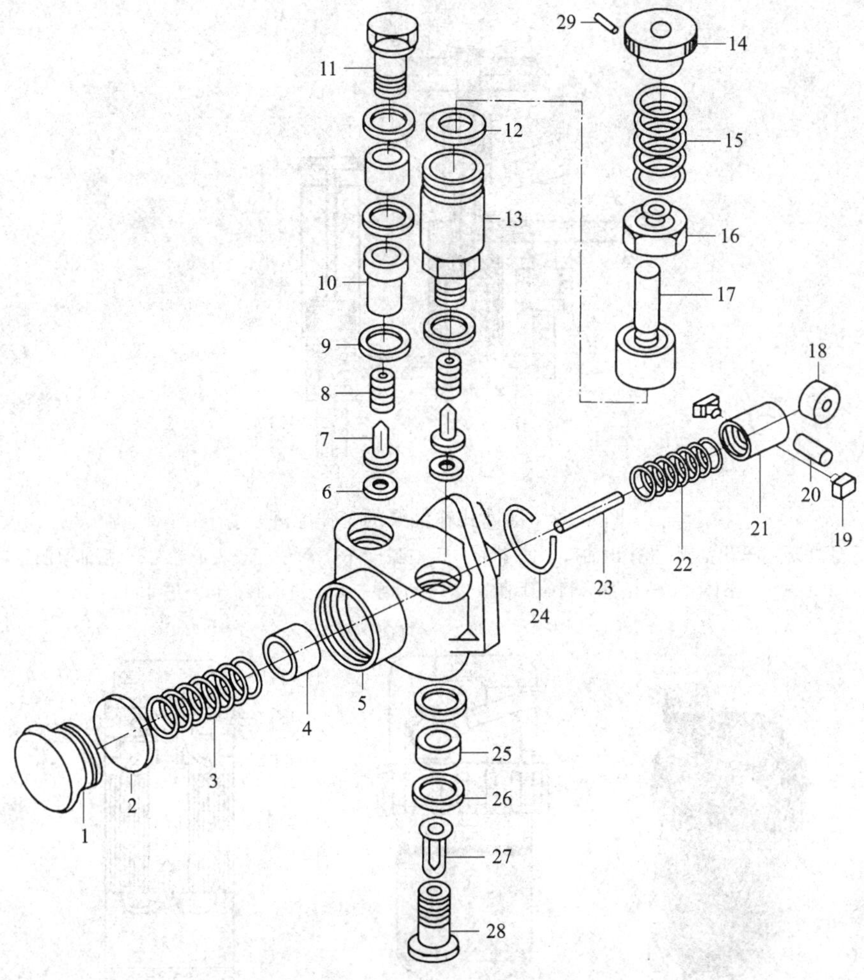

图 4—6　输油泵的结构

1—螺塞　2，9，26—垫圈　3—活塞弹簧　4—活塞　5—泵体　6—止回阀座　7—止回阀　8—止回阀弹簧　10—出油管接头　11—出油管连接螺栓　12—O 形圈　13—手泵体　14—手泵拉钮　15—手泵弹簧　16—手泵盖　17—手泵活塞部件　18—滚轮　19—滑块　20—滚轮销　21—滚轮体　22—滚轮弹簧　23—顶杆　24—弹性挡圈　25—防污圈　27—滤网　28—进油管连接螺栓　29—销

出，并充满燃油滤清器和喷油泵前的所有低压油路，将其中的空气排除干净。空气排除完毕，应重新拧紧放气螺钉，旋进手油泵拉钮。

二、油水分离器

油水分离器的作用是分离混在油中的水。如图 4—8 所示，若浮标达到或超过红线时，须松开排放塞放水，放水后应通过手油泵排掉燃油系统内的空气。

三、燃油滤清器

燃油滤清器的作用是过滤燃油中的杂质、污垢，其结构如图 4—9 所示，工作原理如图 4—10（单级过滤）、图 4—11（双级过滤）所示。

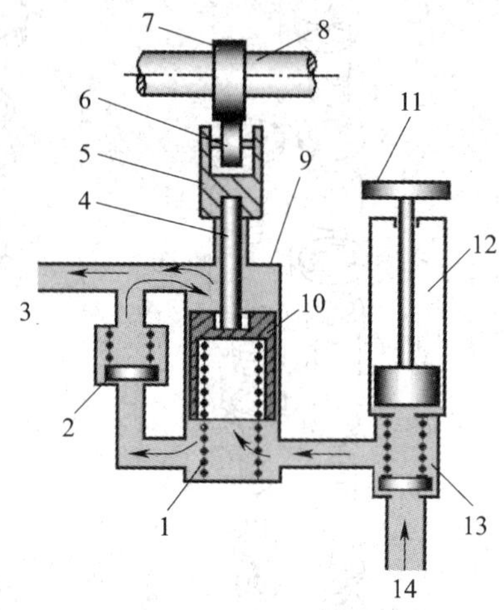

图 4—7　活塞式输油泵的工作原理

1—活塞弹簧　2—出油阀　3—出油口　4—推杆　5—挺杆　6—滚轮　7—偏心轮　8—喷油泵凸轮轴　9—泵体　10—活塞　11—手柄　12—手油泵　13—进油阀　14—进油口

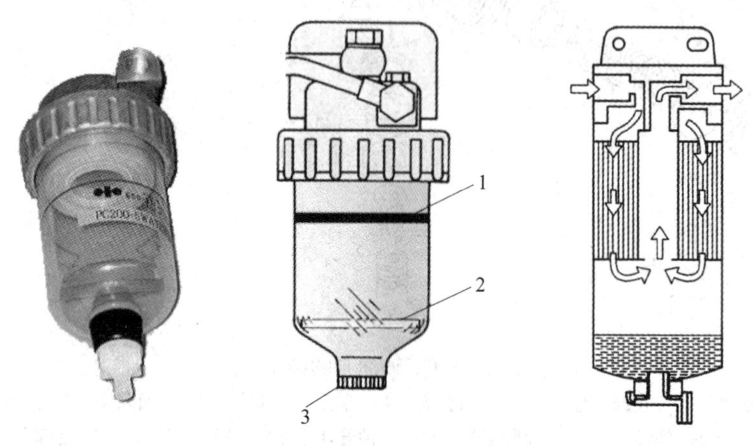

图 4—8　油水分离器

1—红线　2—浮子　3—排放塞

图 4—9　燃油滤清器

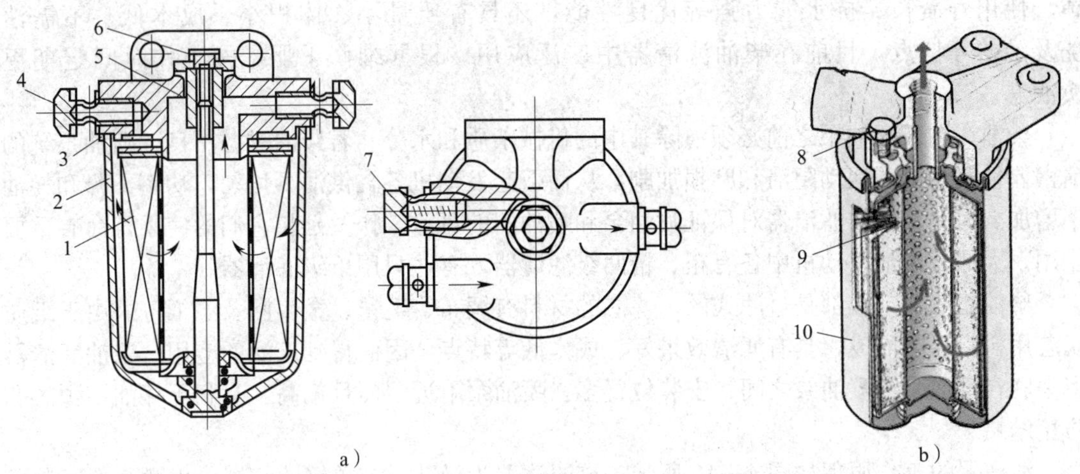

图 4—10　单级燃油滤清器

1，9—滤芯　2，10—壳体　3—滤清器盖　4—进油接头
5—螺杆　6—螺栓　7—溢流阀　8—排气塞

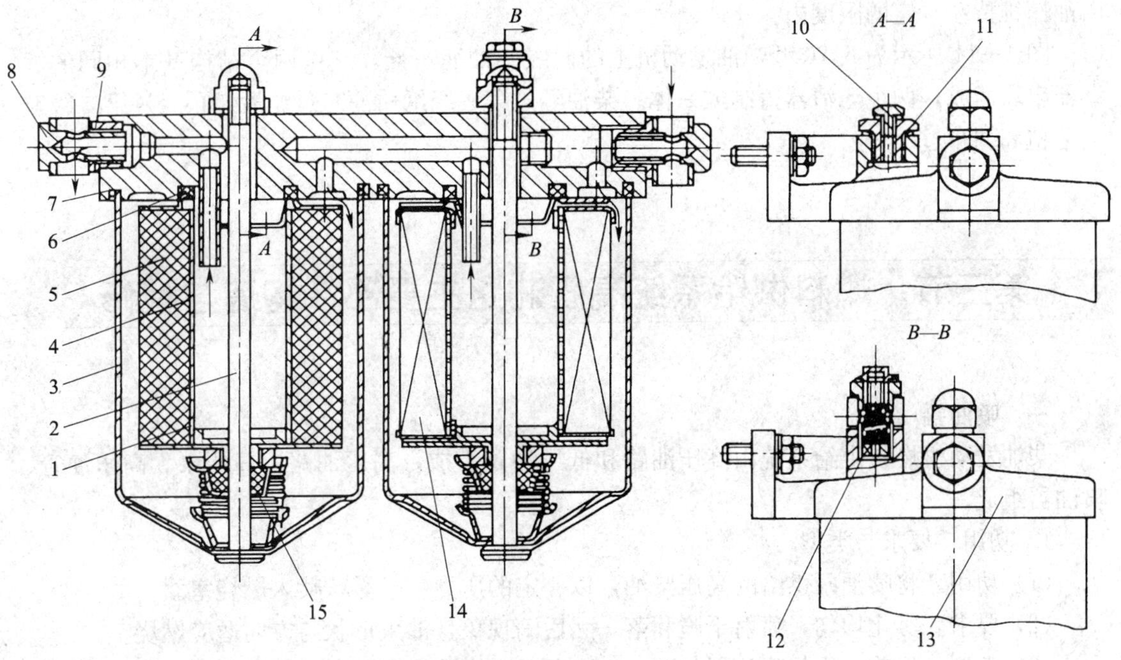

图 4—11　两级燃油滤清器

1—绸布　2—紧固螺杆　3—外壳　4—滤筒　5—毛毡　6—密封圈　7—橡胶密封圈　8—油管接头
9—衬垫　10—放气螺钉　11—螺塞　12—限压阀　13—盖　14—纸质滤芯　15—滤芯垫

滤纸被叠成褶状以扩大燃油通过的面积。纸质滤芯具有流量大、阻力小、滤清效率高、使用寿命长、抗水能力强等优良性能，还具有质量小、体积小、成本低、不需清洗及维护等特点，目前在柴油滤清器中广泛应用。根据维修手册，按工作时间定期更换滤芯。

柴油在进入喷油泵之前必须清除其中的机械杂质和水分。若柴油过滤不良，喷油系统的精密偶件便会出现运动阻滞和磨损加剧，从而引起发动机各缸供油不均匀，功率下降和耗油率增加。因此，柴油滤清器对保证喷油泵和喷油器的可靠工作及延长它们的使用寿命有重要作用。大部分柴油发动机中备有粗、精两级滤清器，有些只用单级滤清器。

柴油滤清器一般都是过滤式的。滤芯的材料有绸布、毛毡、金属网及滤纸等。由于纸质滤芯用树脂浸制而成，具有滤清效果好、成本低等特点，因而得到广泛的应用。柴油滤清器多串联在输油泵和喷油泵之间，安装位置多在喷油泵附近，而且偏高，有利于存油、预热和防止结蜡。

滤清器的工作原理如图 4—10 所示。该滤清器为微孔纸芯单级滤清器，由微孔滤纸制成的滤芯装在滤清器盖与底部的弹簧座之间，并用橡胶圈密封。由输油泵来的柴油经进油管接头进入壳体，再渗透进入滤芯内腔，最后经出油管接头输出至喷油泵。当管路油压超过溢流阀的开启压力（0.1～0.15 MPa）时，溢流阀开启，多余的柴油流回燃油箱，从而保证管路内油压维持在一定的限度内。

图 4—11 所示为 6120 型柴油发动机上的两级柴油滤清器，它由两个结构基本相同的滤清器串联而成，两个滤清器盖制成一体。柴油经过第一级纸质滤芯过滤后，再经过第二级航空毛毡和绸布过滤。

第三节　燃料供给系统高压油路主要部件构造与检修

一、喷油器

柴油发动机燃料供给系统由高压油路和低压油路组成。高压油路由高压泵、高压油管、喷油器组成。

1. 功用、要求与类型

（1）功用。将喷油泵供给的高压柴油，以一定的压力，呈雾状喷入燃烧室。

（2）要求。雾化均匀，喷射干脆利落，无后滴现象，油束形状与方向适应燃烧室。

（3）类型。目前采用的喷油器如图 4—12 所示，有孔式和轴针式两种类型。

2. 喷油器的结构

（1）孔式喷油器。图 4—13 所示为孔式喷油器分解图，图 4—14 所示为孔式喷油器的结构。

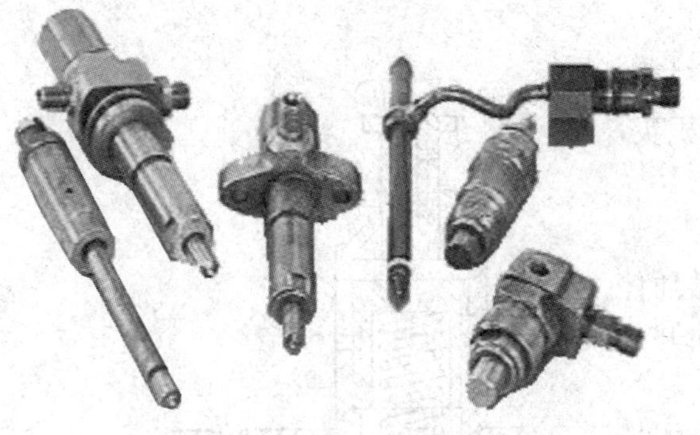

图 4—12　喷油器

图 4—13　孔式喷油器分解图

1）工作过程

①喷油。当喷油泵开始供油时，高压柴油从进油口进入喷油器体内，沿油道进入喷油嘴阀体环形槽，再经斜油道进入针阀体下面的高压油腔；高压柴油作用在针阀锥面上，并产生向上抬起针阀的作用力，当此力克服了调压弹簧的预紧力时，针阀就向上升起，打开喷油孔，柴油经喷油孔喷入燃烧室。

②停油。当喷油泵停止供油时，出油阀在弹簧作用下落座，由于减压环带的减压作用，高压油腔内油压骤然下降，作用在喷油器针阀锥形承压面上的推力迅速下降，在弹簧力的作用下，针阀迅速关闭喷孔，停止喷油。

2）特点

①喷孔的位置和方向与燃烧室形状相适应。

②喷射压力较高。

③喷油头细长，喷孔小，加工精度高。

孔式喷油器适用于直接喷射燃烧室，其孔数为1～8个，孔径为 0.2～0.8 mm。

（2）轴针式喷油器

1）结构。如图 4—15 所示，轴针式喷油器的结构和工作原理与孔式喷油器基本相同。结构不同点是针阀下端的密封锥面以下还向下延伸出一个轴针，其形状有倒锥形和圆柱形。轴针伸出喷孔外，使喷孔成为圆环状的狭缝。轴针式喷油器一般只有一个喷孔，直径为 1～3 mm，喷油压力较低（12～14 MPa）。

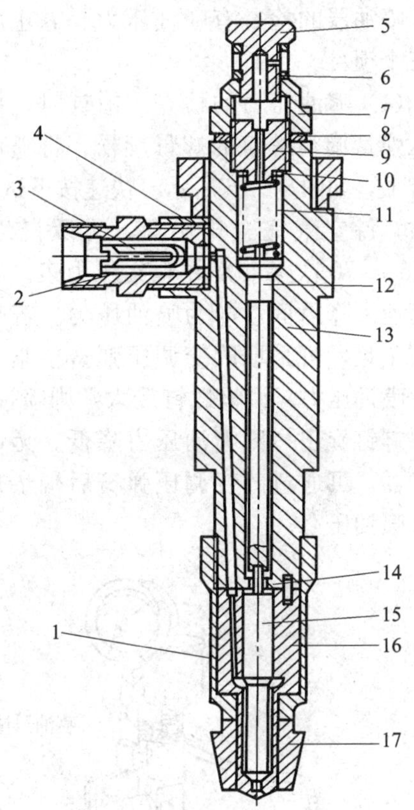

图 4—14　孔式喷油器的结构

1—紧固套　2—进油管接头　3—滤芯　4—进油管接头衬套　5—回油管螺栓　6—回油管衬垫　7—调压螺钉护帽　8—调压螺钉垫圈　9—调压螺钉　10—调压弹簧垫圈　11—调压弹簧　12—顶杆　13—喷油器体　14—定位销　15—针阀　16—针阀体　17—喷油器锥体

2）特点

①不喷油时针阀关闭喷孔，使高压油腔与燃烧室隔开，燃烧气体不至于充入油腔内引起积炭，堵塞通道。

②喷孔直径较大，便于加工且不易堵塞。

③针阀在油压达到一定压力时开启，供油停止时又在弹簧作用下立即关闭，因此，喷油开始和停止都干脆利落，没有滴油现象。

④适用于分隔室式燃烧室，不能满足对喷油质量有特殊要求的燃烧室的需要。

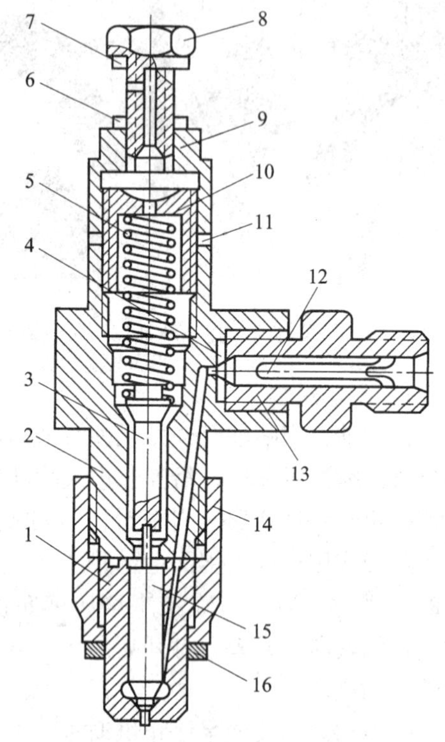

图 4—15　轴针式喷油器

1—针阀体　2—喷油器体　3—顶杆　4，6，7，11，16—垫圈　5—调压弹簧　8—回油管接头螺栓　9—调压螺钉护帽　10—调压螺钉　12—滤芯　13—进油管接头　14—紧固螺套　15—针阀

3. 喷油器的检查

喷油器的检查有喷油压力、雾化质量和密封性三个项目。

（1）喷油压力的检查。检查时，将喷油器上调压弹簧调整螺钉的螺母旋松，将喷油器装到试验台上，如图 4—16 所示。快速按下试验台手柄若干次，待空气完全排出后，再缓慢地按动手柄（以 60～70 次/min）并观察压力表。当读数升高后急速下降瞬间，即为喷油压力。若喷油压力过高或不足，可采取改变调压弹簧预紧力的方法来改变喷油压力。调整螺钉旋入，则喷油压力升高；调整螺钉旋出，则喷油压力降低。无调整螺钉的喷油器，可通过改变调压弹簧后端垫片的厚度来调整喷油压力。

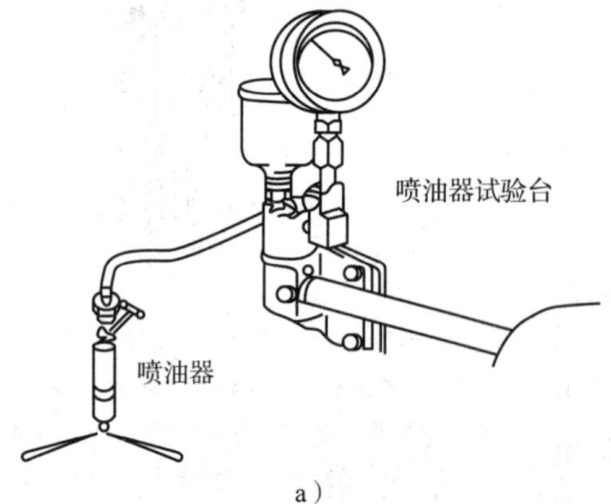

a）

b）

图 4—16　喷油器的调试

(2) 雾化质量的检查。以 60～70 次/min 的速度连续按下试验台手柄，检查喷油器的雾化质量。对于多孔式喷油器，各喷孔应形成一个雾化良好的小锥状油束，各油束间隔角应符合原厂规定，如图 4—17 所示。对于轴针式喷油器，要求喷雾为圆锥形，不得偏斜，油雾细小、均匀，如图 4—18 所示。每次喷油时，伴随针阀的开启应有明显、清脆的爆裂声，雾化锥角符合规定。如雾化质量达不到要求，应重新清洗喷油器或更换偶件。

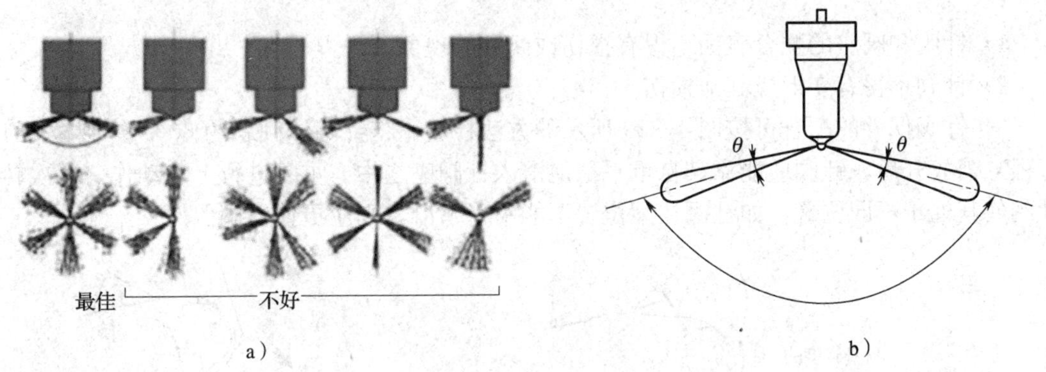

图 4—17　孔式喷油器雾化质量的检查

a）喷射形状　b）每个喷孔喷射形状一致

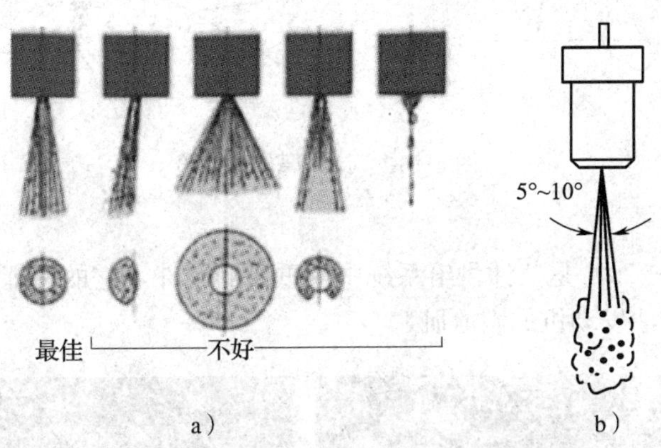

图 4—18　轴针式喷油器雾化质量的检查

a）喷射形状　b）间接喷射系统

(3) 密封性的检查。检查阀座密封性时，可操纵压油手柄，使喷油器试验台的油压在比开始喷油压力标准值小 2 MPa 的位置保持 10 s，这时喷油器端部不应有油滴流出（稍有湿润是允许的）。

4. 喷油器的检修

喷油器的故障原因是喷油器的针阀偶件在长期工作中，受到高压燃油的冲刷和机械杂质的研磨、压力弹簧的落座冲击，使针阀的导向圆柱面和密封锥面及阀体上与针阀的配合表面出现磨损。导向圆柱面的磨损将导致循环油量减少；而密封锥面的磨损则会使喷油器密封不严，引起喷油提前泄漏和喷油停止后的滴油现象，造成雾化不良、不完全燃烧、炭烟剧烈增加以及积炭严重。

（1）解体喷油器的针阀偶件。该偶件为精密配合零件，在使用中不许互换。解体前，应确认缸序标记，按缸序拆解喷油器，并保证正确装回原位，避免错乱。

（2）在清洁的柴油（或煤油）中清洗解体后的针阀偶件。清洗时，可用木条清除针阀前端的积炭，对阀座外部的积炭用铜丝刷清除。严禁用手接触针阀的配合表面，以免手上的汗渍遗留在精密件表面，引起锈蚀。

（3）检验

1）针阀和阀座的配合表面不得有损伤或腐蚀等现象。

2）针阀不得有变形或其他损伤。

3）针阀偶件的配合可按图 4—19 所示的方法检验。将针阀体倾斜约 60°，针阀拉出 1/3 行程；当放开后，针阀应能靠其自重平稳地滑入针阀座之中。重复进行上述动作，每次转动针阀使其处于不同位置，如针阀在某位置不能平稳下滑，则应更换针阀偶件。

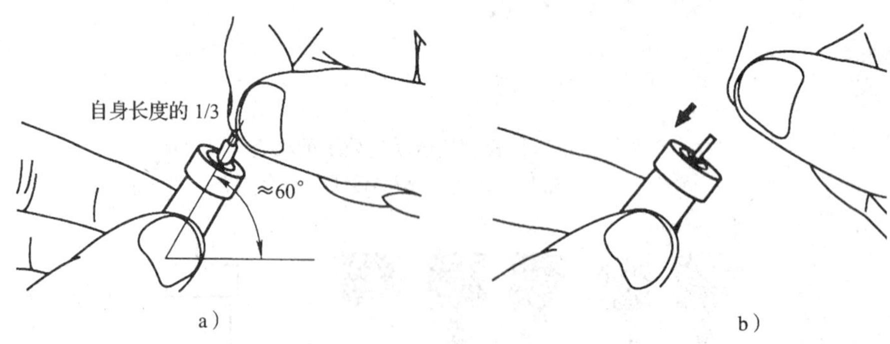

图 4—19　针阀偶件的检验

二、喷油泵

喷油泵（见图 4—20）是柴油供给系统中最重要的零件，它的性能和质量对柴油发动机影响极大，被称为柴油发动机的“心脏”。

图 4—20　喷油泵

1. 功用、要求、类型

（1）功用。提高柴油压力；按照发动机的工作顺序、负荷大小，定时、定量地向喷油器输送高压柴油，且各缸供油压力均等。

（2）要求

1）泵油压力要保证喷射压力和雾化质量的要求。

2）供油量应符合柴油发动机工作所需的精确数量。

3）保证按柴油发动机的工作顺序，在规定的时间内准确供油。

4）供油量和供油时间可调整，并保证各缸供油均匀。

5）供油规律应保证柴油燃烧完全。

6）供油开始和结束动作敏捷，断油干脆，避免滴油。

（3）类型。喷油泵的结构类型有很多，按作用原理不同大体可分为以下三类：

1）柱塞式喷油泵。其发展和应用的历史较长，性能良好，使用可靠，为目前大多数柴油发动机所采用。

2）喷油泵-喷油器。将喷油泵和喷油器结合在一起，多用于高速柴油发动机。

3）转子分配式喷油泵。用一对柱塞副产生高压，依靠转子或柱塞的旋转实现燃油的分配。多用于小、轻型高速柴油发动机。

2. 柱塞式喷油泵的工作原理

柱塞式喷油泵的结构如图 4—21 所示，主要由柱塞分泵、油量调节机构、分泵驱动机构、泵体四部分组成。

（1）柱塞分泵。喷油泵由与发动机气缸数相同的多个柱塞分泵组成。柱塞分泵主要由柱塞偶件和出油阀偶件组成，如图 4—22 所示。

1）柱塞的结构和泵油原理。如图 4—23 所示，柱塞偶件由柱塞和柱塞套组成，它们是一对精密偶件，经配对研磨后不能互换，要求有高的精度、表面质量和好的耐磨性，其径向间隙为 0.002～0.003 mm。柱塞头部圆柱面上切有斜槽，并通过径向孔或轴向孔与顶部相通，其目的是旋转柱塞，改变循环供油量；柱塞套上制有进油孔和回油孔，均与喷油泵上体内低压油腔相通。柱塞套装入喷油泵上体后，用定位螺钉定位。

如图 4—24 所示，工作时，在喷油泵凸轮轴上的凸轮与柱塞弹簧的作用下，迫使柱塞做上下往复运动，从而完成泵油任务。泵油过程可分为以下三个阶段：

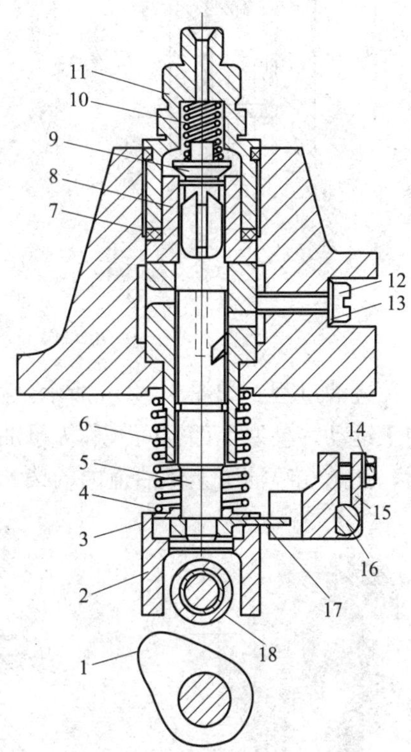

图 4—21　柱塞式喷油泵的结构

1—凸轮　2—滚轮体传动部件　3—弹簧座　4—柱塞弹簧　5—柱塞　6—柱塞套　7—密封垫圈　8—出油阀座　9—出油阀　10—出油阀弹簧　11—出油阀压紧座　12—定位螺钉　13—垫片　14—夹紧螺钉　15—调节叉　16—供油拉杆　17—调节臂　18—滚轮

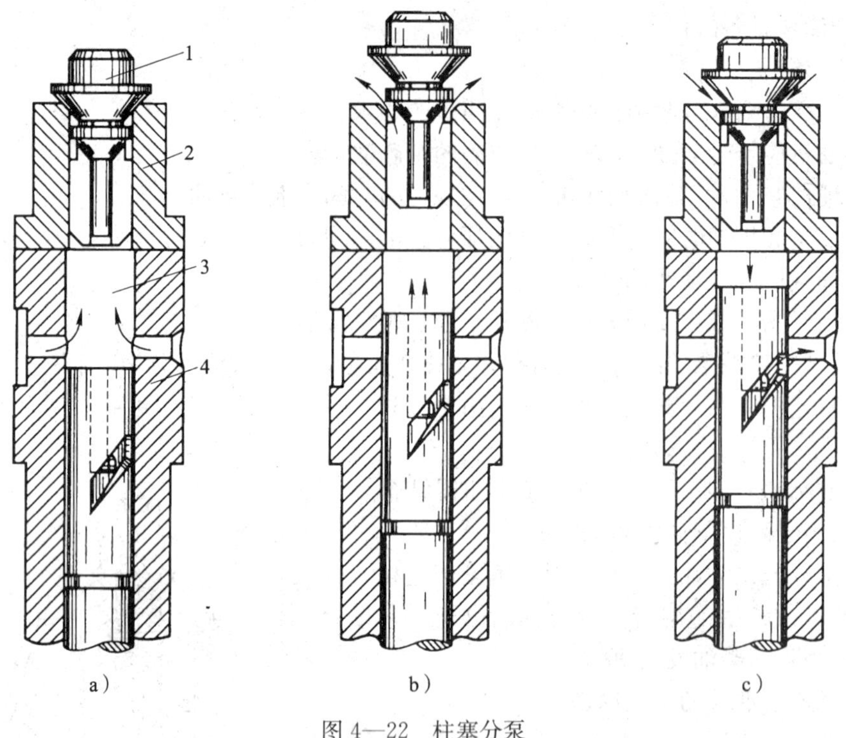

图 4—22　柱塞分泵

a）进油　b）供油　c）停止供油

1—出油阀　2—出油阀座　3—柱塞　4—柱塞套

①进油过程。如图 4—24a 所示，当凸轮的凸起部分转过去后，在弹簧力的作用下，柱塞向下运动，柱塞上部空间（称为泵油室）出现真空，当柱塞上端面把柱塞套上的进油孔打开后，充满在喷油泵上体油道内的柴油经油孔进入泵油室，柱塞运动到下止点时进油结束。

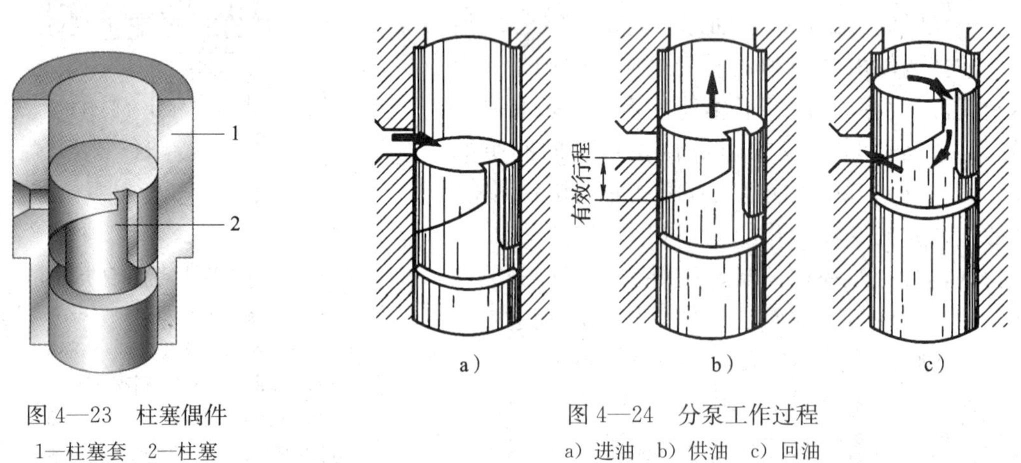

图 4—23　柱塞偶件

1—柱塞套　2—柱塞

图 4—24　分泵工作过程

a）进油　b）供油　c）回油

②供油过程。如图 4—24b 所示，当凸轮轴转到凸轮的凸起部分顶起滚轮体时，柱塞弹簧被压缩，柱塞向上运动，燃油受压，一部分燃油经油孔流回喷油泵上体油腔。当柱塞顶面

遮住套筒上进油孔的上缘时，由于柱塞和套筒的配合间隙很小（0.001 5～0.002 5 mm），使柱塞顶部的泵油室成为一个密封油腔，柱塞继续上升，泵油室内的油压迅速升高，当泵油压力大于出油阀弹簧力和高压油管剩余压力时，推开出油阀，高压柴油经出油阀进入高压油管，通过喷油器喷入燃烧室。

③回油过程。如图 4—24c 所示，柱塞向上供油，当上行到柱塞上的斜槽（停供边）与套筒上的回油孔相通时，泵油室低压油路便与柱塞头部的中孔、径向孔及斜槽沟通，油压骤然下降，出油阀在弹簧力的作用下迅速关闭，停止供油。此后柱塞还要上行；当凸轮的凸起部分转过去后，在弹簧的作用下，柱塞又下行。此时便开始了下一个循环。

通过上述讨论，得出以下结论：柱塞往复运动总行程是不变的，由凸轮的升程决定；柱塞每循环的供油量大小取决于供油行程，供油行程不受凸轮轴控制，是可变的；供油开始时刻不随供油行程的变化而变化；转动柱塞可改变供油终了时刻，从而改变供油量。

如图 4—25 所示，柱塞不同的结构特点决定了不同的供油性质。如图 4—25a 所示，旋转柱塞，进油位置不变，停油位置发生变化；如图 4—25b 所示，旋转柱塞，进油位置发生变化，停油位置不变；如图 4—25c 所示，进油、停油位置全部发生变化。

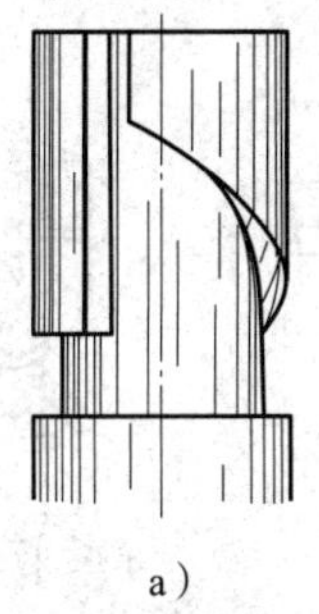

a）

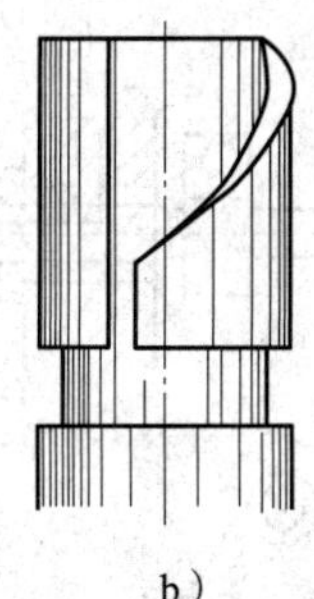

b）

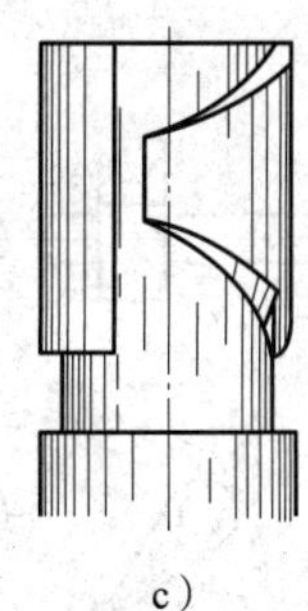

c）

图 4—25　柱塞的结构

2）出油阀的结构和工作原理。出油阀和出油阀座也是一对精密偶件，配对研磨后不能互换。其结构如图 4—26 所示，减压环带的配合间隙为 0.001～0.003 mm。出油阀的下部呈十字断面，既能导向，又能通过柴油。出油阀是一个单向阀，在弹簧压力作用下，阀上部圆锥面与阀座严密配合。出油阀的锥面下有一个小的圆柱面，称为减压环带，如图 4—27 所示。当环带落入阀座内时则使上方容积很快增大，其作用是在供油终了时使高压油管内的油压迅速下降，避免喷孔处产生滴油现象。同时，高压油管与柱塞上端空腔隔绝，防止高压油管内的油倒流入喷油泵内。

(2) 油量调节机构。油量调节机构的功用是改变柱塞与柱塞套筒的相对位置，从而改变喷油高压泵的供油量，以适应发动机不同工况的要求。

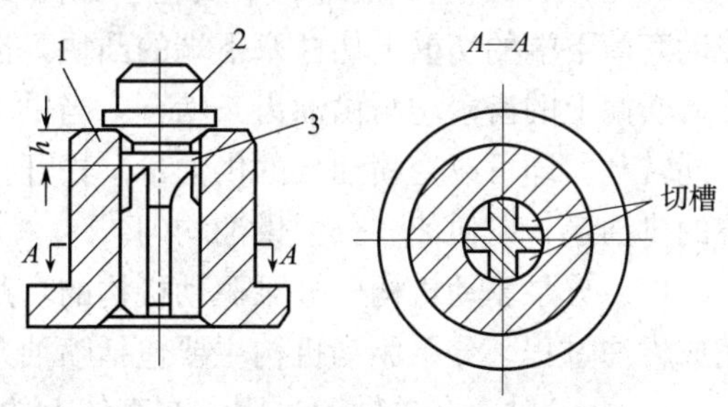

图 4—26　出油阀偶件

1—出油阀座　2—出油阀　3—减压环带

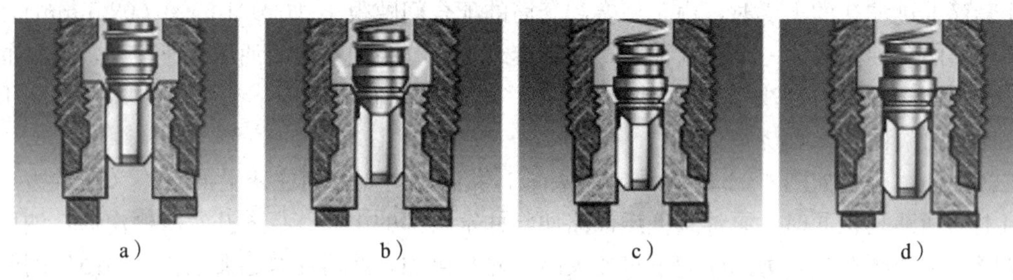

图 4—27　出油阀落座过程

直列柱塞泵常用的油量调节机构主要有拨叉式和齿条—齿扇式两种。

1）拨叉式油量调节机构。如图 4—28 所示，调节臂压装在分泵柱塞下端，其端头插入拨叉的凹槽内，拨叉用螺钉固定在供油拉杆上。当加速踏板联动机构或调速器推动供油拉杆轴向移动时，拨叉带动调节臂和分泵柱塞一起相对柱塞套筒转过一定角度，从而使喷油泵供油量改变。松开拨叉固定螺钉，改变某一分泵的拨叉在供油拉杆上的相对位置，可实现对某一分泵供油量的调节，以便使各分泵供油均匀。

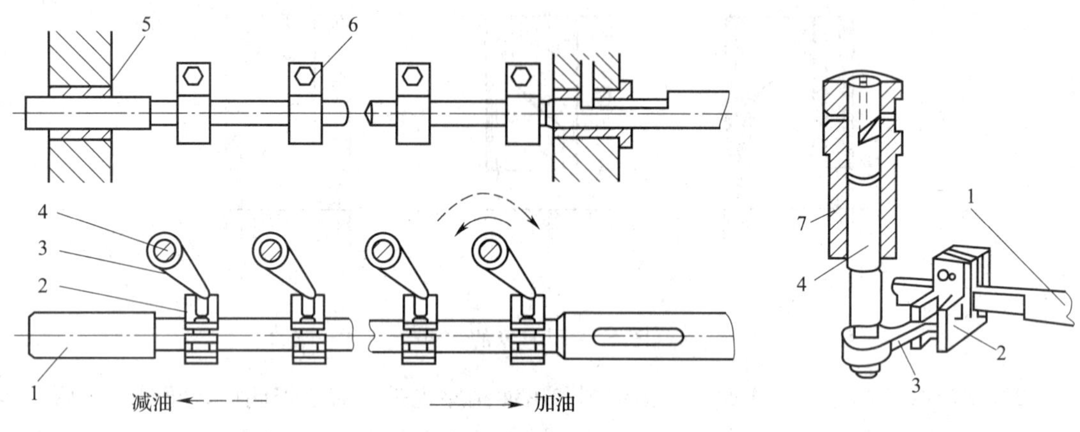

图 4—28　拨叉式油量调节机构

1—调节拉杆　2—拨叉　3—调节臂　4—柱塞　5—油量调节套筒　6—紧固螺栓　7—柱塞套

2）齿条—齿扇式油量调节机构。如图 4—29 所示，传动套筒松套在柱塞套筒的外面，传动套筒下端的切槽卡住柱塞下端的凸块，齿扇套装在传动套筒上端并用螺钉固定。各分泵传动套筒上的齿扇均与供油齿条啮合，当供油齿条轴向移动时，齿扇带动传动套筒连同柱塞一同转动，即可改变喷油泵的供油量。松开齿圈固定螺钉，转动传动套筒，即可调节某一分泵的供油量，以便使各分泵供油均匀。

（3）分泵驱动机构。分泵驱动机构的功用是驱动柱塞在柱塞套筒内往复运动，使喷油泵完成供油过程。分泵驱动机构主要包括喷油泵凸轮轴和滚轮体部件等。

1）凸轮轴。凸轮轴通过固定在壳体上的两个轴承支承在喷油泵体内，其结构原理与配气机构所用的凸轮轴相似，如图 4—30 所示。凸轮轴上有驱动分泵的凸轮和驱动输油泵的偏心轮。

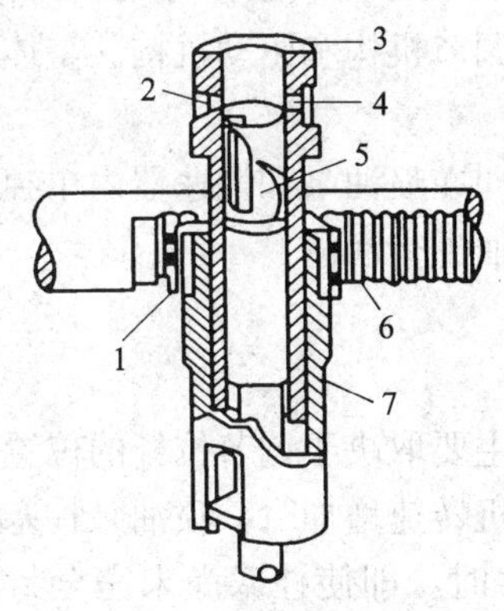

图 4—29　齿条—齿扇式油量调节机构

1—调节齿圈　2—进油孔　3—柱塞套
4—回油孔　5—柱塞　6—调节齿杆
7—油量调节套筒

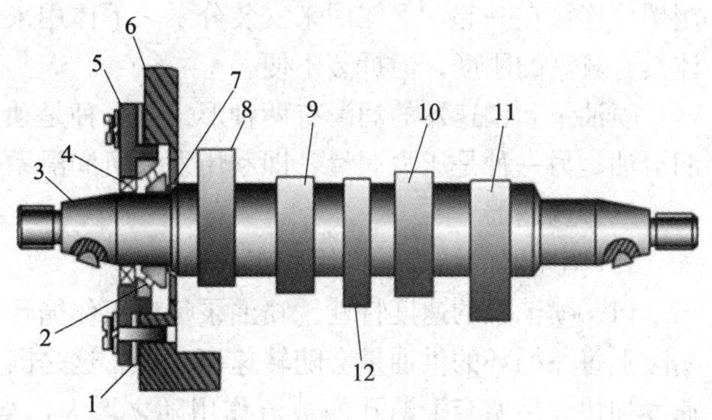

图 4—30　喷油泵凸轮轴

1—密封调整垫　2—锥形滚柱轴承　3—连接锥面　4—油封
5—前端盖　6—壳体　7—调整垫　8，9，10，11—凸轮
12—输油泵偏心轮

2）滚轮体部件。柱塞式喷油泵上装用的滚轮体部件主要有调整垫块式和调整螺钉式两种类型，如图 4—31 所示。滚轮体部件的作用是将喷油泵凸轮的旋转运动转变为自身的往复直线运动，从而推动分泵柱塞上下运行，并利用滚轮在喷油泵凸轮上的滚动以减轻磨损。为防止滚轮体在泵体导向孔内转动，其定位方法有两种：一种是在滚轮体上轴向切槽，用拧在泵体上的螺钉插入切槽；另一种是采用加长的滚轮轴，使滚轮轴的一端插入泵体导孔中的轴向切槽内。改变滚轮体的高度或调整垫片的厚度，可以调整分泵的供油提前角。分泵供油提前角是指从分泵供油开始，至该缸活塞到达压缩行程上止点时曲轴转过的角度。供油提前角直接影响喷油器的喷油时刻，直接影响发动机性能。增加调整垫块厚度或调整螺钉高度，均可使分泵供油提前角增大（供油时刻提前）；反之，降低滚轮体有效高度，分泵供油提前角减小（供油时刻推迟）。

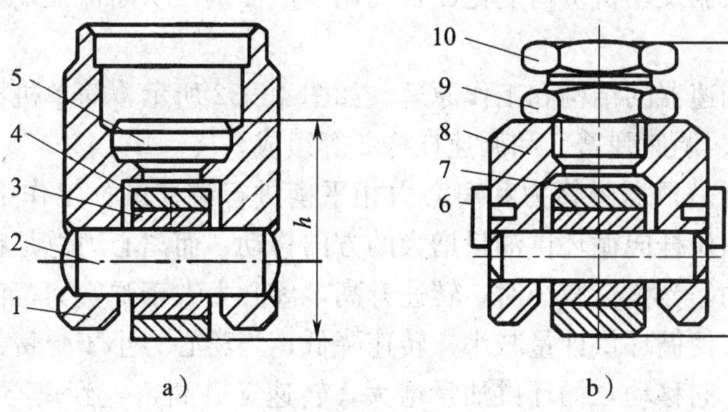

图 4—31　滚轮体部件

a）调整垫块式　b）调整螺钉式
1，8—挺杆体　2—滚轮轴　3—滚轮衬套　4，7—滚轮　5—调整垫块
6—导向销　9—锁紧螺母　10—调整螺钉

（4）泵体。泵体是喷油泵的基体，有整体式和分体式两种。分体式泵体分上下两部分，用螺栓连接在一起，上体用来安装分泵，下体用来安装油量调节机构和驱动机构。整体式泵体具有较高的刚度，但拆装不便。

喷油泵和调速器的润滑有两种形式：一种是独立润滑，即在喷油泵和调速器内单独加注润滑油；另一种是压力润滑，即利用发动机润滑系中的压力油进行润滑。

三、调速器

1. 调速器的结构、作用和工作原理

（1）喷油泵的速度特性。喷油泵每个工作循环的供油量主要取决于调节拉杆的位置，但实际上每一循环的供油量会随转速而变化。这是因为当发动机转速增加时，喷油泵柱塞移动速度加快，柱塞套上油孔的节流作用随之增大，当柱塞上移时，即使柱塞尚未完全封闭油孔，由于柴油来不及从油孔挤出，泵腔内油压增高而使供油开始时刻略有提前；同样道理，在柱塞上移到其斜槽已经与油孔接通时，泵腔内油压一时还来不及下降，使供油停止时刻稍微滞后。这样，即使供油拉杆位置不变，随着发动机转速的增大，柱塞的有效行程将略有增加，供油量略微增大；反之，供油量便略微减小。这种供油量随转速变化的关系称为喷油泵的速度特性。

（2）调速器的作用。喷油泵的速度特性对工程机械工况多变的柴油发动机是非常不利的。当发动机负荷稍有变化时，导致发动机转速变化很大。当负荷减小时转速升高，转速升高导致柱塞泵循环供油量增大，循环供油量增大又导致转速进一步升高，这样不断地恶性循环，造成发动机转速越来越高，最后发生“飞车”现象；反之，当负荷增大时转速降低，转速降低导致柱塞泵循环供油量减小，循环供油量减小又导致转速进一步降低，这样不断地恶性循环，造成发动机转速越来越低，最后熄火。

要改变这种恶性循环，就要求有一种装置，能根据负荷的变化自动移动供油拉杆调节供油量，使发动机在规定的转速范围内稳定运转。因此，柴油发动机要满足使用要求，就必须安装调速器。

调速器的作用是根据发动机负荷变化而自动调节供油量，从而保证发动机的转速稳定在很小的范围内。

（3）离心式机械调速器的结构和工作原理。如图 4—32 所示，简单机械离心式调速器的结构由飞块 3、滑套 4、调速弹簧 5 和调速杠杆 6 等组成。

离心式机械调速器是根据弹簧力和离心力相平衡进行调速的。工作中，操纵臂位置不变，弹簧力总是将供油拉杆向循环供油量增大的方向移动，而离心力总是将供油拉杆向循环供油量减小的方向移动。当负荷减小时，转速升高，离心力大于弹簧力，供油拉杆向循环供油量减小的方向移动，使循环供油量减小，转速降低；当离心力小于弹簧力时，供油拉杆又向循环供油量增大的方向移动，循环供油量增大，转速又升高，直到离心力和弹簧力平衡，供油拉杆才保持不变。这样转速基本稳定在很小的范围内。

反之，当负荷增加时，转速降低，弹簧力大于离心力，供油拉杆向循环供油量增大的方向移动，使循环供油量增大，转速升高；当弹簧力小于离心力时，供油拉杆又向循环供油量减小的方向移动，循环供油量减小，转速又降低，直到离心力和弹簧力平衡。

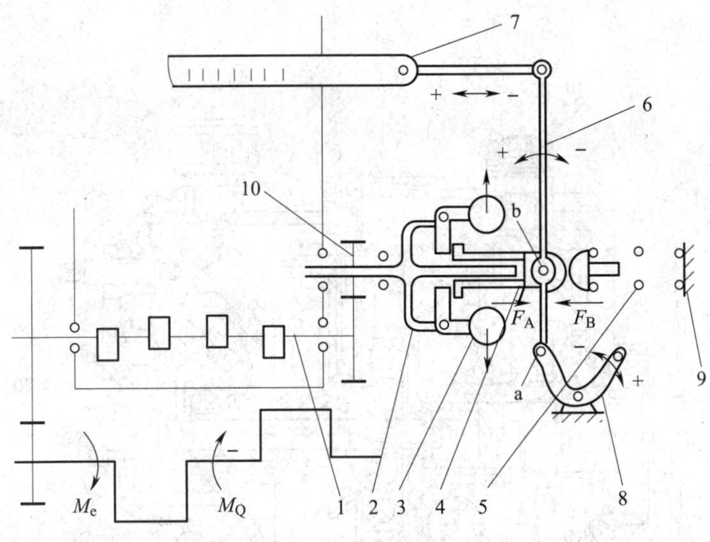

图 4—32 离心式机械调速器的结构

1—喷油泵凸轮轴 2—支承架 3—飞块 4—滑套 5—调速弹簧 6—调速杠杆 7—供油拉杆 8—操纵臂 9—调速弹簧支座 10—增速齿轮组 a—自动调节的支承点 b—人工调节的支承点 F_A—离心推力 F_B—调速弹簧张力

改变操纵臂的位置，同时改变供油拉杆的位置，改变供油量，改变发动机速度，在调速器作用下，直至达到新的不同速度下的平衡。

2. 典型调速器的结构和工作原理

(1) Ⅱ号泵全速式调速器。国产工程机械Ⅰ、Ⅱ、Ⅲ号系列泵所配用的调速器均为球盘式离心调速器，它们的结构和工作原理基本相同，现以Ⅱ号泵全速式调速器为例介绍其结构和工作原理。

1) 结构。如图 4—33 所示，Ⅱ号喷油泵配用的全速式调速器安装在Ⅱ号喷油泵的后端。整个调速器可分为主动部分、调速部分、操纵部分和熄火装置 4 部分。

①主动部分。驱动盘内孔和凸轮轴固装在一起，并用螺母紧固。驱动盘内侧面制有 6 条均匀分布的半圆凹槽，飞球装在飞球支架内，卡在半圆凹槽中并可以在半圆凹槽径向移动；飞球、支架组成飞球组合件，装在驱动盘和推力盘中间。推力盘松套在连接套上。发动机旋转，由高压泵正时齿轮带动高压泵凸轮轴旋转时，飞球组合件也一起转动。由于离心力作用，飞球带动球座沿圆盘支架的切槽径向移动，从而对推力盘的 45°斜面产生一作用力，其轴向分力可使推力盘轴向移动。

②调速部分。支承轴上装有 4 根弹簧。校正弹簧装在轴的前端，一端支承在紧靠支承轴台肩的校正弹簧座上，另一端支承在校正弹簧前座上。内弹簧为低速弹簧，安装时略有预紧力；中弹簧为高速弹簧，安装时为自由状态，在端头留有 2～3 mm 间隙；外弹簧安装时有较大的预紧力，起动时能额外增加供油量，因此称为起动弹簧；滚动轴承外圈连接推力盘，内圈与起动弹簧前座之间夹装着传动板，其上端连接供油拉杆。传动板推动供油拉杆时，推力通过弹簧传递，以缓和冲击。

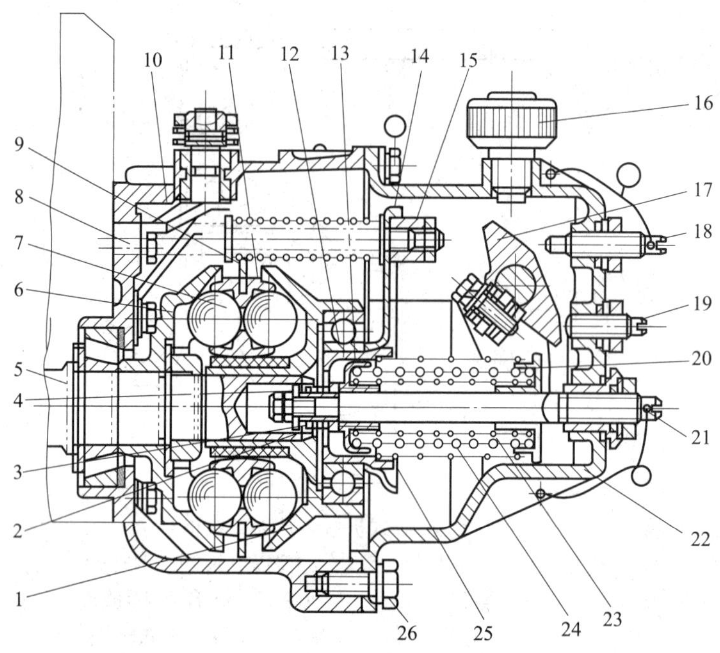

图 4—33　Ⅱ号泵全速式调速器的结构

1—推力锥盘　2—校正弹簧座　3—校正弹簧　4—垫圈　5—喷油泵凸轮轴　6—驱动锥盘　7—飞球　8—供油拉杆　9—飞球保持架　10—调整器前壳　11—飞球座　12—调速弹簧前座　13—起动弹簧前座　14—拉板　15—拉杆螺母　16—加油口螺塞　17—调速叉　18—高速限位螺钉　19—低速限位螺钉　20—弹簧后座　21—调节螺柱　22—调整器后壳　23—低速调速弹簧　24—高速调速弹簧　25—起动弹簧　26—放油螺钉

③操纵部分。操纵臂轴两端支承在调速器盖上，伸出的一端固定有操纵臂（与加速踏板连接），中间部分装有调速叉，调速叉一端贴靠在弹簧后座的后端面上。当驾驶员操纵加速踏板时，通过操纵臂使调速叉转动，弹簧后座移动，从而改变调速弹簧的预紧力。

④熄火装置。调速器壳的上部装有熄火手柄，其下端嵌入供油拉杆铣切的平面上。当需要停熄发动机时，转动熄火手柄，使熄火手柄推动供油拉杆向停止供油方向移动，喷油泵便停止供油。

另外，在调速器壳的后端设有高速、低速限位螺钉。其壳体的顶部和底部分别设有润滑油加注口螺塞和放油口螺塞。加油口螺塞通大气，内装滤芯。

2）工作过程。全速式调速器的工作原理如图 4—34 所示，当柴油发动机工作时，喷油高压泵凸轮轴带动驱动盘一起旋转，飞球组合件所产生的离心力使推力盘产生一轴向力 F_A，此力欲使供油拉杆往减小供油量的方向移动；另一方面，作用在弹簧滑座上的弹簧张力 F_B 则欲使供油拉杆往增大供油量的方向移动。若 F_A 和 F_B 相平衡，则供油拉杆保持不动，调速器处于平衡状态，柴油发动机就稳定在一定转速下运转。此时，校正弹簧滑座与高速、低速弹簧座之间有一间隙 Δ_1，Δ_1 不是定值，由于 Δ_1 的存在，调速器的传动板就能在这一范围内移动，使供油量有加有减，与负荷相适应。

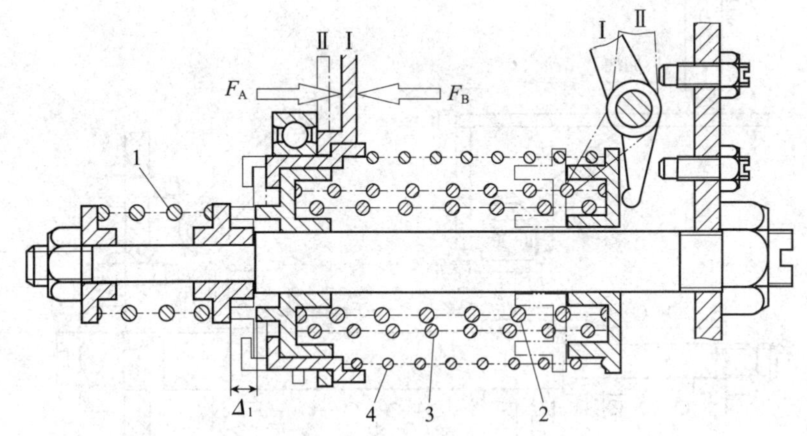

图 4—34　全速式调速器的工作原理

1—校正弹簧　2—低速弹簧　3—高速弹簧　4—起动弹簧

当发动机外界负荷突然减小，发动机转速升高时，飞球组合件的离心力加大，F_A增大，F_A暂时大于 F_B，供油拉杆右移，供油量减小，降低了发动机的转速，直到转速不再升高，F_A和 F_B再次平衡。此时，发动机转速比外界阻力变化前略高，间隙 Δ_1稍有增大。相反，在外界负荷增大，发动机转速降低时，F_A小于 F_B，供油拉杆左移，增加供油量，以加大发动机转矩，直到发动机转速不再降低，F_A与 F_B重新平衡为止。此时，发动机的转速比外界阻力增加前略低，间隙 Δ_1稍有减小。

当外界阻力矩保持不变时，如果驾驶员想提高发动机转速，可通过操纵臂来改变调速弹簧的预紧力，使 F_B大于 F_A，供油拉杆右移，供油量增大，发动机转速升高，直到离心力 F_A增大到与弹簧张力 F_B相平衡为止。于是，发动机就在较高的转速下稳定运转。相反，如果减小了弹簧的预紧力，发动机就将在一个较低的转速下稳定运转。

由上述可知，驾驶员并非直接控制供油拉杆，而是通过改变操纵臂的位置来改变调速弹簧预紧力的大小，由调速器自动控制供油量的增减。

3）发动机不同工况下的调速器状态

①怠速工况位置。如图 4—35 所示，当操纵臂与低速限位螺钉（怠速螺钉）相碰时，调速弹簧预紧力最小，柴油发动机则稳定在最低转速下工作。在怠速工况下，因内部阻力的变化而自动改变供油量，主要是依靠偏软的低速内弹簧（高速弹簧没有接触到弹簧座，不起作用），Δ_1存在。低速限位螺钉的位置在高压泵试验台进行调校。

②中等负荷工况位置。如图 4—36 所示，操纵臂没有接触到怠速和高速限位螺钉处，高速、低速调速弹簧有不同的预紧力，对应不同的中间转速，Δ_1存在。转动操纵臂，改变弹簧预紧力，调整不同发动机速度；负荷变化时调速器随时改变供油量，保持发动机稳定运转。

③全负荷工况位置。如图 4—37 所示，当操纵臂与高速限位螺钉相碰时，调速弹簧的预紧力最大，Δ_1存在；负荷变化时调速器随时改变供油量，保持发动机稳定运转。

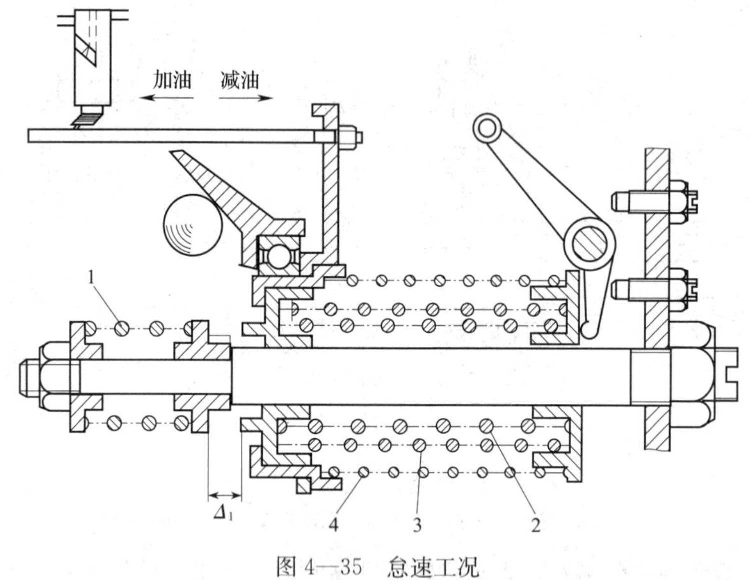

图 4—35　怠速工况

1—校正弹簧　2—低速弹簧　3—高速弹簧　4—起动弹簧

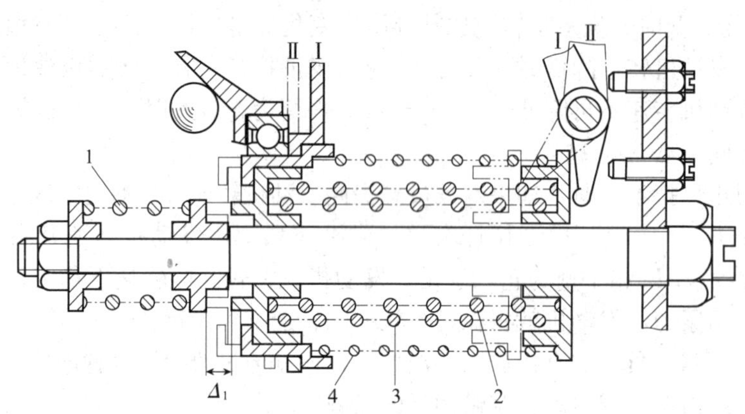

图 4—36　中等负荷工况

1—校正弹簧　2—低速弹簧　3—高速弹簧　4—起动弹簧

④额定工况位置。如图 4—38 所示，额定工况是全负荷工况的极限特例。全负荷工况时，发动机外界负荷增加，转速下降，直至调速弹簧的前座与校正弹簧的滑座刚刚相接触（凸台），Δ_1为零，离心推力 F_A和弹簧张力 F_B刚好在此位置平衡。此时，柴油发动机便处于额定工况下工作。这时发动机的转速就是全负荷转速或称额定转速。如果外界阻力矩减小，发动机转速将升高，供油拉杆向减油方向移动。当柴油发动机负荷降到零时，供油量减到最小，此时柴油发动机的转速称为最高空转转速。

调整高速限位螺钉可以调整额定转速，螺钉旋入则转速调低，螺钉旋出则转速调高。调整最大供油量（额定供油量）时，通过改变支承轴的位置实现，左移增加供油量，右移则减少供油量。调整时，必须在高压泵试验台上参考维修手册进行调整，不可人为随意调整。

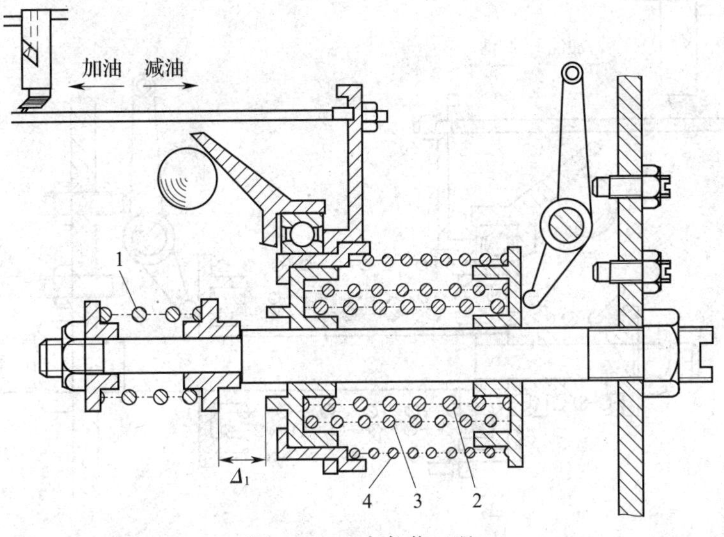

图 4—37　全负荷工况

1—校正弹簧　2—低速弹簧　3—高速弹簧　4—起动弹簧

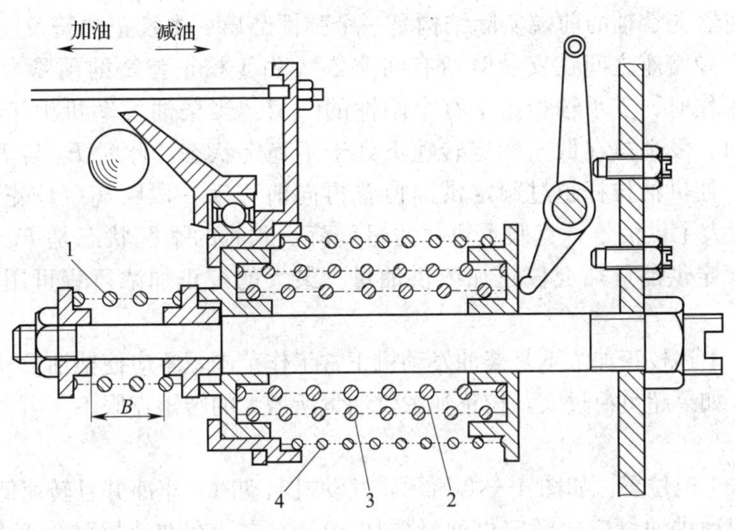

图 4—38　额定工况

1—校正弹簧　2—低速弹簧　3—高速弹簧　4—起动弹簧

⑤校正加浓工况位置。如图 4—39 所示，当喷油泵的供油拉杆在额定供油量位置，即柴油发动机已在全负荷工况下工作时，如果暂时遇到更大的阻力矩（即超负荷）时，转速降低，使 $F_A<F_B$，但由于传动板与支承轴凸肩之间的间隙为零，因此，供油拉杆不能再进一步右移增加供油量，这样就会出现熄火停机现象，这在使用过程中是经常发生的。为了提高克服暂时超负荷的能力，在调速器中装有校正加浓装置，其作用是保证柴油发动机在短期超负荷时额外增加供油量，以增大柴油发动机转矩。

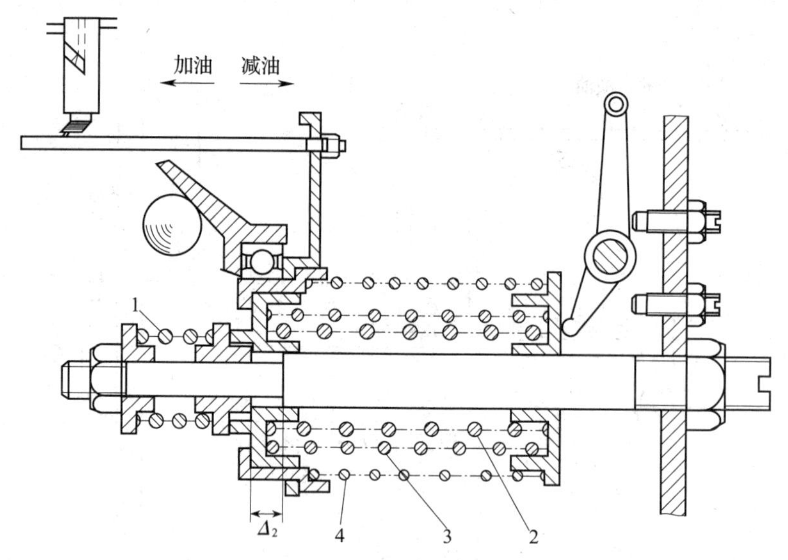

图 4—39 校正加浓工况

1—校正弹簧 2—低速弹簧 3—高速弹簧 4—起动弹簧

Ⅱ号泵调速器支承轴的前端实际结构是一个弹性凸肩。由校正弹簧及前、后弹簧座组成校正器。两个弹簧座之间在安装时留有间隙 Δ_2。由于校正弹簧的预紧力较大，调速器在额定转速下工作时，支承轴相当于有个刚性的凸肩。当柴油发动机由于外界阻力增大而超负荷工作时，发动机在低于额定转速下处于不稳定状态，此时 F_B 与 F_A 的差值用来压缩校正弹簧，使供油拉杆越过额定供油位置再向前移动一段距离（校正加浓行程，最大值为 Δ_2），增大了供油量，克服了暂时的超负荷，此时的平衡状态是 $F_B=F_A+F_C$。这时的供油量为额定供油量加上校正加浓供油量。最大的校正加浓行程可用校正弹簧调整螺母进行调整。

必须指出，上述校正加浓不是柴油发动机正常工作范围，不应使柴油发动机在这一范围内长时间工作。如果超负荷过大，校正加浓供油量所增大的转矩克服不了阻力矩，发动机还是会熄火。

⑥起动加浓工况位置。如图 4—40 所示，发动机起动时，车凉并且转速低。为了便于起动，一般要求起动供油量应比额定供油量增加 50%左右。在调速器弹力部分，除了高速、怠速和校正弹簧外，还增加了一个外弹簧（起动弹簧）。起动时，飞球组件离心力的推力 $F_A=0$，起动弹簧座越过高速、低速弹簧座，处于右侧极限位置，供油量达到最大值，较额定供油量多 50%左右（起动供油量＝额定供油量＋校正加浓供油量＋起动加浓供油量）。此时，起动弹簧前座已与调速弹簧前座处于分离状态，两者间的距离 Δ_3 就是起动加浓行程。柴油发动机起动后，由于起动弹簧很软，起动加浓作用便告结束。

（2）喷油泵的装配

1）有联轴器。如图 4—41 所示，先转动曲轴，使第一缸的活塞到达压缩行程的上止点前某一规定供油提前角度处停止（具体角度参见维修手册），转动高压泵凸轮轴，使一缸喷

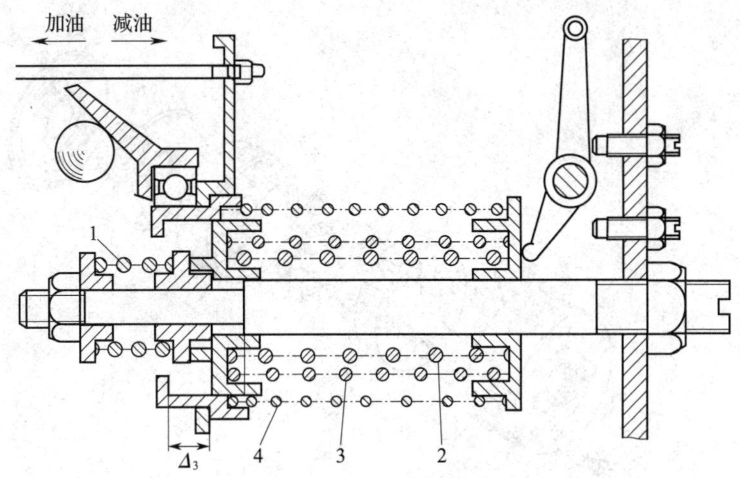

图 4—40 起动加浓工况

1—校正弹簧 2—低速弹簧 3—高速弹簧 4—起动弹簧

油时刻标记线与壳体记号重合，利用联轴器连接高压泵与发动机。改变联轴器的相对位置，可以改变喷油时刻。

2）没有联轴器。利用发动机上的装配记号，直接安装高压泵，泵体居于中间处安装。改变泵体的相对安装位置，可以改变喷油时刻。

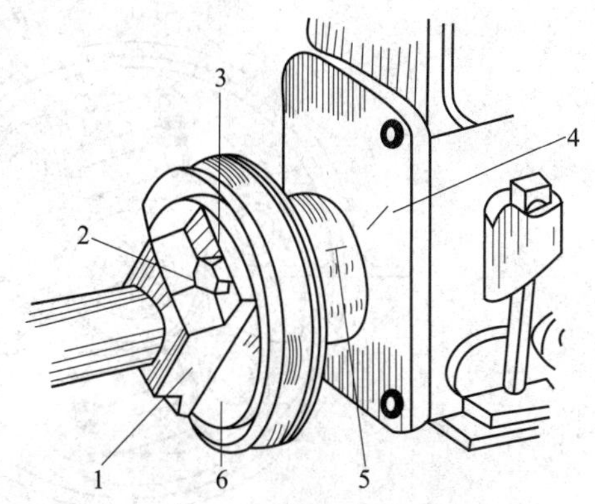

图 4—41 喷油正时标记

1—联轴器 2—调整螺钉 3—调节分度线
4—轴承盖上的标记线 5—喷油时刻标记线
6—驱动盘

四、喷油提前角自动调节器

喷油提前角是指喷油器开始喷油至活塞到达上止点之间的曲轴转角。柴油发动机工作中，喷油提前角过大，喷油时气缸内空气温度较低，混合气形成条件差，备燃期长，工作粗暴；喷油提前角过小，大部分柴油在活塞处于下行状态时燃烧，使最高工作压力降低，热效率显著下降，发动机功率下降，排气冒白烟。最佳喷油器提前角是指在转速和供油量一定的条件下，能获得最大功率及最小燃油消耗率的喷油提前角。

喷油提前角对于柴油发动机的性能影响很大。柴油发动机的最佳喷油提前角是随转速和供油量的变化而改变的。转速高，供油量大时，最佳喷油提前角也加大。这就需要有喷油提前角自动调节器来随转速的变化对喷油提前角进行调节。

喷油提前角自动调节器的作用是随柴油发动机转速的变化自动改变喷油提前角。喷油提前角自动调节器安装于联轴器和喷油泵之间，其结构如图 4—42 所示。

喷油提前角自动调节器驱动盘用螺栓与联轴器相连，为主动元件。在驱动盘端面上有两个销钉，上面套装有两个飞块，外面还套装两个弹簧座；飞块的另一端各压装一个销钉，每个销钉上各松套着一个滚轮和滚轮内座圈。从动盘与喷油泵凸轮轴相连接。从动盘两臂的弧

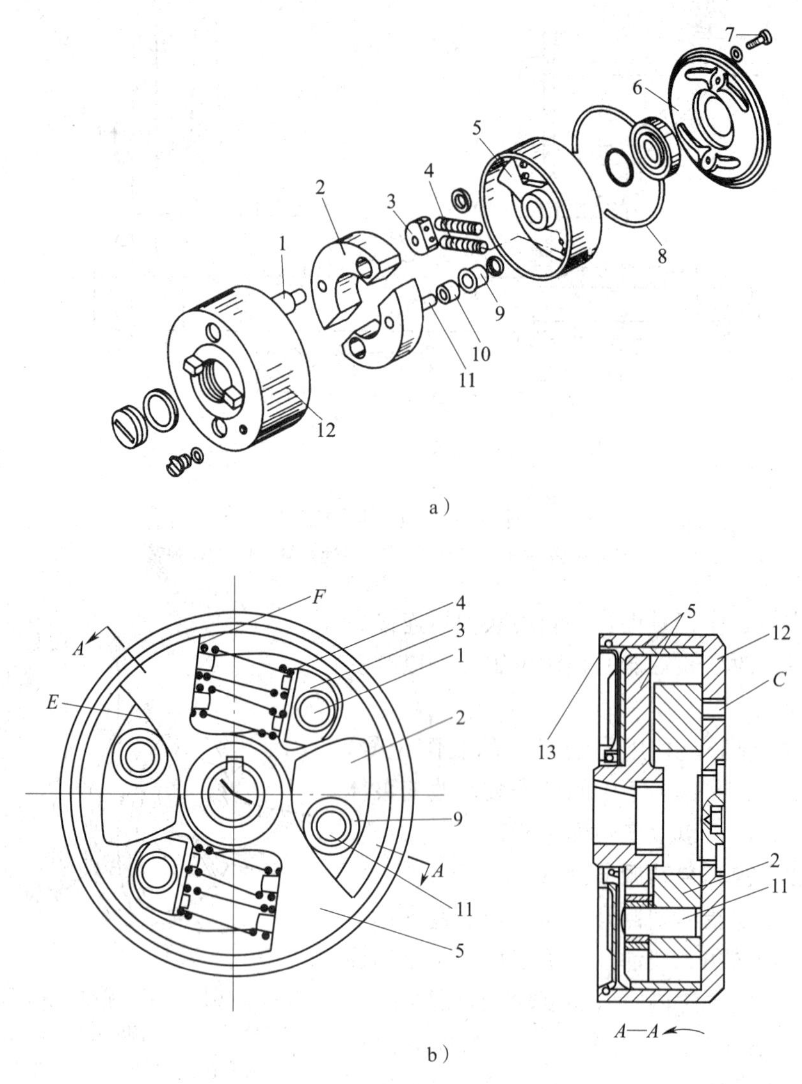

图 4—42　喷油提前角自动调节器的结构

a）分解图　b）装配图

1—驱动盘销钉　2—飞块　3—弹簧座圈　4—弹簧　5—从动盘　6—盖板　7—螺钉　8—密封圈　9—滚轮　10—滚轮内座圈　11—飞块销钉　12—驱动盘　13—调节器盖

形侧面 E 与滚轮接触，平侧面 F 则压在两个弹簧上，弹簧的另一端支于弹簧座上。整个调节器为一密封体，内腔充有机油，以供润滑。

喷油提前角自动调节器的工作原理如图 4—43 所示。发动机工作时，在曲轴的驱动下，驱动盘及飞块沿图中箭头方向旋转，受离心力的作用，两个飞块的活动端向外甩开，滚轮对从动盘的两个弧形侧面产生推力，迫使从动盘沿箭头所示方向相对于调节器壳体超前转过一个角度 $\Delta\varphi$，直到弹簧作用在另一侧面上的压缩弹力与飞块离心力相平衡为止，于是从动盘与驱动盘同步旋转。当转速升高时，飞块离心力增大，其活动端进一步向外甩出，滚轮迫使从动盘沿箭头所示方向相对于驱动盘再超前转过一个角度，直到弹簧的压缩弹力与飞块离心力达到一个新的平衡状态为止。这样，喷油提前角便相应地增大。反之，当发动机转速降低时，喷油提前角相应地减小。

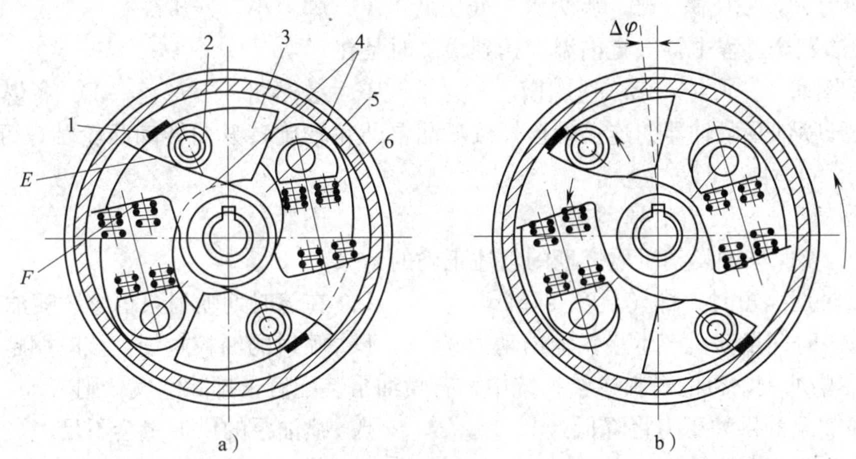

图 4—43　喷油提前角自动调节器的工作原理

a）静止状态　b）提前状态

1—限位销　2—滚轮　3—飞块　4—从动盘　5—驱动盘　6—弹簧

复习思考题

一、选择题

1. 喷油器上的精密偶件是（　　）。

A. 针阀与喷油嘴　　B. 喷油嘴与喷油阀

C. 出油阀与出油阀座　　D. 针阀与针阀体

2. 喷油器开始喷油时的喷油压力取决于（　　）。

A. 高压油腔中的燃油压力　　B. 调压弹簧的预紧力

C. 喷油器的喷孔数　　D. 喷油器的喷孔大小

3. 对多缸柴油发动机来说，各缸高压油管的长度应（　　）。

A. 不同　　B. 相同　　C. 根据具体情况而定

4. 柴油发动机安装调速器是为了（　　）。

A. 维持柴油发动机转速稳定　　B. 维持供油量不变

C. 自动改变车速　　D. 自动调整供油提前角

5. 带有两速调速器的柴油发动机，在中等转速工作时（　　）。

A. 调速器的怠速弹簧被压缩，高速弹簧不被压缩

B. 调速器的高速弹簧被压缩，低速弹簧不被压缩

C. 调速器的怠速弹簧和高速弹簧均不被压缩

D. 调速器的怠速弹簧和高速弹簧均被压缩

6. 喷油泵高压油管内残余压力的大小与出油阀弹簧弹力的大小有关，（　　）。

A. 弹力大，残压高　B. 弹力大，残压低　C. 弹力小，残压高

7. 柴油燃烧过程中，气缸内温度达到最高时是在（　　）。

A. 后燃期　B. 速燃期　C. 缓燃期　D. 备燃期

8. 松开喷油泵联轴器的连接螺栓，按喷油泵凸轮轴旋转方向转动凸轮轴，可以使喷油提前角（　　）。

A. 增大　B. 减小　C. 不变

9. 下列有关柴油发动机后燃期的叙述正确的是（　　）。

A. 该时期缩短时，排气温度会降低　B. 在该时期喷射泵仍继续喷油

C. 在该时期发动机产生最大输出动力　D. 喷射的油粒越细，该时期越长

10. 在柴油发动机的燃料供给系统中，若喷油泵装配后未排除空气，则（　　）。

A. 喷油泵的供油压力将降低　B. 喷油泵的供油量会不足

C. 喷油泵将无油输出　D. 喷油泵的出油压力将增大

11. 喷射压力过低可能的原因是（　　）。

A. 喷油嘴弹簧调整过松　B. 喷油嘴积炭

C. 喷油嘴卡住　D. 输油阀弹簧折断

12. 喷油泵的有效行程是指（　　）。

A. 柱塞从下止点到柱塞开始喷油的行程

B. 顶杆在上止点时，挺杆和柱塞之间的间隙

C. 柱塞从停止喷油到上止点的行程

D. 柱塞从开始喷油到结束喷油的行程

二、思考题

1. 机械式喷油器的检查内容主要有哪些？

2. 喷油泵的功用和要求是什么？

3. 直列柱塞式喷油泵的组成是什么？

第五章 润滑系统的构造与检修

第一节 润滑系统相关知识

发动机工作时，相对运动的零件表面（如曲轴与主轴承、活塞与气缸壁、正时齿轮副等）之间必然产生摩擦。这不仅会增加发动机内部的功率消耗，使零件工作表面迅速磨损，而且由于摩擦产生的大量热也有可能导致零件工作表面烧损，致使发动机无法运转。因此，为保证发动机正常工作，必须对相对运动零件表面加以润滑，即在摩擦表面覆盖一层油膜，以减小摩擦阻力，降低功率损耗，减轻机件磨损，延长发动机使用寿命。

一、润滑原理

两个运动零件的工作表面，从微观上看是粗糙不平的，在相对运动中会因摩擦发热而消耗一定功率，同时引起磨损。若在两个零件的工作表面之间加入一层润滑油，使其部分或完全分开，两表面之间的摩擦因数就会减小，零件磨损和功率消耗也会减少。

润滑油膜形成的基本条件是两零件之间存在油楔及相对运动，并且有足够的润滑油供给。利用油楔作用形成润滑油膜的润滑原理如图 5—1 所示。

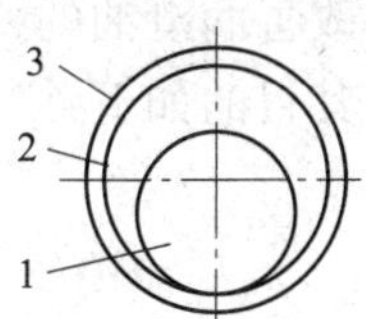

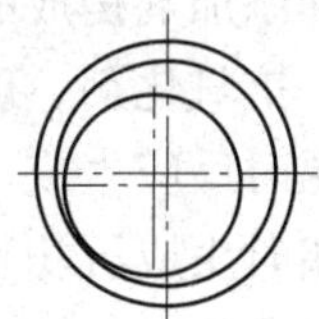

图 5—1　旋转零件的润滑油膜

1—轴　2—润滑油　3—轴承

1）静止时，在自重的作用下，轴处于最低位置，与轴承以点相接触，这时润滑油从轴和轴承中被挤出来。

2）当轴转动时，黏附在轴表面的油便随轴一起转动。由于轴与轴承的间隙成楔形，使润滑油产生一定的压力，在此压力作用下，轴被推向一侧。

3）随着轴转速的提高，单位时间被带动的油也越多，油压力就越高。当轴的转速达到一定值时，轴便被油压抬起。这样，油膜将轴与轴承完全隔开，使之变为液体摩擦，从而减小了运动阻力，减小了运动件的磨损。

同理，如图 5—2 所示，做直线运动的零件，其前端有倒角时，润滑油也可楔入摩擦表面而形成油膜。

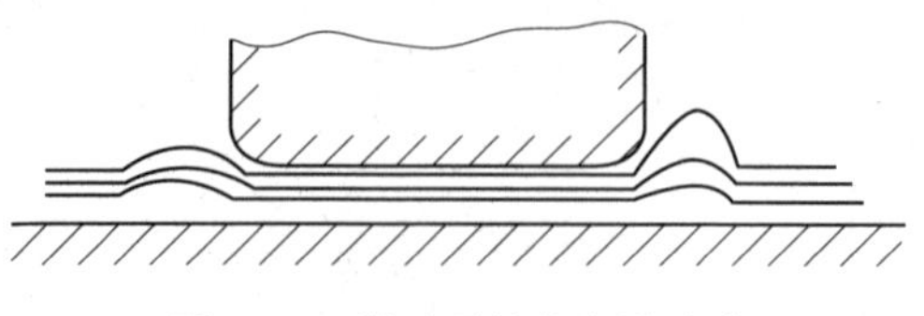

图 5—2　滑动零件的润滑油膜

二、保证发动机润滑的条件

1. 保证发动机有足够的润滑油

足够的润滑油量才能保证需要润滑的零件表面形成油膜。

2. 具有合适的压力

合适的压力是保证润滑油被可靠地送到各摩擦表面的重要条件。

3. 运动件表面之间有合适的间隙

只有合适的间隙，才能使润滑油进入运动件表面之间。当两个表面逐渐收敛时，润滑油被挤压到一个窄的空间而产生一个压力，这个压力将两个表面强制分离，从而形成完整的油膜。

4. 足够快的速度

如果轴的转速不够快，它将没有足够快的速率带动或泵压足够的润滑油进入压力楔，以补充从轴承两端漏掉的润滑油量，其结果是无法保持完整的油膜润滑。

5. 润滑油必须有适当的黏度

在速度、负荷、油膜厚度都稳定的情况下，润滑油的黏度越大，摩擦阻力就越大，摩擦因数就越大，机械摩擦损失功率也就越大。但是，如果黏度过小，油膜承载能力不够，无法维持油膜润滑，从而使摩擦阻力更大。因此，选用的润滑油黏度应与转速、负荷配合适当，机械就能处于合适的油膜摩擦范围内工作。

三、润滑油的成分及作用

1. 润滑油的成分

润滑油是由基油和添加剂构成的，添加剂的作用是改善润滑油的特性。目前，添加剂主要有清洁剂、分散剂、抗氧化剂、碱性剂、耐磨剂等。其目的如下：

清洁剂：防止高温时反应生成不可溶解物。

分散剂：防止低温时生成沉积物。

抗氧化剂：分解氧化物。

碱性剂：中和酸，以防止其腐蚀发动机。

耐磨剂：形成油膜，以减少磨损。

倾点分散剂：保持低温流动性。

高黏温剂：保持高温下的黏度。

消泡剂：防止生成气泡。

2. 润滑油的作用

润滑油俗称机油，其作用如下：

（1）润滑作用。润滑运动零件表面，减小摩擦阻力和磨损，减小发动机的功率消耗。

（2）清洗作用。机油在润滑系统内不断循环，清洗摩擦表面，带走磨屑和其他异物。

（3）冷却作用。机油在润滑系统内循环还可带走摩擦产生的热量，起冷却作用。

（4）密封作用。在运动零件之间形成油膜，提高它们的密封性，有利于防止漏气或漏油。

（5）防锈蚀作用。在零件表面形成油膜，对零件表面起保护作用，防止腐蚀生锈。

（6）液压作用。润滑油还可用作液压油，如液压挺柱，起液压作用。

（7）减振缓冲作用。在运动零件表面形成油膜，吸收冲击并减小振动，起减振缓冲作用。

（8）分散应力作用。润滑油能使局部受到的集中应力分散。

四、润滑油的分类及应用

1．润滑油的分类

（1）API 质量分类法（API 是美国石油协会的简称，API 等级代表润滑油的分类）。API 根据润滑油的用途和使用性能的高低，将润滑油分为汽油发动机润滑油和柴油发动机润滑油。“S”系列代表汽油发动机润滑油；“C”系列代表柴油发动机润滑油；当“S”和“C”两字母同时存在时，则表示此润滑油为汽柴通用型。汽油发动机润滑油定为 S 系列，按产品性能质量等级分类为 SA、SB、SC、SD、SE、SF、SG、SH、SJ、SM 等；柴油发动机润滑油定为 C 系列，按产品性能质量等级分类为 CA、CB、CC、CD、CE、CF-4、CG-4、CH-4 等。产品质量依次提高。

（2）SAE 黏度分类法（SAE 是美国汽车工程师学会的简称，它规定了润滑油的黏度等级）。SAE 将机油分为冬季用油、春秋用油和夏季用油，黏度从小到大有 0 W、5 W、10 W、15 W、20 W、25 W、20、30、40、50 等多个黏度等级。

“W”是英文“Winter”的缩写，适合于冬天的低温气候使用，其牌号是根据最大低温黏度、最低泵送温度以及 100℃的运动黏度范围划分的，号数越小，表示其所适用的环境温度也越低。

不带“W”的为春秋季与夏季用油，牌号仅根据 100℃的运动黏度划分，号数越大，表明高温时的黏度越高，适用的最高气温越高。

此外，为增大润滑油对季节和气温的适应范围，还规定了冬夏两季均可使用的多级油，目前该等级润滑油有 5W/20、5W/30、5W/40、10W/40、15W/40、20W/40 等。

2．润滑油的选用

选用发动机润滑油，首先根据机械使用说明书或发动机工作条件确定发动机润滑油的质量等级，然后根据机械使用地区的气温情况选择合适的发动机润滑油黏度等级。

（1）质量等级的选用。发动机润滑油质量等级的选用必须严格按照机械使用说明书的规定。在无使用说明书的情况下，可根据发动机工作条件的苛刻程度，选用合适质量等级的润滑油。

（2）黏度等级的选用。黏度等级是根据机械使用地区和季节气温来选择的，由于单级油不能同时满足低温和高温的要求，因此只能根据当地季节气温适当选用。而多级油黏温性好，适应温度范围宽，应尽量选用多级油。我国发动机润滑油黏度等级与适用温度范围见表 5—1。

表 5—1　　发动机润滑油黏度等级与适用温度范围

SAE 黏度等级	适用气温（℃）
5W/30	−30～30
10W/30	−25～30
15W/30	−20～30
15W/40	−20～40
30	−10～30
40	−5～40

五、润滑方式

发动机工作时，由于各运动零件的工作条件不同，因此所要求的润滑强度和方式也不同。发动机常见的润滑方式有以下几种：

1. 压力润滑

压力润滑是指利用机油泵，将具有一定压力的润滑油源源不断地送往摩擦表面。适用于工作载荷大、相对速度高的运动表面，如曲轴主轴承、连杆轴承、凸轮轴轴承等。

2. 飞溅润滑

飞溅润滑是指利用发动机工作时运动零件飞溅起来的油滴或油雾来润滑摩擦表面，适用于载荷较轻、相对速度较低的运动件表面，如活塞、气缸壁、凸轮、正时齿轮、摇臂、气门等。

3. 润滑脂润滑

发动机辅助系统中有些零件只需定期加注润滑脂进行润滑，如水泵及发电机轴承等。近年来，有采用含有耐磨润滑材料（如尼龙、二硫化钼等）的轴承来代替加注润滑脂的轴承的趋势。

第二节　润滑系统的组成及工作原理

一、润滑系统的组成、功用及特点

1. 润滑系统的组成

发动机润滑系统如图 5—3 所示。润滑系统的主要部件有油底壳、机油泵、限压阀、机油集滤器、机油滤清器（粗、细）等。油底壳用于储油，油泵将润滑油压出至发动机每个部件，限压阀控制最大油压，机油滤清器过滤出油内杂质。工程机械上还设有润滑油冷却器。

为保证柴油发动机正常润滑，发动机润滑系统一般有以下四个基本装置：

(1) 储存、建立并限制油压及引导润滑油的装置。如油底壳、机油泵、油道、限压阀等。

(2) 滤清装置。如集滤器、润滑油滤清器等，用来清除润滑油中的杂质，保证润滑油清洁和润滑可靠。

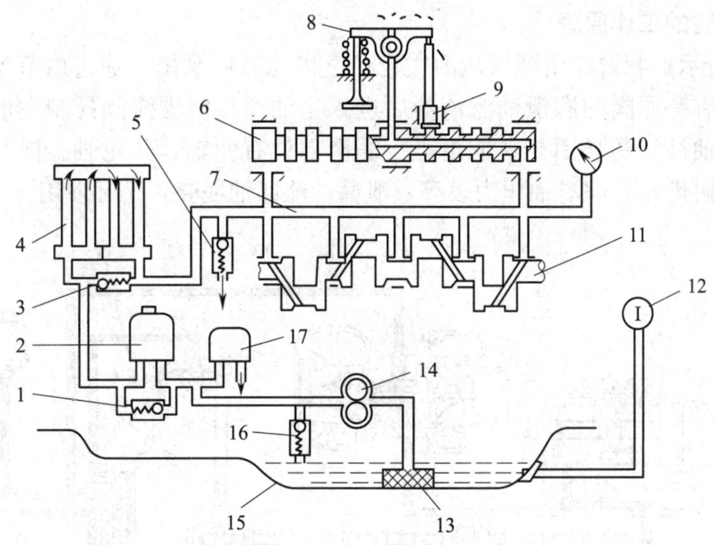

图 5—3　柴油发动机润滑系统

1—安全阀　2—粗滤器　3—恒温阀　4—机油散热器　5—溢流阀　6—凸轮轴　7—主油道　8—摇臂　9—挺柱　10—润滑油压力表　11—曲轴　12—润滑油温度表　13—集滤器　14—机油泵　15—油底壳　16—限压阀　17—细滤器

（3）冷却装置。如润滑油散热器、润滑油冷却器等，用来冷却发动机润滑油，保持油温正常和润滑可靠。

（4）仪表装置。如润滑油温度表、润滑油压力表等，用来监测润滑系统的工作情况。

2. 润滑系统的功用

（1）润滑作用。润滑运动零件表面，减小摩擦阻力和磨损，减小发动机的功率消耗。这是润滑系统的基本作用。

（2）清洗作用。润滑油在润滑系统内不断循环，清洗摩擦表面，带走磨屑和其他异物。

（3）冷却作用。润滑油在润滑系统内循环还可带走摩擦产生的热量，起冷却作用。

（4）密封作用。在运动零件之间形成油膜（如活塞与气缸），可以提高它们的密封性，有利于防止漏气或漏油。

（5）防锈蚀作用。在零件表面形成油膜，对零件表面起保护作用，防止腐蚀生锈。

（6）减振作用。在运动零件表面形成油膜，可以吸收冲击并减小振动，起减振缓冲作用。

3. 柴油发动机润滑系统的特点

（1）柴油发动机活塞一般专设油道进行冷却，因其机械负荷和热负荷较大。

（2）柴油发动机所配用的喷油泵、调速器、增压器等也需要润滑，因此，要求柴油发动机的润滑强度较高。

（3）为了保证润滑系统工作可靠，通常设有润滑油散热器。

（4）由于柴油发动机机油泵可由曲轴正时齿轮直接或间接驱动，这样，可使机油泵的转速等于或高于发动机转速，以满足柴油发动机高强度润滑的需要。

二、润滑系统的工作原理

如图 5—4 所示，润滑油由油泵从油底壳经过集滤器后泵出，通过由节温器控制的润滑油冷却器到自带有旁通阀的润滑油滤清器后进入主油道，由溢流阀控制主油道的润滑油压力；主油道润滑油被管道导引到各润滑点。润滑部位有曲轴、凸轮轴、摇臂轴、涡轮增压器、高压泵、正时齿轮、润滑油压力表等。泄漏油流回油底壳，循环使用。

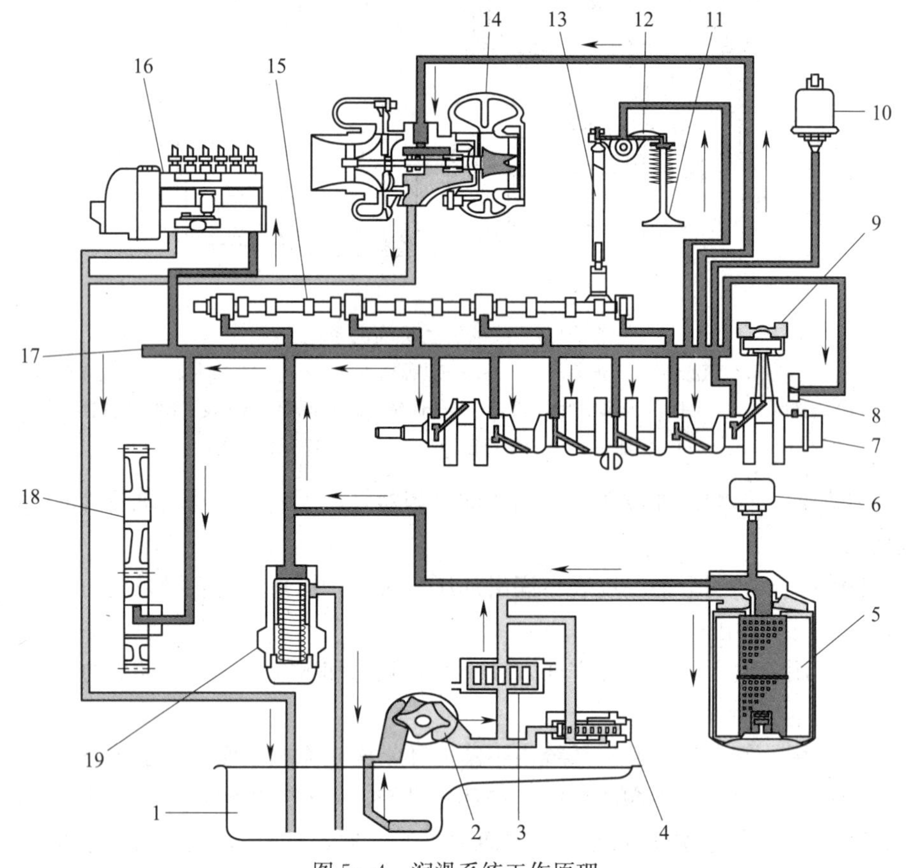

图 5—4 润滑系统工作原理

1—油底壳 2—润滑油泵 3—油冷却器 4—节温器 5—滤芯 6—压力传感器 7—曲轴 8—冷却喷嘴 9—活塞 10—空气压缩机 11—气阀 12—摇臂 13—推杆 14—涡轮增压器 15—凸轮轴 16—喷油泵 17—主油道 18—正时齿轮 19—溢流阀

如图 5—5 所示，沃尔沃 D6DEAE2 型柴油发动机的润滑油由油泵从油底壳经过集滤器后泵出，通过由旁通阀控制的润滑油冷却器到自带有旁通阀的润滑油滤清器，由溢流阀控制进入滤清器的润滑油压力，最后进入主油道；主油道润滑油被管道导引到各润滑点，润滑部位有曲轴、凸轮轴、涡轮增压器、高压泵、润滑油压力表等；气缸盖上部摇臂轴润滑油由配气机构挺杆、推杆、调整螺钉、摇臂内部油道进入摇臂轴。泄漏油流回油底壳，循环使用。

图 5—6 所示为 6135 型柴油发动机润滑系统。该润滑系统中细滤器与粗滤器是并联的，润滑油泵压出的润滑油绝大部分经粗滤器进入主油道，少量润滑油经细滤器流回油底壳。整

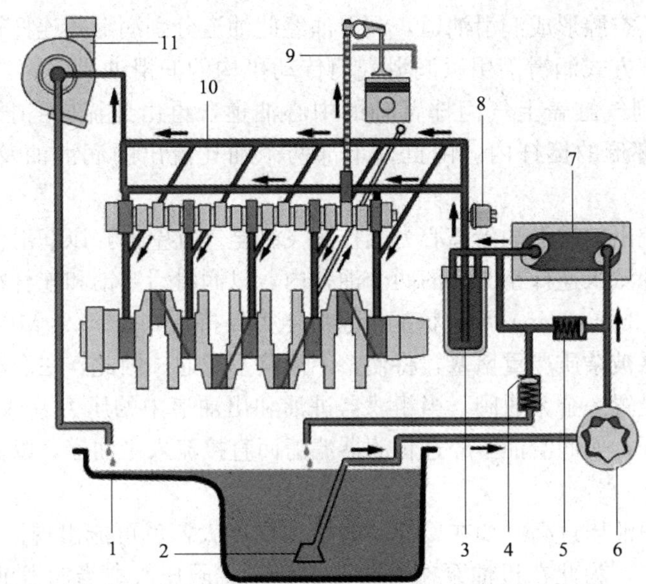

图 5—5　沃尔沃 D6DEAE2 型柴油发动机润滑系统工作图

1—油底壳　2—集滤器　3—滤清器（含旁通阀）　4—溢流阀（压力调节阀）　5—冷却器旁通阀　6—机油泵　7—润滑油散热器　8—润滑油压力传感器　9—摇臂轴润滑油道（中空推杆）　10—主油道　11—涡轮增压器

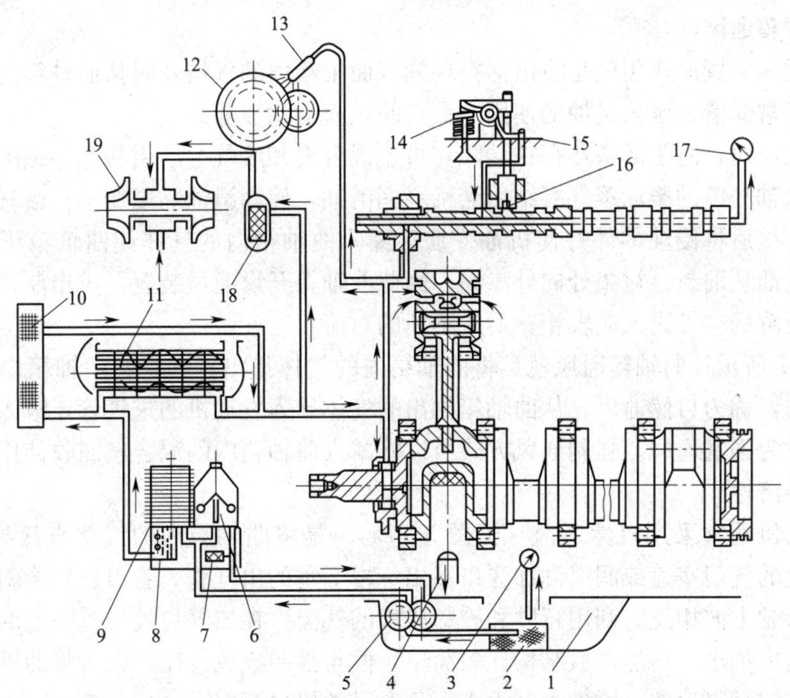

图 5—6　6135 型柴油发动机润滑系统

1—油底壳　2—机油集滤器　3—油温表　4—加油口　5—机油泵　6—机油细滤器　7—限压阀　8—安全阀　9—机油粗滤器　10—风冷式机油散热器　11—水冷式机油散热器　12—正时齿轮　13—喷嘴　14—摇臂　15—气缸盖　16—挺柱　17—油压表　18—增压器用滤清器　19—增压器

个曲轴是空心的，其空腔形成润滑油道，润滑油经此油道分别润滑各连杆轴承。曲轴主轴承是滚动轴承，用飞溅方式润滑。用以润滑气门传动机构的润滑油沿着第二个凸轮轴轴承引出的油道，一直通到气缸盖上气门摇臂轴的中心油道，再由此流向各摇臂的工作面，然后顺推杆表面流到杯形的挺杆内。由挺杆下部两个油孔流出的润滑油及飞溅的机油润滑凸轮工作面。

连杆大头轴承流出的润滑油借离心力的作用飞溅至气缸壁上，以润滑活塞和气缸套。由活塞油环刮下的机油溅入连杆小头上的两个油孔内，以润滑活塞销和连杆小头轴承。

在标定转速（1 800 r/min）下，该润滑系统压力保持在 0.3～0.4 MPa。

若润滑油粗滤器被杂质严重堵塞，将使整个油路不畅通。因此，在润滑油泵与主油道之间，与粗滤器并联设置一个旁通阀。当粗滤器进油和出油道中的压力差达 0.15～0.18 MPa 时，旁通阀即被推开，使润滑油不经过粗滤器滤清而直接流入主油道，以保证对柴油发动机各部分的正常润滑。

如果润滑系统中油压过高（如在冷起动时机油黏度大，就可能出现油压过高现象），将增加发动机功率损失，为此在机油泵端盖内设置柱塞式限压阀。当润滑油泵出油压力超过 0.6MPa 时，作用在阀上的润滑油总压力将超过限压阀弹簧的预紧力，顶开柱塞阀而使一部分润滑油流回润滑油泵的进油口，在润滑油泵内进行小循环。弹簧预紧力可通过增减垫片数目的方法来调节。

三、曲轴箱通风

曲轴箱通风装置的作用就是将由活塞环漏入曲轴箱内的气体及时从曲轴箱内抽出，保证润滑系统的正常润滑，延长机油的使用寿命，防止润滑油泄漏。

发动机工作时，由于活塞环存在端隙，可燃混合气和废气会经由活塞环端隙漏到曲轴箱内部。漏到曲轴箱内的柴油蒸气凝结后会稀释润滑油，使润滑油黏度变小；废气中的水蒸气和酸性物质凝结后将侵蚀零件并使机油变质；漏入曲轴箱内的气体使曲轴箱压力和温度升高，将造成机油从油封、衬垫处向外渗漏。因此曲轴箱开设通风装置，排出漏入曲轴箱的气体，同时使新鲜的空气进入曲轴箱，形成不断的对流。

如图 5—7 所示，曲轴箱通风就是将曲轴箱内的气体排出。如果将曲轴箱内的气体直接排到大气中去，称为自然通风；从曲轴箱抽出的气体导入发动机的进气管，吸入气缸再燃烧的通风方式称为强制通风。强制通风方式可以将窜入曲轴箱内的混合气回收使用，有利于提高发动机的经济性。

柴油发动机通常采用自然通风（见图 5—7a），是将曲轴箱内的气体直接导入大气中。在曲轴箱连通的气门室盖或润滑油加注口接出一根下垂的出气管，管口处切成斜口，切口的方向与机械行驶方向相反。利用行驶和冷却风扇的气流，在出气口处形成一定的真空度，将气体从曲轴箱内抽出。自然通风结构比较简单，但与强制通风相比，因为将曲轴箱气体直接导入大气，造成燃料浪费，增加大气污染，且通风效果也不好。

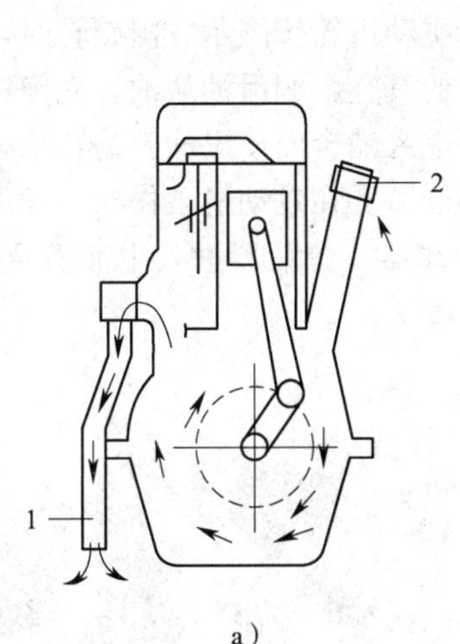

a）

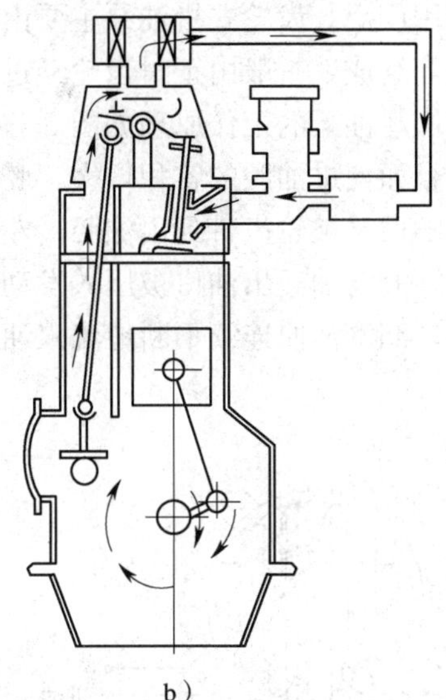

b）

图 5—7　曲轴箱通风

a）自然通风　b）强制通风

1—通风管　2—空气滤清器

第三节　润滑系统零部件的结构与检修

一、润滑油泵

1. 润滑油泵的作用

润滑油泵将油底壳中的润滑油吸出，提高润滑油压力，经过滤清器和润滑油散热器后，按照设定的压力，将润滑油强制输送到发动机各个需要润滑的部位。

2. 润滑油泵的分类

润滑油泵按其结构不同可分为齿轮式和转子式两种，如图 5—8 和图 5—9 所示。

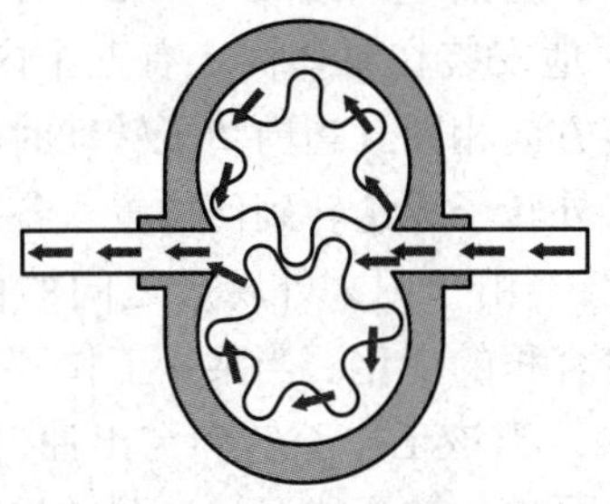

图 5—8　齿轮式润滑油泵

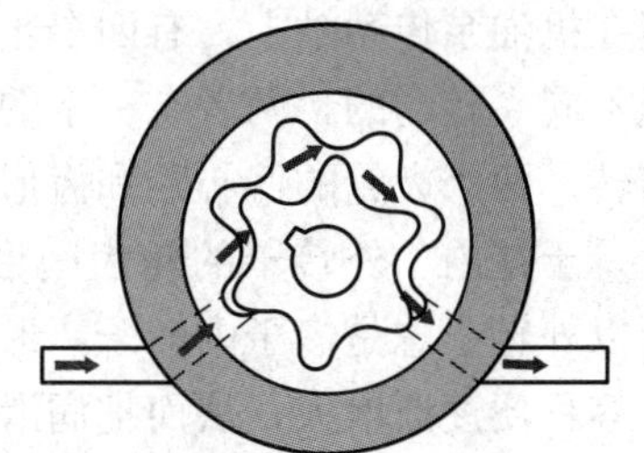

图 5—9　转子式润滑油泵

3. 润滑油泵的结构、工作原理

（1）齿轮泵的结构、工作原理。齿轮式润滑油泵结构简单，制造方便，工作可靠，效率高，所以应用广泛。齿轮式机油泵主要由润滑油泵驱动轴、主动齿轮、从动齿轮、润滑油泵泵体和泵盖等组成，一般由正时齿轮经过惰轮驱动。

齿轮式润滑油泵的工作原理如图 5—10 所示。当主动齿轮按图示方向旋转时，右侧轮齿逐渐脱离啮合而使进油腔的容积增大，腔内产生一定的真空，润滑油从油底壳经进油口被吸入进油腔，随后又被轮齿带到出油腔；左侧轮齿逐渐进入啮合而使出油腔的容积减小，润滑油压力升高，润滑油经出油口被压入发动机机体上的油道。在发动机工作时，润滑油泵齿轮不停地旋转，润滑油便连续不断地流入油道，经过冷却器、滤清器进入主油道及机体油道，润滑各部位。

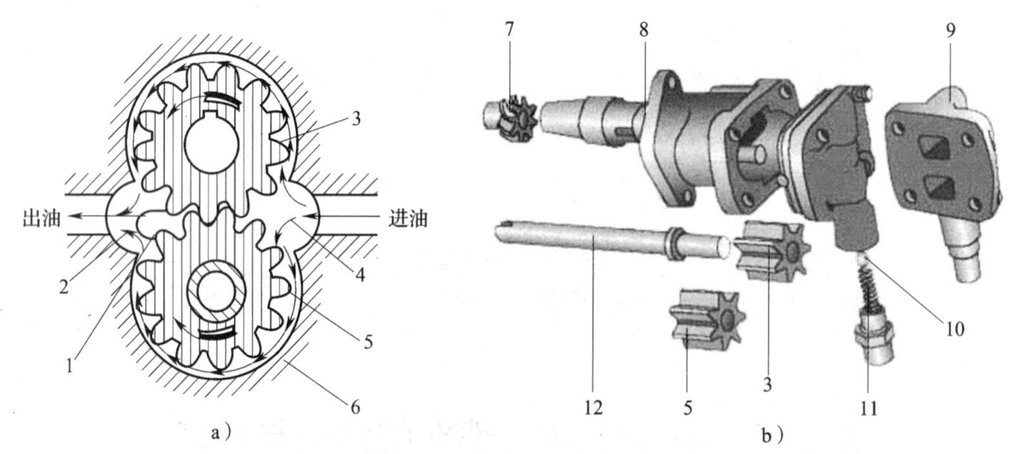

图 5—10　齿轮式润滑油泵的结构和工作原理

1—卸压槽　2—出油腔　3—主动齿轮　4—进油腔　5—从动齿轮　6—泵壳　7—油泵驱动齿轮
8—泵体　9—泵盖　10—限压阀　11—限压阀弹簧　12—主动齿轮轴

当轮齿进入啮合时，封闭在轮齿径向间隙内的润滑油压力急剧升高，使齿轮受到很大的推力，加剧润滑油泵轴衬套的磨损。设计中在泵盖上加工一道卸压槽，使轮齿径向间隙内被挤压的润滑油通过卸压槽流入出油腔，降低油压。

（2）转子泵的结构、工作原理。转子式润滑油泵在柴油发动机上广泛应用。其工作原理如图 5—11 所示。转子式机油泵主要由外转子、内转子、进油口、出油口和壳体等构成。内转子固定在机油泵传动轴上，有四个轮齿；外转子自由地安装在泵体内，有五个内齿。内、外转子是不同心转动的，两者有一定的偏心距，但旋转方向相同。当内转子转动时带动外转子一起旋转。两个齿轮的偏心距和齿形轮廓保证了内、外转子无论转到何位置，各齿之间总有接触点，于是内、外转子的轮齿间形成了四个工作腔。由于内、外转子之间的传动比是 1.25，所以外转子总是慢于内转子，形成了四个工作腔容积的变化。当某一工作腔从进油口转过时，容积便逐渐增大，从而把润滑油从进油孔吸入；当该工作腔转到与出油口相通后，腔内容积逐渐减小，油压因而升高，润滑油便从出油孔泵出。转子式润滑油泵结构紧凑，吸油真空度高，泵油量大。当泵的安装位置在机体外或吸油位置较高时，用转子式润滑油泵尤为合适。转子式润滑油泵由曲轴的正时齿轮通过中间齿轮驱动。

康明斯 B 系列发动机的润滑油泵采用转子式结构。它的优点是外形尺寸小，结构紧凑。

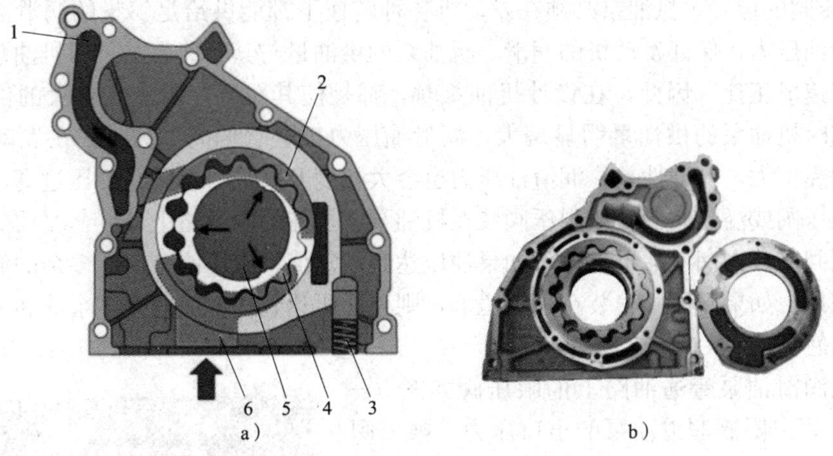

图 5—11　转子式润滑油泵的工作原理

1—出油口　2—外转子　3—限压阀　4—内转子　5—驱动轴（曲轴）　6—进油口

润滑油泵和曲轴的传动比为 36/28，额定转速为 3 343 r/min，额定速度处供油量为 61.8 L/min。现在康明斯公司进一步提高了润滑油泵的转速，使传动比达到 36/24，润滑油泵的高转速也提高了润滑油压力的脉动性，对润滑油冷却器的使用产生了不利影响。为此对润滑油冷却器的结构进行了加强。润滑油泵的传动齿轮为 28 齿，润滑油泵惰轮为 23 齿。润滑油泵固定在缸体的前端面上。

另外，柴油发动机采用双层机油泵有两个目的：一是有的发动机为了防止工程机械上坡时因润滑油泄漏而中断润滑；二是由于发动机要保持合适的润滑油温度和黏度，多在润滑系统中设置机油散热器，将散热器并联在主油道和油底壳之间，利用进油限压阀控制。当主油道的油压因温度升高或发动机各运动副配合间隙增大时，可能造成通过机油散热器的油量减少，使润滑油难以得到合适的冷却。为了防止该现象的发生，采用双层机油泵或两个结构完全相同的机油泵。主油泵的尺寸和泵油量较大，满足主油道的供油；副油泵的尺寸和泵油量较小，专门供往机油散热器。在副油泵上还设有限压阀，以控制通往润滑油散热器的油压，防止润滑油散热器的管芯损坏。

（3）需要说明的问题

1）机油泵的驱动方法。对于较轻负荷的柴油发动机，机油泵可以通过凸轮轴来驱动，这种驱动方式较简单。对于工程机械用柴油发动机，其机械负荷和热负荷较大，要求润滑强度也较高，机油泵的出油压力和出油量大或者说机油泵的驱动力较大。所以，机油泵可安装在曲轴箱内第一道或第二道主轴承盖处，由曲轴的正时齿轮直接或间接驱动。这样也易于调整机油泵的转速和发动机转速比，以满足柴油发动机高强度润滑的需要。

2）机油泵的安装位置。多数机油泵淹没或半淹没在润滑油内，吸油高度较小，起动时能很快正常泵油。也有在机体以外安装的，如康明斯 NT855 型发动机的机油泵，通过外接吸油管与油底壳内的集滤器相连来吸油，机油调压阀则装在机油滤清器上。这种外装机油泵拆装及调整较为方便；但由于吸油管较长，组装后需加满润滑油（引油），否则在起动时可能会不泵油或者需要较长时间才能吸上油。

3）限压阀的位置。机油泵必须在发动机各种转速下都能供给足够量的润滑油，以维持足够的润滑油压力，保证发动机的润滑。机油泵的供油量与其转速有关，而机油泵的转速又与发动机转速成正比。因此，在设计机油泵时，都是使其在低速时有足够大的供油量。但是，在高速时机油泵的供油量明显偏大，润滑油压力也显著偏高。另外，在发动机冷起动时，润滑油黏度大，流动性差，润滑油压力也会大幅度升高。为了防止油压过高，在润滑油路中设置限压阀或溢流阀。一般限压阀装在机油泵或机体的主油道上。

当限压阀安装在润滑油泵上时，如果油压达到规定值，限压阀开启，多余的润滑油返回润滑油泵进口。如果限压阀安装在主油道上，则当油压达到规定值时，多余的润滑油经过溢流阀流回油底壳。

安装在润滑油泵旁通油路上的限压阀如图 5—12 所示，它可以限制润滑油泵的出口压力。限压阀是常开阀，根据限压阀开启大小，确保润滑油油压达到规定值，多余的机油返回润滑油泵进口。

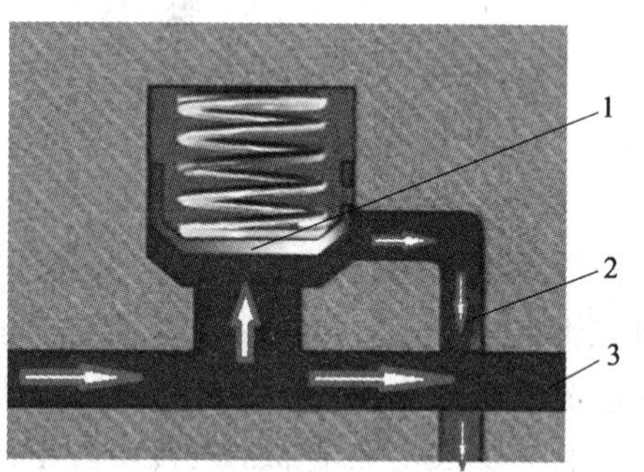

图 5—12　润滑油泵限压阀

1—限压阀　2—油泵泄压口　3—油泵出口

4. 润滑油泵的检修

润滑油泵的主要损伤形式是零件的磨损所造成的泄漏，使泵油压力降低，泵油量减少。润滑油泵的端面间隙、齿顶间隙、齿轮啮合间隙以及轴与轴承之间的间隙，各处密封性和限压阀的调整都将影响泵油压力和泵油量。由于润滑油泵工作时润滑条件好，零件磨损速度慢，使用寿命长，因此可根据机油泵的工作性能确定是否需拆检和修理。

（1）齿轮式润滑油泵的检修

1）检查齿轮啮合间隙。检查时，将润滑油泵盖拆下，用塞尺在互成 120°的三个位置处测量润滑油泵主动齿轮和从动齿轮的啮合间隙，如图 5—13 所示。新机油泵啮合间隙为 0.05 mm，磨损极限值为 0.20 mm，超过规定值时应更换。

2）检查传动齿轮与润滑油泵盖接合面间的间隙。主动齿轮和从动齿轮与润滑油泵盖接合面间隙的检查方法如图 5—14 所示，正常间隙为 0.05 mm，磨损极限值为 0.15 mm，超过规定值时应更换。

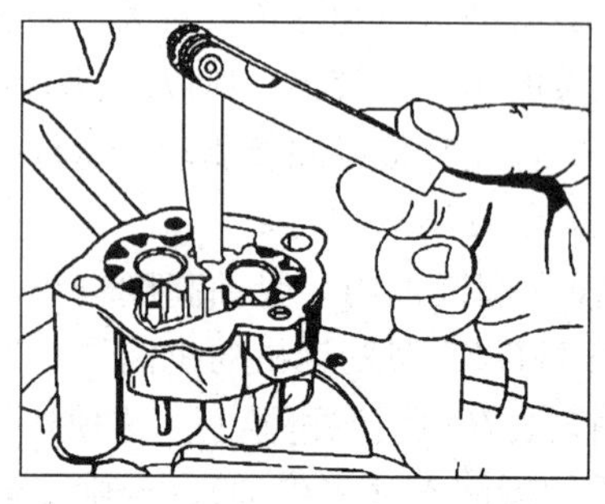
图 5—13　检查啮合间隙

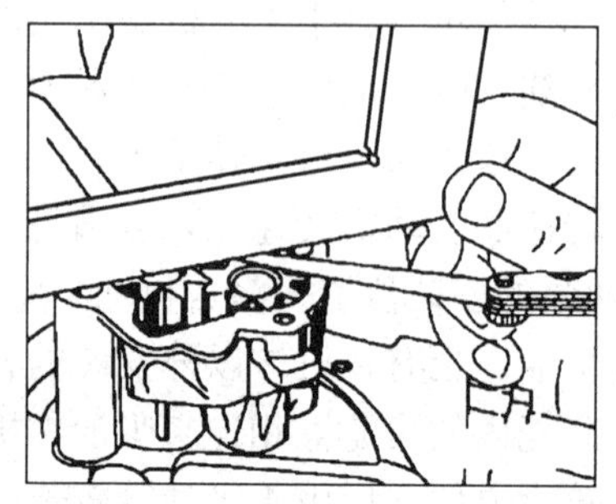
图 5—14　检查传动齿轮与泵盖间隙

3）检查主动齿轮轴与润滑油泵壳体的配合间隙。主动齿轮轴与润滑油泵壳体的配合间隙应为0.03～0.075 mm，磨损极限值为0.20 mm，超过规定值时应更换。

4）检查限压阀。检查限压阀弹簧有无损坏，弹力是否减弱，必要时应更换；检查限压阀油道有无堵塞，柱塞运动是否有卡滞现象，必要时更换限压阀。

（2）转子式润滑油泵的检修

1）检查内转子端面间隙。如图5—15所示，用钢直尺和塞尺检查内转子端面间隙，标准值为0.03～0.09 mm，超过0.15 mm时应更换新件。

2）检查外转子与泵体之间的间隙。如图5—16所示，用塞尺检查外转子与泵体之间的间隙，标准值为0.11～0.16 mm，超过0.20 mm时应更换新件。

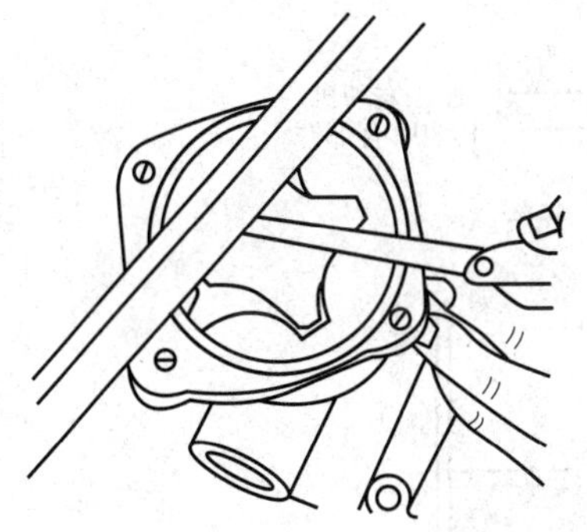

图5—15　检测内转子端面间隙

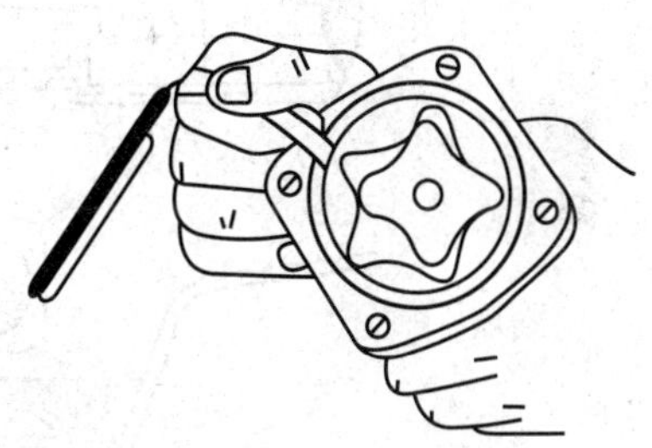

图5—16　检测外转子与泵体之间的间隙

3）检查内、外转子啮合间隙。如图5—17所示，用塞尺检查内、外转子啮合间隙，标准值为0.04～0.12 mm，超过0.18 mm时应更换新件。

4）检查限压阀。检查限压阀是否有刮伤处，限压阀柱塞在孔内有无卡滞或松旷，弹簧弹力是否减弱，必要时应更换。

（3）机油泵的试验。机油泵装复后应进行试验，确认性能良好后再装车。机油泵试验可在试验台上进行，也可用经验法试验。

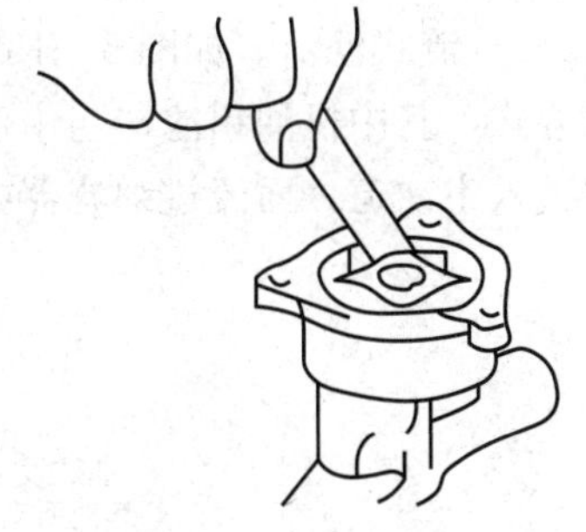

图5—17　检测内、外转子啮合间隙

在试验台上试验时，可测量泵油量（L/min）和泵油压力，应符合标准。

若无试验台，可采用经验检查法。用手转动机油泵传动齿轮轴，应转动自如、无卡滞现象。将机油泵和集滤器装复后，一同放入清洁的机油池中，用旋具按顺时针方向转动机油泵轴，应有机油从出油孔中排出；如用拇指堵住出油孔，继续转动机油泵轴时，应感到有压力。

机油泵泵油压力可通过增减限压阀螺塞下面的调整垫片或增减限压阀弹簧座处的垫片来调整。

二、机油滤清器

1. 机油滤清器的作用和分类

(1) 机油滤清器的作用。机油滤清器的作用是过滤机油中的金属磨屑、机械杂质和机油氧化物。如果这些杂质随机油一同进入润滑部位，将加剧发动机零部件的磨损，还可能堵塞油道。

(2) 机油滤清器的分类。为了保证过滤效果，一般使用多级滤清器，方式有以下两种：

1) 全流式滤清。如图 5—18 所示，发动机普遍采用集滤器加全流式机油滤清器的过滤方式，机油滤清器串联于机油泵和主油道之间，全部机油都经过它滤清。

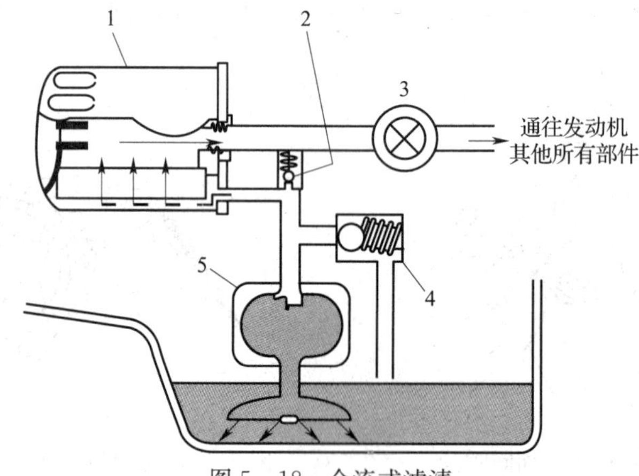

图 5—18 全流式滤清

1—滤清器 2—卸压阀 3—主油道 4—压力调压阀 5—机油泵

2) 分流式滤清。如图 5—19 所示，部分柴油发动机采用集滤器加粗、细双级滤清器的过滤方式，其中机油粗滤器与主油道串联，机油细滤器则与主油道并联分流，经过粗滤器的机油进入主油道，而流过细滤器的机油过滤后直接返回油底壳。

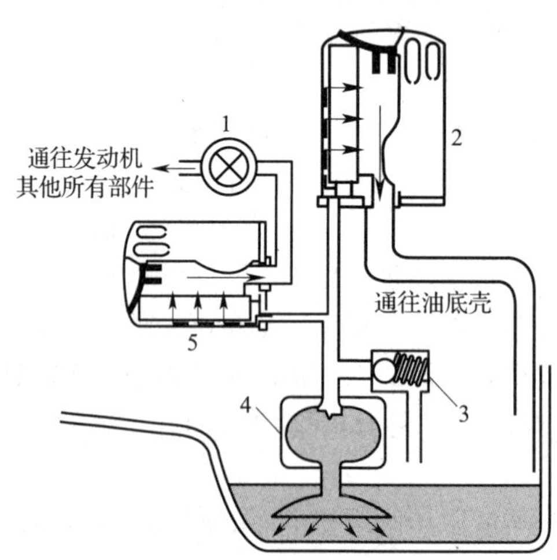

图 5—19 分流式滤清

1—主油道 2—细滤器 3—压力调压阀 4—机油泵 5—粗滤器

2. 机油滤清器的结构

(1) 集滤器。如图 5—20 所示，集滤器是具有金属网的滤清器，用来防止较大的机械杂质进入机油泵，通常安装在机油泵之前。集滤器可分为浮式和固定式（淹没式）两种。

1) 浮式集滤器。浮式集滤器漂浮于机油表面吸油，能吸入油面上较清洁的机油，但油面上的泡沫易被吸入，使机油压力降低，润滑欠可靠，目前应用不多。

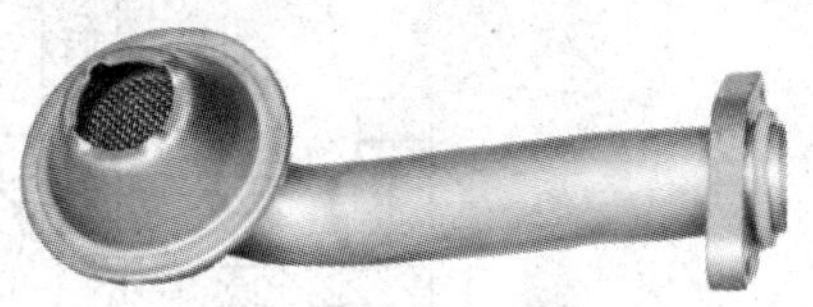

图 5—20　机油集滤器

在使用中，首先应检查浮式集滤器的浮子是否有变形和破损，若有则应及时修焊；其次应检查集滤器安装到油泵上后上下摆动是否灵活。

2) 固定式集滤器。固定式集滤器的结构如图 5—21 所示。它主要由吸油管、滤网和罩组成。吸油管上端通过螺栓与机油泵连接，下端与滤网支座连成一体；罩利用翻边安装在滤网支座外缘凸台上，滤网夹装在滤网支座与罩之间；罩的边缘有四个缺口，形成进油通道。

固定式集滤器淹没在油面之下，吸入的机油清洁度较差，但可防止吸入泡沫，其润滑可靠，结构简单，将逐步取代浮式集滤器。

固定式集滤器在使用中，主要检查吸油管与油泵连接处的衬垫，若有损伤必须更换，以免因漏气导致机油压力下降；若发现滤网堵塞，应及时清洁。

(2) 机油粗滤器。如图 5—22 所示，机油粗滤器串联安装于机油泵出油口与主油道（或机油散热器）之间，用来过滤机油中颗粒度较大（直径为 0.05～0.10 mm）的杂质。粗滤器和细滤器都安装于缸体外面，以方便维修。

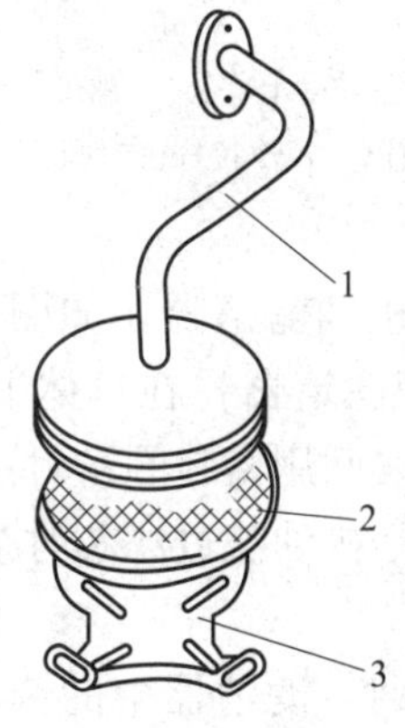

图 5—21　固定式集滤器

1—吸油管　2—滤网　3—罩

图 5—22　机油滤清器安装部位

目前国内外发动机广泛应用纸质滤清器，其特点是质量小，体积小，结构简单，滤清效果好，过滤阻力小，成本低，保养方便。机油粗滤器分为组合式和整体式两种。

1) 组合式（可以单独更换滤芯式）机油粗滤器。如图 5—23 所示，其壳体由上盖和外壳组成。中间纸质滤芯用经过树脂处理的微孔滤纸制成。滤芯的两端由滤芯密封圈密封。机油由上盖上的进油孔流入，通过滤芯滤清后，经上盖上的出油孔流出进入发动机主油道（或机油散热器)。当滤芯被污物堵塞，其内外压差达到 0.15～0.17 MPa 时，安装于上盖上旁通阀的球阀即被顶开，大部分机油不经滤芯过滤，直接进入主油道，以保证发动机各部位的润滑。

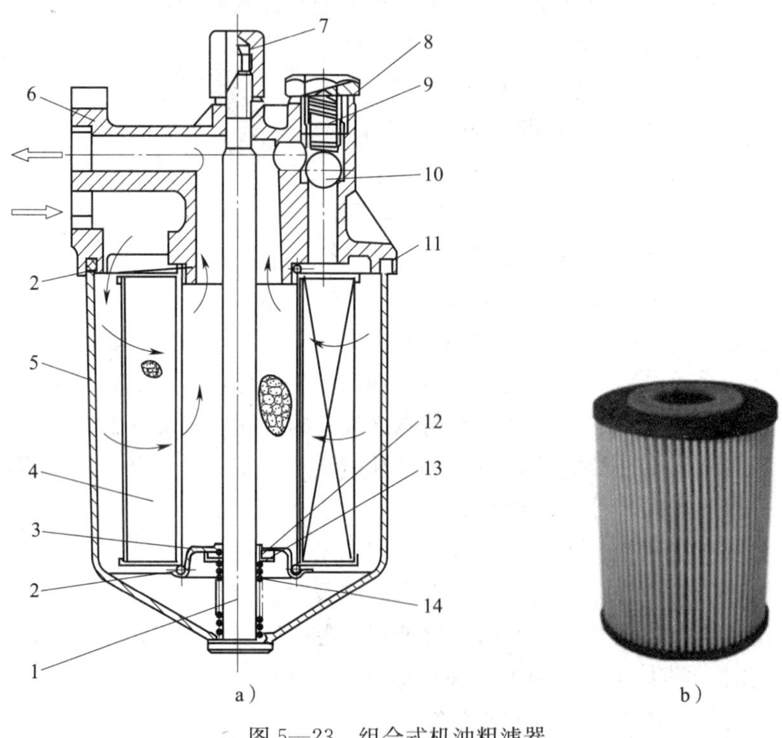

图 5—23　组合式机油粗滤器

a) 结构　b) 纸质滤芯

1—拉杆　2—滤芯密封圈　3—托板　4—纸质滤芯　5—外壳　6—上盖　7—螺母　8—旁通阀座　9—旁通阀弹簧　10—旁通阀　11—外壳密封圈　12—拉杆密封圈　13—压紧弹簧垫圈　14—滤芯压紧弹簧

2) 整体式机油粗滤器。整体式机油粗滤器又称全流式机油滤清器，如图 5—24 所示。纸质滤芯装在滤清器外壳内，滤清器出油口是螺纹孔，能把滤清器拧在机体上的螺纹接头上，螺纹接头与机体主油道相通。在机体安装平面与滤清器之间用密封圈密封。机油从纸质滤芯的外围进入滤清器中心，然后经出油口流进机体主油道。机油流过滤芯时杂质被截留在滤芯上。

当滤芯被污物堵塞，其内外压差达到 0.15～0.17 MPa 时，滤清器中的旁通阀片开启，大部分机油不经滤芯过滤，直接进入主油道，以保证发动机各部位的润滑。

(3) 机油细滤器。机油细滤器属于分流式滤清器，可以滤除直径在 0.01 mm 以上的细小机械杂质及胶质。因为这种滤清器对机油的流动阻力较大，所以与主油道并联，只有 10%～15%的机油通过。

机油细滤器有过滤式和离心式两种类型。目前离心式机油细滤器应用较广泛。这种细滤器滤清能力强，通过能力好，且不受沉淀物影响，不需更换滤芯，只需定期清洗即可，但对胶质的滤清效果较差。

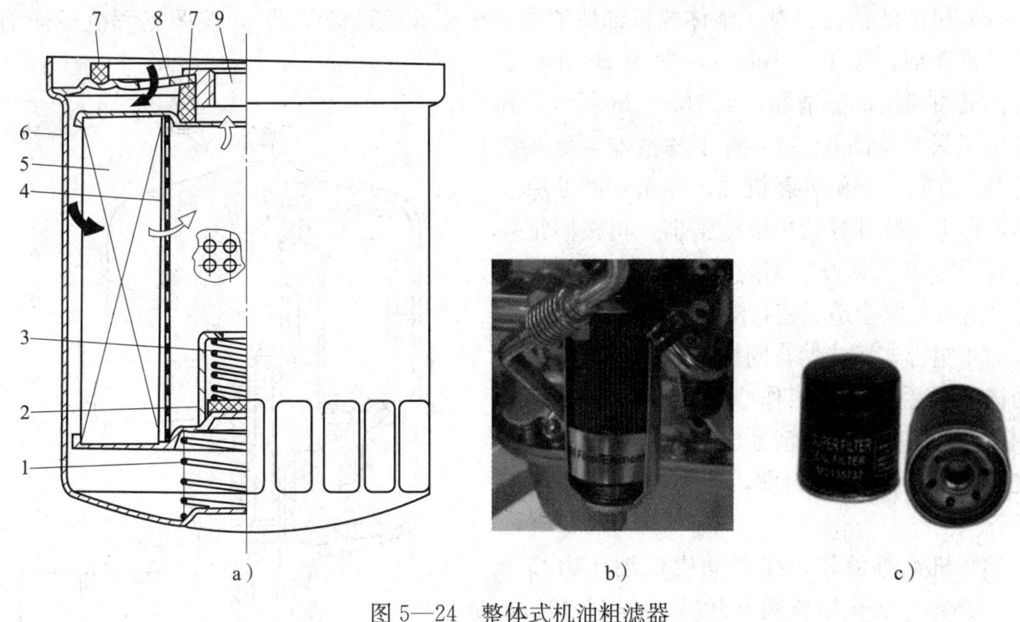

a）　　b）　　c）

图 5—24　整体式机油粗滤器

a）结构　b）安装位置　c）实物

1—弹簧　2—旁通阀片　3—旁通阀弹簧　4—滤芯衬网　5—纸质滤芯
6—外壳　7—密封圈　8—进油口　9—出油口

如图 5—25 所示，离心式机油细滤器由底座 4、转子体 15、外罩 6 等部分组成。底座上设有低压限压阀 1。带中心孔的转子轴 9 装在底座上，并用转子轴止推片 2 锁紧。转子体通过上下两个转子衬套套在转子轴上，可以自由转动，并由上下两个弹簧挡圈作轴向定位。转子下端装有两个按中心对称水平安装的喷嘴 3。导流罩 8 套装在转子体上，紧固螺母 12 将转子罩 7 与转子体紧固在一起，形成一个空腔，通过导流罩、转子体及转子轴上对应的径向油孔与转子轴中心油道相通。整个转子用外罩盖住，并通过盖形螺母 14 和垫片 13 将其固定在底座上。

发动机工作时，从机油泵来的机油进入细滤器进油口 D，若油压低于 0.147 MPa，低压限压阀 1 不开启，机油不进入机油细滤器而全部供给主油道，以保证发动机可靠润滑。

当油压高于 0.147 MPa 时，低压限压阀被顶开，机油沿转子轴内的中心油道，经转子轴油孔 B、转子体进油孔 C、导流罩油孔 A 流入转子罩 7 内腔后，又经导流罩 8 导流从两个喷嘴 3 喷出，此时转子在喷射反作用力推动下高速旋转。当油压为 0.3 MPa 时，转子转速可高达 5 000～6 000 r/min。由于转子内腔的机油随着转子高速旋转，机油中的机械杂质在离心力的作用下被甩向转子壁，洁净的机油不断从喷嘴喷出，并经出油口流回油底壳。

有些发动机的机油滤清器除设置旁通阀之外还加装止回阀。当发动机停机后，止回阀将滤清器的进油口关闭，机油不能从滤清器流回油底壳。在这种情况下，当重新起动发动机时，润滑系统能迅速建立起油压，从而可以减轻由于起动时供油不足而引起的零件磨损。

3. 机油滤清器的检查与更换

（1）集滤器。集滤器常见的损坏形式是滤网堵塞，造成机油压力下降，可拆卸油底壳，用柴油或煤油清洗后用压缩空气将其吹干，或进行更换。

（2）机油滤清器。对于整体式机油滤清器（全流式机油滤清器），按照工程机械柴油发动机维修手册，按工作小时（一般为 500 h）定期更换机油和机油滤清器，如图 5—26 所示。利用专用工具（见图 5—27）拧下滤清器，更换新滤清器，在其内部倒入新机油，在密封圈处涂上机油，用手安装并拧紧机油滤清器，再按照维修手册利用专用工具拧紧到规定力矩或一定角度。注意，过度拧紧会造成密封圈损坏而漏油。

对于组合式滤清器，同样按照工程机械柴油发动机维修手册，按工作小时（一般为 500 h）定期更换机油和机油滤清器滤芯。更换滤芯时应拆洗壳体，检查各密封圈，若有老化、损坏应更换。

（3）机油细滤器。在发动机机油压力高于 0.15 MPa 时（否则限压阀不开启），运转 10 min 以上，然后立即熄火，听细滤器的工作情况。在熄火后的 2～3 min 内，在发动机旁应能听到细滤器转子转动的“嗡嗡”声，否则说明细滤器不工作。若机油压力正常，细滤器的进油单向阀也未堵塞，则为细滤器有故障，应拆检及清洗细滤器。首先拧开压紧螺母，取下外罩，将转子转到喷嘴对准挡油板的缺口时，取下转子；然后清洗转子并疏通喷嘴，经调整或换件后再组装。

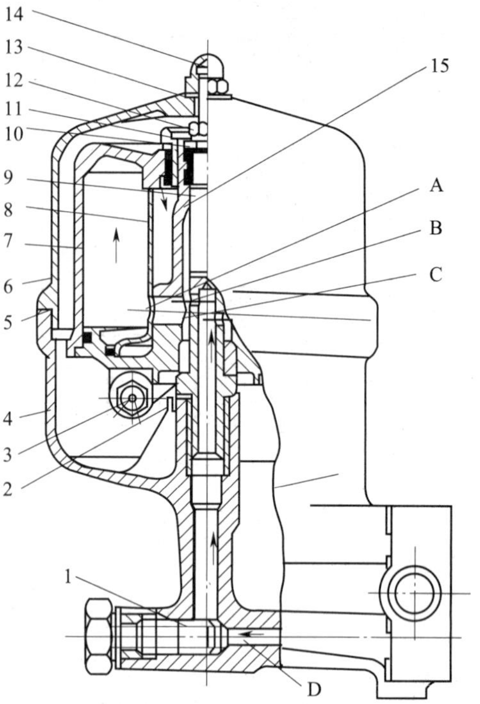

图 5—25 离心式机油细滤器

1—低压限压阀 2—转子轴止推片 3—喷嘴 4—底座 5—外罩密封圈 6—外罩 7—转子罩 8—导流罩 9—转子轴 10—止推垫 11—垫圈 12—紧固螺母 13—垫片 14—盖形螺母 15—转子体 A—导流罩油孔 B—转子轴油孔 C—转子体进油孔 D—细滤器进油孔

三、润滑油冷却器

1. 润滑油冷却器的作用

柴油发动机在工作过程中，润滑油将吸收摩擦产生的热量以及燃烧传导给零件的热量，使润滑油温度升高。如果润滑油温度过高，润滑油的老化变质过程加快，黏度减小，润滑性能变差，使用期限缩短，零件磨损加剧。

2. 润滑油冷却器各组件的作用及工作过程

如图 5—28 所示，在柴油发动机的润滑系统中安装有润滑油冷却器，它安装在缸体内部，利用发动机冷却液对润滑油降温。在润滑油冷却器的两端并联有润滑油冷却器旁通阀。它是一个单向压力阀。当柴油发动机温度较低时，润滑油的黏度较高，润滑油流过冷却器时的阻力增大，使润滑油压力升高。当润滑油压力升高达到（2.1±0.35）$\times 10^5$ Pa 时，冷却器旁通阀开启，大部分润滑油不经过冷却器而直接由此阀流过，保证可靠润滑；当润滑油的温度升高到一定数值时，旁通阀关闭，润滑油便全部流过冷却器而得到冷却，从而使润滑油温度维持在一个合适的范围内。

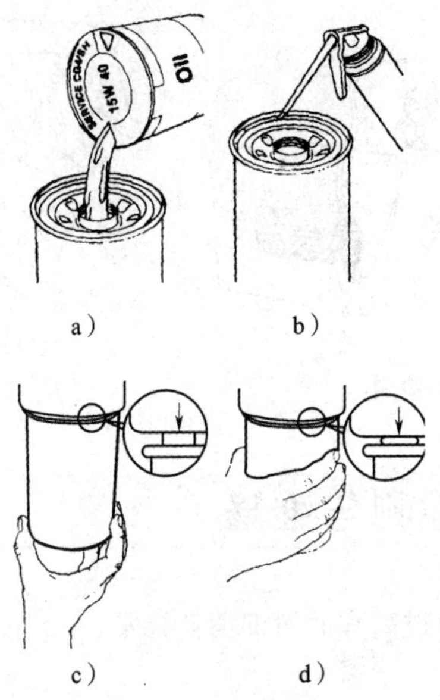

图 5—26　机油滤清器更换步骤

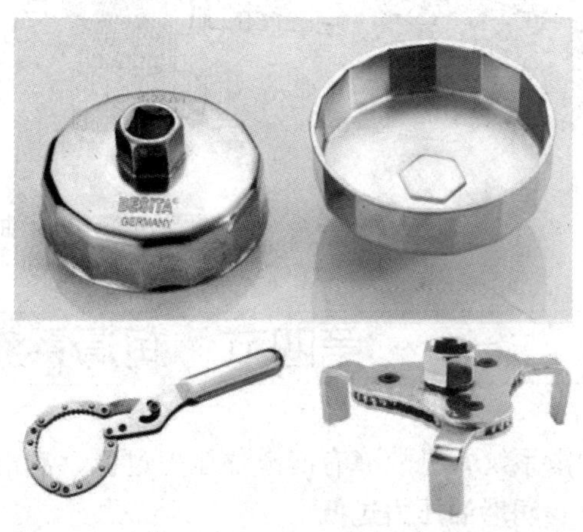

图 5—27　更换滤清器的专用工具

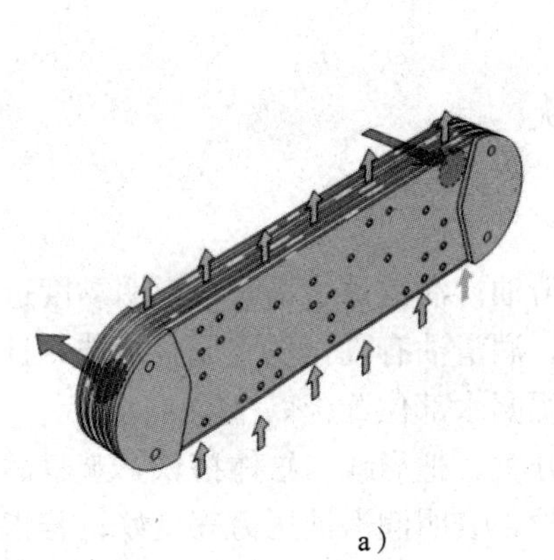

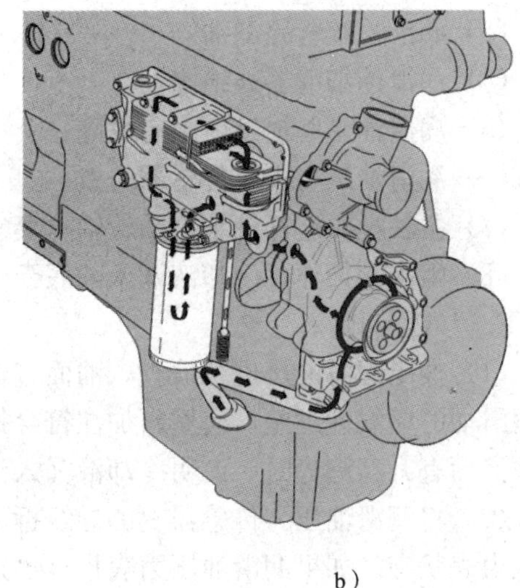

图 5—28　水冷式机油散热器

3. 润滑油冷却器的检测与维修

润滑油冷却器的损坏形式是裂纹或密封圈损坏导致漏油，使冷却液中有机油或机油中有冷却液。出现这种情况，需要对冷却器进行检测，检测方法如图 5—29 所示。拆卸润滑油冷却器，利用螺塞堵塞一侧油孔，将专用工具安装在滑润油冷却器上，施加规定压力并将滑润油冷却器放置在水槽中，检测是否有气泡，判断是否损坏，视情况维修或更换。

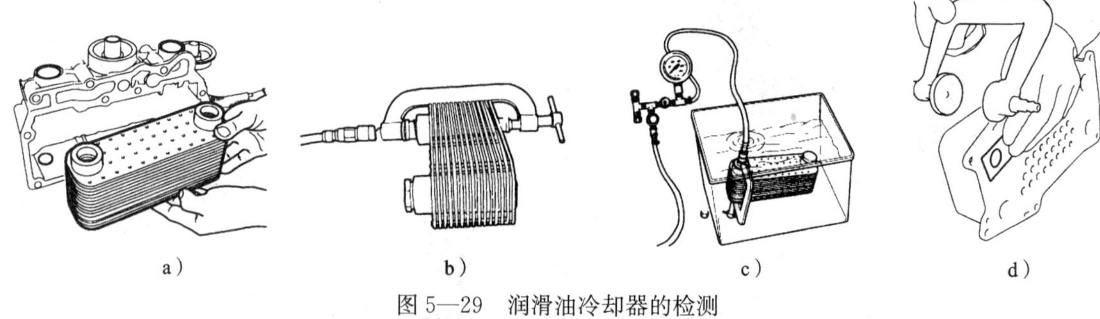

图 5—29　润滑油冷却器的检测

第四节　润滑系统的检测与维修

润滑系统常见故障有润滑油压力过低、润滑油压力过高和润滑油消耗异常。

一、润滑油压力过低

1. 故障原因

（1）润滑油黏度过小。

（2）限压阀弹簧弹力不足或调整不当。

（3）润滑系统管路漏油。

（4）润滑油细滤器破损漏油。

（5）润滑油泵磨损过度或有故障。

（6）润滑油压力表或传感器失效。

（7）主轴承、连杆轴承、凸轮轴衬套等配合间隙过大。

（8）阻水圈损坏，冷却液漏入油底壳。

2. 诊断与排除

（1）抽出润滑油尺进行检查，油面过低时应补足润滑油。润滑油过稀时，说明黏度过小或润滑油的黏温性过差，应重新加注符合标准的润滑油。润滑油有乳化现象或有水珠，且润滑油液面有升高趋势时，说明冷却液漏入油底壳，应查明漏水部位并予以排除。

（2）将润滑油压力传感器上的导线拆下，接通点火开关，把导线与缸体搭铁，观察润滑油压力表状态。如果润滑油压力表指针迅速升到最大读数，表明润滑油压力表良好；若指针不动或上升量很小，则表明润滑油压力表有故障或导线断路，应更换。怀疑传感器损坏时，应更换新传感器后进行试验。

（3）拆检、清洗细滤器，更换新滤芯。维护滤清器时，要特别注意检查细滤器滤芯或转子有无破裂、漏油之处，喷嘴的喷孔是否符合要求，必要时更换喷嘴。

（4）润滑油压力表、传感器、滤清器均无故障，润滑系统各管路无漏油现象时，应拆检机油泵，清洗集滤器。

（5）发动机长期使用，机油压力会逐渐降低。若因缺少机油，轴承及其配合部位磨损严重时，应考虑对发动机进行大修。

二、润滑油压力过高

1. 故障原因

(1) 润滑油黏度过高。

(2) 限压阀卡死或调整不当。

(3) 润滑油压力表或传感器有故障。

2. 诊断与排除

(1) 检查润滑油黏度是否符合要求。如果黏度过大，应更换黏度符合要求的机油。

(2) 在机油泵试验台上检查、调整限压阀，使润滑油泵的泵油压力符合规定。

(3) 清洗润滑油管、油道，保养滤清器。

三、润滑油消耗异常

1. 故障原因

(1) 润滑油漏损。

(2) 活塞与缸壁间隙过大。

(3) 活塞环磨损过度，端隙、侧隙和背隙过大，弹力不足；活塞环卡死在槽内；扭曲环装反。

(4) 气门导管磨损过度或油封损坏。

(5) 油道与水套间有裂纹，润滑油漏入冷却系统。

2. 诊断与排除

(1) 漏损的诊断与排除。仔细检查润滑系统各油管及油管接头，发现有渗漏痕迹时应予以紧固。管接头损坏时应予以修复或更换。注意检查曲轴前后端油封的密封情况，保证曲轴箱通风良好或有规定的负压。

(2) 烧损的诊断与排除。发动机运转时排气冒蓝烟，曲轴箱机油加注口脉动冒烟气，说明活塞与缸壁间隙过大，使润滑油窜入燃烧室而烧损。此时应拆检缸筒、活塞及活塞环，分析润滑油上窜的原因，并予以排除。发动机运转时冒蓝烟，曲轴箱无任何窜气现象，则为飞溅到气门室的机油沿气门导管被吸入燃烧室的结果。遇此情况，应拆下气缸盖，更换导管，必要时连同气门一起更换，并重新对研或铰削气门座。设有气门油封的机械要检查油封状况，必要时更换新油封。

(3) 其他损耗的诊断与排除。在装有空气压缩机的发动机上，当拧开储气筒放污塞时，有大量机油排出，说明空气压缩机的活塞与缸壁间隙过大或活塞环磨损过度，此时应检修空气压缩机，恢复其技术状况。

有些发动机缸体或缸盖在水套与油道之间有裂纹时，由于润滑油压力比冷却液压力高，故润滑油会窜入冷却液中。当打开水箱盖发现冷却液表面有一层油污时，便是此类故障现象。此时应对发动机进行解体检查，必要时进行探伤检验，查明裂纹部位并进行修复。

复习思考题

一、判断题

1. 润滑油粗滤器滤清能力强，经滤清后的润滑油直接进入主油道。由于它串联在机油泵与主油道之间，所以属于全流式滤清器。（　　）

2. 飞溅润滑是指发动机工作时，用运动零件飞溅起来的油滴和油雾润滑摩擦表面的润滑方式，主要用来润滑外露表面和负荷较小的工作表面。（　　）

3. 发动机工作时，润滑油泵的泵油量和泵油压力与发动机转速无关。（　　）

4. 润滑油集滤器的作用是滤除润滑油中较大颗粒、中等颗粒和细小颗粒的杂质。（　　）

5. 润滑油标尺的作用是通过检查油底壳内润滑油液面高度来判断润滑油的存量。（　　）

6. 曲轴箱强制通风是靠进气管管口处的真空度将曲轴箱内的气体排出的。（　　）

二、选择题

1. 发动机上相对运动的零件较理想的摩擦方式是（　　）。

A. 干摩擦　B. 半干摩擦　C. 液体摩擦　D. 半液体摩擦

2. 压力润滑主要用于负荷大、相对运动速度较高的摩擦表面，因此（　　）不属于压力润滑零件。

A. 主轴颈　B. 连杆轴颈　C. 凸轮轴轴颈　D. 活塞与气缸壁

3. 润滑系统中一般安装有润滑油压力传感器和（　　），以监控润滑系统的油压。

A. 最低油压报警开关　B. 润滑油泵中的限压阀

C. 粗滤器上的旁通阀　D. 细滤器中的限压阀

4. 整体式机油滤清器发生堵塞时（　　），润滑油不经过滤清直接进入主油道，以确保润滑系统的润滑油量。

A. 安全阀开启　B. 安全阀关闭　C. 旁通阀开启　D. 旁通阀关闭

5. 使转子式机油滤清器内转子体同速转动的是（　　）。

A. 凸轮轴正时齿轮　B. 曲轴正时齿轮

C. 凸轮轴上的斜齿轮　D. 从转子体喷嘴高速喷出的润滑油

三、思考题

1. 润滑系统的作用是什么？

2. 保证发动机润滑的条件有哪些？

3. 润滑油泵的作用是什么？齿轮式润滑油泵由哪些主要零件组成？

4. 如何检查发动机内润滑油油量？润滑油油量过多或过少对发动机有什么不利影响？

5. 润滑系统有哪些常见故障？如何诊断？

第六章　冷却系统的构造与检修

第一节　发动机冷却系统的作用及组成

一、冷却系统的作用及类型

1. 冷却系统的作用

内燃机是一个热力发动机，它必须产生热量以产生动力。然而，如果它产生并保持太多的热量，将使发动机的性能急剧下降，以致失效，这就是内燃机需要冷却系统的原因。另外，如果发动机不能产生并保持足够的热量，发动机的功率、经济性和排放控制也将受损，此时，冷却系统将阻止发动机在过低的温度下运行。为使发动机在最佳状态下工作，冷却系统必须自动控制发动机的温度在一个精确而窄小的范围内。

发动机冷却系统的作用是保证受热零件得到适度且可靠的冷却，使发动机在最适宜的温度范围内持续地、可靠地正常运转。另外，冷却系统还为暖风系统提供热源；在柴油发动机上，冷却液还给润滑系统的润滑油散热。

2. 冷却系统的类型

根据冷却介质的不同，发动机冷却系统可分成两大类，一类是空气冷却，另一类是水冷却。以空气为冷却介质的冷却系统称为风冷系统，如图 6—1 所示；以冷却液为冷却介质的冷却系统称为水冷系统，如图 6—2 所示。

如图 6—1 所示，空气冷却系统一般由散热片、导流罩、分流板、风扇等组成。其结构特点如下：在气缸体和气缸盖上铸造有许多散热片，以增大散热面积；利用特设的风扇，使空气吹过散热片，将热量带走。空气冷却装置结构简单，不易损坏，无须特殊保养。但在多缸发动机上，会使各缸的冷却不均匀；并且在冬季时起动困难，燃油和机油消耗量也较大。因此，只用于部分小排量发动机。

如图 6—2 所示，水冷却系统的结构特点如下：水套直接布置在气缸周围，利用发动机冷却液吸收水套周围的热量，受热的冷却液流经散热器时将热量散发到空气中去，再利用水泵通过水管从散热器内吸入低温冷却液，使冷却液在发动机缸体和缸盖的水道中不停地循环流动，冷却液吸收热量后又流回散热器，如此不断循环进行散热。由于这种冷却方式克服了

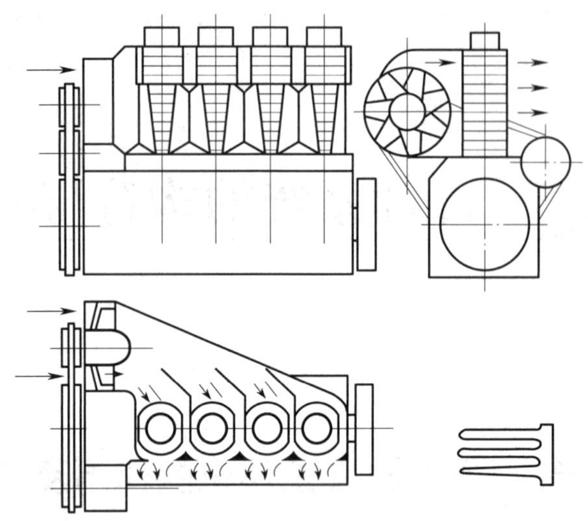

图 6—1 风冷式发动机

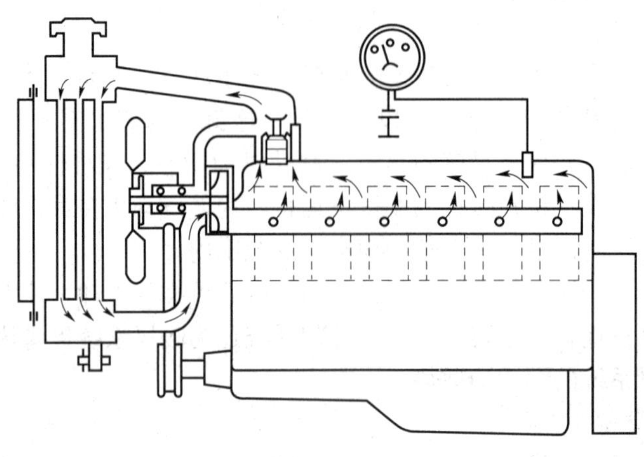

图 6—2 水冷式发动机

空气冷却的缺点，冷却强度大，易调节，便于冬季起动，因此，现代工程机械发动机广泛采用水冷系统。

二、水冷系统的组成与循环水路

1. 水冷系统的组成

柴油发动机普遍采用强制闭式循环水冷系统，如图 6—2 所示。它主要由冷却风扇、散热器、节温器、风扇传动带、水泵、水套（在气缸盖或气缸体上制出的夹层空间）、百叶窗、风扇离合器、机油冷却器、膨胀水箱等组成。

2. 水冷系统的循环水路

如图 6—3、图 6—4 所示，散热器内的冷却液经水泵加压后，通过分水管（由前向后孔径逐渐增大，保证发动机前后冷却均匀）压送到气缸体水套和气缸盖水套内，冷却液从水套壁周围流过并吸收机体的大量热量而升温，然后经气缸盖出水孔、节温器流回散热器。由于有风扇的强力抽吸，空气从前向后高速流过散热器，使吸热后的冷却液在流过散热器芯管的过程中，热量不断地被散发到大气中去。冷却后的冷却液流到散热器的底部，又被水泵抽出，再次泵送到发动机的水套中。冷却液如此不断地在冷却系统中循环，把热量不断地送到大气中去，使发动机在最适宜的温度范围内工作。

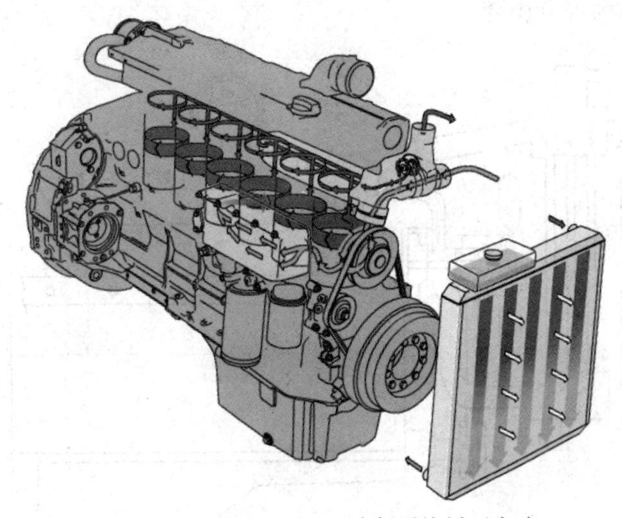

图 6—3　沃尔沃 D6D 型冷却系统循环水路

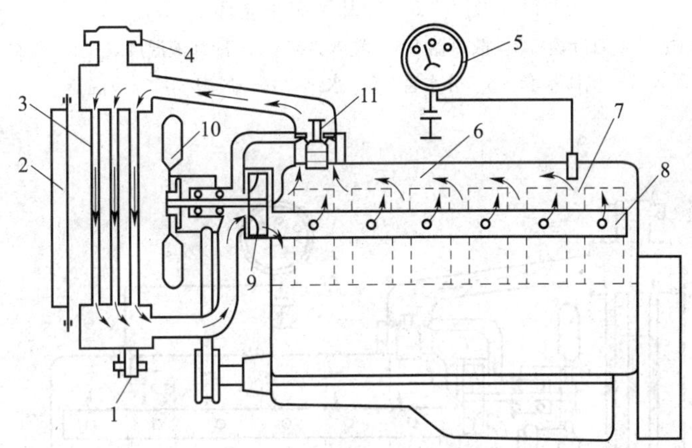

图 6—4　冷却系统大循环

1—放水阀　2—百叶窗　3—散热器　4—散热器盖　5—冷却液温度表　6—气缸盖水套　7—机体水套　8—分水管　9—水泵　10—风扇　11—节温器

为了控制冷却液的温度，强制循环式水冷却系统还运用节温器、百叶窗和自动风扇离合器等冷却强度调节装置来调节冷却液温度。

为了保证发动机在不同负荷、转速和气候条件下保持正常的工作温度，冷却液的循环路线是不同的。如图 6—5、图 6—7 所示，当发动机温度较低时，节温器的副阀门开启，主阀门关闭，冷却液不流经散热器，只在水套与水泵之间进行小循环，其目的是使发动机温度迅速升高到正常工作温度。而当发动机温度达到 80℃以上时，节温器的副阀门关闭，主阀门开启，冷却液全部流经散热器，进行大循环，如图 6—4、图 6—8 所示。在这一过程中，由于冷却液流经水套周围时吸收了气缸和燃烧室的热量，并经散热器将热量散发到空气当中，从而达到了保持发动机正常工作温度的目的。

如图 6—6 所示为节温器处于半开闭状态时，一部分冷却液进行大循环，而另一部分冷却液进行小循环，称为混合循环。

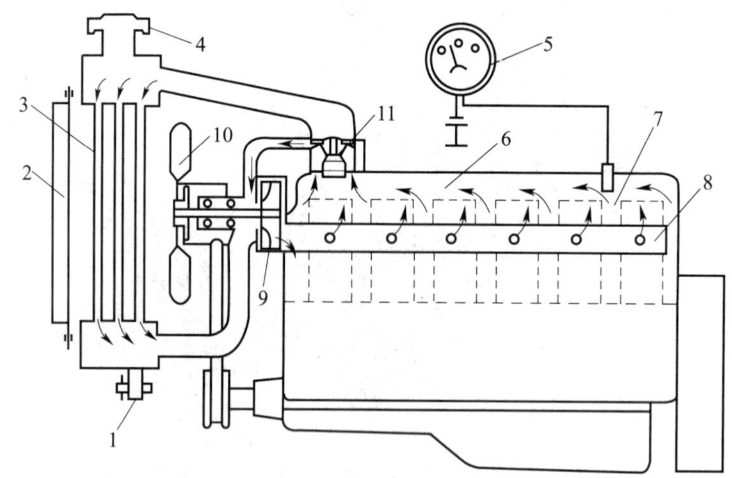

图 6—5　冷却系统小循环

1—放水阀　2—百叶窗　3—散热器　4—散热器盖　5—冷却液温度表　6—气缸盖水套　7—机体水套　8—分水管　9—水泵　10—风扇　11—节温器

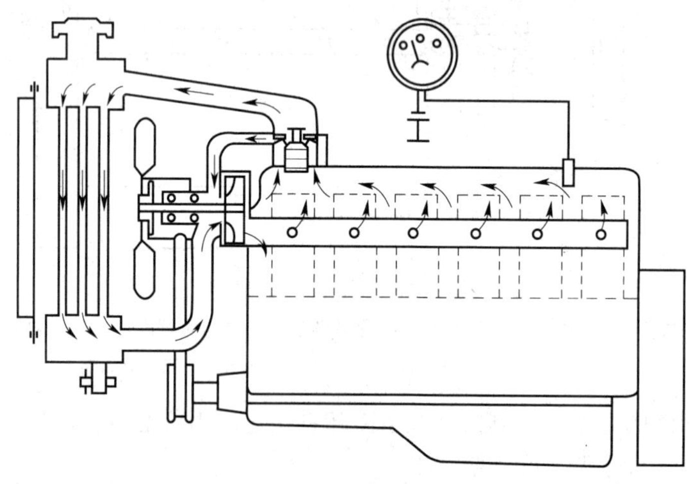

图 6—6　冷却系统混合循环

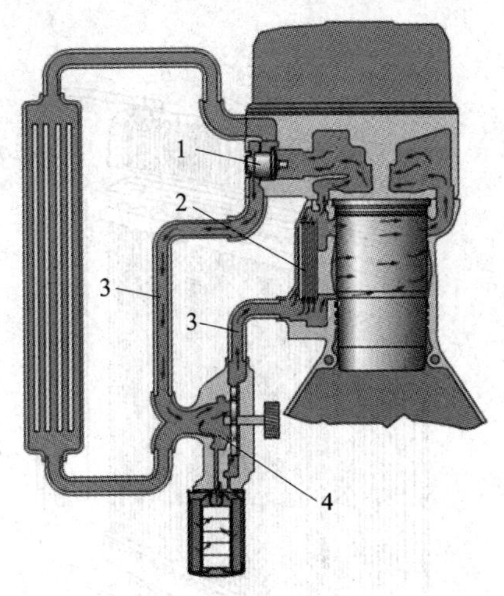

图 6—7　沃尔沃 D12D 型冷却系统小循环
1—节温器　2—机油冷却器　3—水管　4—水泵

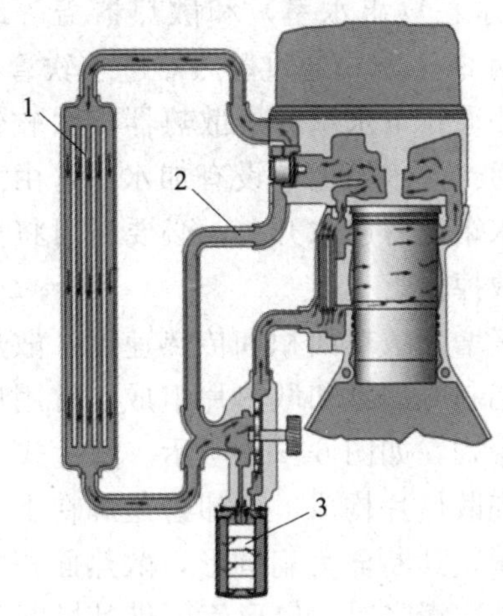

图 6—8　沃尔沃 D12D 型冷却系统大循环
1—散热器　2—输水管　3—冷却液滤清器

三、冷却液与防冻液

1. 冷却液

冷却液是发动机冷却系统中最重要的工作介质。工程机械常用的冷却液由冷却水及加有防冻剂的防冻液组成。发动机中使用的冷却水应是清洁的软水，如雨水、自来水等。而井水、河水等硬水中含有矿物质，在高温作用下，这些矿物质会从水中沉淀析出而生成水垢，这些水垢积附在缸体水套的内壁、水箱及软管的接口处，影响了水的循环，造成高温零件散热困难而使发动机过热，因此不能直接作为发动机冷却水，需对硬水进行软化处理后方可使用。

2. 防冻液

防冻液由防冻剂、防锈剂、泡沫抑制剂和着色剂等组成。在冬季寒冷地区，为防止因冷却水结冰而使散热器、气缸体、气缸盖发生变形或胀裂，可在冷却水中加入一定量的防冻剂（乙二醇），以达到降低冰点、提高沸点的目的。添加有防锈剂和泡沫抑制剂的冷却液有利于减轻冷却系统的锈蚀和冷却液泡沫的产生，提高冷却效果。

第二节　水冷系统主要部件构造与检修

一、水冷系统主要部件的构造

1. 散热器

（1）散热器的作用。散热器又称水箱，安装在发动机的前端。其作用是将从水套中流出的热冷却液分成许多股小水流，以增大散热面积，加速冷却液的冷却。为了将热量尽快传给外界空气，散热器一般用铜或铝制成，并在其后面装有风扇及风扇离合器配合工作。

（2）散热器的构造。散热器主要由上水箱（进水室）、散热器芯（包括冷却管和散热片）、下水箱（出水室）和散热器盖等组成，如图6—9所示。上水箱通过散热器进水软管与缸盖上的出水管相通；下水箱通过散热器出水软管与水泵进水口相通。上水箱上端设有加水口，由散热器盖密封；下水箱设有放水开关，必要时可将散热器内的冷却液放掉。

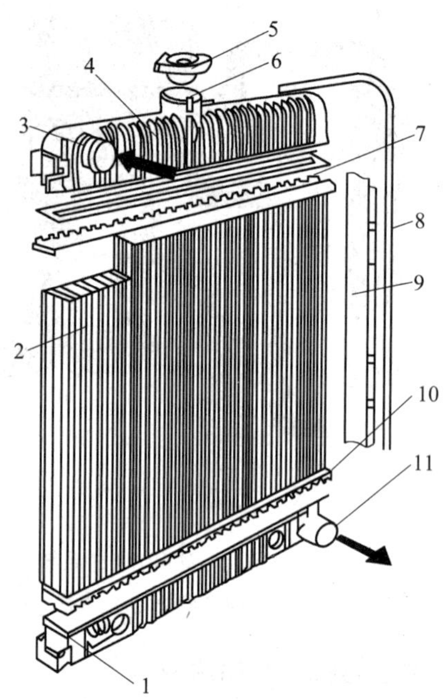

图 6—9 散热器

1—下储水室 2—散热器芯 3—进水管口 4—上储水室 5—散热器盖 6—加水口 7—上管栅 8—溢流管 9—侧固定夹板 10—下管栅 11—出水管口

为了增大散热面积和传热速度，散热器芯由许多铜或铝制冷却管和散热片组成，常用形式有管片式和管带式，如图6—10所示。管片式散热器芯由冷却管和散热片构成，冷却管是焊在上、下水室之间的直管，其断面为扁圆形，散热面积大，且万一冷却液结冰膨胀时，扁形管可借其横断面变形而避免破裂。在冷却管的外表面焊有散热片以增强散热能力，同时还提高了散热器的刚度和强度。这种散热器芯散热面积大，结构强度和刚度较高，耐压高，但制造工艺较复杂，成本高。管带式散热器芯采用波纹状的散热带和冷却管相间排列，在散热带上有类似百叶窗的缝孔，有利于提高散热能力。这种散热器芯散热能力强，制造工艺简单，成本低，质量轻，但结构刚度较低。

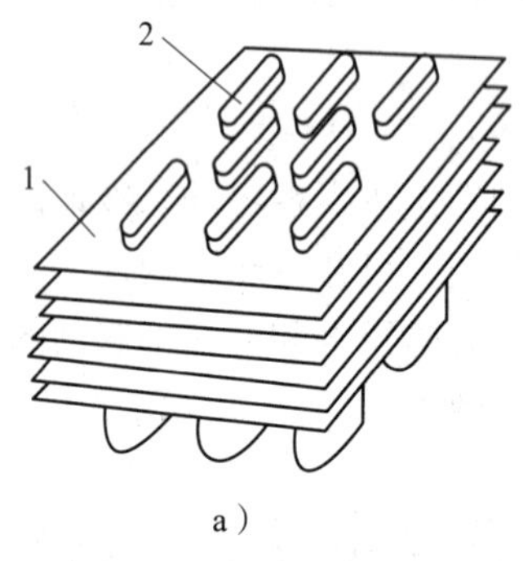

a）

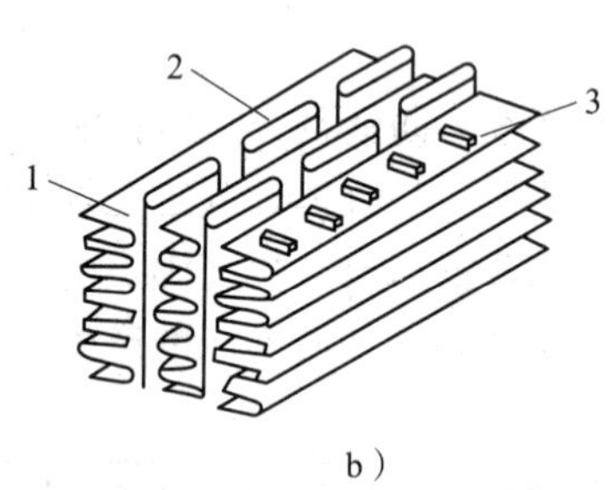

b）

图 6—10 散热器芯的结构

a）管片式 b）管带式

1—散热片 2—冷却管 3—缝孔

（3）散热器盖。闭式水冷系统的散热器盖既能密封水冷系统，以防冷却液溅出，同时它包含的一个压力阀和一个真空阀（均为单向阀）还能自动调节冷却系统内部压力，提高冷却效果，如图6—11所示。发动机处于正常热态时，两阀门关闭，将冷却系统与大气隔开，防止水蒸气逸出，使冷却系统内的压力稍高于大气压力，从而可提高冷却液的沸点，改善冷却效能，保证发动机在较长时间及较高负荷下工作。

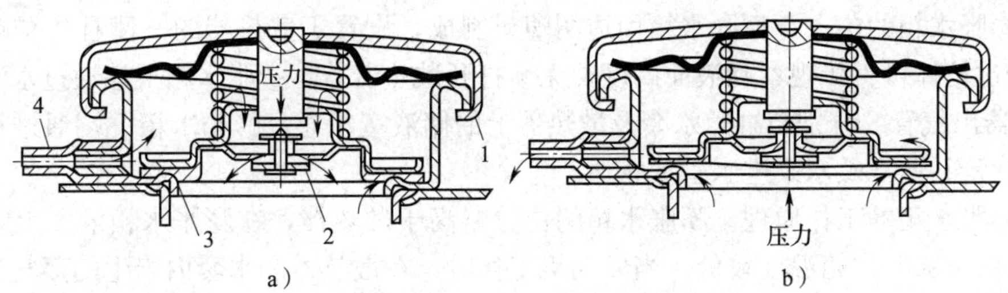

图 6—11　压力式散热器盖

a）真空阀开启　b）压力阀开启

1—散热器盖　2—真空阀　3—蒸汽阀　4—蒸汽排出管

当水冷系统过热而使水蒸气增多时，冷却系统压力过高，可能导致散热器芯胀破，此时散热器盖中的压力阀开启而使水蒸气经溢流管流出，冷却系统内的压力下降；当压力下降到一定值时，压力阀在弹簧作用下又重新关闭。这样就可使冷却系统内的压力稍高于大气压力，从而可提高冷却液沸点。

当水冷系统过冷而使水蒸气凝结时，冷却系统压力过低，可能导致散热器芯被压瘪而破裂，此时散热器盖中的真空阀开启，使外部空气从通气孔进入散热器，以防止散热器内产生真空而塌陷；当散热器内的压力升高到一定值后，真空阀在其弹簧作用下又重新关闭。

2. 冷却液补偿装置

(1) 膨胀水箱

1) 膨胀水箱的作用。为防止防冻液损失，有些发动机在冷却系统中设置了膨胀水箱，如图 6—12 所示。其作用是密封冷却系统，并给冷却液提供一个膨胀空间，减少冷却液的溢失；避免空气不断进入而引起的机件氧化腐蚀、穴蚀；使冷却系统中的液、气分离，保持系统内压力稳定，提高水泵的泵液量。

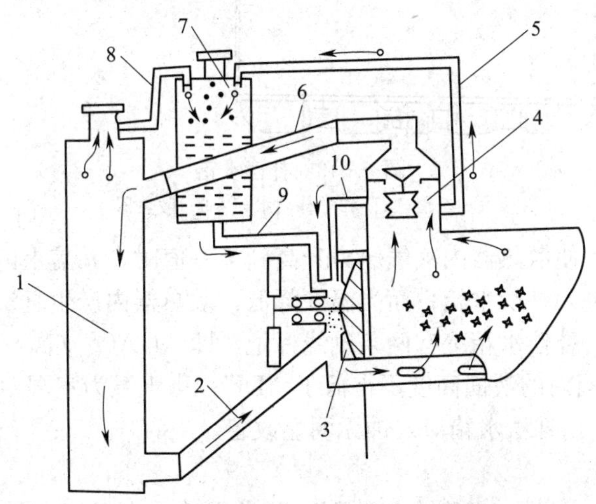

图 6—12　膨胀水箱

1—散热器　2—水泵进水管　3—水泵　4—节温器　5—水套出气管　6—水套出液管　7—膨胀水箱　8—散热器出气管　9—补充冷却液管　10—旁通管

2）膨胀水箱的构造。膨胀水箱用透明塑料制成，设置于散热器的一侧且位置略高于散热器。透过箱体可直接观察到液面高度，无须打开散热器盖。膨胀水箱上端通过水套出气管5和散热器出气管8分别与缸盖水套及散热器上的储液室相通。膨胀水箱下端通过补充冷却液管9与旁通管10及水泵进水管2相通。

3）膨胀水箱的工作原理。膨胀水箱的位置略高于散热器，在膨胀水箱液面上方有一定的空间，由于膨胀水箱温度较低，当发动机工作时，在散热器和水套内产生的蒸气通过出气管8和5进入膨胀水箱后冷凝成液体，不仅及时得到了液、气分离，而且冷凝后的冷却液通过补充冷却液管9进入水泵。同时，积聚在膨胀水箱液面上的气体起缓冲作用，使冷却系统内压力保持稳定状态。

由于水泵冷却液的吸取侧压力低，易产生蒸气泡，使水泵的出液量显著下降，并引起水泵叶轮和水套的穴蚀，在其表面产生麻点或凹坑，缩短了叶轮和水套的使用寿命。而加装膨胀水箱后，由于补充冷却液管9向水泵输送冷却液，使水泵避免了气泡的产生。

4）膨胀水箱上的刻线标记。膨胀水箱上有两条液面高度标记线，即“GAO”“DI”“MAX”“MIN”或“FULL”“LOW”。液面高度应在两者之间，不足时应及时补充。

（2）补偿水箱。为防止冷却液损失，有些发动机冷却系统中设置了补偿水箱（又称副水箱），对散热器内的冷却液起到自动补偿的作用。补偿水箱如图6—13所示。补偿水箱设置于散热器一侧，通过橡胶软管与散热器盖加水口处的出气口相连。

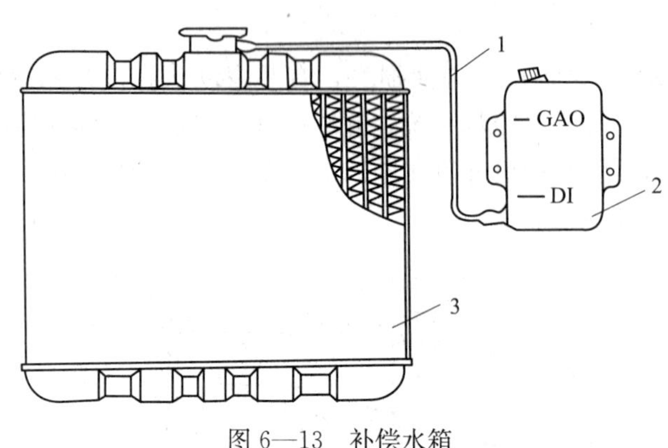

图6—13　补偿水箱

1—补偿软管　2—补偿水箱　3—散热器

当冷却液受热膨胀使散热器内蒸气压力升高到某一值时，其盖上的压力阀打开，冷却液通过压力阀和溢流管进入补偿水箱；而当温度降低，散热器内产生真空时，补偿水箱内的冷却液及时返回散热器。补偿水箱上有两条刻线标记，即“GAO”（高）和“DI”（低）。当水温为50℃时，补偿水箱内的液面高度不得低于“DI”；当水温为室温时，补偿水箱内的液面高度不应超过“GAO”。补偿水箱对穴蚀无明显改善。

3. 水泵

（1）水泵的作用。水泵（或称冷却液泵）通常安装在发动机前端，由曲轴通过一个V带或多槽V带驱动（优先采用多槽V带）。其作用是对冷却液加压，强制冷却液在冷却系统内循环流动，保证可靠冷却。

（2）水泵的构造。柴油发动机多采用离心式水泵，它具有结构简单、尺寸小、排量大及维修方便等优点。如图 6—14 所示，冷却液泵装有铝合金外壳，包含塑料叶轮、轴密封件、轴承和滑轮等。轴承是永久润滑的组合辊轴承。在轴密封件和轴承之间有一个带指示孔的通风空间，以指示是否有冷却液或机油泄漏。泵壳的后面部分通过螺栓紧固到缸体上。

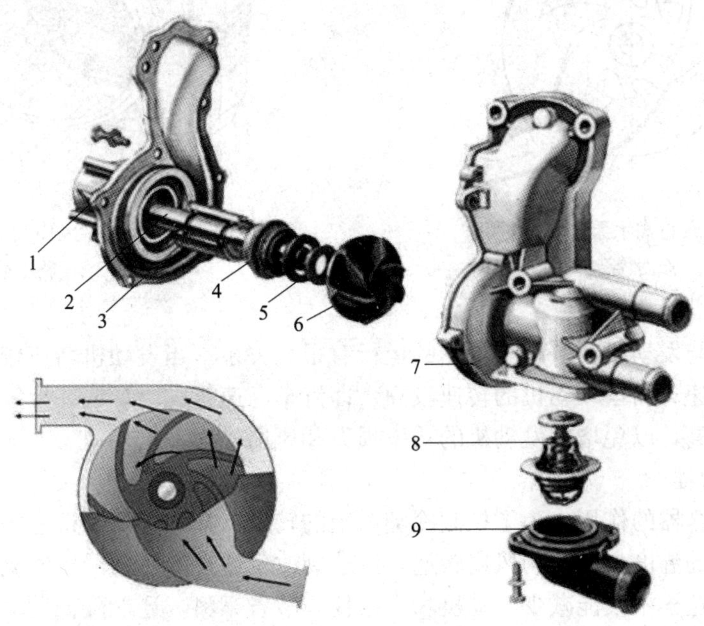

图 6—14 离心式水泵

1—外壳 2—水泵轴 3—轴承 4—水封碗 5—挡水圈 6—叶轮
7—水泵外壳 8—节温器 9—节温器罩

（3）离心式水泵的工作原理

1）压冷却液。当水泵叶轮旋转时，水泵中的冷却液被叶轮带动一起旋转，由于离心力的作用，冷却液被甩向叶轮边缘，在蜗形壳体内将动能转变为压力能，经外壳上与叶轮成切线方向的出水管被泵送到发动机水套内，吸收发动机部分热量。

2）吸冷却液。在压冷却液的同时，叶轮中心处形成一定的真空，将来自散热器底部出口的低温冷却液吸入水泵进水管。如此连续地作用，使冷却液在液路中不断地循环，如图 6—15 所示。

4. 冷却风扇

（1）冷却风扇的作用。冷却风扇通常安装在发动机与散热器之间，与水泵同轴驱动。其作用是提高流经散热器的空气流速和流量，加快散热器中冷却液的冷却，并同时适当冷却发动机外壳及附件。

对风扇的要求如下：有足够的风量和风压，效率高，噪声低，消耗发动机的功率少。

（2）冷却风扇的构造。发动机水冷系统通常采用低压力、大风量、高效率的轴流式风扇，如图 6—16 所示。风扇旋转时空气沿着风扇旋转轴的轴线方向流动。在风扇外围设有导风罩，使冷却风扇吸进的空气全部通过散热器，提高风扇效率。

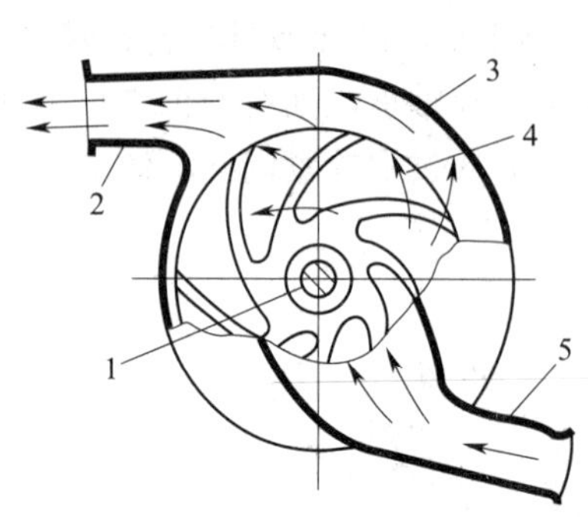

图 6—15　离心式水泵的工作原理
1—水泵轴　2—出水管　3—水泵壳体
4—叶轮　5—进水管

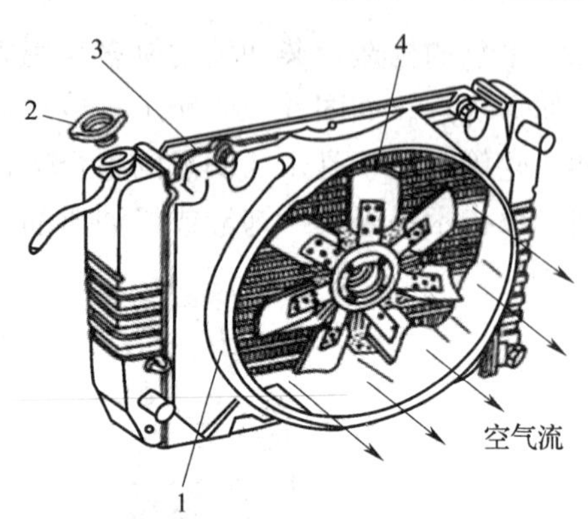

图 6—16　冷却风扇与导风罩
1—导风罩　2—散热器盖
3—散热器　4—冷却风扇

风扇的转速与发动机在各种工况下的运行有很大关系。当发动机转速较慢时，不易得到足够快的风扇转速；而当发动机的转速较高，即汽车高速行驶时，或在天气寒冷时，则不希望风扇的转速过高，以免增加发动机的功率损失和风扇噪声。

5. 风扇离合器

(1) 风扇离合器的作用。为了控制冷却风扇的转速，在一些发动机上采用自动风扇离合器，根据发动机的温度自动控制风扇转速，以达到改变通过散热器的空气流量的目的，从而改变冷却强度。这样不仅能减少发动机功率损耗，节省燃料，还能降低发动机噪声，延长发动机使用寿命。

(2) 风扇离合器的构造及工作原理。如图 6—17 所示为常用的硅油风扇离合器，它安装在风扇与水泵之间，由主动部分、从动部分和控制部分组成。这种风扇用硅油作为介质，利用硅油高黏度的特性传递转矩，利用散热器后面的空气温度，通过感温器自动控制风扇离合器的分离和接合。温度低时，硅油不流动，风扇离合器分离，风扇转速减慢，基本上是空转；温度高时，硅油的黏度使风扇离合器接合，风扇与水泵轴一起旋转，起到调节发动机温度的作用。

硅油风扇离合器的感温元件是双金属螺旋弹簧感温器。当流经散热器的空气温度升高，即冷却液温度升高时，双金属螺旋弹簧感温器受热变形，迫使阀片轴相对于从动板转动，从而带动阀片转动，打开从动盘上的进油孔，从动盘与前盖之间储存的硅油便流入主动盘与从动盘之间的工作腔，离合器接合，风扇转速升高。空气温度越高，进油孔开度越大，风扇转速就越快。当流经散热器的空气温度下降时，双金属螺旋弹簧感温器恢复原状，阀片关闭进油孔，在离心力作用下，硅油经回油孔从工作腔返回储油腔，离合器分离，风扇转速降低。

6. 节温器

(1) 节温器的作用和类型。节温器通常安装在冷却液循环的通路中（一般安装在气缸盖的出水口），其作用是随发动机负荷大小和水温高低自动改变冷却液的循环路线与流量，调节冷却系统冷却强度，以缩短发动机的预热时间，保证发动机在适宜的温度下工作，减少燃料消耗和机件磨损。

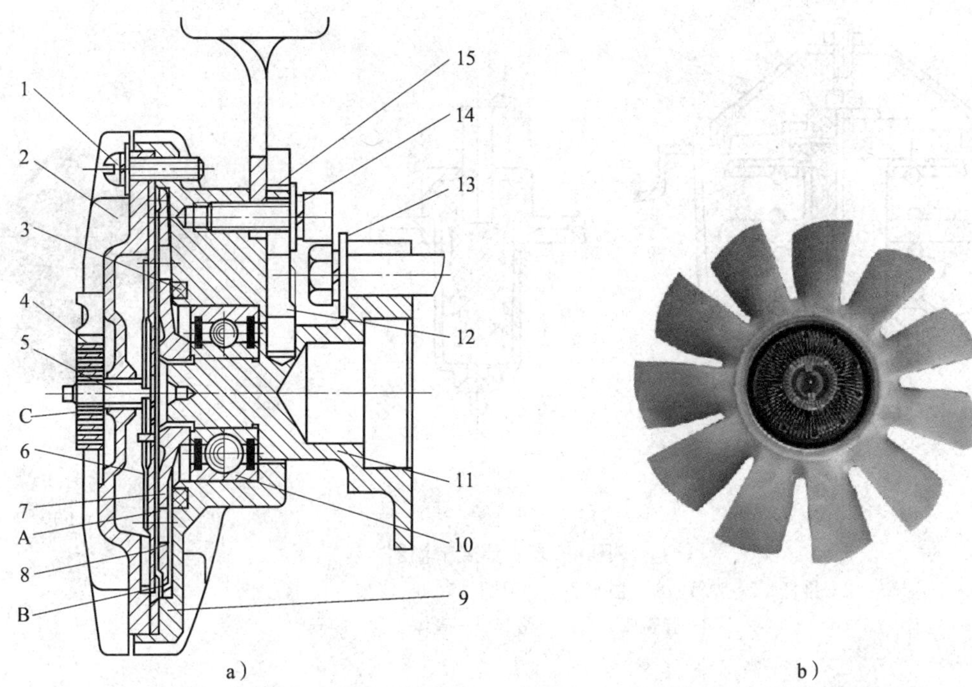

图 6—17　硅油风扇离合器

1—螺钉　2—风扇　3—内六角螺钉　4—螺栓　5—锁止板　6 —主动轴　7—轴承　8—壳体　9—从动板　10—主动板　11—阀片　12—阀片轴　13—双金属感温器　14—密封毛毡圈　15—前盖　A—进油孔　B—回油孔　C—漏油孔

柴油发动机上广泛采用蜡式节温器，它有单阀型和双阀型两种。

（2）蜡式节温器的结构与原理。蜡式节温器的结构如图 6—18 所示。它是一种双阀节温器，主要由主阀门、副阀门、推杆、节温器外壳、石蜡和弹簧等组成。推杆的一端固定在支架上，另一端插入胶管的中心孔内。石蜡装在胶管与节温器外壳之间的腔体内。石蜡材料受外部温度变化时会收缩或膨胀，利用这个物理特性来控制出水室阀门的大小。

发动机温度较低时，节温器关闭至水箱（散热器）的水道。以沃尔沃 D7D 型柴油发动机为例，水温低于 83℃时，主阀门关闭，旁通阀门开放，冷却液只能经旁通循环管直接流回水泵的进水口，然后又被水泵压入水套。此时冷却液不流经散热器，称为小循环，水流路线是节温器→小循环管→水泵→机油散热器→水套→节温器，如图 6—19a 所示。

当发动机内水温升高达 95℃时，主阀门全开，旁通阀全关闭，冷却液经大循环管全部流进散热器。此时，冷却强度增大，使水温不致过高。由于这时的冷却液流动路线长，因而称为大循环，水流路线是水箱→水泵→机油散热器→水套→节温器→大循环管，如图 6—19b 所示。

当发动机内冷却液处于上述两种温度之间时，主阀门和旁通阀均部分开放，冷却液的大小循环同时存在，此时冷却液的循环称为混合循环。

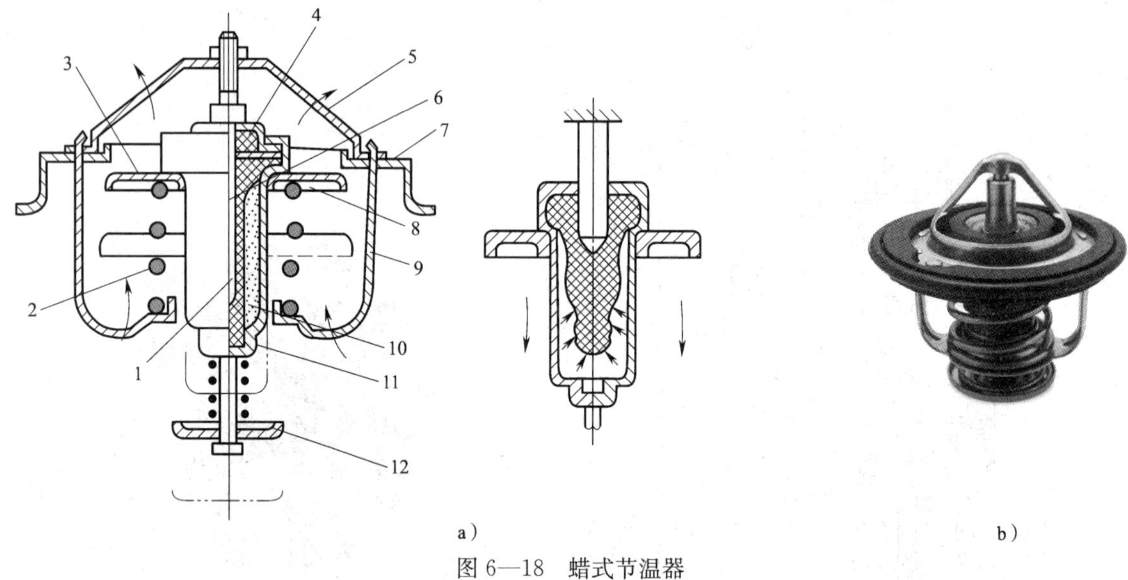

图 6—18　蜡式节温器

1—推杆　2—弹簧　3—主阀门　4—隔圈　5，9—支架　6—橡胶管　7—阀座

8—弹簧座　10—石蜡　11—壳体　12—副阀门

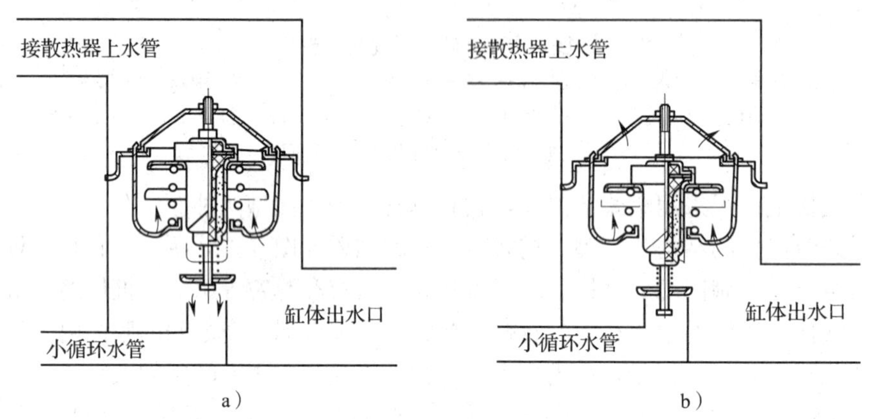

图 6—19　节温器的工作原理

a）小循环　b）大循环

7. 百叶窗

在强制循环式水冷却系统中，运用百叶窗、自动风扇离合器和节温器等冷却强度调节装置来调节冷却液温度。其中，节温器调节通过散热器的冷却液流量，百叶窗和自动风扇离合器调节通过散热器的冷却空气流量。

百叶窗安装在散热器前面，它是由许多片活动挡板组成的。挡板垂直或水平安装，由驾驶员通过操纵装在驾驶室内的手柄调节挡板的开度，也可用感温器自动控制。在严寒的冬季，冷却液温度过低时，由于节温器的作用使冷却液只进行小循环，散热器中的冷却液有冻结的危险，此时关闭百叶窗可使冷却液温度回升。

二、冷却系统零部件检测与维修

1. 散热器的检修

(1) 清洗散热器外部

1) 用水冲洗散热器芯，清除其表面的灰尘，如有油污则用汽油洗净。

2) 从外部查看散热器上、下液室及散热器芯，不得有渗漏现象；散热器框架不得有断裂和脱焊现象。

(2) 清除散热器内部沉积的水垢。水垢是一种热阻很大的物质，当其厚度超过 1 mm 时，散热器的性能就会大大降低，清除散热器水垢是恢复散热器散热能力的有效方法。因此，必须定期清除冷却系统中的水垢。一般采用化学法清洗，原理是利用酸或碱类物质与水垢发生化学反应，生成可溶于水的物质，将水垢清除。清洗时，一般采用循环法，即先用酸性溶液洗涤，再用碱性溶液冲洗中和，并在冲洗时给除垢剂一定的压力（约 10 kPa），在气缸体水套或散热器内一般经 3～5 min 循环后即可清洗完毕。

(3) 检查散热器渗漏情况。在检修冷却系统之前，必须特别注意：为避免烫伤，当发动机和散热器仍处于高温状态时，不要打开散热器盖，因为冷却液和蒸气会在压力下喷出。

目测检查冷却系统的冷却液是否泄漏。如果发现问题，按以下方法检查：

如图 6—20 所示，把散热器内的冷却液加到正常位置，将散热器加水口盖测试仪装在散热器上，操作手泵加压到设定压力 0.088 MPa [(0.9±0.15) kgf/cm^2]，检查压力是否下降。如果测试仪压力随之下降，说明冷却液正从冷却系统渗漏，应检查并修理冷却液的泄漏点。

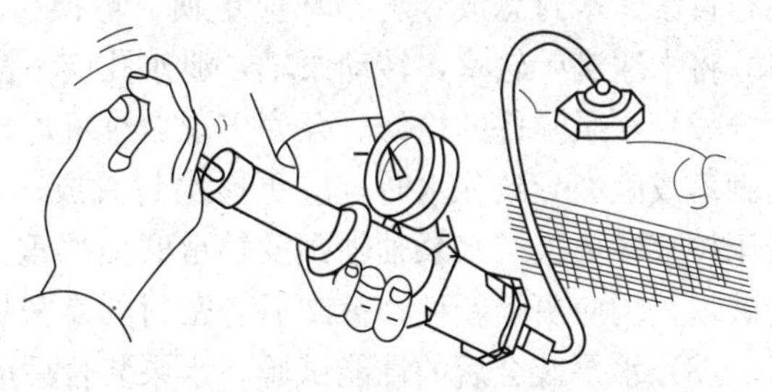

图 6—20　冷却系统渗漏的检测

或者将散热器进、出液孔堵死，在散热器内注入 50～100 kPa 压力的压缩空气，并将其浸泡在清水池里，检查有无气泡冒出。若有气泡冒出，说明该处漏气，做好标记，以便焊修。

(4) 检查散热器盖。安装散热器盖到散热器加水口盖测试仪上，操作手泵加压到设定测试压力 0.088 MPa，检查并确认盖的减压阀是否打开。如果减压阀不打开，则说明有问题，应更换。

(5) 修理散热器。散热器常见的损坏形式有因机械损伤、化学腐蚀、芯管堵塞等原因导致的破损、凹陷、腐蚀、泄漏等。散热器芯上如果嵌有杂物，可用细钢丝进行清理；当芯管有堵塞时，应使用专用通条疏通。散热片有变形或倒伏时，应及时进行整形、扶正。散热器如有扭斜、变形，应通过压校使其平整，破损较大可用补板法修复，凹陷处可用拉平法修复；当腐蚀、破损不严重时，一般可用锡焊法修复。如果个别散热管破损严重，可切割掉后焊上新管。

散热器泄漏一般发生在芯管与储水室的接合部位。如果冷却液管与上、下液室间的连接处有细微破漏，可用钎焊修复；如果冷却液管上出现泄漏时，可采取局部封堵的方法，注意封堵散热管的数量不得超过管数总量的 10%，切断散热片的面积不得大于迎风总面积的

10%；如果冷却液管破损严重，可采用接管法或换管法。

冷却系统修理竣工后，应再次进行系统泄漏检查。

2. 水泵的检修

（1）水泵常见损伤及检修。水泵常见的损伤有泵壳裂纹、叶轮松脱或损坏、泵轴磨损或变形、水封损坏及轴承磨损等。

起动发动机，查看水泵溢水孔是否有渗漏，若有渗漏，则表明水封损坏；同时听水泵工作时有无异响。停车后用手扳动风扇叶片，查看带轮与水泵轴配合是否松旷，稍有间隙感觉为正常；若感觉明显松旷，表明带轮与泵轴或带轮与锥形套配合松旷。

如果就车检查水泵无漏水、发卡、异响及带轮摇摆现象，可不用对其进行分解，只需加注润滑油即可。若有上述异常现象，则应分解检查，并予以修理或更换新件。

当带轮松旷摆动时，应检查风扇及带轮的螺栓和螺母，若松旷应予以拧紧；如螺栓和螺母紧固良好，传动带仍松旷、摆动，则可能是水泵轴松旷，应分解水泵，检查水泵轴承，若松旷应予以更换。

当水泵漏水时，应检查水泵衬垫、水泵壳上的泄水孔。当水泵衬垫漏水时，先检查水泵紧固螺栓是否松动，若松动应更换衬垫并拧紧。当水泵壳上的漏水孔漏水时，应分解水泵，检查自紧式水封总成，若损坏应更换，更换后应进行简易漏水试验，方法是堵住水泵进水口，将水注满叶轮室，转动泵轴，泄水孔应不漏水。

（2）水泵零件的检修。泵壳出现裂纹可焊接或更换；水封转动环与静止环磨损起槽、表面剥落或破裂导致漏水时，应更换水封总成；水泵轴弯曲变形不得超过 0.05 mm，否则应冷压校直或更换；水泵轴轴颈及轴承磨损严重，导致水泵轴的摆动超过 0.10 mm 及水泵叶轮破损，均应更换新件；拆卸后各密封圈及密封垫均应全部换用新件。

（3）水泵装合后的性能试验。水泵装合后应进行检验。首先用手转动传动带轮，泵轴转动应无卡滞现象；叶轮与泵壳应无碰擦感觉。然后将水泵装于水泵试验台上，按原厂规定进行额定转速下的压力—流量试验，观察排水量、压力是否符合制造厂的标准，是否有漏水现象。

3. 节温器的检查

节温器的检查方法可分为零件检测和在线检测。

（1）零件检测

1）将节温器从发动机上拆下，并使它处于关闭状态。

2）将节温器浸入一个装满水的容器里，慢慢将水加热，并用温度表检测水温，如图 6—21 所示。

3）检查节温器阀门开启温度。水温约为 83℃时，节温器阀门开始打开；水温约为 95℃时，节温器阀门完全打开。

如果阀门开启温度不符合上述要求，则更换节温器。

（2）在线检测。根据水温表显示的温度，利用手感知水箱上、下水的温差，同样能够判断节温器是否开启或关闭。

图 6—21　节温器的检查

第三节　水冷系统常见故障诊断

要维持发动机在最适宜的温度范围内工作，就必须保持冷却系统的技术状况良好。而冷却系统经长时间使用后，其技术状况将发生变化。若不能正确地操作、使用和维护冷却系统，或冷却系统机件遭到损坏等，发动机将会出现过热、过冷、漏水等故障。

一、发动机过热

1. 故障现象

工程机械运行过程中，在百叶窗完全打开的情况下，仪表板上冷却液温度警报灯闪烁或冷却液温度表指针指向红色区域；或冷却液沸腾出现蒸气，伴随有散热器出现“开锅”现象；或柴油发动机易发生早燃致使工作粗暴。出现这些现象，可判断发动机存在过热故障。

2. 故障原因

(1) 接头、软管、水封、水堵等部位漏水造成冷却液量不足。

(2) 节温器失效，冷却液不能流过散热器，不能进行大循环。

(3) 散热器或缸体内水套结垢多、堵塞，使冷却液冷却效果降低。

(4) 散热器风扇电动机或散热器温控开关出现故障。

(5) 冷却液泵堵塞或损坏，传动带打滑或断裂。

(6) 气缸垫损坏或缸盖螺栓拧紧力矩过小。

(7) 风扇传动带打滑或断裂，硅油风扇离合器工作不良。

(8) 风扇叶片变形、角度不对或装反。

(9) 冷却液通道堵塞或水垢过厚。

(10) 散热器盖密封不良或阀门工作不良。

(11) 发动机积炭过多。

(12) 混合气过浓或过稀。

(13) 超负荷、低速挡工作时间过长。

(14) 防冻液与水的混合比不当。

(15) 凸轮轴磨损、排气管堵塞等造成排气不畅。

(16) 自动变速器油温过高，间接导致冷却液温度过高。

3. 诊断处理方法

(1) 首先进行目测，主要检查冷却液的外部泄漏和冷却液量。当发动机停转后，在打开散热器盖之前，先用手捏一下散热器上水管，查看冷却系统是否有压力。如液面下降很快，应检查软管、接头、散热器、冷却液泵及水堵处是否有泄漏；若未发现外部泄漏，则检查暖风机芯、缸体和缸盖。

检查冷却液液位只能在发动机运转加热至操作温度，然后又冷却下来后进行。发动机冷却液的液位应在“LOW”和“FULL”标线之间，如果液位下降，应使用维修手册推荐的冷却液，通过膨胀水箱重新添加。

注意
千万不要在发动机热机时将冷的冷却液添加到冷却系统中，这样可能会导致发动机缸体和气缸盖产生裂纹；发动机因过热而开锅时，切不可将散热器盖马上打开补充冷却液。

（2）检查风扇是否正常运转。分别检查风扇传动带松紧度（是否过松）及是否有打滑、断裂现象，电动风扇电动机、温控开关及有关的插接器是否损坏。调整风扇传动带的松紧度或更换新传动带；按电动风扇电动机电路查找故障原因，检修或更换温控开关等。

（3）若水套和分水管积垢或堵塞，应清理水套和分水管。

（4）若水泵工作不良，应检修或更换水泵零件或水泵总成。

（5）若节温器主阀门不能正常开启，冷却液不能进行大循环，使水温升高，排除方法是更换节温器。

（6）若由于散热器水垢过多而导致发动机过热，可将水箱清洗剂倒入水箱，起动发动机运转 10 min，并适当提高转速；然后将水箱中的清洗剂放掉，并加入清水运行 10 min 后再放掉；最后加入新的冷却液。

（7）若百叶窗不能打开，则修理百叶窗及控制机构。

二、发动机过冷

1. 故障现象

在寒冷地区或冬季运行的机械，在百叶窗完全关闭，冷却液温度表和冷却液温度传感器技术状况完好的情况下，发动机在工作很长时间或全部工作时间内，冷却液温度达不到正常工作温度范围，发动机动力不足，行驶乏力，油耗增加。出现这种现象，可判断发动机存在过冷故障。

2. 故障原因

（1）百叶窗关闭不严。

（2）风扇离合器接合过早。

（3）温控开关闭合太早。

（4）节温器失效，卡在全开位置，冷却液在低温状态下也进行大循环。

（5）散热器风扇电动机发生故障、风扇电动机只能以高速挡运转。

（6）水温表或水温传感器失效。

（7）环境温度太低且逆风行驶。

3. 诊断处理方法

（1）检修百叶窗及控制机构，正确使用保温装置。

（2）检修或更换风扇离合器、温控开关。

（3）检修或更换节温器，保持节温器工作正常。

（4）检修或更换风扇电动机、水温传感器。

三、冷却液渗漏

1. 故障现象

在正常情况下，由于发动机冷却系统是全封闭的，冷却液不需经常添加。如果冷却液液面比正常情况下降很快，即表明存在冷却系统泄漏故障。

2. 故障原因

(1) 冷却系统外部渗漏。

(2) 冷却系统内部渗漏。

(3) 散热器盖及密封垫损坏或散热器盖开启压力过低。

3. 诊断处理方法

(1) 通过目测检查外部有无漏水痕迹，确定有无外部渗漏。由于冷却液加有染料着色，很容易看到渗漏部位。常见的渗漏点是软管、软管接头、散热器芯和水泵等部位，对渗漏部位进行修复。

(2) 通过检查机油是否发白或在发动机冷却液温度正常时排气是否冒白烟，确定发动机内部气缸盖垫是否有渗漏。若冷却液从冷却系统内渗漏到发动机内，可检查缸盖螺栓是否拧紧，缸垫是否密封，缸盖是否翘曲，缸盖、缸体是否破裂。若确认冷却系统发生了泄漏，应更换气缸盖或气缸体。

(3) 散热器盖及其密封垫损坏，将破坏冷却系统的密封性，在发动机工作时，冷却液蒸发逸出或汽车摇晃造成冷却液洒出损失。为检验散热器盖是否密封，可对散热器盖进行压力试验。在散热器盖上装上手动压力检测器，加压到规定值时盖上的蒸气阀才会开启，否则应更换散热器盖。

复习思考题

一、填空题

1. 柴油发动机普遍采用强制循环________系统。主要由________、________、________、________、________、________、________、________等部件组成。

2. 柴油发动机多采用________水泵。它具有排液量________等优点。

3. 风扇离合器的作用是根据发动机的________自动控制风扇________。

二、判断题

1. 散热器盖只用于密封水冷系统。 (　　)

2. 膨胀水箱给冷却液提供一个膨胀空间，减少冷却液的溢失。 (　　)

3. 节温器能随发动机负荷和水温的变化自动改变冷却液的循环路线。 (　　)

4. 发动机防冻液不足时，在冷却系统无泄漏的情况下只需补充蒸馏水即可。 (　　)

5. 发动机的风扇与水泵同轴，是由曲轴通过凸轮轴来驱动的。 (　　)

6. 冷却液经过散热器后，其温度可降低10～15℃。 (　　)

7. 发动机停机一个晚上后再起动时，冷却系统内冷却液的循环是小循环。 (　　)

三、思考题

1. 为什么对发动机的冷却系统采用不同的循环？

2. 水冷却系统中为什么要装节温器？什么是大循环？什么是小循环？
3. 发动机上为什么要采用风扇离合器？试述硅油风扇离合器的工作原理。
4. 为什么要用冷却液代替冷却水？
5. 发动机未达到规范所规定的工作温度，试问在冷却系统中有哪些问题？
6. 水循环图中接通哪个部件可提高大循环冷却效果？
7. 冷却系统中水温过高或过低有哪些原因？

第七章　柴油发动机电控技术

第一节　柴油发动机电控技术发展历程

柴油发动机电控系统借助电子控制单元的功能，可以实现复杂的控制规律，确保柴油发动机性能大幅度提高，并且随着电控系统的逐步发展和成熟，人们对柴油发动机所提出的种种苛刻要求都能够满足。柴油发动机电控系统已从最基本的燃油喷射控制，即喷油量控制和喷油正时控制，扩展到对喷油速率和喷油压力控制在内的多项目标控制的燃油喷射控制，从单一的燃油喷射控制扩展到怠速控制、进气控制、增压控制、排放控制、起动控制、故障自诊断、失效保护等综合控制在内的全方位集中控制。

一、柴油发动机电控技术的发展历程

柴油发动机电子控制（简称电控）技术是一种用微型计算机实现对柴油发动机工作过程优化控制的技术。它使用微型计算机控制技术替代传统柴油发动机中通过机械、液力和电气手段对供油时刻、供油量、转速、起动特性、加速特性、限速特性、超速保护等参数和工况进行控制，目的是能够获得更好的控制效果。

柴油发动机电控系统由传感器、电控模块（简称单元）和执行器三部分组成。其中传感器、电控模块的技术与其他领域的电控技术没有原则上的区别，只是在具体需求上有一定的特殊性。但在执行器方面却集中反映了柴油发动机电控系统的主要特征，最主要的执行器是柴油发动机电控供油系统，因此，对于柴油发动机电控技术发展的阶段划分，主要是依据柴油发动机电控燃油系统的发展阶段来进行的。

早期柴油发动机电控技术的发展主要集中在对燃油系统的控制上。人们习惯称柴油发动机电控系统为柴油发动机电喷系统，其技术内涵远远超出了控制喷油的范围，已经包含了日益增多的控制内容。

1. 位置控制式

从 20 世纪 70 年代开始，随着电子微处理器技术的发展，对柴油发动机电控技术的研究开始起步，最早的电控燃油喷射系统称为位置控制式。这种系统保留了传统机械系统的喷油泵、高压油管和喷油器，同时也保留了传统高压油泵中调节供油量的齿条、齿圈、柱塞套和

柱塞上用于调节每次供油量的斜槽等。但供油量调节齿条不再通过机械离心调速器来调控，而是通过电控系统操作电磁执行器或位置控制电动机来调控。这种系统对柴油发动机本体不需做什么改动，继承性较好，便于对现有柴油发动机进行改造。但是，这种系统的控制自由度与原系统相比没有什么优势，控制精度提高也不多。

2. 时间控制式

时间控制式电控燃油喷射系统相对于位置控制式应用较多，它用高速卸载电磁阀替代传统的调节供油量的齿条、齿圈、柱塞套和柱塞上用于调节每次供油量的斜槽，但油泵柱塞依然按原来的方式由凸轮轴驱动，并进行压油作业。高速卸载电磁阀位于柱塞腔的上方，当电磁阀打开时，柱塞腔与进油道相通，柱塞上行只会使燃油回到进油道，但如果在柱塞上行期间的某一时段内关闭高速卸载电磁阀，柱塞上方将形成封闭的高压油腔，压力会迅速上升并通过高压油管和喷油器喷入气缸。通过对柱塞上行期间供油时段的选择，可以对供油提前角和供油持续角做出调整，对供油持续角的调整就是对每次供油量的调整。

从时间控制式电控燃油喷射系统的原理可以看出，它已经在一定程度上摆脱了机械结构对供油时刻的限制，可以利用柱塞上行过程任一段行程实现供油，从而获得理想的供油正时。由于只能利用柱塞上行时段实现供油调节，因此，供油在一定程度上受限于供油泵凸轮结构的形式，这使得供油压力受转速影响较大。实践证明，时间控制式电控燃油喷射系统对于改善柴油发动机工况帮助很大，可以借助这种系统实现国Ⅲ排放标准。

3. 时间—压力控制式

时间—压力控制式电控燃油喷射系统的特点是有一个共用的高压燃油油轨系统（Common Rail Fuel System，CRFS），国内称这种系统为高压共轨系统。一般高压油轨安装在气缸盖侧方，呈管状，与曲轴轴线平行，在与各气缸相对的位置引出高压油管连接对应气缸的喷油器，而喷油器受电驱动信号控制，当存在驱动电流时，喷油器的高速电磁泄压阀会打开，引发喷油器针阀两端压力差升高，针阀抬起燃油喷入气缸。由于在油轨内压力一定，每次供油量大体与供油时间成正比，因此被称为时间—压力式控制系统。

高压共轨系统具有以下很突出的特点：

（1）燃油喷射压力与柴油发动机转速和负荷无关。在柴油发动机低转速时，仍可以实现较高的燃油喷射压力，这可以使柴油发动机低转速、低负荷时的性能得到改善。

（2）对喷油时刻和喷油量的控制非常自由。

（3）对喷油规律的调节能力很强。喷油控制仅取决于高速电磁阀这一运动部件，由于这个运动件质量比较小，因此，其运动惯性也很小，实际控制时，可以实现在一个工作循环内的多次喷射，有效地改进燃烧效果。

（4）能够实现很高的燃油喷射压力，可以达到 160～200 MPa。

（5）适应性较强，可以用于多种柴油发动机机型。

由于高压共轨系统具有上述优异的性能，得以较好地控制柴油发动机燃烧的压升率，燃烧噪声也得到了控制，拓宽了柴油发动机的使用领域，同时也降低了排放。

1997 年，博世公司开始生产第一代高压共轨系统；2003 年，开始批量生产第三代带压电式喷油器的共轨燃油喷射系统。从表 7—1 中可以看出，第一代、第二代共轨燃油喷射系统采用带电磁阀的喷油器，电磁阀线圈通电时电感存在滞后时间；而压电式喷油器在加上电压0.1 ms以内就会作出响应，解决了电磁响应阀滞后时间问题，它的切换十分迅速、准确，可重现性好。博世第三代高压共轨燃油喷射系统采用压电式喷油器替代了电磁阀控制的喷油器，技术更为先进。

表7—1　　博世三代高压共轨燃油喷射系统特性

特性系统	第一代	第二代	第三代
喷油器	带电磁阀的喷油器	带电磁阀的喷油器	压电式喷油器
喷嘴孔形式	柱式（内外一致）	锥形（内大外小）	锥形（内大外小）
喷孔直径和数量	0.2 mm，5孔	0.14 mm，5~6孔	0.1~0.13 mm，6孔
喷射次数	根据发动机负荷和排放要求，有预喷、主喷1~2次	根据发动机负荷和排放要求，有预喷、主喷和后喷1~4次	根据发动机负荷和排放要求，有预喷、主喷和后喷1~5次
排放标准	欧Ⅲ	欧Ⅳ	欧Ⅳ、欧Ⅴ

二、电控柴油发动机的优点

1. 具有发动机自动保护功能

当专用传感器向电子控制单元（ECU）指示系统超过正常安全参数运转时，ECU将向驾驶员发出报警信号，并减小发动机功率，甚至使发动机停止运转。

2. 具有发动机故障诊断功能

电子控制单元对发动机的所有传感器、连接器和线路进行连续监测，在传感器及电路发生故障时，ECU将储存故障代码。在维修人员诊断和排除发动机故障时，故障代码对维修人员确定故障提供帮助，使故障诊断和排除更为快捷、有效。

3. 改进了发动机调速控制，减少了发动机维护工作量

电子调速器取代机械调速器，减少了调整和维修项目，同时使转速控制更加精确。

4. 改善了发动机冷起动性能

电控系统采用冷却液温度传感器信号确定发动机是否处于低温状态，控制单元根据输入的信号对喷油量和喷油定时进行优化控制，同时高怠速运转。

5. 降低了排放污染

电子控制单元根据传感器信号精确地控制喷油量和喷油时刻，使发动机达到最佳燃烧状态。

第二节　柴油发动机电控系统的组成与功能

一、电控柴油发动机电控系统基本组成

电控系统（全称电子控制系统）是指采用电子控制单元等电子设备作为控制装置的自动控制系统。任何一种电控系统，其主要组成都可分为信号输入装置、电子控制单元（ECU或ECM）和执行元件三大部分，如图7—1所示。

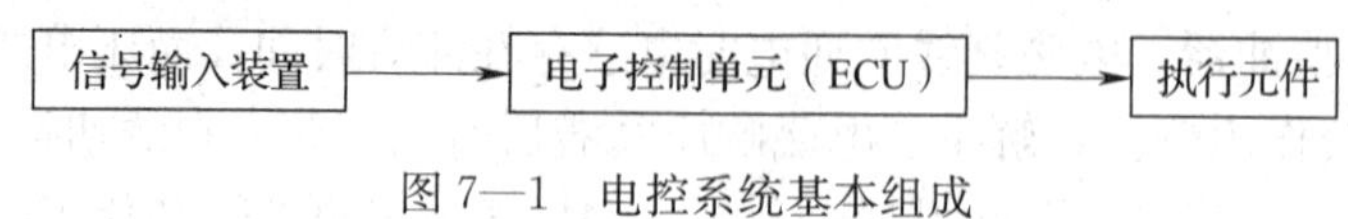

图 7—1　电控系统基本组成

二、电控柴油发动机电控系统的作用

1. 传感器

传感器的作用是进行信号变换，即把各种动态、静态的物理量，在复杂的工作条件下变换成电量，这种变换包括能量形态的变换。一般传感器变换成的电信号都比较微弱，即信噪比较小，如进气与环境压力、冷却液、润滑油与燃油温度、进气流量、喷油泵油量调节机构（直列泵中的齿杆或 VE 分配泵中的油量调节环套）的位移、曲轴位置信号与柴油发动机转速、机械（或柴油车辆）的行驶速度、喷油器针阀的升程等。目标设定则包括柴油发动机转速与负荷（加速踏板或操纵杆的位置）等。反映上述各种信息的信号多数是模拟信号，有的是数字信号或脉冲信号，在送入 ECM（或 ECU）以后，还需经过滤波、整形及放大处理，模拟信号还要经过 A/D 转换，全部转变成计算机能够接受且量程合适的数字信号。

2. 电子控制单元 ECU 或 ECM

电子控制单元的作用是根据 ECU 或 ECM 内存储的程序对发动机传感器输入的各种工况下的信息进行运算、处理、判断，然后发出指令，控制执行器动作，以快速、准确、自动控制发动机的运转及其他辅助系统的工作。

ECU 或 ECM 除了接收各种传感器信号和开关信号，并将它们进行处理，执行既定的程序，将运算结果作为控制指令输出到执行器外，还具有通信功能，实现 ECM 和其他控制系统的数据传输和交换，还可以根据实际情况修正燃油系统的执行指令，即修正喷油量、喷油提前角等，并可以向其他控制系统发送必要的信息。

ECU 或 ECM 是柴油发动机实现电子控制的核心部件，它的硬件部分包括微处理器或中央处理器（CPU）、各种存储器、输入/输出（I/O）接口以及上述各部分之间传递信息的数据总线、地址总线、控制总线和产生时间节拍脉冲的计时器等。ECM 软件的核心内容是柴油发动机的各种性能调节曲线、图表和控制算法，其作用是接收和处理传感器的所有信息，按软件程序进行运算，然后发出各种控制脉冲指令给执行器或直接显示控制参数，其中喷油量和喷油正时脉冲是 ECM 发出的最重要的控制指令。

为了实现对柴油发动机燃油喷射过程控制的优化，储存在 ECU 或 ECM 中的曲线和图表包括一些在产品开发过程中通过大量试验总结出来的综合各方面要求的目标值，如喷油量与喷油正时随转速与负荷变化的目标控制。工作时，当 ECU 或 ECM 接收到从针阀升程传感器送来的实时喷油始点信号时，就能对实际值与目标值两者之间进行比较与计算，并发出控制指令，以保证两者之间差别为最小，从而实现理想的喷油正时。至于循环供油量的控制原理也一样，除了转速与负荷以外，还与柴油发动机其他因素（如进气流量，冷却液、润滑油与燃油的温度，增压压力与环境大气压力等）和限制条件（如烟度限制）有关。在转速调节方面，若采用以转速为反馈信号的闭环控制，则不难实现调速率为零的恒速调速过程，而这一点在机械式调速器中是不可能做到的。

ECU 或 ECM 的具体控制内容有起动油量调节、行驶油量调节、怠速调节、运转平稳性调节、限制油量调节、海拔校正、断缸控制、关闭发动机控制、电子防盗、空调控制、泵喷嘴或单体泵电磁阀控制及其他附加控制。

此外，如果整机的各种装置（如传动系统、制动系统）均分别有各自的ECU或ECM，则电控燃料供给系统的ECU或ECM还具有相互数据传输、交换以及根据其他系统信息修正本系统执行指令等功能，进一步可发展为整机或整车的所有控制任务统一由一个中央ECM来实现，这就成为整机或整车的统一电控与管理系统。

3. 执行器

执行器是具体执行某项控制功能的装置，受ECU或ECM控制。执行器是ECU或ECM发出指令的执行者，通常由ECU或ECM控制执行器电磁阀线圈的搭铁回路，也有的是由ECU或ECM控制某些电控电路，完成一定的控制内容。

执行器接收ECU或ECM发出的控制指令，调节发动机的喷油量和喷油正时，从而调节发动机的运行状态。在电控柴油发动机上，执行器主要有喷油嘴电磁阀、发动机电热塞继电器、EGR执行器、空调关闭执行装置、故障诊断与显示装置、节气门控制器（柴油车辆）、涡流执行器、CAN通信以及用于制动的装置，如发动机制动装置、附加的发动机制动装置、电磁离合器（风机）控制等。

复习思考题

一、填空题

1. 柴油发动机电控系统由________、________和________三部分组成。
2. 柴油发动机电控技术的发展阶段可划分________、________和________。
3. 执行器是具体执行某项控制功能的装置，受________控制。

二、思考题

1. 电控发动机的优点有哪些？
2. 简述电控柴油发动机电控系统的基本组成和作用。
3. 简述ECU或ECM的具体控制内容。

第八章　柴油发动机电控系统传感器

第一节　温度传感器

一、传感器的类型

传感器是测量系统中的前置部件，它能够将输入变量转变成可供测量的信号。也就是说，传感器的作用是进行信号变换，把各种被监测的非电量信号转换成电信号。传感器技术是柴油发动机实现电控的关键技术之一。

柴油发动机电控系统中应用多种不同类型、不同功能的传感器。传感器的分类方法有很多种，常用的分类方法如下：

1. 按有无外加能量分类

传感器按能量关系可分为主动型和被动型两类。汽车上使用的大多是被动型传感器，这种传感器需要外加电源才能产生电信号，自身实际是一个能量控制器。

主动型传感器的工作不需要外界提供电源，由自身吸收其他能量，经变化后再输出电信号，实际上是一个能量变换装置，例如，太阳能电池和热电偶输出的电能分别来源于传感器吸收的光能和热能。采用压电效应、热电效应、磁致伸缩效应、光电效应等原理制成的传感器都属于主动型传感器。

2. 按信号转换方式分类

根据传感器信号转换方式的不同，传感器可分为两种：一种是由非电量转换为另一种非电量的传感器，如弹性敏感传感器和气动元件；另一种是由非电量转换为电量的传感器，如进气温度传感器、进气压力传感器等。

3. 按工作原理分类

按传感器的工作原理分类，有电阻式、电容式、应变式、电感式、光电式、光敏式、压电式及热电式传感器。

4. 按输出信号形式分类

按传感器输出信号形式分类，有模拟式传感器和数字式传感器两种。模拟信号不能直接送入 ECM，需要经过 A/D 转换后才能被 ECM 识别。

5. 按检测控制参数分类

汽车传感器根据控制参数的不同，有温度传感器、压力传感器、位置与角度传感器、空气流量传感器、气体浓度传感器等。

二、温度传感器的作用和工作原理

随着现代汽车电子化程度越来越高，柴油发动机使用温度传感器的地方越来越多。柴油发动机电控系统中的温度传感器有进气温度传感器、冷却液温度传感器、燃油温度传感器、润滑油温度传感器、排气温度传感器等。

1. 进气温度传感器

(1) 作用。向 ECM 提供进气管内的空气温度，一般安装在进气管道中（增压中冷发动机安装在中冷器出口处），也有安装在空气流量计内的。ECM 根据进气温度传感器信号对喷油量和喷油正时进行修正，同时对柴油发动机过热进行保护。当检测到进气温度有异常时，限制柴油发动机的输出功率，防止柴油发动机过热。

(2) 结构和工作原理。进气温度传感器一般采用负温度系数（NTC）的热敏电阻作为检测元件，其结构如图 8—1 所示。热敏电阻式温度传感器是根据热敏电阻效应制成的。热敏电阻效应指物质的电阻率随其本身温度的变化而变化，简称热敏电阻。

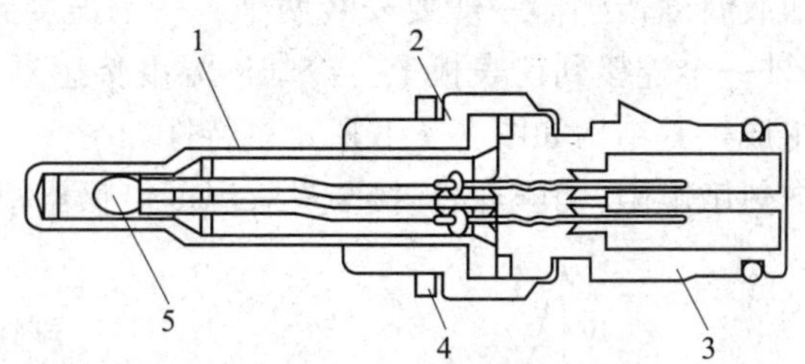

图 8—1　进气温度传感器的结构

1—绝缘套　2—塑料外壳　3—防水插座　4—铜垫圈　5—热敏电阻

热敏电阻是用陶瓷半导体材料与其他金属氧化物按适当的比例混合后高温烧结而制成的温度系数很大的电阻体，按照温度系数不同分为正温度系数（PTC）和负温度系数（NTC）。正温度系数热敏电阻随温度上升元件阻值增大，负温度系数热敏电阻随温度上升阻值降低。

通常进气温度传感器和冷却液温度传感器均用负温度系数的热敏电阻作为感温元件，主要是因为这种热敏电阻的动态响应特性更好。其使用温度范围为－40～130℃，在空气中温度系数为－2 mV/℃，响应时间为 10 s。如图 8—2 所示为一种负温度系数热敏电阻的特性。进气温度传感器的电路连接如图 8—3 所示。

2. 冷却液温度传感器

(1) 作用。用于向 ECM 提供发动机冷却液温度信号，一般安装在冷却液出水口（节温器与散热器之间）。ECM 依靠该信号修正喷油量，还可用于触发自动降低发动机功率的保护功能。冷却液温度将作为计算供油量的修正值使用。冷机时对供油量进行加浓修正，使柴油发动机尽快暖机；热机时对供油量进行减少修正，防止柴油发动机温度过高。如果冷却液温

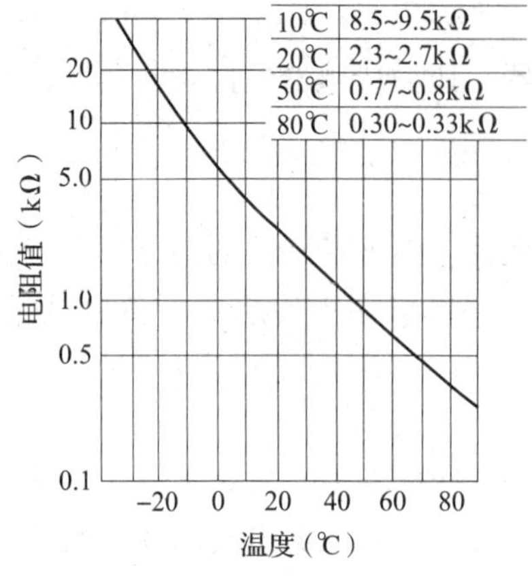

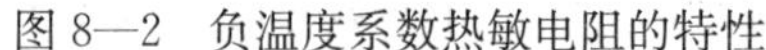
图 8—2 负温度系数热敏电阻的特性

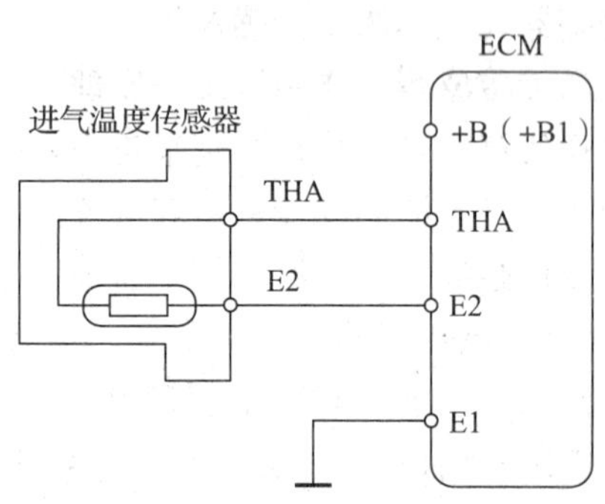

图 8—3 进气温度传感器的电路连接

度传感器失灵，ECM 会用存储的默认值进行计算。现在许多重型货车还利用该传感器对冷却风扇进行控制。

（2）结构和工作原理。冷却液温度传感器一般设置在柴油发动机缸体缸盖的水套上，外形如图 8—4a 所示。冷却液温度传感器一般要安装两个，一个连接到 ECM 上（给 ECM 提供冷却液温度信号），另外一个连接到仪表板上。冷却液温度传感器主要由热敏电阻、金属引线、接线插座和壳体组成，其结构如图 8—4b 所示，特性如图 8—4c 所示。冷却液温度传感器一般采用负温度系数热敏电阻，其电路连接与进气温度传感器相同，如图 8—4d 所示。

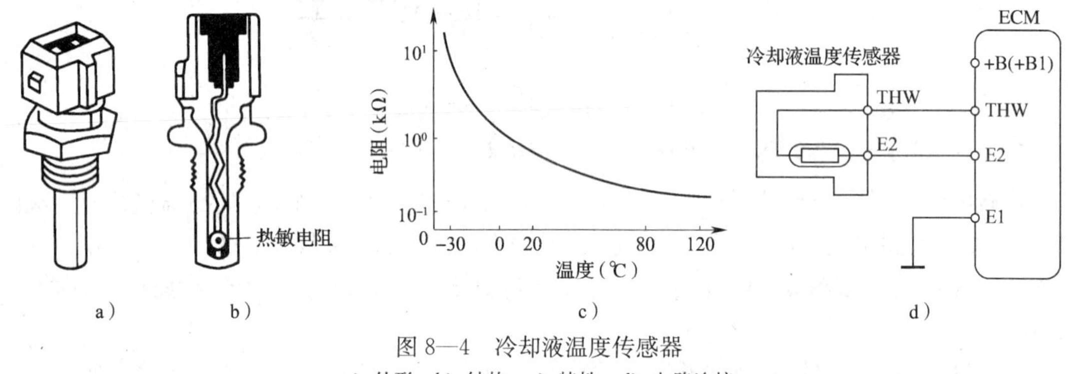

图 8—4 冷却液温度传感器

a）外形 b）结构 c）特性 d）电路连接

3. 燃油温度传感器

（1）作用。向 ECM 提供燃油温度信号，一般安装在低压燃油管路上。ECM 根据燃油的温度变化精确计算供油量，调节供给喷油器的脉宽调制信号。燃油温度影响其密度，ECM 要精确计算供油量必须考虑燃油的温度。该传感器信号中断时，ECM 会用存储的默认值进行计算。

（2）结构和工作原理。燃油温度传感器采用负温度系数热敏电阻作为检测元件。燃油温度传感器与 ECM 连接关系如图 8—5a 所示，接线如图 8—5b 所示。图中 ECM 的 35 号端子是燃油温度信号端子。

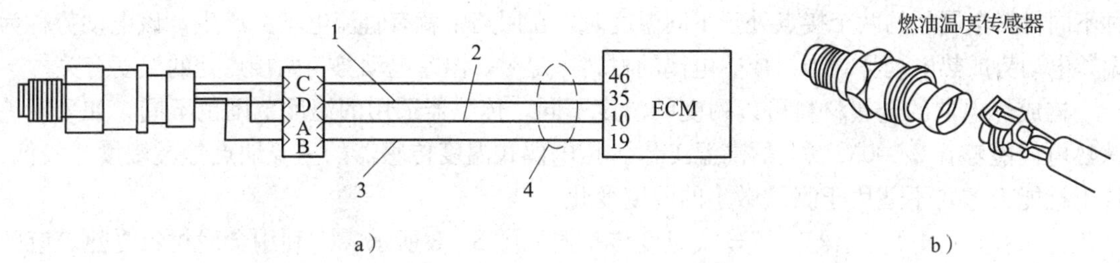

a）　　b）

图 8—5　燃油温度传感器与 ECM 的连接关系及接线

a）与 ECM 的连接关系　b）接线

1—燃油温度信号　2—燃油压力/温度＋5 V 电源　3—燃油压力/温度回路　4—柴油发动机线束

4. 润滑油温度传感器

润滑油温度传感器向 ECM 指示发动机的润滑油温度。当润滑油温度超过正常的安全限值时，首先会将仪表板上的黄色报警灯点亮；当润滑油温度进一步升高到预设的最高温度限值时，将会触发发动机停机功能。

许多电控发动机在起动时，特别是在寒冷环境下，该传感器信号将使 ECM 进入快怠速控制，有些发动机的 ECM 在这种情况下是根据冷却液温度传感器的输入信号进行快怠速控制的。该信号会使 ECM 改变喷油时间，以控制发动机冷态时的白烟排放。当润滑油温度或冷却液温度达到预设限值或发动机运转规定时间之后，发动机的怠速转速将自动恢复到正常。

润滑油温度传感器安装在油底壳上，与润滑油液位传感器一起放置，采用正温度系数热敏电阻作为检测元件。润滑油温度传感器的电路连接关系同进气温度传感器。

5. 排气温度传感器

（1）作用。在催化转化器异常发热时，能够以排气温度警告灯点亮的方式快速发出报警信号，以便保护催化转化器，防止因高温而引发故障。

（2）结构和工作原理。排气温度传感器安装在排气管上，也有安装在三元催化转化器内的，如图 8—6 所示。排气温度传感器类型多样，有热敏电阻式、热电偶式、熔丝式。热敏电阻式温度传感器的原理与进气温度传感器相同。

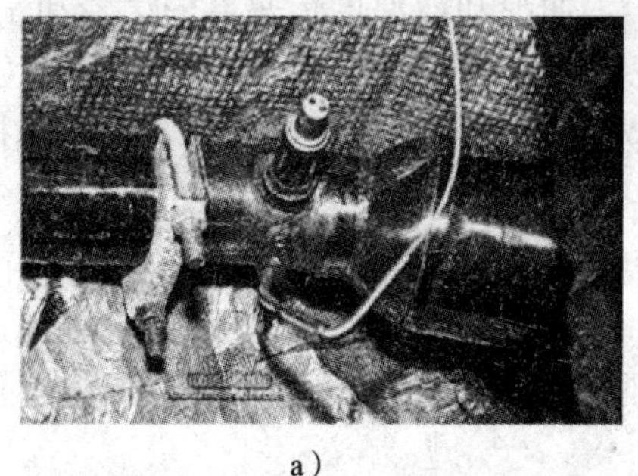

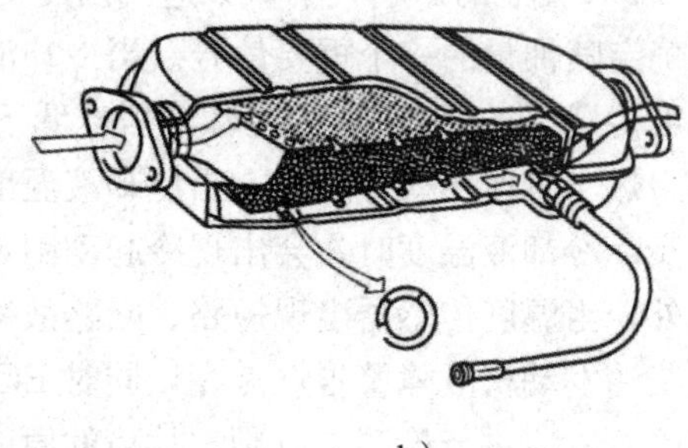

a）　　b）

图 8—6　排气温度传感器安装位置

a）安装在排气管上　b）安装在三元催化转化器内

1）热电偶式温度传感器。热电偶式温度传感器是利用热电效应制成的温度传感器，如图 8—7 所示。热电偶又称温差电阻，由端点彼此紧密接触的两种不同材料的金属丝组成。当两种不同材料金属丝的两个接点处于不同温度时，在回路中就有直流电动势产生，该电动势称为温差电动势或热电动势。当组成热电偶的材料一定时，温差电动势与两接点处的温度有关。

构成热电偶的金属材料可以耐受的温度不同，传感器适用的温度范围也不同，如采用钨铼热电偶能够在 2 000℃以上的高温工作。热电偶式温度传感器的主要缺点是灵敏度比较低，抗干扰能力差，不适用于测量微小的温度变化。

2）熔丝式温度传感器。熔丝式温度传感器如图 8—8 所示。它利用金属材料受热熔解的特性，当温度达到一定值时，传感器内的熔丝熔断，使电路断路或短路。熔丝式温度传感器通常用来控制高温报警装置，一旦熔丝熔断，传感器不能继续使用。

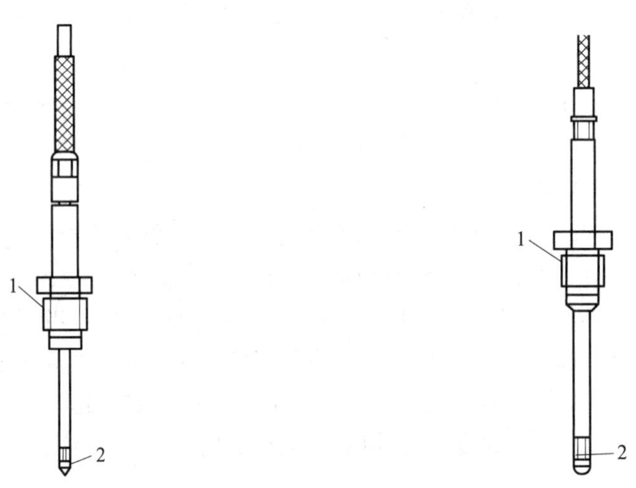

图 8—7　热电偶式温度传感器
1—安装螺纹　2—热电偶

图 8—8　熔丝式温度传感器
1—安装螺纹　2—熔丝

三、温度传感器的检修

温度传感器的常见故障是短路、断路；或其输出信号的电压不符合标准要求，使 ECM 获得的温度值与实际温度之间出现偏差，影响 ECM 对电控柴油发动机的控制。有些温度传感器对 ECM 控制的影响较小（如进气温度传感器），而冷却液温度传感器的信号却是 ECM 计算和确定喷油量的一个重要信号。当冷却液温度传感器出现故障时，会影响喷油量。当冷却液温度传感器送给 ECM 的冷却液信号低于柴油发动机实际冷却液温度时，会出现排气管冒黑烟、热车怠速不稳等故障；当冷却液温度传感器送给 ECM 的冷却液温度信号高于柴油发动机实际冷却液温度时，会出现冷起动困难、冷车怠速不稳等故障。

此外，当温度传感器出现短路、断路故障时，ECM 的故障自诊断电路会检测到这一故障，使柴油发动机故障警告灯点亮，同时 ECM 将起动失效保护功能。因此，当温度传感器出现故障时，应进行检测，以判定故障的原因。

各种温度传感器的检测方法基本相同，下面以冷却液温度传感器为例加以说明。

1. 冷却液温度传感器外观检查

（1）断开点火开关，拔下冷却液温度传感器的线束连接器。

（2）目视检查连接器壳体是否损坏。

（3）目视检查触针内是否有灰尘、碎屑、油污或潮湿现象。

（4）目视检查触针是否弯曲、断裂、缩进或伸出。

2. 冷却液温度传感器控制电路的检测

（1）电阻检测

1）断开点火开关，拔下冷却液温度传感器的线束连接器。

2）用万用表电阻挡检测传感器两端子间的电阻值。将测得的值与标准值（具体应查阅相关车型的维修手册）进行比较，如果不符合标准，应更换冷却液温度传感器。

3）测量线束连接器 E2 端子与搭铁点之间的电阻，应为 0。如有异常，应检修搭铁线路。

（2）电压的检测

1）连接冷却液温度传感器的线束连接器。

2）将点火开关置于接通位置。

3）用万用表电压挡检测冷却液温度传感器或 ECM 电插头上的 THW 与 E2 端子间的电压值，应为 4.75～5.25 V。如电压值不符合标准，说明控制电路或 ECM 有故障，应进一步检测。

也可插回连接器，起动柴油发动机，检测传感器 THW 与 E2 端子之间在不同温度下的电压，检测值范围应为 0.5～4.5 V，温度越低电压越高，温度越高电压越低。当柴油发动机冷却液温度低时，则怠速转速必须增加，喷油量增加，喷射时间（点火正时）提前，以改善预热性。

3. 冷却液温度传感器性能的检测

（1）拔下冷却液温度传感器线束连接器，拆下冷却液温度传感器，先清洁表面水垢和异物。

（2）将冷却液温度传感器置于烧杯的水中，加热杯中的水，同时测量在不同温度下冷却液温度传感器两接线端之间的电阻，如图 8—9 所示。

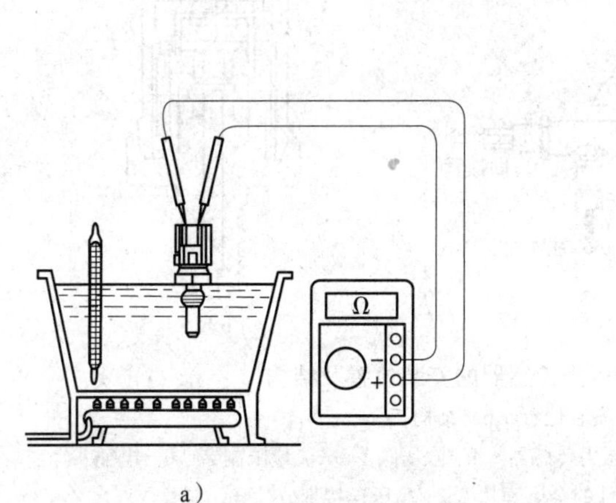

a）

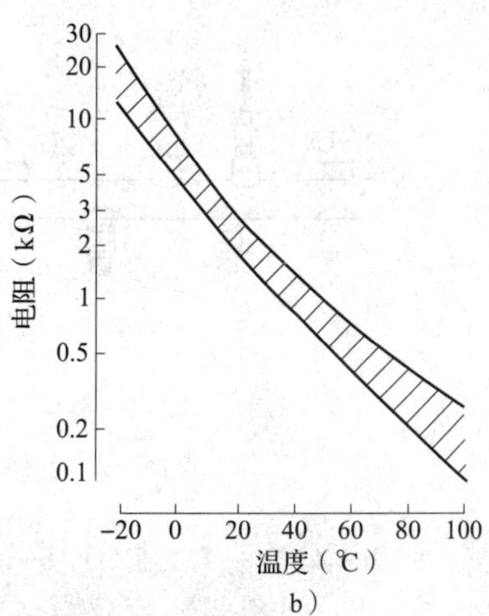

b）

图 8—9　冷却液温度传感器的性能检测

（3）将测得的电阻值与标准值相比较，如果不符合标准，应更换冷却液温度传感器。

冷却液温度传感器电压与电阻的检测结果应比照维修手册传感器标准参数。表 8—1 所列为某机型冷却液温度传感器电压与电阻标准值。

表 8—1　　冷却液温度传感器电压与电阻标准值

端子名称	测量条件	标准电压（V）	标准电阻（kΩ）
THW - E2	点火开关“ON”	5	—
	水温 20℃	1～3	2.2
	水温 80℃	0.2～1	0.25

第二节　压力传感器

一、压力传感器的作用和工作原理

柴油机电控系统中的压力传感器有共轨压力传感器、进气压力传感器、润滑油压力传感器、大气压力传感器、排气压差传感器、曲轴箱压力传感器、燃油压力传感器、冷却液压力传感器等。

1. 共轨压力传感器

（1）作用。共轨压力传感器又称燃油压力传感器，应用于电控共轨燃油系统中，安装在高压共轨上，如图 8—10a 所示。其作用是以足够的精度，在相对较短的时间内测定油轨中的燃油压力，并向 ECM 提供电信号。ECM 根据此信号对高压油泵控制阀（PCV）实施反馈控制，通过增减供油量来调节油轨中的油压，使其稳定在目标范围。

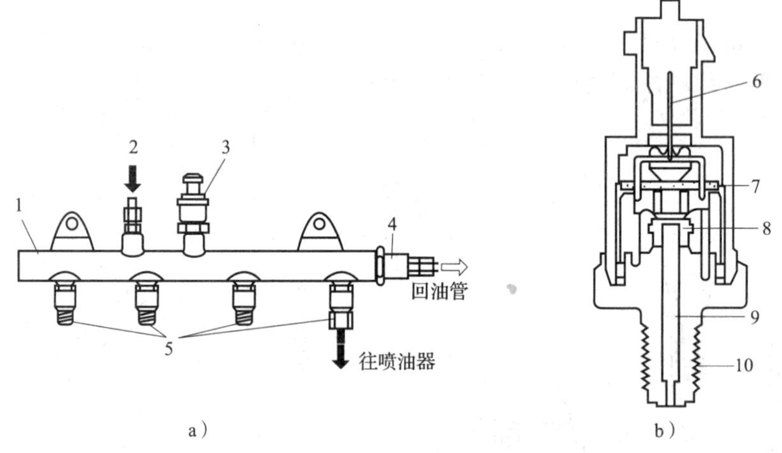

图 8—10　共轨压力传感器的安装位置及结构

a）安装位置　b）结构

1—高压油轨　2—高压油入口　3—压力传感器　4—限压阀　5—流量限制器　6—电插头　7—运算电路　8—传感器元件的金属膜片　9—高压连接部分　10—螺纹

（2）结构和工作原理。共轨压力传感器主要由压力敏感元件（焊接在压力接头上）、带求值电路的电路板和带导线线束连接器的传感器外壳等组成，如图 8—10b 所示。

燃油经一个小孔流向共轨压力传感器，传感器的膜片将孔的末端封住。高压燃油经压力室的小孔流向膜片。膜片上装有半导体型敏感元件，可将压力转换为电信号，通过连接导线将产生的电信号传送到一个向 ECM 提供测量信号的求值电路。

共轨压力传感器的工作原理如下：当膜片形状改变时，膜片上涂层的电阻发生变化；这样，由系统压力引起膜片形状变化（150 MPa 时变化量约为 1 mm），促使电阻值改变，并在用 5 V 供电的电阻电桥中产生电压变化；电压在 0～70 mV 之间变化（具体数值由压力而定），经求值电路放大到 0.5 V～4.5 V；压力增大，信号电压增大，两者之间成线性关系。共轨压力传感器的端子及输出特性曲线如图 8—11 所示。

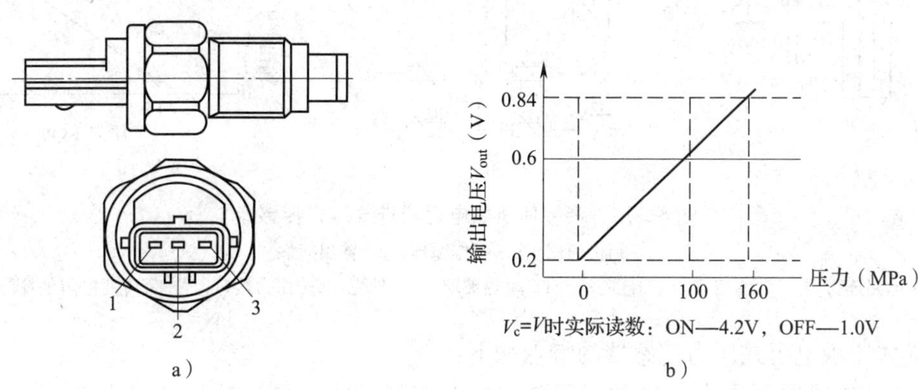

图 8—11　共轨压力传感器的端子和输出特性曲线

a）端子　b）输出特性曲线

1—接地　2—信号　3—电源

精确测量共轨中的压力，是电控共轨系统正常工作的必要条件。为此，压力传感器在测量压力时允许误差很小，在主要工作范围内，测量精度误差为 2%～3%以内。共轨压力传感器失效时，具有应急行驶功能的调压阀以固定的预定值进行控制。

2. 进气压力传感器

(1) 作用。进气压力传感器又称进气增压压力传感器，或增压压力传感器，或涡轮增压传感器。进气压力传感器提供的信号用于检查增压压力。柴油发动机控制模块将实际测量值与增压压力图谱上的设定值进行比较，若实际值偏离设定值，柴油发动机控制模块通过电磁阀调整增压压力，实现对增压压力的控制。进气压力传感器常与进气温度传感集成为一体，安装在进气管上。

(2) 结构和工作原理。进气压力传感器按产生信号的原理可分为半导体压敏电阻式、电容式、膜盒传动可变电感式、可变电阻式等。其中，半导体压敏电阻式应用最为广泛。

半导体压敏电阻式进气压力传感器的结构如图 8—12 所示，它的压力感受元件在硅晶片的中央，通过光刻腐蚀形成直径很小（约 2 mm）、厚度为 25 μm 左右的薄膜半导体，在薄膜表面规定的位置上形成四个半导体应变电阻 R1 和 R2（各两个）并构成惠斯登电桥电路。硅晶片上方为真空室，下方则与进气管的压力 P 相通。整个测量元件连同真空室一起封装在外壳中，构成压力传感器。当硅晶片上的薄膜感受进气管压力作用产生变形时，在它上面的应变电阻也随压力即薄膜变形呈线性变化（压阻效应）。其中两个 R1 电阻受到压缩，电阻随压力的增大而减小；两个 R2 电阻受到拉伸，电阻随压力增大而增大。这样就改变了电桥的平衡，产生了与薄膜变形（测量压力 P）成正比的电压信号 U_M。另外，由于传感器内测量薄膜的另一边是真空室，因此测得的压力为绝对压力，这对计算进气流量十分方便。

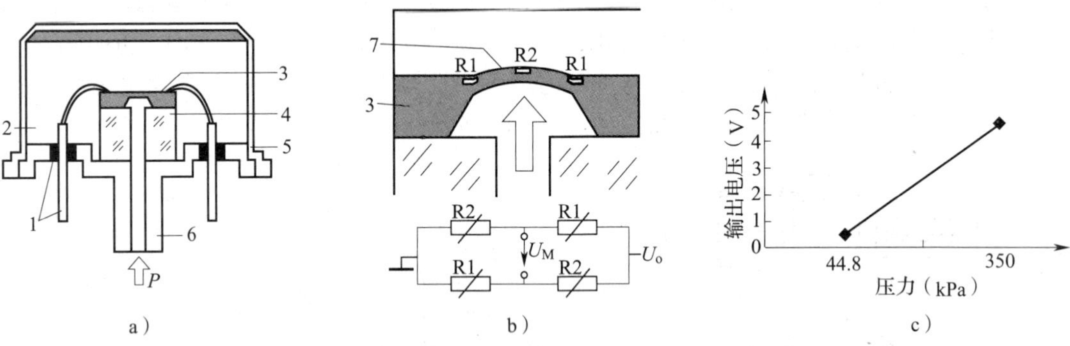

图 8—12　半导体压敏电阻式进气压力传感器

a）结构简图　b）工作原理　c）输出特性

1—电路连接器　2—真空室　3—硅晶片　4—耐热玻璃　5—外壳　6—压力接口　7—带应变电阻的薄膜

半导体压敏电阻式压力传感器的特点如下：

1）这种传感器利用半导体的压阻效应，具有尺寸小（硅晶片尺寸只有 3 mm），精度高，成本低，响应性、再现性和抗振性好等优点。

2）受温度影响较大。为此设置在硅晶片上的集成电路不仅可以实现信号放大和线性化的功能，而且还可以对测量结果进行温度补偿，即能将输出电压（0～5 V）直接送入 ECM，迅速完成 A/D 转换并能得到正确的测量压力。

组合型传感器如图 8—13 所示。压敏电阻式进气压力传感器用于测量柴油发动机进气管压力参数。壳体中还封装了 NTC 型温度传感器，可以用一个组合型传感器进行多种测量（进气压力和温度），以达到结构紧凑和使用方便的目的。如图 8—13b 所示为压力传感器的电压输出特性曲线，显示输出电压随压力变化的关系。

3. 润滑油压力传感器

（1）作用。向 ECM 提供表示发动机润滑油主油道压力的电信号。当润滑油压力低于设定值时，ECM 将启用降低发动机转速和功率的保护功能，从而调节发动机的转速和功率。当检测到危险的润滑油压力时，ECM 将使仪表板上的红色报警灯点亮，向驾驶员发出报警信号。有些发动机还可能伴有蜂鸣声。如果 ECM 设有停机保护功能，当润滑油压力低于限值 30 s 后会使发动机自动停机。有些系统可能还设有手动延时按钮，按下该按钮后，发动机的运转时间将延长 30 s，以便驾驶员能够安全地停机。

（2）结构和工作原理。润滑油压力传感器通常通过螺纹拧入缸体的油道内。它的内部有一个可变电阻，一端输出信号，另一端与搭铁的滑动臂连接。当油压升高时，压力通过润滑油道接口推动膜片弯曲，膜片推动滑动臂移到低电阻位置，输出电流增大；油压降低时情况正好相反，如图 8—14 所示。

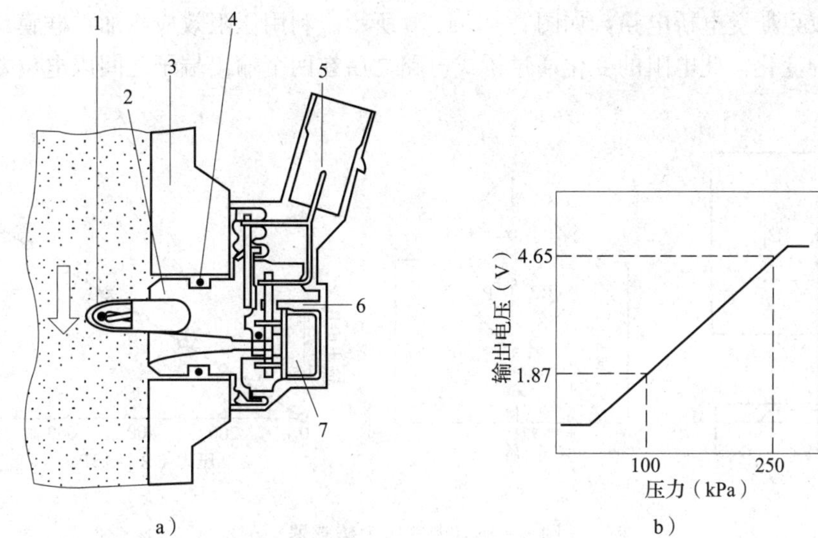

图 8—13　进气温度、压力组合型传感器

a）传感器结构及其安装　b）压力传感器的电压输出特性曲线

1—NTC 进气温度传感器　2—外壳　3—进气管壁　4—O 形密封圈

5—连接端子　6—外盖　7—压敏电阻式压力传感器

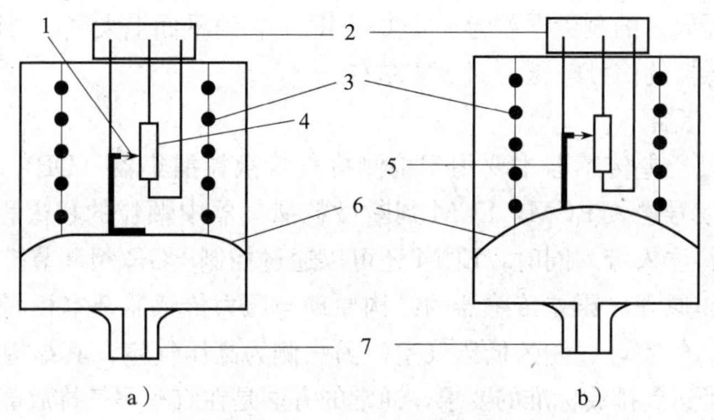

图 8—14　润滑油压力传感器

a）油压下降时　b）油压上升时

1—滑动臂　2—连接端子　3—弹簧　4—可变电阻　5—动作杆　6—膜片　7—润滑油道口

4. 大气压力传感器

（1）作用。大气压力传感器向 ECM 传送一个瞬时环境空气压力信号，此值取决于海拔高度。有了该信号，ECM 可以计算出一个控制增压压力和废气再循环的大气压力修正值。

（2）结构和工作原理。大气压力传感器可安装在柴油发动机 ECM 内部或空气流量传感器上，其结构和工作原理与进气压力传感器相似。

大气压力传感器采用集成电路 IC 技术与微加工技术，在一块半导体基片上形成压力传感器、温度补偿电路和放大电路。在硅膜片的中间，从反面经异向腐蚀形成了正方形的硅膜片，利用硅膜片将压力变换成应力。在硅膜片的表面，通过扩散杂质形成了四个 P 型测量电阻，并构成惠斯登电桥电路，如图 8—15a、b 所示。利用压阻效应将加在硅膜片上的应力变换成电阻的变化，此电阻的变化通过桥式电路之后在两个输出端子之间以电位差的方式对外输出。

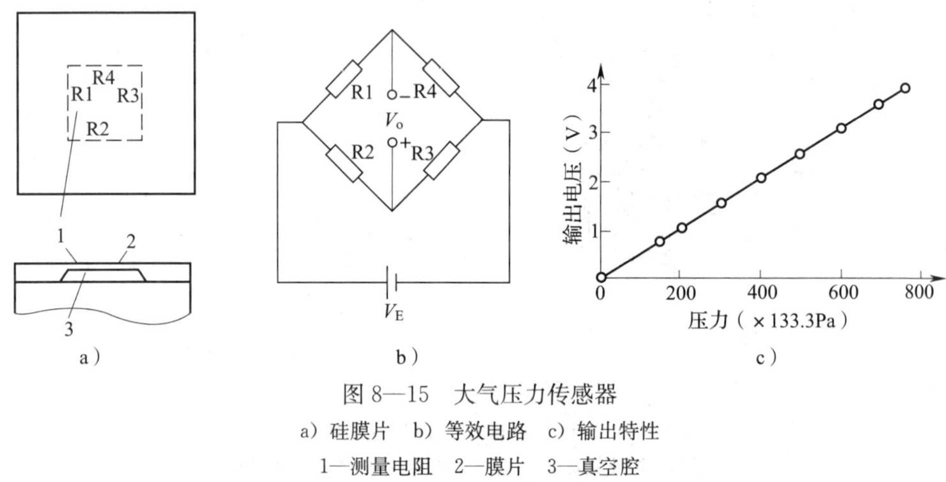

图 8—15　大气压力传感器

a）硅膜片　b）等效电路　c）输出特性

1—测量电阻　2—膜片　3—真空腔

硅膜片的里面与硅杯之间设计成真空腔，用以缓和外部的应力，以此真空腔的压力为基准检测大气压力。常温时大气压力传感器的输出特性如图 8—15c 所示。

大气压力传感器允许的测量误差为±0.003 MPa，在海平面上大气压力设定值为 0.1 MPa，相应的大气压力传感器的信号电压为 4.0 V 左右。

5. 排气压差传感器

（1）作用。排气压差传感器主要用于检测排气管微粒捕集器（DP）两侧的压力差。压差传感器将压力差信号送入 ECM，ECM 判断微粒捕集器中颗粒的积聚程度，决定“再生”触发时刻及额外燃料注入量。同时，ECM 还可以通过控制 EGR 阀调节排气温度。

（2）结构和工作原理。压差传感器的结构原理与压力传感器基本相同，只是压差传感器的硅片两侧均为压力气室，一侧为低压气室，另一侧为高压气室，其结构如图 8—16 所示。

柴油发动机为了达到排放标准的要求，通常的方法是在汽车尾气排放部分放置捕集器，捕集尾气中的微小颗粒。颗粒过滤器不同于催化转化器，只是一种物理降低排气微粒量的方法。随着过滤下来的微粒积累，造成排气背压增大，使柴油发动机动力性和经济性恶化。因此，必须及时除去颗粒过滤器中的微粒，以使柴油发动机能继续正常工作。除去颗粒过滤器中积存的微粒称为“再生”，这是颗粒过滤器使用中的关键技术。

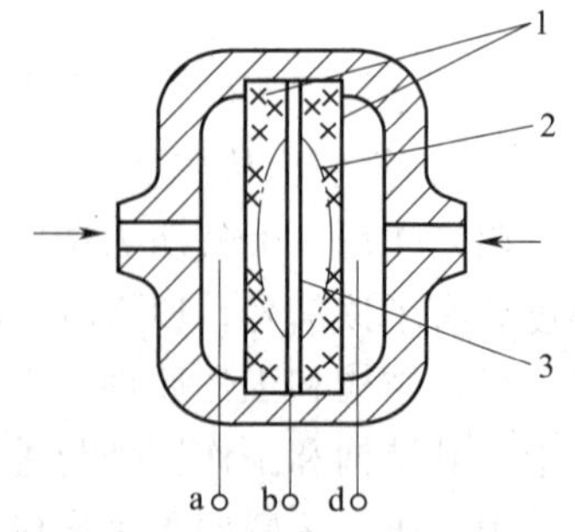

图 8—16　排气压差传感器

1—空气室　2—膜片　3—硅片

二、压力传感器的检修

以半导体压敏电阻式进气压力传感器为例。

1. 进气压力传感器控制电路

进气压力传感器控制电路如图 8—17 所示。进气压力传感器有三个接线端子，分别为电源（Vc）、进气管压力信号（PIM）、搭铁（E2）。

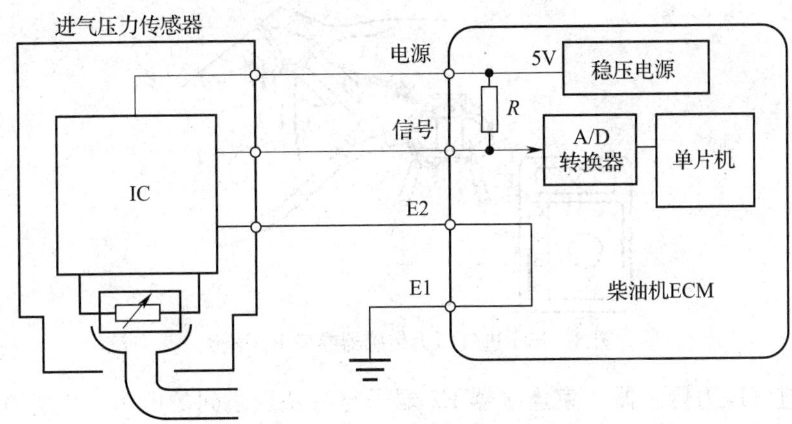

图 8—17　进气压力传感器控制电路

进气压力传感器的电源线接至 ECM，由 ECM 为其提供 5 V 基准电压作为工作电源。进气管压力信号是一个大于 0 V、小于 5 V 的电压，并随着进气管绝对压力值的增大而增大。该信号送入 ECM，作为 ECM 计算并判定进气量的依据。搭铁线通常先接入 ECM，再由 ECM 的搭铁端子搭铁，以保证搭铁电路的可靠性。

2. 进气压力传感器常见故障

(1) 传感器内部线路断路或短路。

(2) 传感器输出信号不能随进气管真空度的变化而变化。

(3) 传感器输出信号的电压过大或过小，输出信号值偏离正常值。

(4) 进气压力传感器和 ECM 的连接线路断路或短路、传感器和进气管之间的真空软管堵塞或漏气、进气管真空孔堵塞等也会使传感器的输出信号不正常。

进气压力传感器出现上述故障后，会使柴油发动机 ECM 的燃油喷射功能失常，出现柴油发动机怠速运转不正常或加速不良、柴油发动机排气管冒黑烟等现象。由于进气压力传感器在结构上可靠性很好，一般不会损坏，因此，在出现上述故障现象而对其进行检测时，要特别注意检查真空软管连接是否良好、控制电路是否正常。

3. 进气压力传感器的外观检查

检查进气压力传感器线束连接器是否连接有效、牢固可靠。检查进气压力传感器的真空软管有无松动或脱落。从进气压力传感器上拔下真空软管，检查它与进气管是否相通，管内有无杂物堵塞，如有堵塞应清洁并疏通。

4. 进气压力传感器控制电路的检测

(1) 切断点火开关，拔下进气压力传感器的线束连接器。

(2) 接通点火开关，用数字式万用表分别测量进气压力传感器线束连接器各端子。

1) 测量进气压力传感器电源端子（见图 8—18），应为 5 V 基准电压。如电压值不符，说明控制电路或 ECM 有故障，应进一步检测。

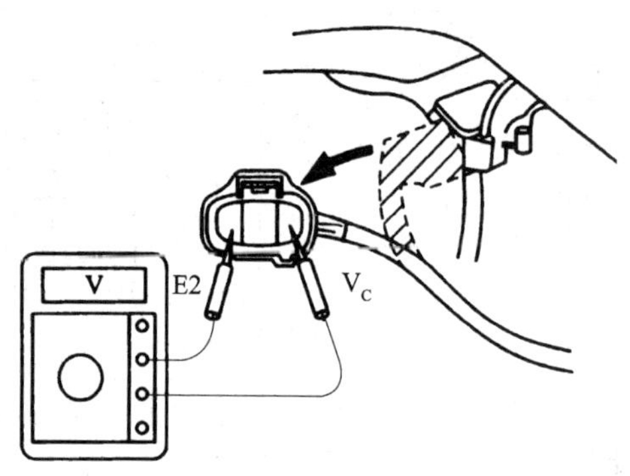

图 8—18 进气压力传感器参考电压检测

2）测量进气压力传感器线束连接器 E2 端子与搭铁点之间的电阻，应为 0 Ω。如有异常，应检修搭铁线路。

5. 进气压力传感器工作性能的检测

进气压力传感器可以在工作状态或模拟工作状态下通过测量其输出信号电压来检测其工作性能。检测方法如下：

（1）接通点火开关，但不起动柴油发动机。

（2）拔下连接进气压力传感器与进气管的真空软管，如图 8—19a 所示。

（3）用万用表在进气压力传感器线束中的信号输出线上测量 PIM－E2 端子间的输出电压，如图 8—19b 所示。

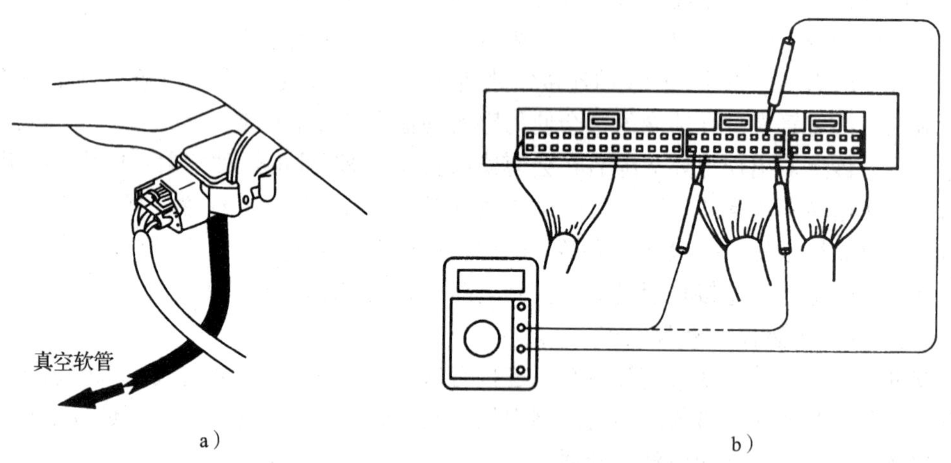

图 8—19 进气压力传感器工作性能检测

a）拔下真空软管 b）测量输出电压

（4）通过真空软管向进气压力传感器内施加真空，如某型柴油发动机进气压力传感器从 13.3 kPa（100 mmHg）起，每次递增 13.3 kPa（100 mmHg），一直增加到 66.7 kPa（500 mmHg）为止，然后检测在不同真空度下进气压力传感器（PIM－E2 端子间）的输出电压，该电压应能随真空度的增大而不断下降。将不同真空度下的输出信号电压与所修机型维修手册中的标准值相比较，参见表 8—2（具体参数查阅维修机型手册）。如不相符，说明进气压力传感器有故障。

表 8—2　压敏电阻式进气压力传感器的检测电压

端子	标准电压（V）	检测条件
V_C- E2	4.5～5.5	ECM 提供的参考电压
PIM - E2	0.3～0.5	施加 13.3 kPa（100 mmHg）真空度
	0.7～0.9	施加 26.7 kPa（200 mmHg）真空度
	1.1～1.3	施加 40.0 kPa（300 mmHg）真空度
	1.5～1.7	施加 53.3 kPa（400 mmHg）真空度
	1.9～2.1	施加 66.7 kPa（500 mmHg）真空度

第三节　位置与角度传感器

一、位置与角度传感器的作用及工作原理

位置与角度传感器是柴油发动机电控系统中不可缺少的关键传感器之一。柴油发动机电控系统中的位置与角度传感器主要有加速踏板位置传感器、供（喷）油正时传感器、供（喷）油量传感器、曲轴（凸轮轴）位置传感器、转矩传感器等。

1. 加速踏板位置传感器

（1）作用。加速踏板位置传感器的作用是将加速踏板被踩下的位置转变成电信号，并将信号传给 ECM，再由 ECM 通过控制供（喷）油量的执行元件来控制循环供（喷）油量。

（2）结构和工作原理。加速踏板位置传感器又称柴油发动机负荷传感器，常用的类型有以下几种：

1）电位器式加速踏板位置传感器。电位器的滑动臂由加速踏板轴或拉索驱动，电位器可以连续测量加速踏板位置及怠速触点，如图 8—20 所示。点火开关接通后，ECM 送给传感器 5 V 参考电压，电位器电阻值恒定，因此流过电位器的电流保持不变。当踩下加速踏板时，电位器滑动臂滑动，使 Vc 和搭铁端子 E1 之间的电阻变大，从而使输出电动势变大且与加速踏板位置成正比。ECM 根据这一电压信号确定加速踏板位置变化。怠速触点为一个动合触点，当加速踏板在放松状态时，怠速触点闭合，怠速触点开关向 ECM 输送加速踏板处于完全松开位置的信号，电路原理如图 8—20b 所示。

2）差动电感式加速踏板位置传感器。差动电感式加速踏板位置传感器主要由铁芯、感应线圈、推杆、线束插接器等组成，如图 8—21 所示。

踩下加速踏板时，传感器中的铁芯移动，使两个绕组内的自感电动势发生一增一减的变化。柴油发动机负荷越大，铁芯移动的距离越大，输出的感应电动势越大。根据输出端绕组的电压信号即可确定加速踏板的位置。绕组内部结构及输出信号如图 8—22 所示。

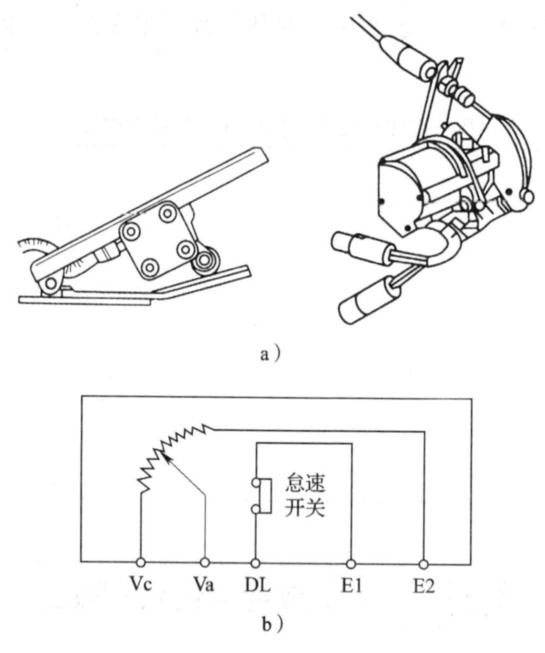

图 8—20 电位器式加速踏板位置传感器

a）加速踏板位置传感器外观 b）加速踏板位置传感器电路原理

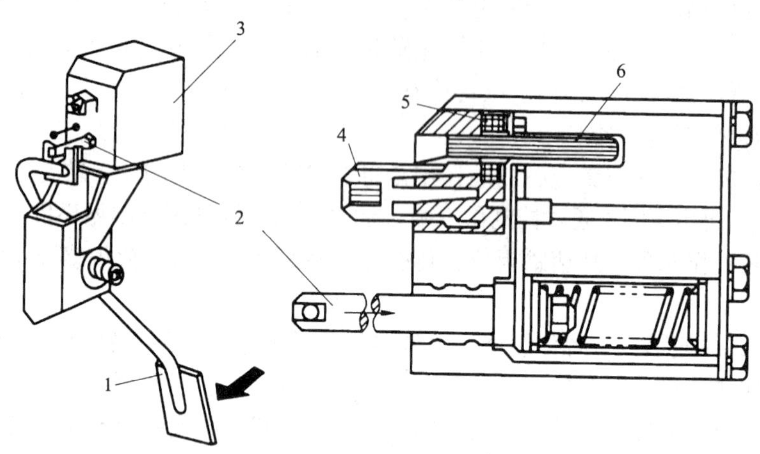

图 8—21 差动电感式加速踏板位置传感器

1—加速踏板 2—推杆 3—加速踏板位置传感器 4—线束插接器 5—感应线圈 6—衔铁

3）电涡流式加速踏板位置传感器。电涡流式加速踏板位置传感器利用磁通量变化在导体内产生涡电流的原理，由检测线圈、E 形铁芯和两个短路环组成，如图 8—23 所示。

短路环安装在加速踏板调节齿杆的尾部，沿 E 形铁芯以非接触方式移动。当检测线圈通过交流电时，短路环便产生涡电流，并产生与激励方向相反的磁通量。检测线圈内交流电的变化幅度随短路环的位置而变化，由此信号判断加速踏板调节齿杆的位置。通过选择合适的铁芯形状，可以获得良好的线性响应特性。铁芯上的固定短路环用来补偿温度影响，以提高传感器检测精度。

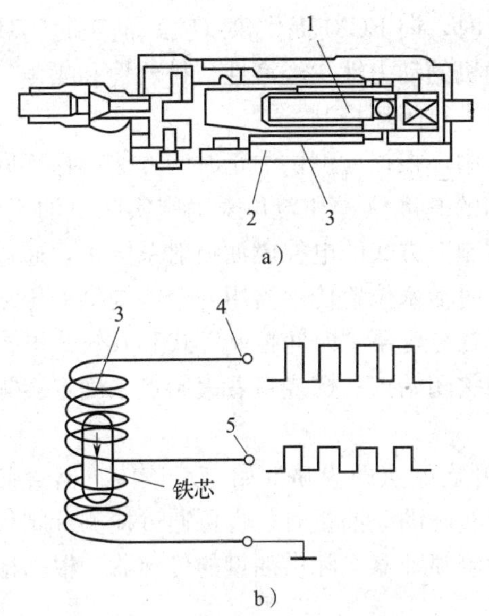

图 8—22　绕组内部结构及输出信号

a）绕组内部结构　b）输出信号

1—铁芯　2—壳体　3—线圈　4—输入端　5—输出端

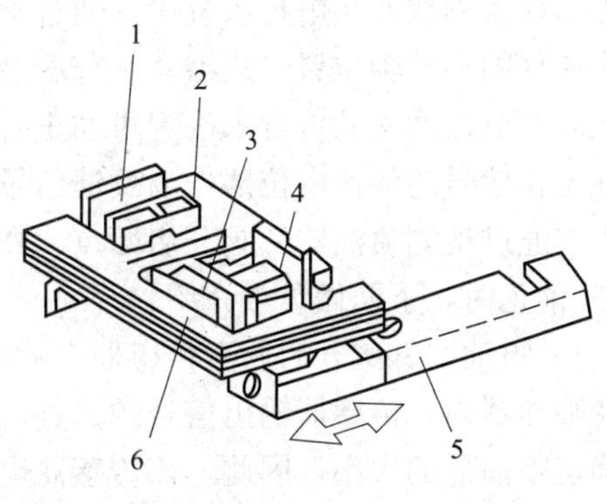

图 8—23　电涡流式加速踏板位置传感器

1—补偿短路铜环　2—补偿检测线圈　3—检测线圈

4—短路铜环　5—齿杆　6—E 形铁芯

4）霍尔式加速踏板位置传感器。该传感器利用霍尔效应原理来检测加速踏板位置，主要由永久磁铁、霍尔元件及线束插接器组成。永久磁铁安装在与加速踏板联动的轴上，霍尔元件则是固定的，如图 8—24 所示。当加速踏板位置发生变化时，与加速踏板同轴的永久磁铁转动，从而使永久磁铁与霍尔元件之间的相对位置发生改变，使永久磁铁作用在霍尔元件上的磁场强度发生变化，导致霍尔元件输出的电压发生变化。ECM 接收霍尔元件输出的电压信号，以确定加速踏板位置及位置变化。

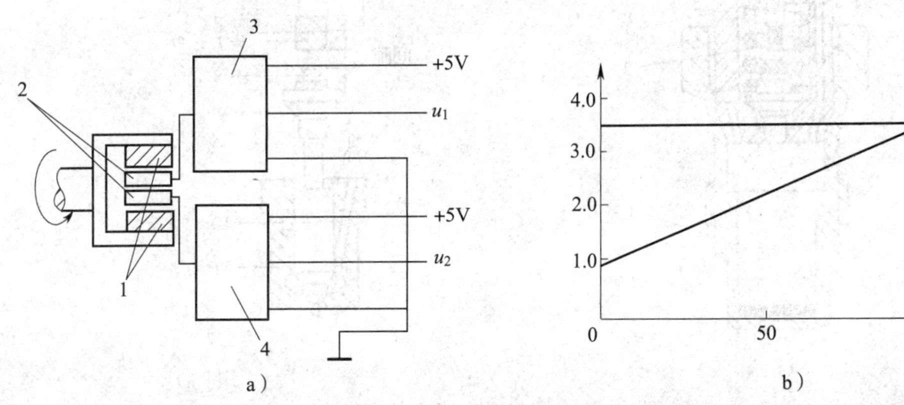

图 8—24　霍尔式加速踏板位置传感器

a）结构　b）输出特性曲线

1—磁铁　2—霍尔元件　3—1 号放大器　4—2 号放大器

2. 供（喷）油正时传感器

(1) 作用。检测柴油发动机实际供（喷）油正时，向ECM提供供（喷）油正时闭环控制所需的反馈信号。供（喷）油正时影响柴油发动机的动力性、经济性、排放性和噪声，因此，在电控柴油喷射系统中必须对供（喷）油正时进行闭环控制。

(2) 结构和工作原理。在柴油发动机电控系统中，根据检测供油正时的方法选择不同传感器。在直列柱塞泵电控系统中，通过检测凸轮轴的基准位置和转角来确定实际供油正时，工作原理同凸轮轴位置传感器。在分配泵"位置控制"方式的电控燃油喷射系统中，通过检测正时调节器活塞的位置来确定供油正时，这种正时活塞位置传感器用一个能提供液压活塞实际位移信号的线性电位器作为反馈信号传感器。在分配泵"时间控制"式和共轨式电控系统中，通过检测喷油器针阀开启始点、高速电磁阀关闭始点、燃烧室着火始点来确定实际供（喷）油正时，下面做重点介绍：

1）喷油器针阀开启始点传感器。喷油器针阀开启始点即为喷油始点。该传感器直接安装在喷油器内，传感器输出信号的始点可用来确定实际的喷油正时，也可通过检测针阀行程来确定喷油量的大小，因此，该传感器也可作为检测喷油器实际供油量的传感器。根据检测原理不同，分为霍尔式、电磁感应式和触点式。

①霍尔式喷油始点传感器。霍尔元件安装在针阀弹簧座的上方，弹簧座上固定着一块永久磁铁，其结构如图8—25a所示。霍尔元件通电后，弹簧座随针阀运动时，因永久磁铁的运动使通过霍尔元件的磁感应强度发生变化，使输出电压信号与针阀升程近似成正比，因此可通过信号电压来检测出喷油始点位置。霍尔元件与线性微分放大器、自调零电路、电压调

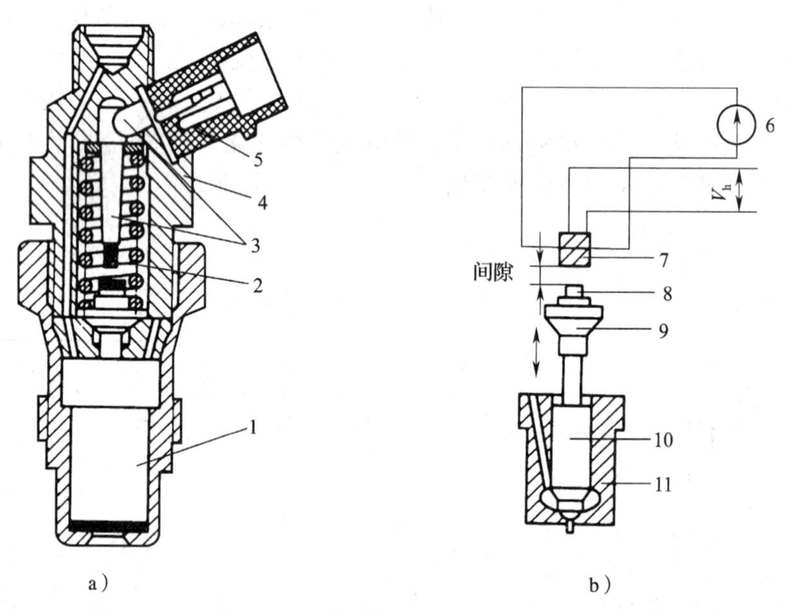

图8—25 霍尔式喷油始点传感器

a）结构 b）工作原理

1—喷嘴 2—传感器 3—电阻元件 4—喷油器 5—插接器 6—直流电源 7—霍尔元件 8—永久磁铁 9—弹簧座 10—针阀 11—针阀体

节器和触发输出电路固化在一个集成芯片内，减少了处理霍尔电压毫伏级模拟信号的问题，使输出信号不需要放大即可送入 ECM。这种电路同时具有抑制和消除机械误差、磁误差及温度响应的功能，每经过一次测量，就会自行重新校正一次。这种传感器带有一个快速自动接头，可以方便地进行拆卸而不影响其他零件的工作。霍尔式喷油始点传感器工作原理如图 8—25b 所示。

②电磁感应式喷油始点传感器。电磁感应式喷油始点传感器主要由电磁线圈和针阀组成，其结构如图 8—26a 所示。电磁线圈内置磁性材料，与喷油器连杆制成一体。线圈通电后，当磁性材料和喷油器顶杆随针阀移动时，使通过电磁线圈的磁通量发生变化，电磁线圈输出感应电信号，感应电动势大小与针阀升程成正比。ECM 接收电压信号，信号的始点作为喷油正时信号，信号的大小反映针阀升程大小，即喷油器的喷油量。电磁感应式喷油始点传感器工作原理如图 8—26b 所示。

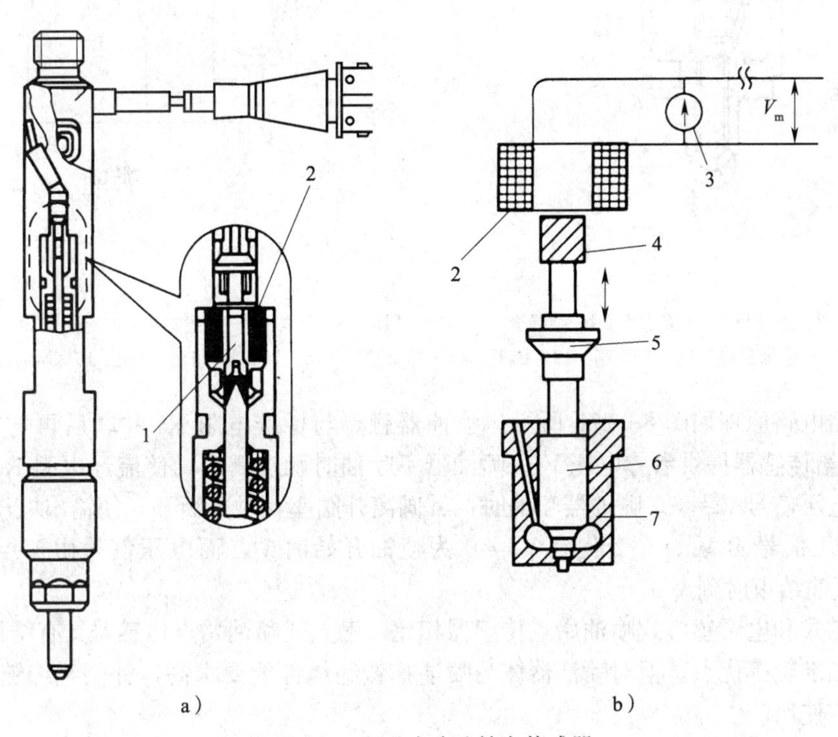

图 8—26　电磁式喷油始点传感器

a）结构　b）工作原理

1—针阀　2—电磁线圈　3—直流电源　4—磁性材料　5—弹簧座　6—针阀　7—针阀体

③触点式喷油始点传感器。触点式喷油始点传感器种类很多，但结构大致相同，如图 8—27a所示。喷油器针阀经弹簧座、弹簧、垫片、导线支座、接线片与线束插接器上的导线连接，并利用塑料绝缘套、绝缘环、绝缘套筒和针阀滑动面上的绝缘镀层与喷油器壳体和针阀体保持绝缘，喷油器体直接搭铁。它将喷油器的针阀与针阀座作为一个触点开关来控制电路通断。喷油开始前，针阀落在针阀体上，触点闭合；喷油时，针阀升起，触点断开。

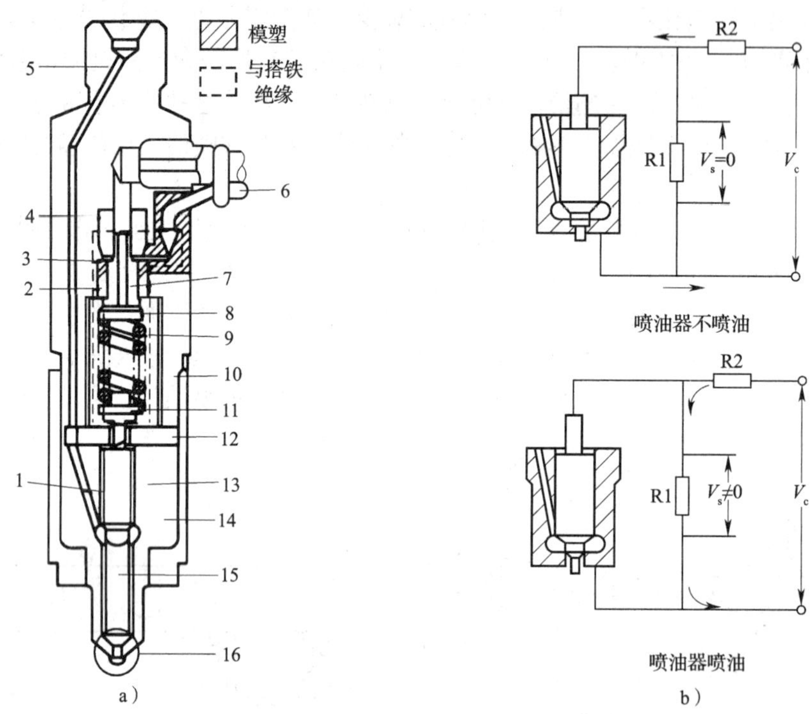

图 8—27　触点式喷油始点传感器

a）结构　b）电路原理

1—滑动面　2—绝缘环　3—接线片　4—绝缘套　5—喷油器体　6—导线　7—导线支座　8—垫片　9—喷油器弹簧　10—绝缘套筒　11—弹簧座　12—挡板　13—绝缘镀层　14—针阀体　15—针阀　16—接触点

传感器电路原理如图 8—27b 所示。喷油器触点与标准电阻 R1 并联后再与电阻 R2 并联。ECM 给传感器提供参考电压 V_c。喷油器不喷油时触点闭合，使流经电阻 R1 的电流为零，输出电压信号 $V_s=0$。喷油器喷油时，针阀离开阀座，触点断开，使输出电压信号 $V_s\neq0$。输出电压信号由 $V_s=0$ 变化到 $V_s\neq0$ 为喷油开始时刻，而电压信号由 $V_s\neq0$ 变化到 $V_s=0$ 为喷油结束时刻。

与霍尔式和电磁感应式喷油始点传感器相比，触点式喷油始点传感器具有结构简单、响应快、检测准确等优点，但对喷油器体与喷油弹簧绝缘性能要求高，针阀绝缘镀层难度大，不利于推广使用。

2）高速电磁阀关闭始点传感器。高速电磁阀应用在分配泵“时间控制”系统和共轨系统中，利用其关闭回油通道的方法控制分配泵供油始点或喷油器喷油始点，因此，可通过检测高速电磁阀开关状态确定供（喷）油始点。其结构原理与触点式喷油始点传感器相似，如图8—28所示。高速电磁阀关闭，ECM 接收到零电压信号；反之，ECM 接收到的电压信号不为零。

3）着火始点光电传感器。理想的供油正时应该是在实际着火开始时，这样就必须检测着火的开始时间。在有些“位置控制”的电控分配泵系统中，采用了检测燃烧闪光开始点的着火始点光电传感器，其结构如图 8—29a 所示。该传感器通过石英晶体把燃烧闪光传至光

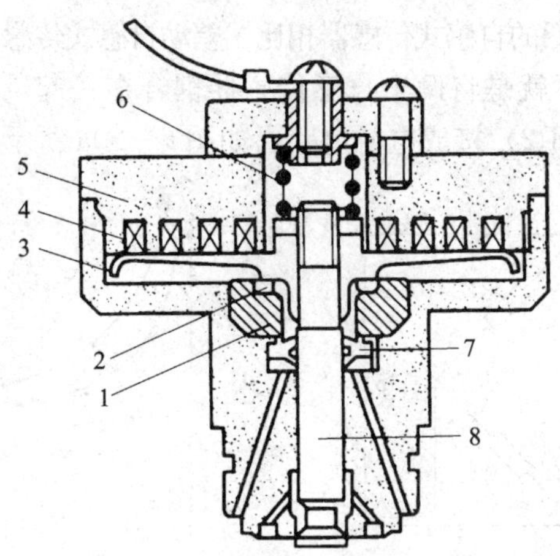

图 8—28　高速电磁阀关闭始点传感器

1—挡块　2—垫片　3—电枢　4—电磁线圈　5—铁芯　6—复位弹簧　7—密封圈　8—阀柱

敏晶体管，通过脉冲电信号输出，输出波形如图 8—29b 所示。着火始点光电传感器输出波形上升曲线段很陡峭，因而可准确检测出实际着火开始时间，由此确定供油始点。

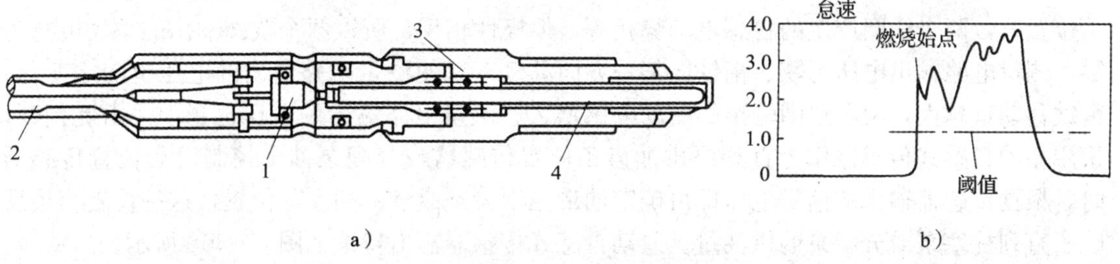

图 8—29　着火始点光电传感器

a）结构　b）输出波形

1—光敏晶体管　2—线束插接器　3—壳体　4—石英晶体棒

3. 供（喷）油量传感器

（1）作用。检测柴油发动机的实际供（喷）油量，产生的信号用来实现供（喷）油量的闭环控制。

（2）结构和工作原理。供（喷）油量传感器主要包括直列柱塞泵供油拉杆（或齿条）位置传感器、分配泵油量控制滑套位置传感器、喷油器针阀升程传感器。供油齿条和滑套位置传感器通常采用差动电感式。

差动电感式传感器主要用于位移检测，它利用电磁感应原理，将被测对象的位移变化量转换成线圈自感电动势或互感电动势的变化，进而由测量电路转换为电压信号。在柴油发动机电控系统中，常用的差动电感式传感器分为差动自感式和差动变压器式。

1）差动自感式传感器。差动自感式传感器根据结构可分为变间隙型、变面积型和螺线管型三种类型，其主要组成部分相同，主要包括线圈、铁芯、衔铁和连接杆。在自感式传感器的基础上，增加一个与原线圈完全相同的线圈，且两个线圈反向串接，以差动方式输出，即构成差动自感式传感器。与只有一个线圈的自感式传感器相比，差动自感式传感器灵敏度高，测量误差小。

差动自感式传感器实际就是将两个自感传感器耦合在一起，并将两个线圈（L1 和 L2）与两个标准电阻器（R1 和 R2）接成电桥电路，如图 8—30a 所示。

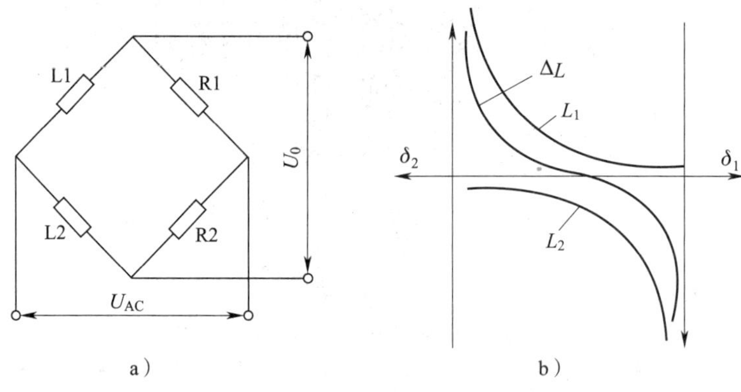

图 8—30　差动自感式传感器

a）测量电路　b）输出特性

差动自感式传感器输出随衔铁移动，两个线圈产生的自感电动势一增一减。衔铁处于初始位置时，两个线圈产生的自感电动势相等，但极性相反，所以两个线圈输出的差动电感为零，测量电路输出电压为零。衔铁向某一方向移动时，使测量电路输出的电压也随之变化。衔铁移动量越大，两个线圈输出的差动电感增大，测量电路输出的电压也越大。由此判断，采用差动自感式传感器作为直列泵供油齿条位置传感器或分配泵油量控制滑套位置传感器时，根据传感器输出的信号电压即可确定油量控制齿条或滑套的实际位置，这一位置直接反映了直列柱塞泵或分配泵的供油量。差动自感式传感器输出特性如图 8—30b 所示。

①变间隙型差动自感式传感器。传感器的衔铁通过连杆与被检测对象连接，传感器工作时，衔铁随被检测对象移动，将引起变间隙型自感式传感器的衔铁与铁芯之间的空气间隙发生变化，导致线圈磁回路中的磁阻变化，从而使线圈的磁通量变化，进而线圈产生的自感电动势也随之发生变化。传感器线圈产生的自感电动势与衔铁和被检测对象的移动量成正比，如图 8—31 所示。

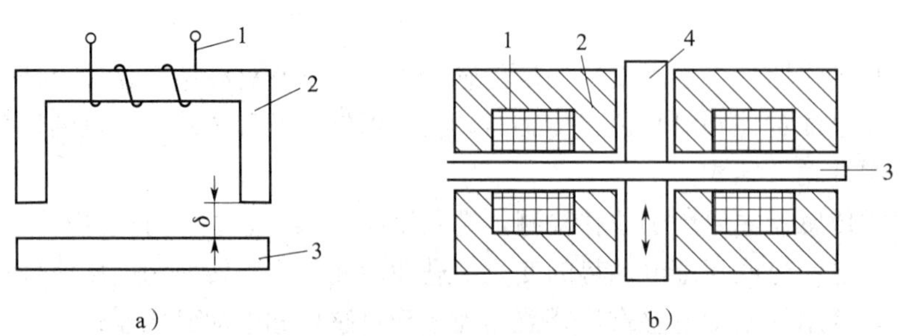

图 8—31　变间隙型差动自感式传感器

a）自感型　b）差动自感型

1—线圈　2—铁芯　3—衔铁　4—连接杆

②变面积型差动自感式传感器。工作原理同变间隙型，只不过引起磁通量变化的方式不同。变面积型是通过传感器铁芯与衔铁之间相对覆盖面积变化使线圈磁通量发生变化，如图8—32所示。

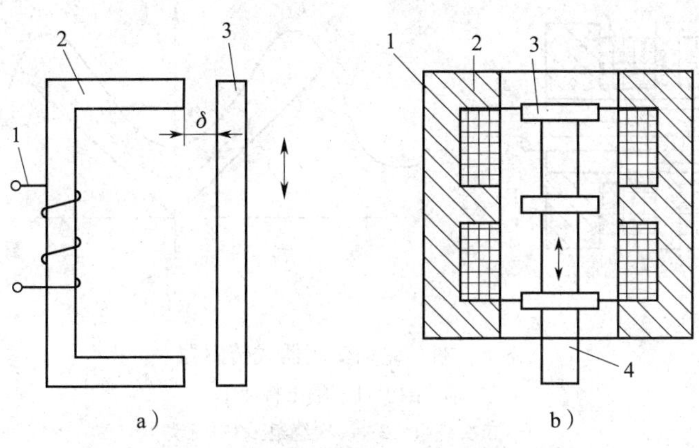

图8—32　变面积型差动自感式传感器

a）自感型　b）差动自感型

1—线圈　2—铁芯　3—衔铁　4—连接杆

③螺线管型差动自感式传感器。通过衔铁插入线圈的深度发生变化，使线圈磁通量发生变化，如图8—33所示。

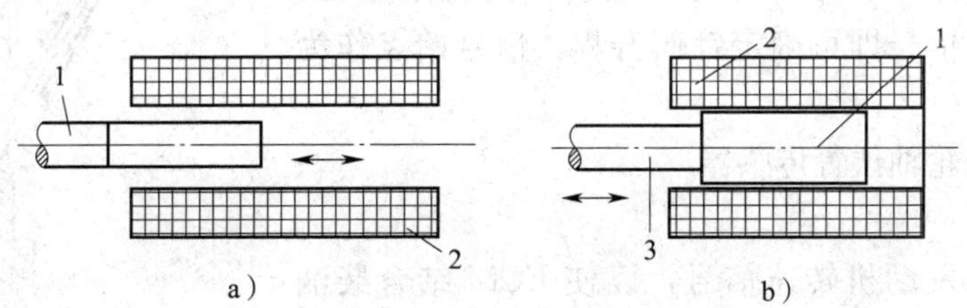

图8—33　螺线管型差动自感式传感器

a）自感型　b）差动自感型

1—衔铁　2—线圈　3—连接杆

2）差动变压器式传感器。差动变压器式传感器的工作原理类似于变压器，二次绕组反向串接，以差动方式输出，所以称为差动变压器式传感器。它主要由衔铁、一次绕组、二次绕组和线圈框架等组成，如图8—34a所示。其结构同样有变间隙型、变面积型和螺线管型三种。

差动变压器式传感器属互感型，给一次绕组通电时，在两个二次绕组中分别产生互感电动势E_{21}和E_{22}，如图8—34b所示。当衔铁移向某二次绕组一边时，该二次绕组产生的互感电动势增大，而另一个二次绕组产生的互感电动势减小。衔铁处于初始位置时，两个二次绕组产生的互感电动势大小相等，极性相反，差动电感为零。衔铁向任何一个方向移动偏离初始位置时，两个二次绕组的差动电感都不为零，且差动电感随衔铁位移量的增大而增大。因此，根据差动变压器式传感器输出电动势的大小和相位即可确定衔铁的位移量和移动方向。

图 8—34 中纵坐标为感应电动势，横坐标为衔铁位移量，实线为理想输出特性，虚线为实际输出特性。

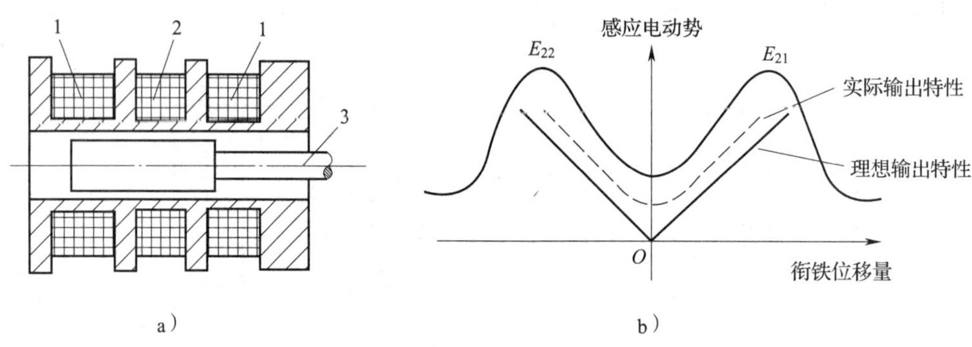

图 8—34　差动变压器式传感器

a）结构　b）输出特性

1—二次绕组　2—一次绕组　3—衔铁

3）喷油器针阀升程传感器。在采用压电共轨系统的燃油供给系统中，ECM 通过控制喷油孔流通截面即针阀升程来控制喷油量，利用针阀升程传感器实现喷油量的闭环控制。霍尔式针阀升程传感器主要由针阀弹簧座、永久磁铁和霍尔元件组成，如图 8—35 所示。霍尔元件通电后，当与针阀弹簧座制成一体的永久磁铁移动时，使通过霍尔元件的磁场强度发生变化，霍尔元件输出一个与针阀升程成正比的霍尔电压，ECM 根据此电压信号即可确定针阀升程，信号始点作为喷油正时信号。

4. 曲轴、凸轮轴位置传感器

（1）作用

1）提供柴油发动机转速信号，以使 ECM 结合柴油发动机负荷信号，精确计算循环喷油量。

2）向 ECM 提供 1 缸活塞上止点信号，以便使柴油发动机对喷油正时做出准确判断。

3）提供气缸判别信号。为了能起测速、正时和判缸三个作用，曲轴或凸轮轴转速与位置传感器通常要向 ECM 提供两组检测信号。一组称为 Ne 信号，用于检测曲轴位置和柴油发动机转速；另一组称为 G 信号，用于检测活塞上止点位置，同时也作为 Ne 信号计算曲轴转角的基准信号。

（2）结构和工作原理。曲轴、凸轮轴位置传感器一般安装在曲轴前端或飞轮上，也可安装在配气凸轮轴或喷油泵凸轮轴的前端。根据检测原理，曲轴位置传感器主要有电磁脉冲式、光电式和霍尔式。

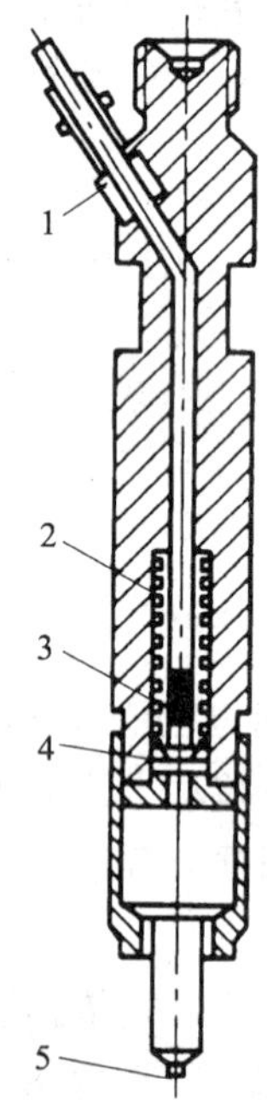

图 8—35　霍尔式针阀升程传感器

1—传感器接线端子　2—复位弹簧

3—霍尔元件　4—弹簧座和磁铁

5—喷嘴

1）电磁脉冲式曲轴位置传感器。电磁脉冲式曲轴位置传感器由一个永久磁铁的铁芯和铁芯外部的线圈构成，如图 8—36 所示。传感器的转子与永久磁铁和支架之间存在间隙，磁感线由磁铁 N 极出发，经过磁铁与转子之间的间隙、转子凸齿与定子磁头间的空气间隙、磁头至磁铁 S 极，形成闭合回路。曲轴转动带动信号转子转动，当转子转动时，会引起转子与永久磁铁之间的空气间隙发生变化，导致信号线圈内磁通量发生变化。根据法拉第电磁感应定律，磁通量的变化会在线圈的两端产生感应电动势。转子的旋转导致空气间隙交替变大、变小，线圈内磁通量的变化也是交替进行的，因为感应电压的方向总是企图阻止磁通量的变化，因此，转子凸齿在接近和离开磁铁时会产生相反的交流电压信号，如图 8—37 所示。

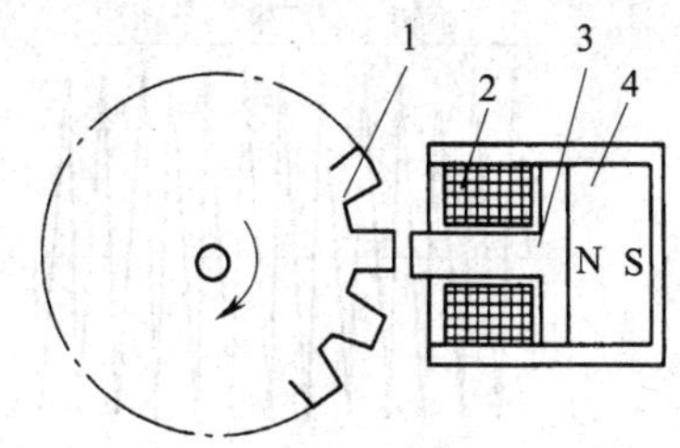

图 8—36　电磁脉冲式曲轴位置传感器

1—齿轮　2—感应线圈

3—铁芯　4—永久磁铁

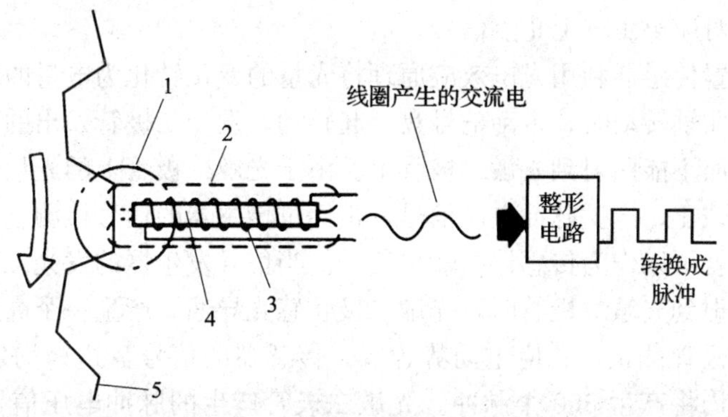

图 8—37　产生脉冲信号

1—切割磁场　2—磁场　3—线圈　4—磁铁　5—信号圆盘

当转子凸齿接近信号线圈时，空气间隙逐渐减小，线路中的磁阻减小，磁通量的变化逐渐增大，这时在线圈两端会产生一个逐渐增大的正电动势；随着凸齿向线圈靠近，空气间隙越来越小，但是磁通量变化率却逐渐变小，这时线圈两端的电动势会逐渐变小。当转子凸齿与线圈之间的距离最小时，线圈中的磁通量最大，但是磁通变化率为零，线圈两端的感应电动势为零。转子继续旋转，当转子与线圈间的距离逐渐变大时，线路中的磁阻逐渐变大，但是磁通量的变化率却逐渐增大，所以产生了一个负的但绝对值逐渐增大的电动势。随着转子的旋转，转子凸齿与线圈间的间隙越来越大，回路中的磁通量减小，磁通量的变化率也在减小，此时线圈两端的电动势减小，但仍为负值。所以，每一个轮齿通过磁头时，都将在感应线圈中产生一个完整的交流电压信号。

Ne 信号转子有 24 个齿，故转子旋转一周对应感应线圈产生 24 个交流电压信号，如图 8—38 所示。每个脉冲信号对应曲轴转角 15°，ECM 根据单位时间内脉冲信号的个数计算出曲轴转速。

G 信号用于判别气缸及检测活塞上止点的位置。G_1 和 G_2 信号分别用于检测第 1 缸和第

6 缸上止点。G_1 和 G_2 信号发生器的位置并不是活塞正好达到上止点的位置，而是提前一些，以使活塞到达上止点前提前喷油。G_1 和 G_2 信号关系如图 8—39 所示（六缸柴油发动机）。

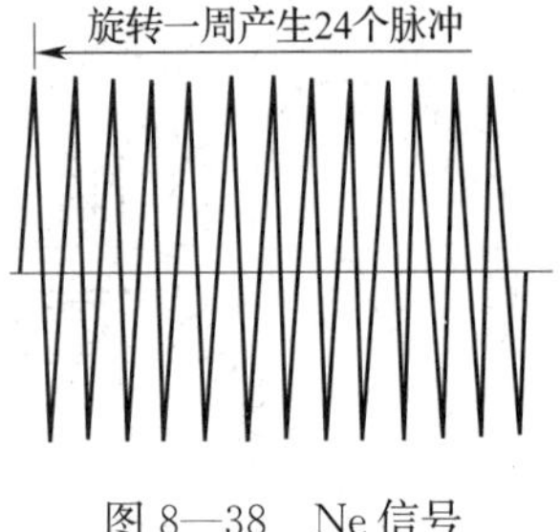

图 8—38　Ne 信号

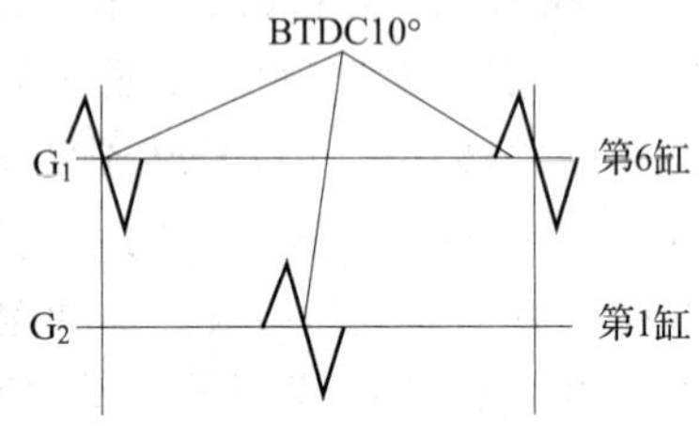

图 8—39　G_1 和 G_2 信号关系

2）光电式曲轴位置传感器。光电式曲轴位置传感器由信号盘、发光二极管、光敏装置组成，信号盘的结构如图 8—40 所示。光电式曲轴位置传感器信号盘外围有 360 条缝隙，产生 1°曲轴转角信号，外围稍靠内侧分布着六个光孔（间隔 60°），产生 120°信号，其中有一个较宽的光孔产生对应第 1 缸上止点信号。

光电式曲轴位置传感器利用光电效应原理将光量的变化转化为电量的变化，工作原理如图 8—41 所示。当曲轴转动时，带动信号盘一起转动，发光二极管发出的光线时而能照射到光敏二极管上，时而不能照射到光敏二极管上。由于光敏二极管上的光量不断发生变化，从而使二极管导通与截止，产生脉冲电压信号，再经过传感器的信号检测电路将杂波滤除，这时的脉冲电压信号就可以作为传感器的输出信号。当信号发生器的发光二极管发出的光线经过信号盘的小孔照射到光敏二极管时，光敏二极管感光导通，产生一个高压；当光线被信号盘挡住时，光敏二极管截止，感应电动势为零。传感器的信号盘边缘均匀分布着 360 个缝隙，信号盘每转一周将产生 360 个脉冲。光敏二极管产生的脉冲电压信号经放大后，便向 ECM 输入曲轴转角的 1°信号和 120°信号。由安装位置所决定，120°信号对应位置不是活塞到达上止点，而是在活塞上止点前 70°曲轴位置。

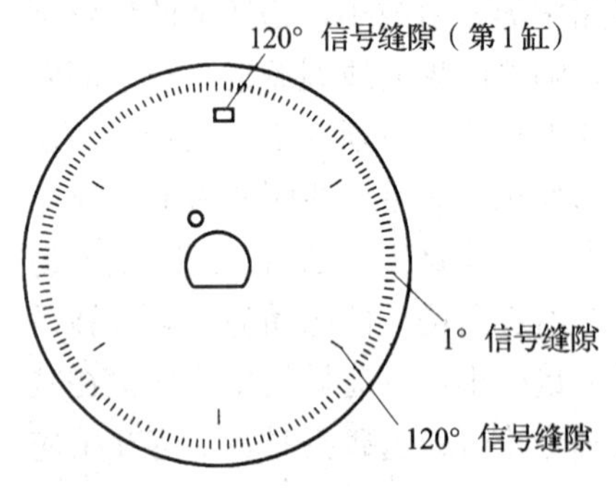

图 8—40　光电式曲轴位置传感器信号盘

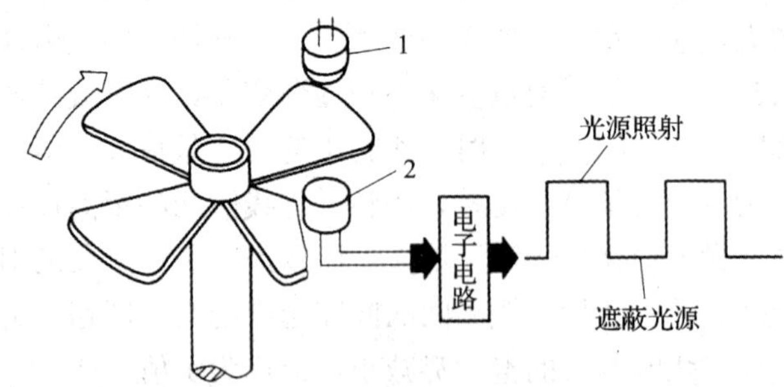

图 8—41　光电式曲轴位置传感器工作原理
1—发光二极管　2—光敏二极管

3）霍尔式曲轴位置传感器。霍尔式曲轴位置传感器是利用霍尔效应制成的。置于磁场中的静止载流导体，当它的电流方向与磁场方向不一致时，载流导体上平行于电流和磁场方向的两平面之间产生霍尔电动势，这就是霍尔效应，如图 8—42 所示。根据触发结构的不同，霍尔式曲轴位置传感器可分为触发叶片式和触发轮齿式两种。

①触发叶片式霍尔曲轴位置传感器。触发叶片式霍尔曲轴位置传感器的主要元件包括带导板的永久磁铁、触发叶轮、霍尔元件及集成电路，如图 8—43 所示。永久磁铁和霍尔元件置于触发叶轮的两侧，触发叶轮安装在转子轴上，能够随转子一起转动。触发叶轮上有叶片，当曲轴带动转子转动时，触发叶轮也随之转动，触发叶轮上的叶片便在霍尔元件和永久磁铁之间转动。集成电路主要由放大电路、稳压电路、温度补偿电阻、信号变换电路和输出电路组成。

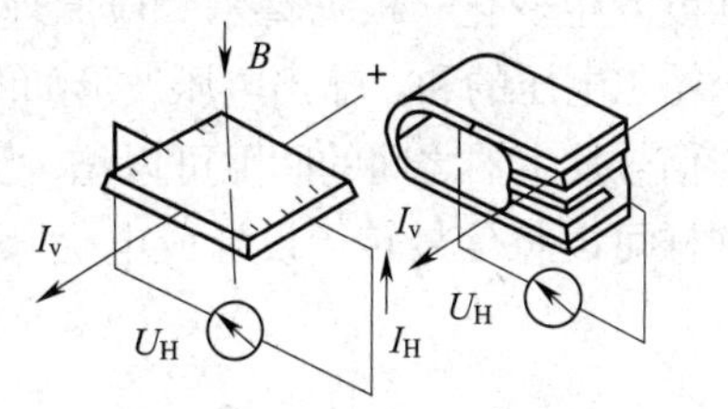

图 8—42　霍尔效应

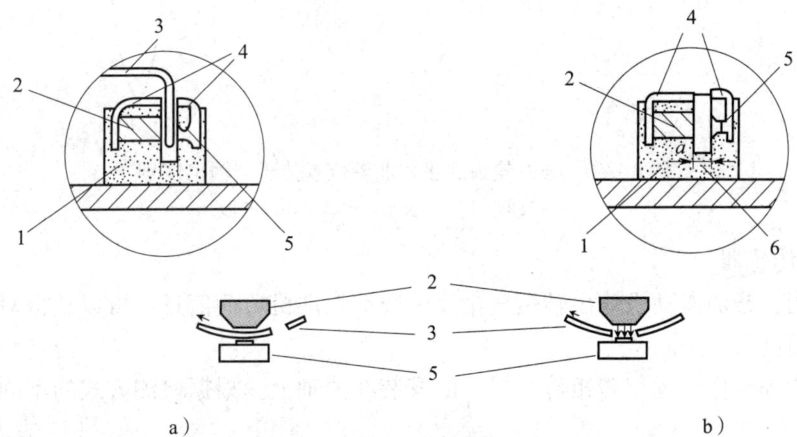

图 8—43　触发叶片式霍尔曲轴位置传感器

a）触发叶片在空气隙内　b）触发叶片不在空气隙内

1—触发开关　2—永久磁铁　3—触发叶片　4—导板　5—霍尔元件　6—空气隙

当曲轴带动触发叶轮转动时，触发叶轮上的叶片会依次通过永久磁铁与霍尔元件之间的空气隙。霍尔元件用导线连接在电路中，其上通有电流。当触发叶轮的叶片在空气隙时，霍尔集成电路的磁通被阻挡，此时霍尔电动势为零，集成电路的输出端晶体管截止，传感器输出一个高电平信号；当叶片不在空气隙时，磁通构成回路，产生霍尔电动势，此时输出端晶体管导通，传感器输出一个低电平信号。ECM 根据输入脉冲信号计算出曲轴转角和活塞上止点，对柴油发动机的喷油进行控制。

②触发轮齿式霍尔曲轴位置传感器。触发轮齿式霍尔曲轴位置传感器安装有两个霍尔元件，因此又称双霍尔式曲轴位置传感器。其结构与电磁脉冲式曲轴位置传感器相似，由带凸齿的信号转子和霍尔信号发生器组成，如图 8—44 所示。

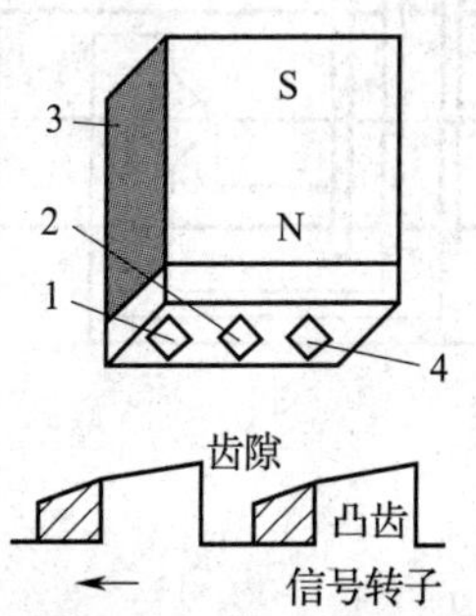

图 8—44　触发轮齿式霍尔曲轴位置传感器

1—No. 1 霍尔元件　2—信号处理 IC

3—永久磁铁　4—No. 2 霍尔元件

触发轮齿式霍尔曲轴位置传感器的信号转子装在柴油发动机曲轴上。当曲轴旋转时，传感器的信号转子随之一起旋转。在信号转子转动过程中，信号转子上的凸齿和齿隙依次交替经过传感器探头的位置，使探头和信号转子之间的空气隙发生变化，从而导致磁路中的磁场强度发生变化。根据霍尔效应原理，传感器的霍尔元件中产生交变电压，其输出电压值为两个霍尔电压的和，输出电压波形如图 8—45 所示。由于输入信号强度增强，因此信号转子凸齿与信号发生器之间的间隙可以增大到 1.5 mm（普通霍尔式传感器间隙仅为 0.2～0.4 mm），这样可以将信号转子设计成电磁脉冲式的齿盘式信号盘结构，以便于安装。

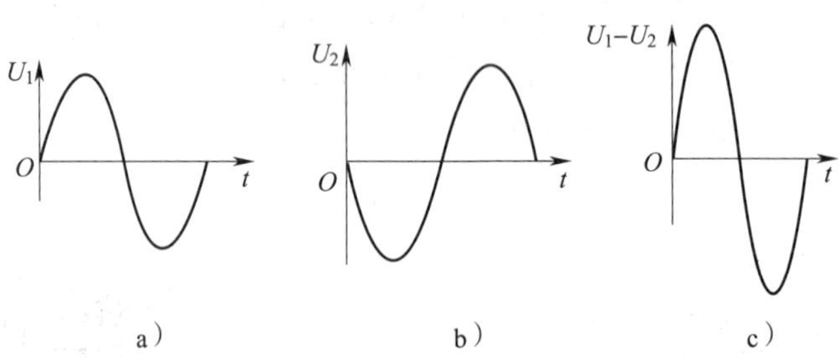

图 8—45　触发轮齿式霍尔曲轴位置传感器输出信号

a) U_1波形　b) U_2波形　c) U_1-U_2波形

5. 转矩传感器

（1）作用。柴油发动机输出转矩直接反映柴油发动机负荷信息，可以获得对自动变速器更高的控制精度。

（2）结构和工作原理。转矩传感器一般安装在曲轴上。根据检测方式的不同，主要有以下几种。

1）应变片式转矩传感器。这种检测方式是将应变片贴在曲轴上，测量应变片电阻的变化即可测得曲轴受到转矩后产生的扭转变形，其结构如图 8—46a 所示。但为了获得信号，必须采用集电环（滑环）或遥测仪，检测原理如图 8—46b 所示。

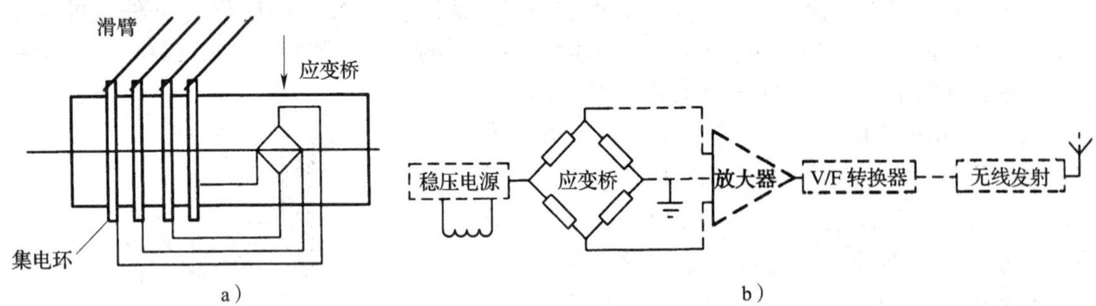

图 8—46　应变片式转矩传感器

a) 结构　b) 检测原理

2）相位差式转矩传感器。这种检测方式是利用曲轴扭转角与转矩成正比的原理，用两个相同的齿轮（或沿圆周刻有均匀分布狭槽的圆盘）装在曲轴不同的位置上，通过曲轴扭转时产生的两个齿轮之间的相位差来反映曲轴输出转矩的变化，如图 8—47 所示。它采用齿轮加电磁传感器、齿轮加霍尔传感器或狭槽圆盘加光电检测器等装置来检测曲轴的转矩。在输出转矩为零时，两个传感器的输出脉冲应重合；而当输出转矩不为零时，两个传感器的输出脉冲将分离。为了提高检测精度和灵敏度，必须适当选择两个齿轮的安装位置。

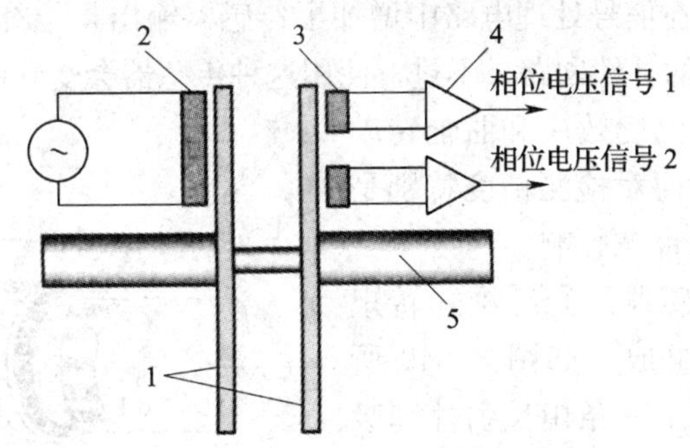

图 8—47　相位差式转矩传感器

1—相位差基板　2—驱动线圈　3—检测线圈　4—放大器　5—旋转轴

3）磁致伸缩式转矩传感器。这种检测方式是利用磁性材料在承受负载时磁导率会发生变化，以及圆柱形材料在转矩作用下其表面的应变与转矩成正比的原理，用磁头形式的传感器以非接触方式检测因曲轴扭转而产生的表面磁导率变化。如图 8—48 所示为一种将传感器安装在曲轴尾部的方案。它是将一个励磁线圈和四个环绕它分布的检测线圈沿着曲轴受扭而产生的主应力方向（即与曲轴圆周成 45°螺旋线方向）布置。中间的励磁线圈在接通交流电源后产生磁通强度的变化，通过曲轴使接成单臂电桥形式的四个检测线圈产生电动势。当曲轴不承受转矩时，四个线圈产生的感应电动势是平衡的，电桥输出电压为零；当曲轴承受转

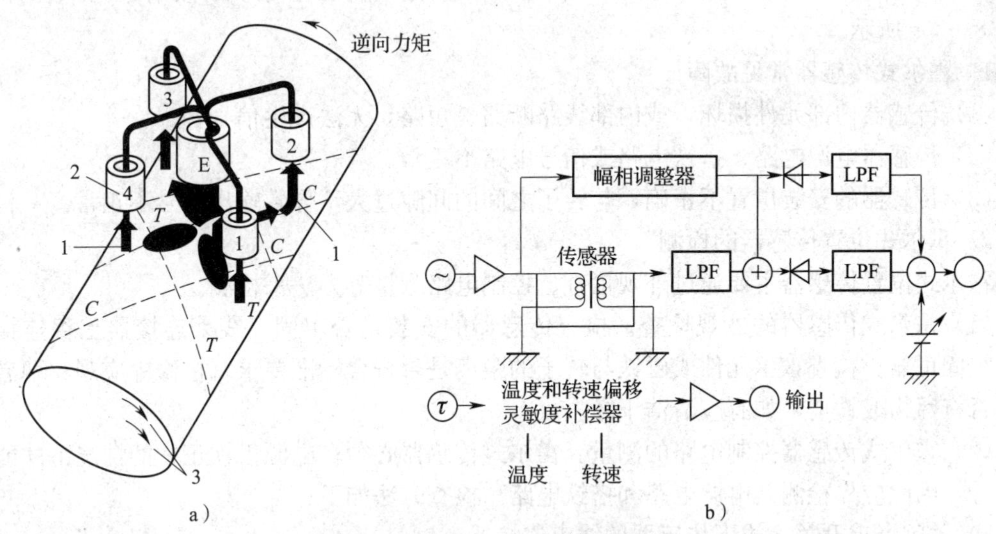

图 8—48　磁致伸缩式转矩传感器

a）原理图　b）信号处理电路图

1—磁通量　2—检测线圈　3—旋转力矩

矩时，曲轴表面的磁导率会发生变化，电桥平衡被破坏，检测线圈 1 和 3 的电动势会增大，而检测线圈 2 和 4 的电动势会减小。对输出电压信号进行处理后，就能检测出柴油发动机的输出转矩了。

为了提高测量精度，在信号处理电路中增加了传感器输出相位补偿电路、温度补偿回路、受温度和转速影响输出值的补偿回路。不过，使用这种传感器会受到曲轴材料不均匀性、传感器与曲轴表面空气间隙、温度效应和曲轴转动加速度等带来的影响，从而对检测精度特别是检测瞬间转矩变化的精度带来影响。

4）光纤维式转矩传感器。光纤维式转矩传感器由激光器和光纤组成，如图 8—49 所示。在轴和轴承上分别装上一条由反射片和吸收片组成的传感器带，由激光器发出的激光经光纤由吸收小片吸收，再由反射小片反射，经光纤送入检测器。当轴受扭后，相对于轴承产生一定的扭转角度，传感器带将此变化反映到检测装置，从而完成转矩的检测。由于光纤式转矩传感器具有灵敏度高、体积小、质量轻、随意性好、频带宽、绝缘性好、化学稳定性好、不受电磁干扰、成本低等优点，被认为是最有应用前景的一种转矩传感器。

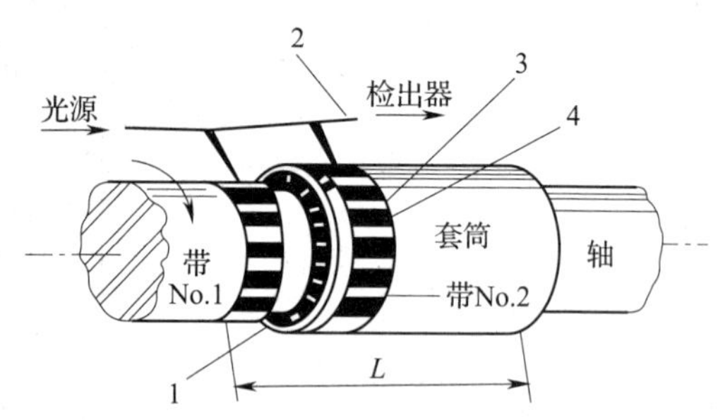

图 8—49　光纤维式转矩传感器

1—轴承　2—光纤维　3—反射小片　4—吸收小片

二、位置与角度传感器的检修

下面以加速踏板位置传感器为例进行介绍。

如图 8—50a、b 所示分别为电位计式和霍尔式加速踏板位置传感器电路图，其输出特性如图 8—50c 所示。

1. 霍尔式传感器常见故障

（1）传感器内部元件损坏，或内部线路断路、短路，无法产生信号。

（2）传感器电源电路、搭铁电路或信号电路不正常。

（3）传感器的安装位置不正确，与转子之间的间隙过大，导致输出信号不正常。

2. 霍尔式位置传感器的检测

霍尔式位置传感器主要通过外观检查、控制电路测量等方法来检测。

（1）霍尔式传感器的外观检查。检查传感器的安装是否牢固，线束连接器是否连接有效、牢固可靠。检查霍尔元件或磁铁与转子的距离是否符合标准要求，检修中应观察两者之间是否有污物或铁屑，如有应清洁干净。

（2）霍尔式传感器控制电路的测量。霍尔式传感器必须在电源搭铁正常的情况下才能产生信号，因此应先检测其电源电路和搭铁电路。检查方法如下：

1）关闭点火开关，拔下传感器的线束连接器。

2）打开点火开关，用数字式万用表分别测量传感器线束连接器各端子。

①测量传感器电源端子，应为蓄电池电压 24 V（或 12 V，或 5 V 基准信号电压）。如电压与标准不符，说明有故障，应进一步检测电源线路。

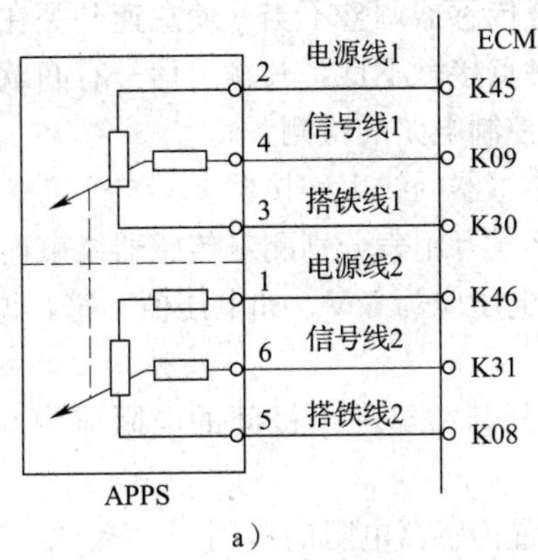

a）

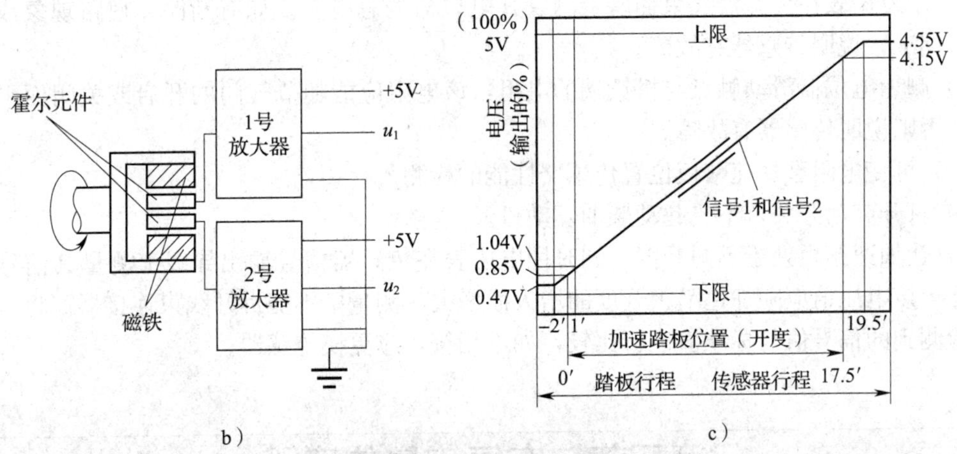

b）　　　　c）

图 8—50　加速踏板位置传感器电路图

a）双电位计式加速踏板位置传感器　b）霍尔式加速踏板位置传感器　c）加速踏板位置传感器信号输出特性

②测量传感器搭铁电路，其与蓄电池负极间的电阻应为 0 Ω。如有异常应检修搭铁线路。

③测量信号端子的电压，应为 0.5～4.5 V。如有异常，应检测该端子与霍尔元件之间的连接线路是否异常，霍尔元件本身应无故障。

也可以使用数字式万用表检测连接器与霍尔元件一侧的电压（检测值约为 45 mV）。若检测传感器内部电阻为无穷大，符合霍尔式传感器未通电情况下的特性，说明传感器工作正常（如果机械设备或柴油车辆动力系统装备的是多路信息传输系统即网络通信，则必须使用专门的检测与诊断仪器，结合电路图分析才能进行有效的故障诊断和排除，检修时必须参阅故障机型维修手册和检测、诊断仪器的应用说明）。

3．电位计式加速踏板位置传感器常见故障

（1）加速踏板位置传感器故障原因

1）传感器中的电位器或怠速开关断路或短路。

2）有怠速开关的供油位置传感器调整不当，使怠速开关在怠速时没有闭合。

3）电阻型电位器的滑动触点接触不良，其输出信号有间歇中断现象。

（2）加速踏板位置传感器控制电路的检测

1）关闭点火开关，拔下传感器的线束连接器。

2）打开点火开关，用数字式万用表分别测量传感器线束连接器各端子。

①测量传感器电源端子的电压应为 5 V。如电压值不符，说明控制电路或 ECM 有故障，应进一步检测。

②测量传感器搭铁端子，其与蓄电池负极间的电阻应为 0 Ω。如有异常，应检修搭铁线路。

（3）电位计式加速踏板位置传感器电阻的检测

1）拔去传感器的线束连接器。

2）用万用表在传感器线束插座上测量其电位器的总电阻。如有断路、短路现象或阻值不符合标准，说明传感器有故障。

3）测量电位器滑动触点与搭铁端的电阻，该电阻应能随节气门的开启或关闭而平滑地变化，否则说明传感器有故障。

（4）可变电阻型加速踏板位置传感器性能的检测

1）打开起动开关，不要起动柴油发动机。

2）让加速踏板处于不同开度，同时用电压表在传感器信号输出导线上测量其信号电压的变化，该电压值应随加速踏板开度的增大而增大。测量中不能拆开线束连接器。将不同开度下检测到的信号值与标准值进行比较，如不相符，应更换传感器。

第四节　空气流量传感器

一、空气流量传感器的作用及工作原理

在柴油发动机电控系统中，空气流量传感器的作用主要是用来在废气再循环（EGR）控制中提供计算 EGR 率时的吸入空气流量的信息。

空气流量传感器一般安装在进气总管上，根据检测原理可分为体积流量检测型空气流量传感器和质量型空气流量传感器。质量型空气流量传感器又分为热线式空气流量传感器和热膜式空气流量传感器，体积流量检测型又分为叶片式空气流量传感器和卡尔曼涡流式空气流量传感器。

1. 热线式空气流量传感器

热线式空气流量传感器主要由防护网、采样管、热线电阻、温度补偿电阻和控制电路板等组成，如图 8—51 所示。热线电阻和温度补偿电阻安装在主进气道中，控制电路板安装在流量传感器下方。进气管连接侧的防护网用于防止回火和污物进入空气流量传感器。采样管置于空气流量传感器主空气道中央，两端有金属防护网，防护网通过卡箍固定在壳体上。采样管由两个塑料护套和一个热线支承环构成。热线支承环上有一根直径很小的铂丝，其阻值

随温度变化而变化。当传感器工作时，铂丝将被控制电路提供的电流加热到120℃左右，因此称为热线。铂热线是单臂电桥的一个桥臂 R_h，由于进气温度变化使热线的温度发生变化而影响进气量的测量精度，因此在热线附近设有一根温度补偿电阻丝，称为冷线，是单臂电桥电路的另一个臂，其电阻也随温度变化而变化。

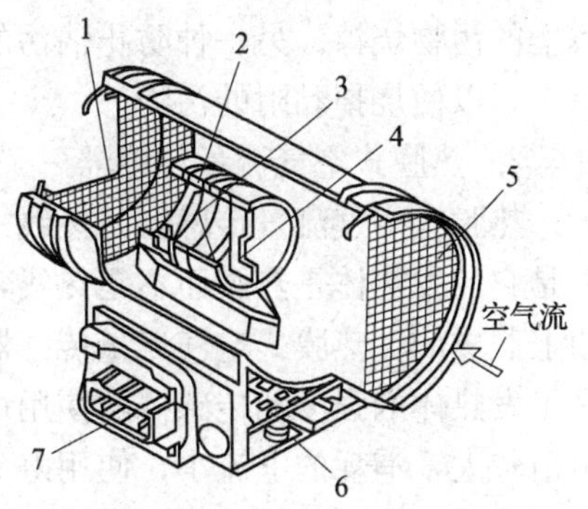

图 8—51　热线式空气流量传感器的结构

1—防护网　2—采样管　3—铂热线
4—温度补偿电阻　5—进气侧护网
6—控制电路板　7—接线端子

热线式空气流量传感器的工作原理如图 8—52 所示。安装在控制电路板上的精密电阻 Ra、电桥电阻 Rb 和热线电阻 Rh、温度补偿电阻 Rk 组成惠斯登电桥。当空气流经热线电阻 Rh 时，热线温度降低，电阻值减小，电桥失去平衡。空气流量越大，热线电阻上被带走的热量越多，电阻值减小得越大。若要保持电桥平衡，就必须增大流经热线电阻的电流，以恢复其温度和阻值，精密电阻 Ra 两端的电压也相应增大。流经热线的空气量不同，热线的变化温度不同，其电阻变化量也不同。为保持电桥平衡，需增大流经热线电阻的电流，从而使精密电阻 Ra 两端的电压也相应变化。控制电路将电阻 Ra 两端的电压送给 ECM，即可确定进气量。

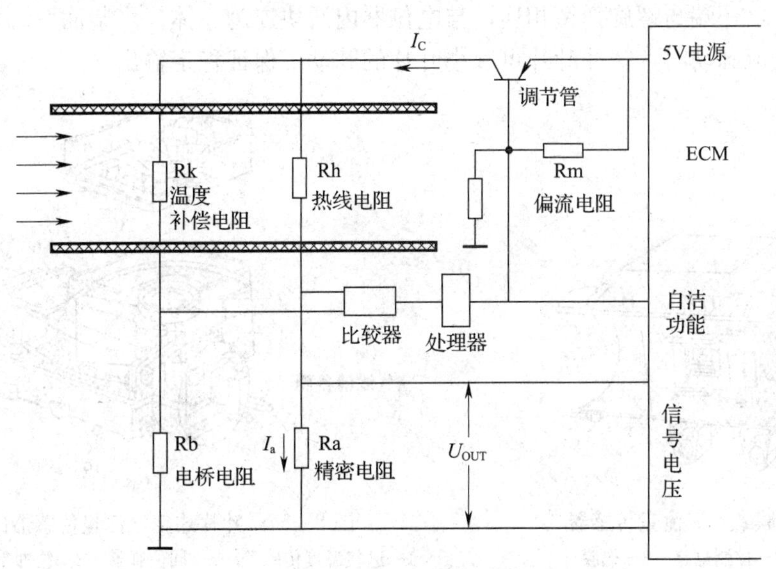

图 8—52　热线式空气流量传感器的工作原理

控制电路可使热线电阻与感应进气温度的温度补偿电阻之间的温差不变。热线式空气流量传感器直接测量进入柴油发动机的空气质量流量，不需要进气温度传感器对测量值进行修正。

精密电阻 Ra 是一个温度系数很低的金属薄电阻。温度补偿电阻 Rk 用来对热线电阻 Rh 的温度进行参照，使其温差控制在 100℃左右，从而提高测量精度。

热线式空气流量传感器都具有自洁功能，即柴油发动机转速超过 1 500 r/min，关闭点火开关使柴油发动机熄火后，控制系统将热线加热到 1 000℃以上并保持约 1 s，使黏附在热线上的污物烧掉。另一种防止沾污的方法是提高热线的保持温度，一般保持温度设在 200℃以上，以便烧掉黏附的污物。

2. 热膜式空气流量传感器

热膜式空气流量传感器是热线式空气流量传感器的改进型，结构与工作原理基本相同，只是它的发热体是热膜而不是热线，如图 8—53 所示。热膜是由发热金属铂固定在薄的树脂膜上制成的。热膜式空气流量传感器的发热体不直接承受空气流动所产生的作用力，从而提高了发热体的强度和传感器的使用可靠性。与热线式传感器相比，热膜式传感器的热膜电阻阻值较大，消耗的电流小，使用寿命也较长。但是，由于其发热元件表面的一层保护膜存在辐射热传导作用，因此响应性较差。

热线式和热膜式空气流量传感器能直接测量进气管进入柴油发动机的空气流量，不需要温度传感器的修正；测量精度高，能在短时间内反映空气流量；且具有无运动组件、进气阻力小、不易磨损、测量范围大等特点，因此在柴油发动机中得到了广泛的使用。

3. 叶片式空气流量传感器

叶片式空气流量传感器的工作原理是利用进气气流的推力来改变电位器的电阻，它主要由叶片部分和电位器部分组成，结构如图 8—54 所示。叶片由铸成一体的测量叶片和缓冲叶片两部分组成，测量叶片在主空气道内摆动，缓冲叶片在缓冲室内摆动。叶片轴安装在流量传感器壳体上，一端与螺旋弹簧相连，与电位器内滑块连为一体。当柴油发动机吸入的空气急剧变化和气流脉动时，缓冲叶片可减小叶片的脉动，保证稳定输出。

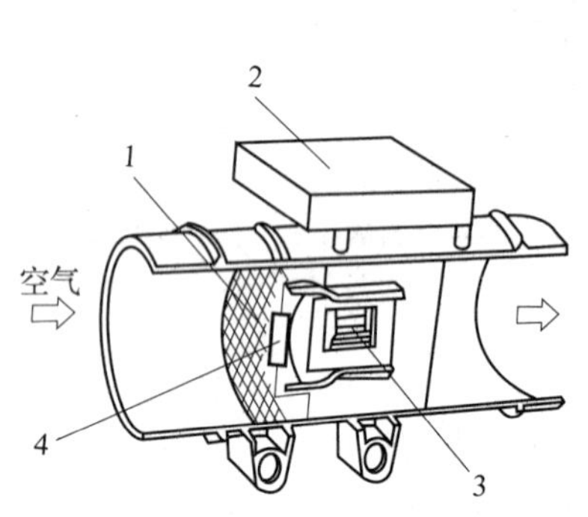

图 8—53　热膜式空气流量传感器

1—防护网　2—控制电路　3—热膜　4—进气温度传感器

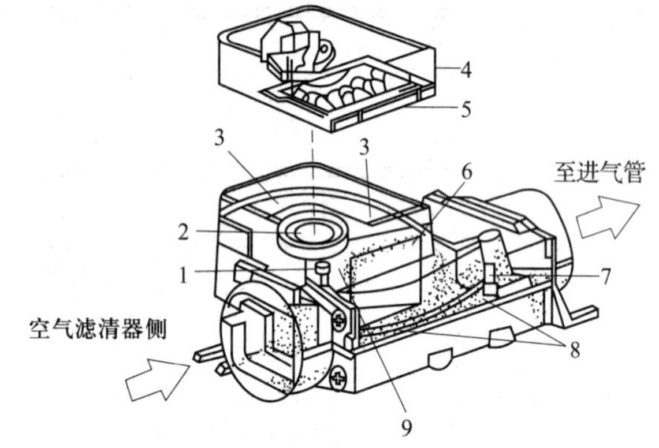

图 8—54　叶片式空气流量传感器的结构

1—进气温度传感器　2—回位弹簧　3—缓冲室　4—电位计　5—接线插头　6—缓冲叶片　7—调整螺钉　8—旁通道　9—测量叶片

传感器中电位器位于传感器壳体上方，内有平衡重块、滑臂、复位弹簧、调整齿圈和印制电路板等，其结构如图 8—55 所示。叶片轴上的复位弹簧一端固定在转轴上，另一端与调整齿圈相连，通过调整齿圈可以调节弹簧预紧力，改变传感器的输出特性。

叶片式空气流量传感器的工作原理如图 8—56 所示。当进气气流通过传感器时，叶片将受到进气气流推力和弹簧弹力的共同作用。当进气气流逐渐增大时，叶片的转角也随之增

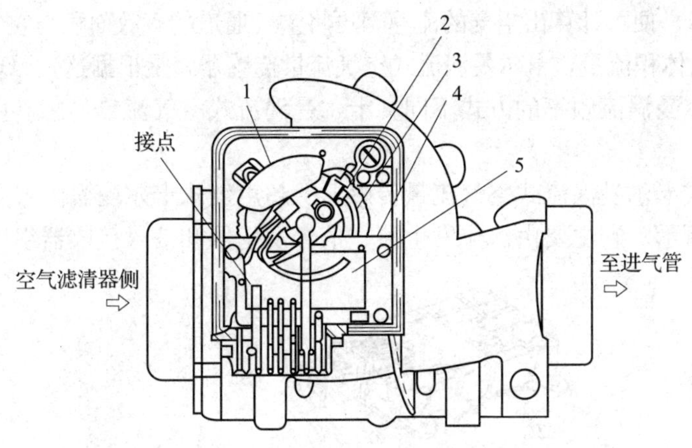

图 8—55　电位器的结构

1—平衡重块　2—调整齿圈　3—复位弹簧　4—电位器　5—电路板

大，直到气流推力与弹簧弹力平衡为止。同时，电位器滑臂在滑道内滑动，使接线端子 Vc 与 Vs 之间的电阻减小，使两接线端子之间的电压 U_S增大。这样柴油发动机 ECM 就根据空气流量传感器的 U_S/U_B信号感知空气流量的大小。U_S/U_B值与空气流量成反比，输出特性如图 8—57 所示。

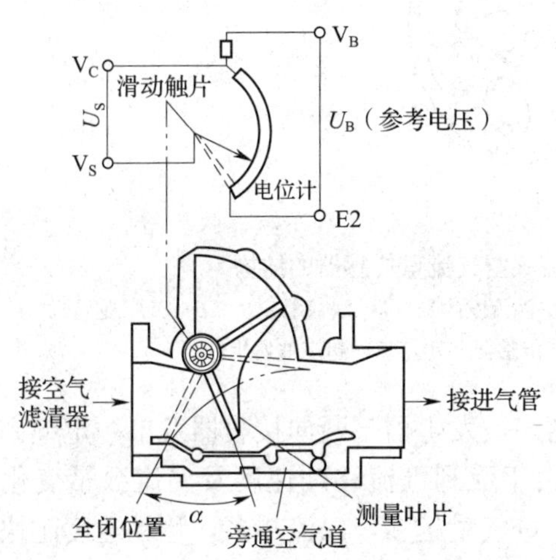

图 8—56　叶片式空气流量传感器的工作原理

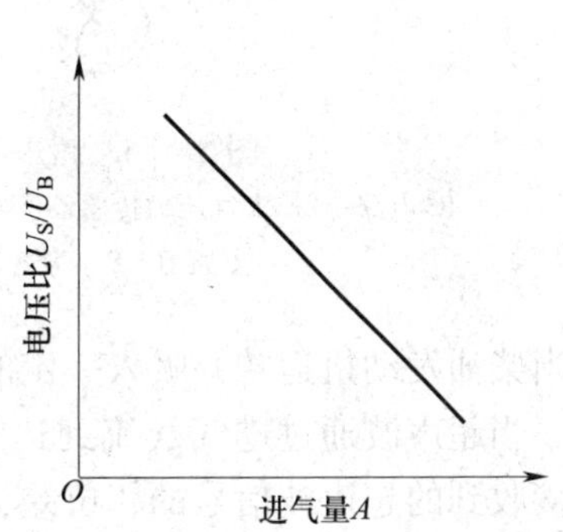

图 8—57　叶片式空气流量传感器输出特性

4. 卡尔曼涡流式空气流量传感器

在进气通道内设置一锥体状的卡门旋涡发生器，当空气流过发生器时，便会在发生器的后面形成有规律的空气涡流。空气流速用 v 表示，卡门旋涡发生器的宽度为 d ，发生器所产生的涡流频率用 f 来表示，则三者之间的关系为：

$$f = S_t v/d$$

式中　S_t——比例常数（约为 0.2）。

从公式可以看出，卡尔曼涡流频率 f 与空气流速 v 成正比例关系，在进气过程中只要测出

卡尔曼涡流频率 f，便可计算出空气的流速，再将空气通道的有效面积与空气流速相乘即可得进入气缸内空气的体积流量。卡尔曼涡流式空气流量传感器就是根据这一原理制成的。

根据检测卡尔曼涡流频率的方式不同，卡尔曼涡流式空气流量传感器可分为超声波式和反光镜式两种。

（1）超声波式卡尔曼涡流式空气流量传感器。超声波式卡尔曼涡流式空气流量传感器的结构如图 8—58 所示。它主要由涡流发生器、信号发生器和信号接收器组成。

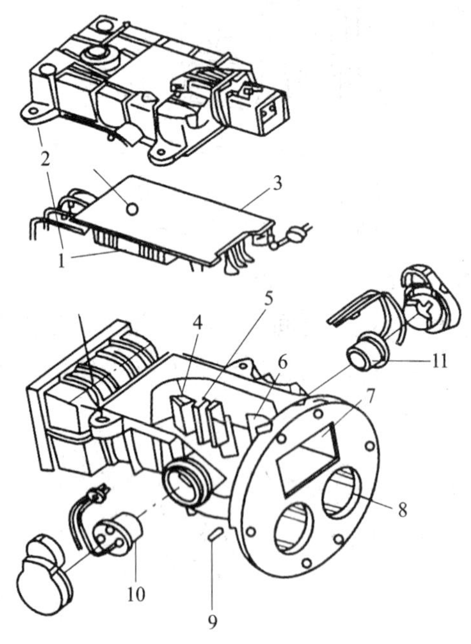

图 8—58　超声波式卡尔曼涡流式空气流量传感器的结构

1—IC 电路　2—大气压力传感器　3—控制电路　4—涡流发生器　5—涡流稳定板　6—卡尔曼涡流　7—主通道　8—旁通道　9—进气温度传感器　10，11—超声波发生器

当柴油发动机运转并吸入一定的气体时，超声波发生器不断向接收器发出一定频率的超声波。当超声波通过进气气流到达接收器时，由于受到气流移动速度及涡流数量变化的影响，接收到的超声波信号的相位差会发生变化：进气量越多，涡流越多，移动速度越快，接收到的超声波的相位及相位差就越大；反之则越小。控制电路根据超声波信号的相位或相位差的变化就可计算出涡流频率并将其送给 ECM，ECM 根据输入的进气涡流频率信号计算出进气量。空气流量检测原理如图 8—59 所示。

（2）反光镜式卡尔曼涡流式空气流量传感器。反光镜式卡尔曼涡流式空气流量传感器主要由涡流发生器、发光二极管 LED、光敏晶体管、反光镜、导压孔、张紧带及控制电路组成，如图 8—60 所示。涡流发生器后面设置有导压孔，用来将变化的涡流导入导压腔内。反光镜安装在张紧带上，发光二极管和光敏晶体管设置在反光镜的上面，发光二极管发出的光经反光镜反射后使光敏晶体管导通。在传感器的入口处设置有蜂窝状整流网栅，使吸入的空气在涡流发生器上游形成比较稳定的气流，从而保证气体经涡流发生器后产生与其流速成正比的涡流。

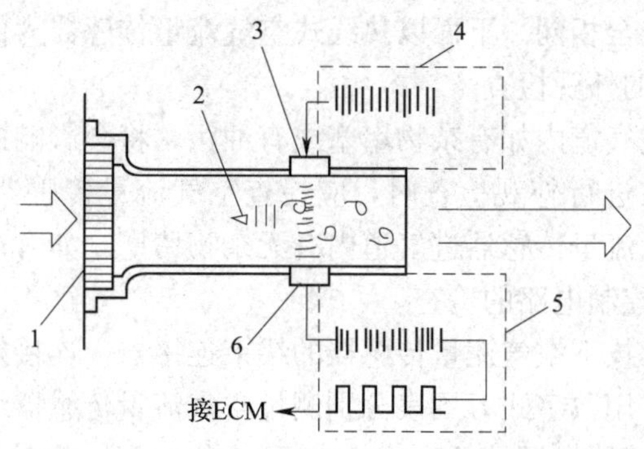

图 8—59　空气流量检测原理

1—整流器　2—卡尔曼式涡流发生器　3—超声波发射器　4—超声波发生器
5—整形放大电路　6—超声波接收器

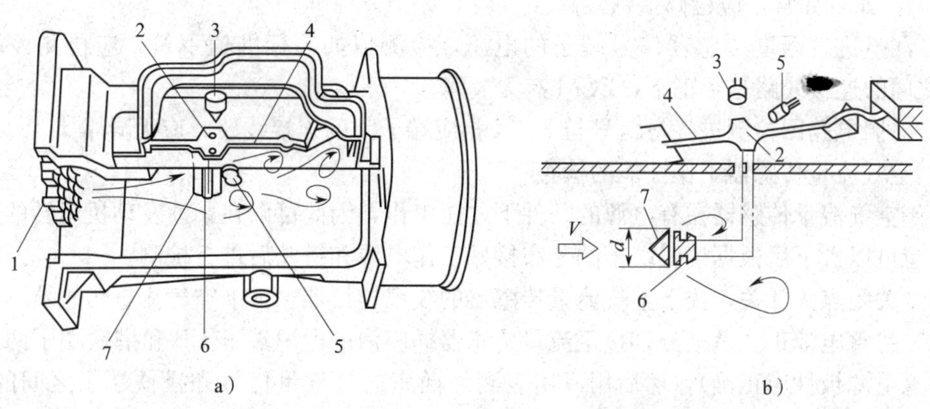

图 8—60　反光镜式卡尔曼涡流式空气流量传感器

1—整流网栅　2—反光镜　3—发光二极管　4—弹簧钢片　5—光敏晶体管　6—导压孔　7—旋涡发生器

当进气气流流过涡流发生器时，发生器两侧会产生交替涡流，两侧的压力就会交替发生变化。进气量越大，产生的涡流数量越多，压力变化频率就越高。变化的压力被导压孔导入导压腔使张紧带产生振动，从而带动张紧带上面的反光镜一起振动，且振动频率与单位时间内产生的涡流数量成正比。由于反光镜的振动，被反光镜反射的光束也以同样频率变化，使得光敏晶体管也随光束的变化以同样的频率导通和截止，因此，光敏晶体管导通与截止的频率与涡流频率成正比。信号处理电路将涡流频率信号转换为方波电压信号送给 ECM，ECM 根据进气频率信号便可计算出进气量的大小。

二、空气流量传感器的检修

空气流量传感器常见的故障有线路短路、断路或进气量信号异常，它的故障会使 ECM 不能正确地测定吸入柴油发动机进气管的空气量，从而不能正常地进行喷油量控制，使柴油发动机运转不正常。

空气流量传感器是一种高精度的部件，在检修、拆卸过程中应小心谨慎，切忌碰撞，不要让污物进入流量传感器内，也不要随意将工具或手指伸入进气道内，以免造成损坏。空气流量传感器有多种类型，其结构原理有很大的不同，各种机型空气流量传感器的接线端子分布情况及检测标准都不完全相同。下面以热线式空气流量传感器为例，介绍其检测方法。

1. 空气流量传感器的外观检查

空气流量传感器的进气道内如有杂物堵塞或有油污，将会影响进气量的检测，造成柴油发动机动力性能下降。在进行外观检查时，应检查空气流量传感器线束连接器是否连接有效、牢固可靠；检查空气流量传感器进气道内有无杂物堵塞，如有油污或积炭应进行清理。

2. 空气流量传感器控制电路的检查

（1）关闭点火开关，拔下空气流量传感器的线束连接器，连接好检测线。

（2）打开点火开关，用数字式万用表分别测量空气流量传感器线束连接器各端子。

1）测量空气流量传感器电源端子，应为 24 V（或 12 V）蓄电池电压。如电压与蓄电池电压不符，说明有故障，应进一步检测电源线路。

2）测量空气流量传感器搭铁端子和进气温度传感器搭铁端子，与蓄电池负极间的电阻应为 0 Ω。如有异常，应检修搭铁线路。

3）测量进气温度传感器信号端子的电压，检测值如与标准值不符，应检测该端子与 ECM 之间的连接线路是否正常，ECM 有无故障。

4）对照电路图检测进气量信号与 ECM 相应端子间的连接线路，应无异常。

3. 空气流量传感器工作性能的检查

由于空气流量传感器在有电源的条件下才能工作，因此可以在柴油发动机运转的过程中检测，也可以拆下后根据接线端子的分布接好工作电源和搭铁后进行检测。

（1）关闭点火开关，拔下空气流量传感器的线束连接器，拆下空气流量传感器。

（2）将蓄电池正、负极分别接至流量传感器插座内的电源端子＋B 和搭铁端子两个端子上（注意电源极性应正确），然后用万用表测量插座内进气量信号和搭铁端子之间的电压，正常时电压应为 1.0 V 左右。

（3）将空气吹入空气流量传感器入口，同时测量进气量信号和搭铁端子之间的电压信号。在吹入空气时该电压应上升至 2～4 V，如图 8—61 所示。若测量结果不符合标准，说明空气流量传感器有故障，应予更换。

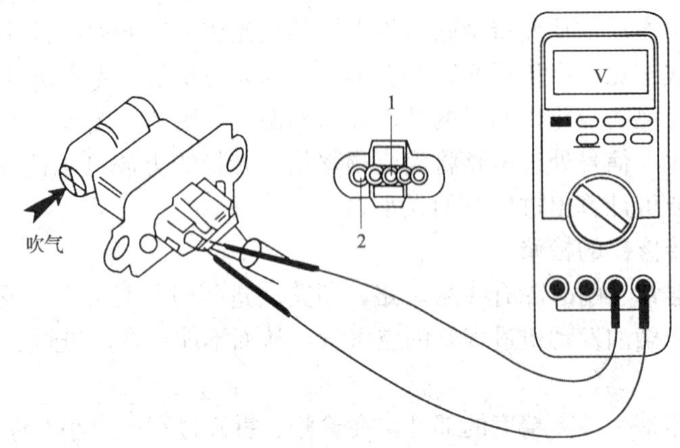

图 8—61　空气流量传感器工作性能检查

1—搭铁端子　2—进气量信号端子

第五节　浓度传感器

一、氧传感器

1. 作用

电控柴油喷射系统中一般设置两个氧传感器，一个放置在三元催化转化器之前，用来检测排气中氧的浓度，对喷油器喷油量进行修正；另一个放置在三元催化转化器之后，测量三元催化转化器的还原效果是否达标。

2. 结构和工作原理

氧传感器安装在排气管上。目前汽车上采用的氧传感器有二氧化锆式和二氧化钛式两种。二氧化锆式氧传感器又分为加热型氧传感器和非加热型氧传感器两种。二氧化钛式传感器本身带有一个电加热器，都为加热型氧传感器。

(1) 二氧化锆式氧传感器。二氧化锆式氧传感器是目前使用最广泛的氧传感器，其内部构造如图 8—62 所示。二氧化锆元件为一试管状多孔陶瓷体，称为锆管。锆管的内外表面覆盖着一层多孔铂膜作为电极。传感器安装于排气管中，二氧化锆的外侧与废气接触，内侧导入大气。为了防止废气对铂膜的冲刷和腐蚀，在铂膜上又覆盖了一层多孔性陶瓷层，并加装了防护外罩。

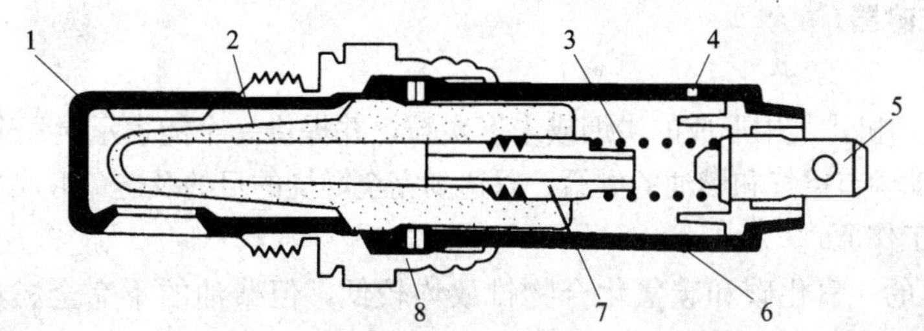

图 8—62　二氧化锆式氧传感器

1—保护壳　2—陶瓷电解质　3—弹簧　4—通气孔　5—电插头　6—保护盖　7—接触衬套　8—外壳

二氧化锆为一种固体电解质，在高温下，二氧化锆的氧电离成氧离子，它的性能与电解液相似，具有氧离子传导性。当二氧化锆管的内、外侧表面分别接触到不同密度的氧时（即存在氧浓度差），电解质内的氧离子便从内向外扩散，离子运动产生电动势，使二氧化锆管成为微电池，管内外的铂电极产生电压。也就是说，排气氧浓度与大气氧浓度的差值产生电动势，将该电动势在输入回路的比较器中与基准电压进行比对，以 0.45 V 以上为“1”（表示为浓信号）、0.45 V 以下为“0”（表示为稀信号）输入 ECM，ECM 根据此电压信号修正供油量，再通过氧传感器的反馈信号进行监测。

二氧化锆传感器的最佳工作温度为 300～400℃，可在传感器内设电加热丝，用于暖机或轻负荷下的内部加热，使氧传感器能迅速达到正常工作温度。电加热丝的加热由 ECM 进行控制。

(2) 二氧化钛式氧传感器。二氧化钛式氧传感器采用二氧化钛半导体元件制成。二氧化钛半导体元件为一圆板状电极，与之串联的是二氧化钛热敏电阻。从两元件的首尾与两元件的中点共引出三根导线至外接端子，分别是基准电源、传感器输出端与搭铁端，如图 8—63 所示。同时，在绝缘体的表面缠绕着钨丝加热圈，从中又引出两根导线。

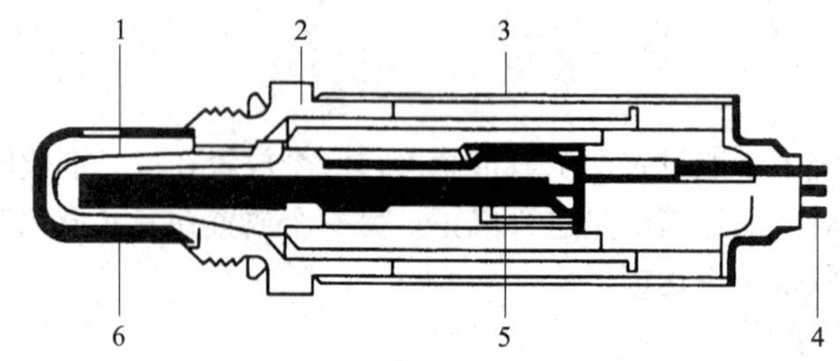

图 8—63　二氧化钛型氧传感器

1—钛管　2—壳体　3—护套　4—插接端子　5—加热元件　6—传感器护管

当传感器周围气体介质中的氧元素多时（表示混合气稀），二氧化钛电阻值增大；反之电阻值降低。电阻值变化导致输出电压值变化，ECM 根据电压信号修正喷油器供油量，再通过氧传感器的反馈信号进行监测。

由于二氧化钛的电阻随温度变化，故串联热敏电阻后具有温度补偿作用。在低温状态下，二氧化钛电阻值增大，影响其正常的性能。为使之快速升温以激活其性能，传感器中装有电加热丝，加热功能由 ECM 控制。

二、排烟传感器

1. 作用

检测柴油发动机排气中形成的炭烟或未燃炭粒，并提供一个能表示炭烟存在的输出信号，通过 ECM 来自动调节空气和燃油的供给，以达到完全燃烧的目的及避免形成过多的炭烟。

2. 结构和工作原理

柴油发动机的一氧化碳和碳氢化合物排放均较低，但柴油的不完全燃烧会形成大量炭烟，导致空气污染。在柴油发动机电子控制系统中安装有能够监测炭烟排放量的传感器。

连续测量柴油发动机排烟的传感器感应头由绝缘材料和两个金属电极组成，暴露在烟气中的电极周围涂有强催化剂材料，使得沉积在电极上的炭粒能迅速氧化掉，保持电极始终干净，满足连续测量的要求。排烟传感器的结构如图 8—64 所示。传感器的感应头装在金属体中，通过中间体与接线盒相连。金属体的下端有螺纹，可安装在排气管上。传感器感应头的本体一般采用三氧化二铝制成陶瓷体，暴露在烟气中的电极由贵重金属铂或铂合金材料等制成。

排烟传感器的工作原理如图 8—65 所示。传感器的感应头由绝缘体、电极和催化剂组成。绝缘体中埋有两个电极，两电极之间保持很小的缝隙，并涂有基本绝缘的强催化剂。电极下端伸出绝缘体。电极上端接入直流电源，一般可采用 12 V 或 24 V 直流电源。A 为电流表（表盘上标有对应的烟度值）。在电子控制系统中，A_1、A_2端与 ECM 相连。

当感应接头接入电路中时，由于电极之间的电阻很大，电流表 A 无电流指示或只指示极微小的电流。当感应头插入烟气中时，缝隙中充满了炭烟，形成炭桥，电极之间的电阻发生变化，炭烟少电阻大，炭烟多电阻小，电流表 A 的读数就随着炭烟的多少相应变化。在

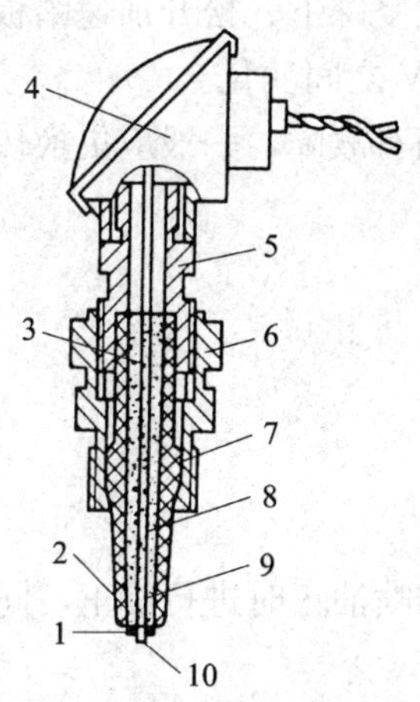

图 8—64　排烟传感器的结构

1—催化剂　2—铂丝　3—黏合剂　4—接线盒
5—中间体　6—金属体　7—传感器感应头本体
8—其他金属丝　9—焊点　10—缝隙

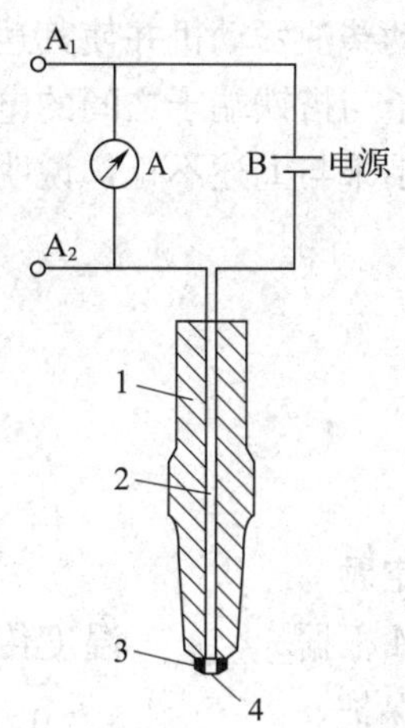

图 8—65　排烟传感器的工作原理

1—绝缘体　2—电极
3—催化剂　4—缝隙

电子控制系统中，送给 ECM 的信号也随炭烟的多少做相应的变化。

由于感应头的电极端涂有强催化剂，加上烟气中有充足的氧气存在，沉积在电极上的炭粒能迅速氧化，不会因电极上的炭粒堆积而使测量失效。尤其是在烟气温度较高的情况下，连续测量结果完全反映了烟气中炭烟量的变化情况。

三、氧传感器的检测

以二氧化锆式氧传感器为例。

1. 解码器和废气分析仪相配合检查

（1）将解码器与电控柴油发动机诊断接口连接。

（2）起动电控柴油发动机至正常工作温度，在读取解码器上显示的空燃比信号参数的同时，用废气分析仪检测柴油发动机的排气。

（3）通过人为手段使混合气变浓或变稀，将解码器显示的空燃比数值与废气分析仪的检测结果进行比较，如果两个检测结果不匹配，说明传感器或控制系统有故障，需要进一步检查。

2. 用万用表检查

（1）断开点火开关，拔下传感器线束插接器。在传感器侧用万用表测量加热线圈电源端子与搭铁端子之间的电阻，一般为 4～40 Ω（具体标准参考相关车型的维修手册）。

（2）插上传感器的线束插接器，检测加热器电路。接通点火开关后，测量加热器上电源电压，正常应为蓄电池电压。在柴油发动机运转时，用电压表测量加热器控制线路，应有脉冲电压信号。

（3）插上传感器的线束插接器，用万用表检查参考接地端电压，检测值一般为 2.4～2.7 V。

(4) 起动柴油发动机并使其达到正常工作温度，反复踩下、松开加速踏板，同时测量传感器信号端子与搭铁端子之间的电压，正常应在 0～1 V 之间变化。

如检测结果与上述不符，说明传感器或其控制电路有故障，一般应更换传感器或检修控制电路。

复习思考题

一、填空题

1. ECM 根据________温度传感器信号对喷油量和喷油正时进行修正，同时对柴油发动机过热进行保护。

2. 按照温度系数不同，热敏电阻分为________系数和________系数。通常进气温度传感器和冷却液温度传感器均用________系数的热敏电阻作为感温元件。

3. 排气温度传感器有________式、________式、________式。

4. 润滑油压力传感器向 ECM 提供表示________的电信号，当润滑油压力低于设定值时，ECM 将启用________保护功能，从而调节发动机的转速和功率。

5. 大气压力传感器向 ECM 传送一个________信号，此值取决于________。有了该信号，ECM 可以计算出一个控制________和________的大气压力修正值。

6. 电控柴油发动机常用的位置与角度传感器主要有________、________、________、________、________等。

7. 加速踏板位置传感器的作用是将________转变成电信号，并将信号传给 ECM，再由 ECM 通过控制________来控制________。

8. 供（喷）油量传感器用来检测________，产生的信号用来实现________。

9. 热线式空气流量传感器控制电路板上的________、________、________、________组成了惠斯登电桥。

10. 根据检测卡尔曼涡流频率的方式不同，卡尔曼涡流式空气流量传感器可分为________式和________式两种。

二、思考题

1. 冷却液温度传感器电路检测的过程是什么？

2. 进气压力传感器电路检测的过程是什么？

3. 加速踏板位置传感器电路检测的过程是什么？

4. 空气流量传感器控制电路检测的过程是什么？

第九章　典型柴油发动机电控系统

第一节　电子控制单体泵燃油系统

一、电控单体泵柴油发动机概述

1. 电控单体泵柴油发动机的结构

道依茨一汽（大连）柴油发动机有限公司（DDE 公司）生产的 DEUTZ 系列柴油发动机采用 EDC16UC40 博世电控单体泵电控系统，发动机的结构如图 9—1 所示。

图 9—1　电控单体泵柴油发动机的结构

1—机油加注口　2—发电机　3—风扇　4—减振器　5—带轮　6—柴油泵　7—发动机前支承　8—机油滤清器　9—柴油滤清器　10—油底壳　11—机油标尺　12—空气压缩机　13—动力转向泵　14—电控单体泵　15—高压油管　16—气缸盖　17—机油冷却器　18—暖风进水　19—暖风回水　20—预热器　21—进气歧管　22—排气歧管　23—飞轮壳　24—后悬置支架　25—起动机　26—增压器　27—缸体　28—出水管　29—进水管

2. 电控单体泵燃油系统的特点

柴油发动机单体泵供油系统的每一个喷油器上都带有一个高压油泵，如图 9—2 所示。采用单体泵供油系统后，不但可以提升柴油发动机的动力性能和经济性能指标，而且柴油发动机的排放指标可以达到欧Ⅲ甚至更高的排放标准。单体泵喷油系统结构相对简单，适用范围广，正获得越来越多的应用。

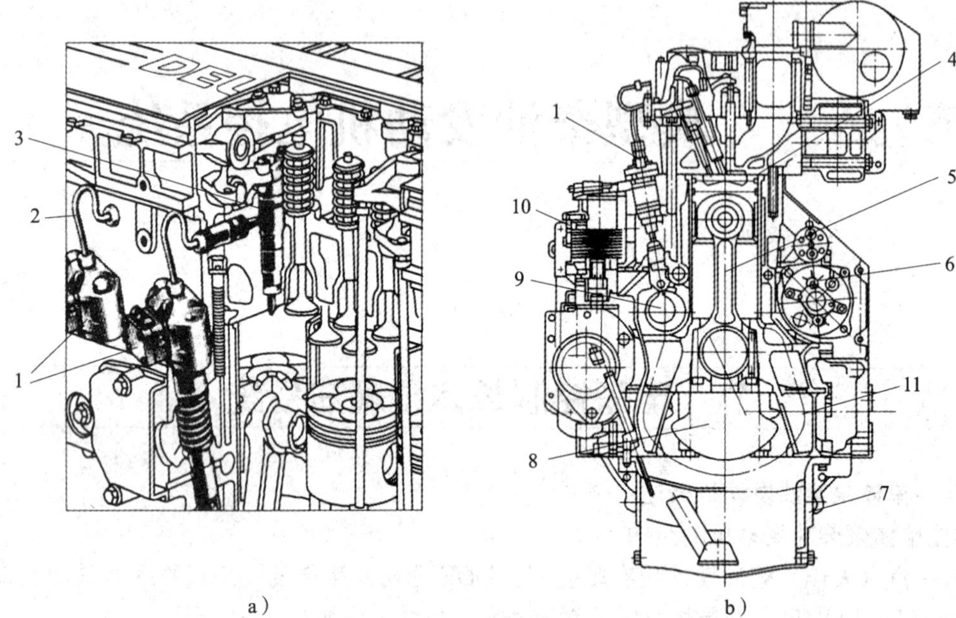

图 9—2　单体泵燃油系统的构成

1—单体泵　2—高压油管　3—喷油器　4—活塞　5—连杆　6—起动机
7—机油盘（可调转）　8—曲轴平衡块　9—凸轮轴　10—机油冷却器　11—连杆运动包络线

单体泵与喷油器由一根很短的高压油管连接，分别安装在缸体和缸盖上。单体泵由凸轮轴驱动。传统柴油发动机喷油器喷油时的动作是由凸轮轴来控制的，而在单体泵柴油喷射系统中凸轮轴提供了高压油泵的驱动力。

（1）电控单体泵燃油系统的优点。单体泵技术使燃烧更适合工况的需要，因而燃烧更充分，效率更高，降低了排气污染和燃油消耗率。此外，它还有以下优点：

1）由凸轮轴通过挺柱驱动，结构紧凑，刚度高。

2）喷油压力可以高达 200 MPa。

3）较小的安装空间。

4）高压油管短，且标准化。

5）调速性能好。

6）具有自排气功能。

7）结构简单，可靠性、耐久性好。

8）维修便捷、快速，换泵容易，维修成本低，维修及保养性好。

9）对燃油品质的要求较低，对燃油灰分、杂质、水分的敏感性低。

10）产品升级继承性好，到欧Ⅳ、欧Ⅴ后，对原机械喷油系统发动机结构改动相对较小。

（2）电控单体泵燃油系统的喷油规律。单体泵燃油系统的喷油规律为后三角形，初期喷射率低，后期高，符合柴油发动机燃烧所需要的先缓后急的理想放热规律要求，与发动机燃烧系统配合较好。不同需求的机型还可通过优化凸轮设计实现较理想的喷油规律，如图 9—3 所示。噪声的进一步控制还可通过在电磁控制阀上增设节流段或采用双弹簧喷油器等方式来实现，有利于达到低振动、低噪声的要求，驾乘舒适性好。

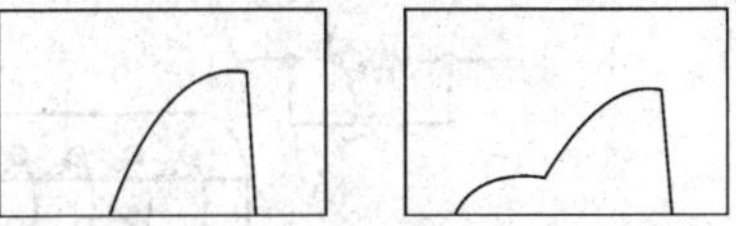

图 9—3　电控单体泵喷油规律

二、电控单体泵燃油系统的组成

电控单体泵燃油系统不再采用机械调速器（没有齿杆装置），可以自由地控制喷油持续期（喷油量）和喷油开始时间（喷油定时）。大体划分为以下两个部分。

1. 供油系统

供油系统包括高压油管、喷油器、电控单体泵、输油泵。

2. 电控系统

电控系统包括电控单元（ECM）、传感器、开关以及线束。

电控单体泵燃油系统的组成如图 9—4 所示。

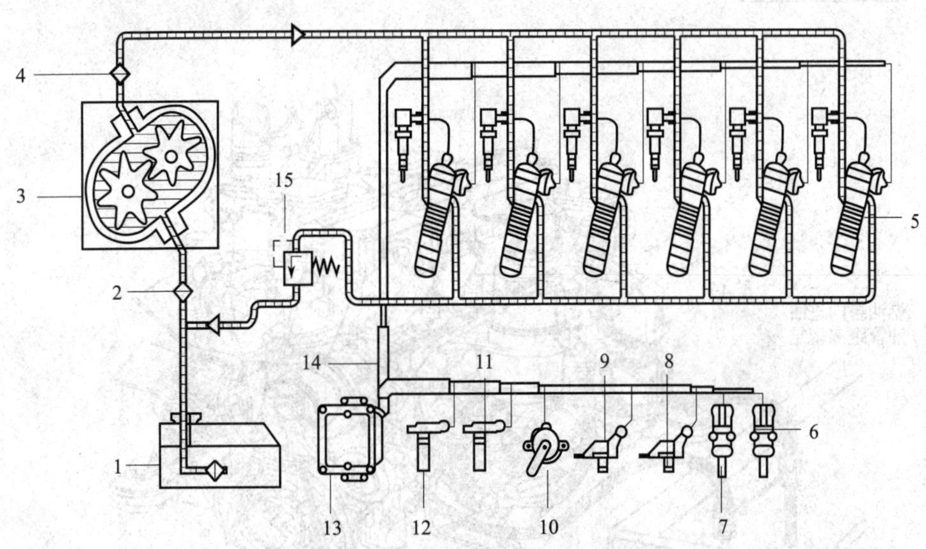

图 9—4　电控单体泵燃油系统的组成

1—油箱　2—初燃油滤清器　3—输油泵　4—燃油滤清器　5—电控单体泵　6—燃油温度传感器　7—冷却液温度传感器　8—机油压力传感器　9—进气温度压力传感器　10—加速踏板位置传感器　11—凸轮轴转速传感器　12—曲轴转速传感器　13—电控单元　14—线束　15—溢流阀

三、电控单体泵供油系统油路检修

电控单体泵供油系统的组成如图 9—5 所示。

1. 低压油路

柴油从柴油箱出来，经过燃油输油泵进入柴油滤清器，过滤后从外部接头进入连接电控单体泵的金属低压油路，每个泵都单独与外面的燃油进油管连接。燃油回油通道铸在气缸体上。

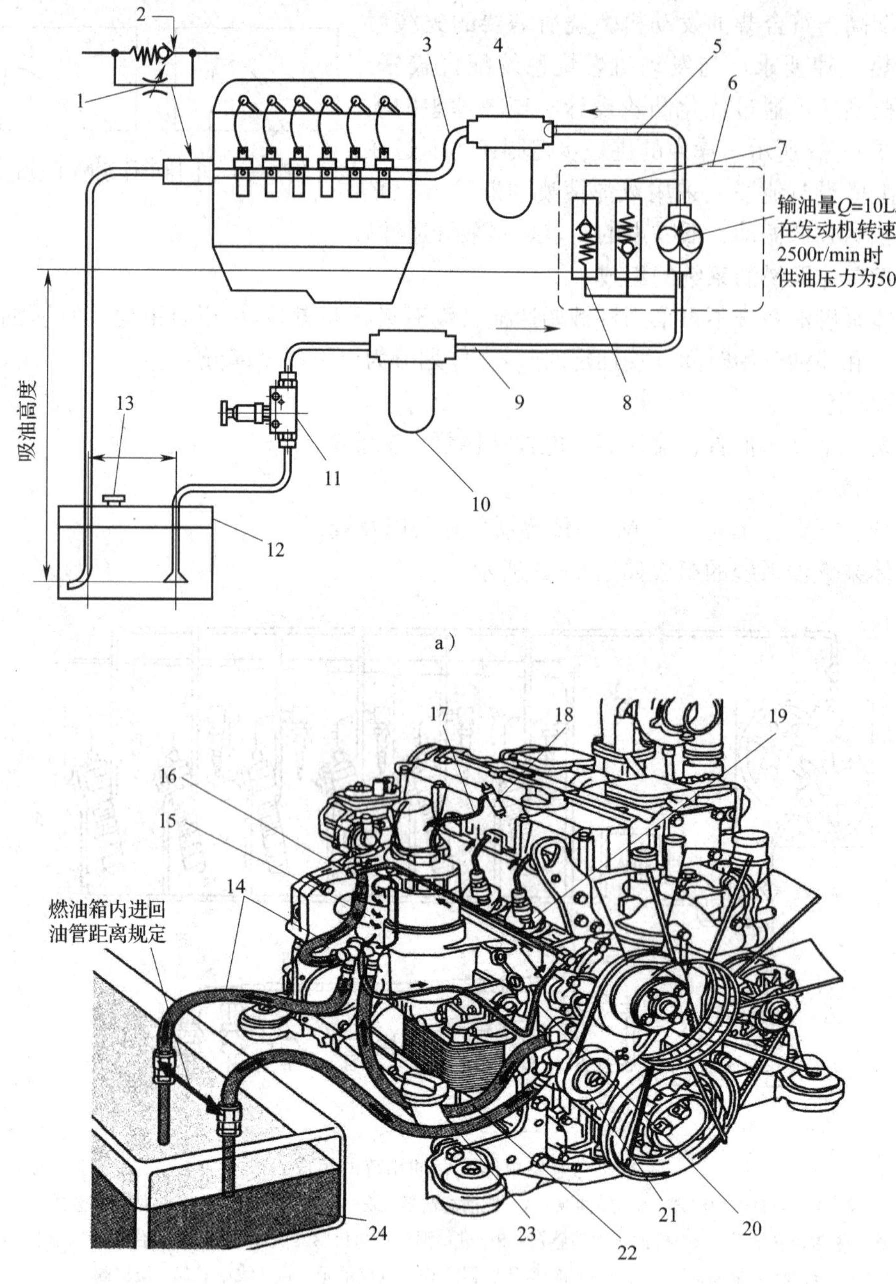

图 9—5 柴油发动机供油系统的组成

a）供油系统的组成 b）供油系统的位置、结构

1—回油通道 2—卸压阀 3—燃油进油管 4—燃油细滤器总成 5—燃油进油管 6—燃油输油泵总成 7—旁通阀 8—限压阀 9，23—燃油进油管 10—燃油粗滤器 11—手动输油泵（与燃油粗滤器一体） 12—燃油箱 13—燃油箱盖 14—回油管 15—燃油滤清器 16—限压阀 17—高压油管 18—喷油器 19—单体泵 20—滤清器后燃油管 21—燃油输油泵 22—滤清器前燃油管 24—柴油箱

(1) 油压检查。低压油路中压力的稳定对发动机的功率输出是至关重要的。在发动机出现功率不足的情况时，应首先检查由限压阀控制的低压油路的压力，测量位置为低压油路外部接头处。喷油器漏油的主要原因是低压油路压力不足导致喷油器偶件穴蚀。所以应确保低压油路的压力并及时更换或清洁偶件。

单体泵系统对燃油的预压要求较高，因此需要检测燃油系统的压力。如测得的压力低于规定数值，就必须对输油泵和回油单向阀进行检查。

(2) 输油泵流量检查。输油泵的作用不仅是为喷油泵供油，还有一个作用就是对燃油系统进行冷却，因此输油泵的供油量远大于喷油泵的需要。为确认供油量，在回油管（回油单向阀后的油管）处，发动机最高速空转运转时，至少应有 8 L/min 的回油量，回油温度不超过 80℃。如果回油量低于此数值，就必须更换输油泵。

(3) 回油单向阀检查。回油单向阀的作用是在低压油路建立一个满足喷油泵瞬间供油量要求的最低保障压力，如果检测出的压力低于该数值，在确认输油泵没有问题的前提下，就需要更换此回油单向阀。

2. 高压油路

低压油路内的燃油从单体泵经过很短的高压油管到喷油器，当压力达到 22 MPa 时，喷油器开启，将燃油呈雾状喷入燃烧室，与空气混合而形成可燃混合气。

从柴油箱到金属燃油管接头这段油路中的油压是由输油泵建立的，而输油泵在发动机额定转速下的出油压力一般为 500 kPa 左右，故这段油路为低压油路，只用于向单体泵供给滤清的燃油。从单体泵到喷油器这段油路中的油压是由单体泵建立的，油压能达 160 MPa 左右，为高压油路。

3. 燃油回流

由于输油泵的供油量比单体泵的出油量大 10 倍以上，大量多余的燃油经限压阀和回油管流回柴油箱，并且利用大量回流燃油驱净油路中的空气，有自动排气功能。

4. 燃油喷射模块（单体泵）

单体泵燃油喷射模块在发动机各种工况下，按要求定时、定量供给高压燃油，使各缸能够正常工作，输出要求的功率、转矩，同时满足排放标准。它对发动机的性能、工作可靠性和耐久性起到至关重要的作用，是燃油供给系统的核心部件。

单体泵燃油喷射模块的结构如图 9—6 所示。

安装在缸体上的单体泵通过滚轮由发动机凸轮轴上的直喷凸轮驱动，挺柱弹簧相对发动机凸轮轴压紧滚轮。挺柱使泵体中的活塞上下运动。燃油通过装在发动机缸体内的输油口注入泵中的高压腔。

单体泵在静止状态时，挺柱弹簧减压，泵柱塞处于下止点，用燃油充满的高压腔与低压循环中具有同样的压力。高速电磁阀设在单体泵的储油端，电磁阀断电时，回油道打开，单体泵内的柱塞即使已开始泵油，也不能建立高压；只有当电磁阀通电，使电磁阀拉杆运动，拉杆前端的锥面将回油油道关闭，油压才迅速升高，高压燃油经过一段很短的高压油管进入喷油器使其喷油。溢流阀断电时，回油油道打开，迅速溢流卸压，喷油停止。电磁溢流阀通电的持续时间决定了循环供油量。

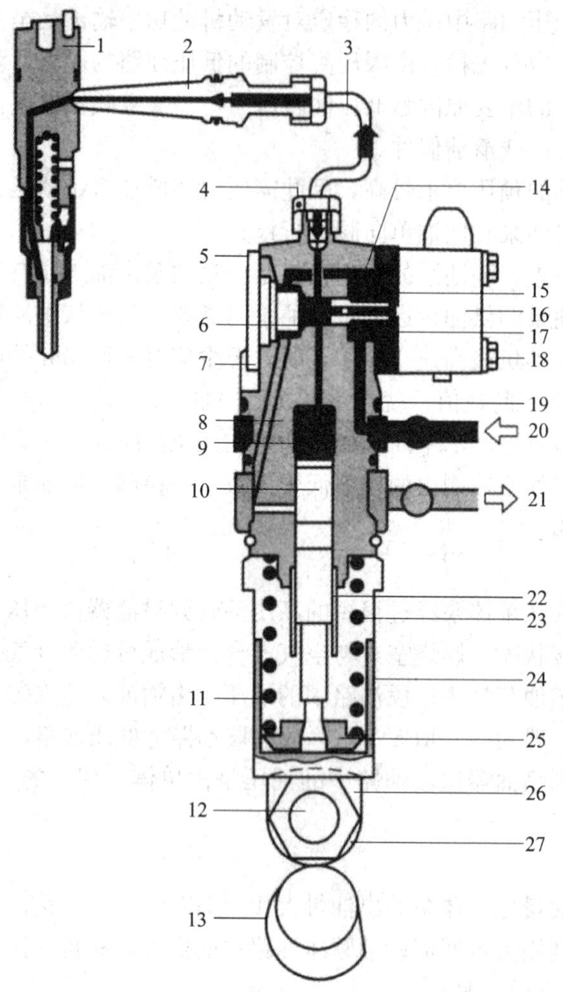

图 9—6 单体泵燃油喷射模块的结构

1—喷油器 2—过渡连接高压管 3—高压油管 4—高压油管连接装置 5—行程止挡 6—电磁阀针阀 7—压盘 8—泵体 9—高压腔 10—油泵柱塞 11—发动机体 12—滚轮销 13—凸轮 14—弹簧座 15—电磁阀弹簧 16—带有线圈和铁芯的阀壳体 17—输油盘 18—中间盘 19—密封圈 20—进油（低压） 21—回油 22—油泵柱塞固定部分 23—柱塞回位弹簧 24—挺柱体 25—弹簧座 26—滚轮体 27—滚轮

四、电控系统的检修

1. 注意事项

对电控系统进行故障检测前，首先要检查系统的工作电压。

（1）蓄电池电压在发动机未工作时，正、负极间电压为 24 V 左右；发动机工作时，由于发电机对蓄电池进行充电，电压为 28 V 左右。

（2）在点火开关关闭（开关处于“OFF”），确保系统断电的情况下，拔下 ECM 上整车端插头，再将点火开关打到“ON”，测量 K28 端子与 K02 端子、K04 端子、K06 端子间的电压是否与蓄电池电压相同。如果不相同，则需要根据线路图检查线路是否正常导通。

注意

在进行传感器和 ECM 接插件的插拔时，必须断开电源；否则产生的冲击电流可能会造成电控系统损坏。

2. 曲轴位置传感器与凸轮轴位置传感器检修

曲轴位置传感器连接电路如图 9—7 所示。凸轮轴位置传感器连接电路如图 9—8 所示。

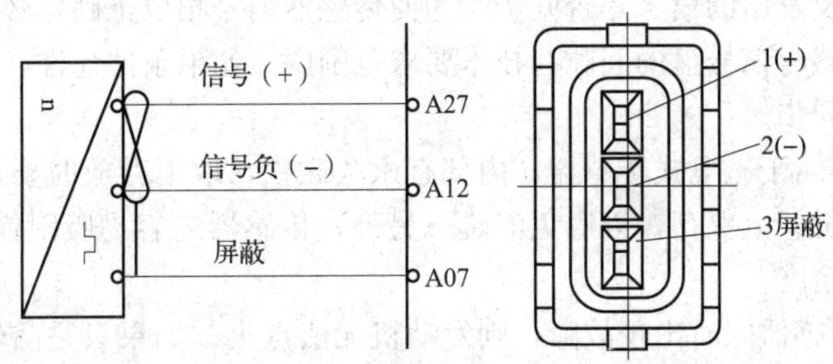

图 9—7　曲轴位置传感器连接电路

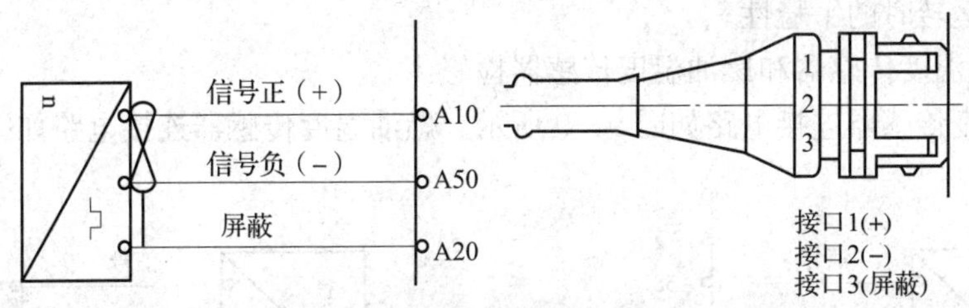

图 9—8　凸轮轴位置传感器连接电路

（1）检查发动机转速（凸轮轴位置）传感器

1）检查发动机转速（凸轮轴位置）传感器和传感器线束接头触针，应无损坏。

2）检查发动机转速（凸轮轴位置）传感器外观，应无损坏、裂纹、脏污。拆下传感器检查永久磁铁部位是否吸附有铁屑。

3）检查发动机转速（凸轮轴位置）传感器固定螺栓是否松动。螺栓应以规定力矩紧固。

4）检查发动机转速（凸轮轴位置）传感器的电阻。静态电阻值应为 $R=860\times(1\pm10\%)\ \Omega$（20℃）。

（2）检查传感器线束

1）检查传感器线束与 ECM 连接部分的接头触针，应无损坏。

2）检查是否对地短路。传感器线插端正、负信号针脚对地电阻应大于 100 kΩ。

3）检查是否线束间短路。分别断开 ECM 和传感器端插头，线束线插端两个针脚之间阻值应大于 100 kΩ。

4）检查是否断路。线束靠近传感器端的线插针脚与靠近 ECM 端相应针脚之间（即线束中的同一根导线两端）的电阻值应小于 10 Ω。

（3）注意事项

1）发动机转速传感器与飞轮顶面间的间隙为（0.6±0.1）mm，更换传感器后必须用塞尺进行检查确认，如果间隙值超出范围，则需进行调整。

2）凸轮轴位置传感器安装间隙为 0.3～1.2 mm。

3）在发动机转速传感器附近不能放置磁电设备或大电流导线。

4）曲轴位置传感器和凸轮轴位置传感器属于信号发生传感器，主要是检测它们能否正确地发出信号，以及发出的信号是否同步。为使传感器信号相位正确，必须保证传感器的安装精度，以及传感器与信号盘的间隙在技术要求范围内。如果条件允许，可使用信号示波器检查两个信号是否同步。

5）两个传感器属于磁电式传感器，内部有永久磁铁，取下存放时要避免在铁质货架上存放，可以在木质货架上保存，以避免消磁。另外，传感器还容易吸附铁屑，要及时清除，以免影响传感器的精度。

6）如果两个传感器同时出现故障，则发动机无法点火。如果只是凸轮轴位置传感器失效，则 ECM 会自动判别缸序，起动时可能会感觉发动机起动较慢并有轻微抖动，但起动之后发动机的运转将恢复正常。如果只是曲轴位置传感器失效，不会影响发动机点火，但会降低发动机正常运转时的平稳性。

3. 冷却液温度传感器和燃油温度传感器检修

冷却液温度传感器连接电路如图 9—9 所示。燃油温度传感器连接电路如图 9—10 所示。

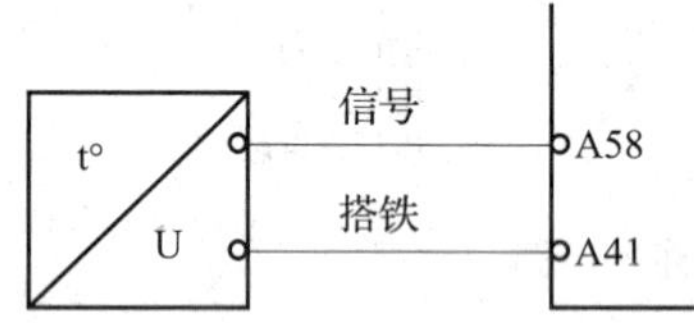

图 9—9 冷却液温度传感器连接电路

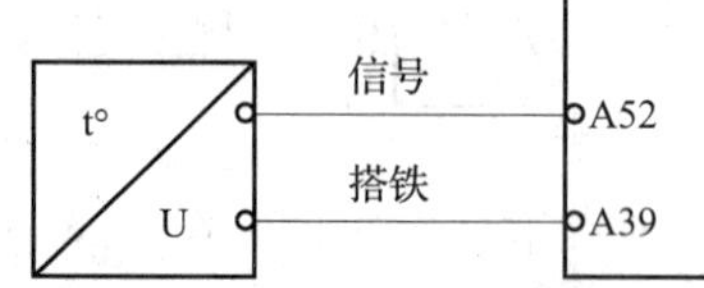

图 9—10 燃油温度传感器连接电路

（1）检查温度传感器

1）检查温度传感器和传感器线束接头触针，应无损坏。

2）检查温度传感器的电阻。静态电阻值为 2.35～2.65 kΩ（20℃）、0.18～0.19 kΩ（100℃）。具体阻值随温度的变化参考相关维修资料。

3）检查温度传感器电源电压。拔下传感器线束插头，两针脚在点火开关位于“ON”时应有（5±0.15）V 的工作电压。

（2）检查传感器线束

1）检查传感器线束与 ECM 连接部分的接头触针，应无损坏。

2）检查是否对地短路。传感器线插端正极对地电阻应大于 100 kΩ，负极对地电阻应小于 1 Ω。

3）检查是否线束间短路。分别断开 ECM 和传感器端插头，线束线插端两个针脚之间电阻应大于 100 kΩ。

4）检查是否断路。线束靠近传感器端的线插针脚与靠近 ECM 端相应针脚之间（即线束中的同一根导线两端）的电阻值应小于 10 Ω。

4. 进气压力/温度传感器检修

进气压力/温度传感器连接电路如图 9—11 所示。

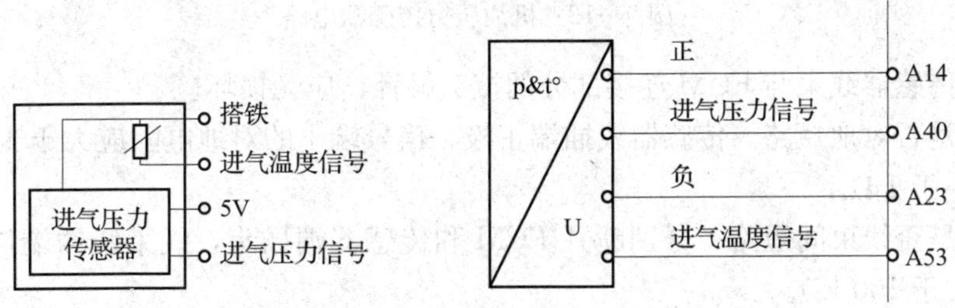

图 9—11　进气压力/温度传感器连接电路

（1）检查进气压力/温度传感器

1）检查进气压力/温度传感器和传感器线束接头触针，应无损坏。

2）检查进气温度传感器的电阻。静态电阻值为 2.51×（1±4.33%）kΩ（20℃）。具体阻值随温度的变化参考相关维修资料。

3）检查进气压力/温度传感器电源电压。拔下传感器线束插头，两针脚在点火开关位于“ON”时，应有（5±0.15）V 的工作电压。

4）检查进气压力输出信号电压。发动机工作时，输出电压为 0.5～4.5 V；踩下加速踏板，电压信号应逐渐增大。

（2）检查传感器线束

1）检查传感器线束与 ECM 连接部分的接头触针，应无损坏。

2）检查是否对地短路。传感器线插端正极对地电阻应大于 100 kΩ，负极对地电阻应小于 1 Ω。

3）检查是否线束间短路。分别断开 ECM 和传感器端插头，线束线插端两个针脚之间电阻应大于 100 kΩ。

4）检查是否断路。线束靠近传感器端的线插针脚与靠近 ECM 端相应针脚之间（即线束中的同一根导线两端）的电阻值应小于 10 Ω。

5. 机油压力传感器检修

机油压力传感器电路如图 9—12 所示。

（1）检查机油压力传感器

1）检查机油压力传感器和传感器线束接头触针，应无损坏、脏污。

2）检查传感器的电压。关闭点火开关，拔下传感器插头，点火开关置于“ON”；测量传感器侧插头端子 3 与搭铁、1 与搭铁的电压值，电压值应分别为 5 V 左右和 0 V。

（2）检查传感器线束

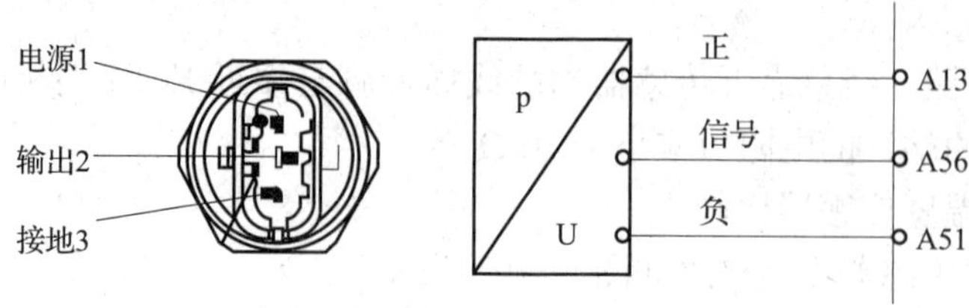

图 9—12　机油压力传感器电路

1）检查传感器线束与 ECM 连接部分的接头触针，应无损坏。

2）检查是否对地短路。传感器线插端正极、信号端子的对地电阻应大于 100 kΩ，负极对地电阻应小于 1 Ω。

3）检查是否线束间短路。分别断开 ECM 和传感器端插头，线束线插端任意两个针脚之间电阻应大于 100 kΩ。

4）检查是否断路。线束靠近传感器端的线插针脚与靠近 ECM 端相应针脚之间（即线束中的同一根导线两端）的电阻值应小于 10 Ω。

6. 加速踏板位置传感器检修

加速踏板位置传感器电路和端子如图 9—13 所示。

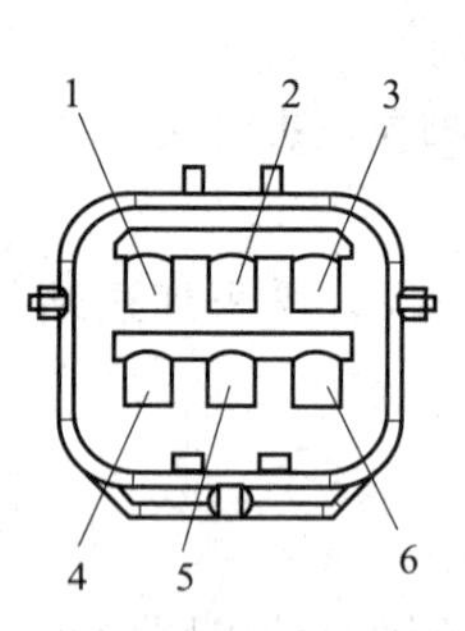

端子	说明	颜色
1	信号1“正”	红
2	信号1输出信号	绿
3	信号1“负”	黑
4	信号2“正”	白
5	信号2输出信号	橙
6	信号2“负”	灰

a）

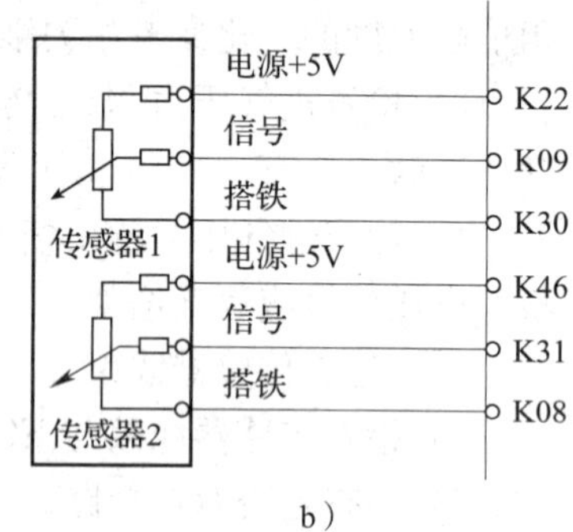

b）

图 9—13　加速踏板位置传感器电路

（1）检查加速踏板位置传感器

1）检查加速踏板位置传感器和传感器线束接头触针，应无损坏、脏污。

2）检查加速踏板位置传感器的电压

①关闭点火开关，拔下传感器插头，点火开关置于“ON”。

②分别测量传感器侧插头端子 1 与搭铁、4 与搭铁的电压值，应为 5 V 左右。

③分别测量传感器侧插头端子 2 与搭铁、5 与搭铁的电压值。不踩下踏板，应分别为 0.75 V 和 0.375 V 左右；踏板全部踩下，应分别为 4.4 V 和 2.2 V 左右，且在缓慢踩下过程中，电压值均应缓慢连续增大（不同机型配备的加速踏板位置传感器信号电压值可能因机型不同而异）。

④分别测量传感器侧插头端子 3 与搭铁、6 与搭铁的电压值，应为 0 V。

（2）检查传感器线束

1）检查传感器线束与ECM连接部分的接头触针，应无损坏。

2）检查是否对地短路。分别断开ECM和传感器端插头，传感器线插端正极、信号针脚对地电阻应大于100 Ω。

3）检查线束间是否短路。分别断开ECM和传感器端插头，线束任一端插头的任意两个针脚之间阻值应大于100 kΩ。

4）检查是否断路。线束靠近传感器端的线插针脚与靠近ECM端相应针脚之间（即线束中的同一根导线两端）的电阻值应小于10 Ω。

第二节　电子控制泵喷嘴燃油系统

一、电控泵喷嘴柴油发动机概述

1. 电控泵喷嘴柴油发动机的特点

康明斯ISMe系列发动机采用电控泵喷嘴燃油系统。ECM采用CM570或CM876，具有多种自动控制功能，可显著提升发动机的燃油经济性、动力性、操控性和环保性。

滤清系统采用多层过滤技术，专为保护部件特别设计，滤清效率高达98.7%。

进气系统和排气系统采用涡轮增压，其废气旁通阀可根据需要自动调节气流，实现转速范围内的四级控制，适用于高额定功率发动机。

可选用杰克博（JACOBS）发动机制动系统，能够吸收85%的车辆惯性力，提高车辆安全性；驾驶员可以在较高挡位上下坡，提高运输效率；在下坡时可以不再向发动机供油，节油效果明显。

2. 电控泵喷嘴柴油发动机布置

ISMe发动机燃油泵侧（左侧）布置如图9—14所示，排气侧（右侧）布置如图9—15所示。

二、燃油系统

1. 泵喷嘴燃油系统的组成和工作过程

康明斯ISMe发动机燃油系统为泵喷嘴燃油系统，其油路如图9—16所示。

燃油系统的电子整体式喷油器工作于高压状态下，每缸各有一个喷油泵，这里所需的高压由顶置燃油泵式凸轮轴和摇臂提供，泵喷嘴结构原理如图9—17所示。由发动机控制单元控制喷油油量和喷油时间。

输油泵将燃油经过燃油箱滤清器从燃油箱中吸出，流经单向阀、控制单元冷却管，进入分流阀到达输油泵的吸油口。输油泵还将由分流阀中的溢流阀回流的燃油吸入。随后，输油泵将燃油泵入燃油滤清器内，经过手动油泵、单向阀，再经过燃油滤清器滤芯，送到布置于气缸盖内的燃油管路。燃油管路环绕在整体式喷油器进油孔部位的周围。分流阀中的溢流阀使供应喷油器的燃油压力保持恒定。

每个泵喷嘴都由喷油泵和喷油器构成，其剖视图如图9—18所示。喷油器工作压力比普通喷油器高得多，开启压力为150 MPa。它直接从燃油管路中获得燃油。喷射定时和喷油量

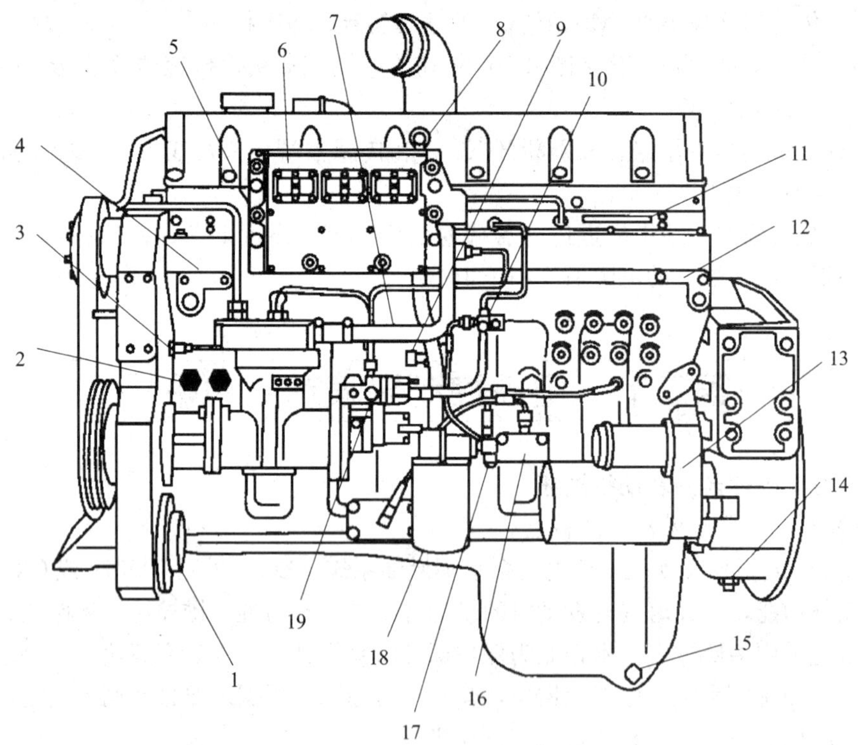

图 9—14 ISMe 发动机总体燃油泵侧（左侧）布置

1—动力转向泵安装位置 2—机油压力和温度传感器 3—曲轴位置传感器 4—压缩机安装位置 5—ECM 冷却板 6—ECM 7—压缩机进气口 8—窜气测试 9—大气压力传感器 10—燃油回油管（返回油箱） 11—发动机铭牌 12—发动机生产序号 13—起动机 14—飞轮轮圈传感器 15—侧部机油排放塞 16—Centinel（选装） 17—燃油泵燃油进口 18—燃油滤清器 19—油轨压力

由电控单元控制整体式喷油器中的电磁阀来决定。该电磁阀控制燃油的计量和喷油的开始。电磁阀为常开式，如图 9—19 所示。需要时，从 ECM 发出的电子信号会关闭该阀。

2. 泵喷嘴喷油器工作过程

喷油器的工作过程包括预喷射和主喷射。

(1) 预喷射。为了确保燃烧过程尽可能平衡，在主喷射之前，少量燃油在低压下被喷入，少量燃油的燃烧使燃烧室内压力和温度上升。预喷射过程如图 9—20 所示。

当喷射凸轮通过滚柱式摇臂将活塞压下，将高压腔内的燃油排到供油管。柴油发动机控制单元给喷油器电磁阀电信号，电磁阀针阀被压入电磁阀阀座内，关闭高压腔到供油管的通道。高压腔内开始产生压力，当压力高于喷射弹簧压力时，喷油器针阀上升，预喷循环开始。上升的压力在打开针阀的同时，使收缩活塞克服弹簧压力下移，高压腔内容积扩大，于是瞬间压力下降，喷油器针阀关闭，预喷射循环结束。

在预喷射循环和主喷射循环之间的喷射间隔，燃烧室内的压力平缓上升，使燃烧噪声低，排放的氮氧化物也少。由于收缩活塞的下移，增加了喷油器弹簧的压紧程度，若再想打开针阀，油压必须比预喷射过程中的油压高。

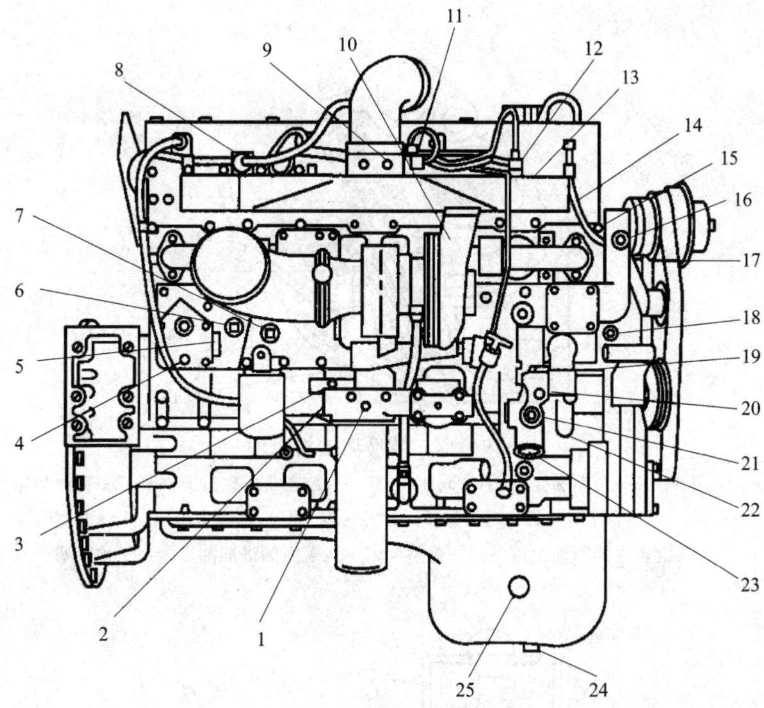

图 9—15　ISMe 发动机排气侧（右侧）布置

1—滤清器出口压力　2—制动机油供应　3—滤清器进口压力端口　4—缸体冷却液压力端口　5—冷却液加热器安装口　6—加热器供应端口　7—冷却液温度传感器端口　8—废气旁通控制器　9—乙醚接管　10—空—空中冷前　11—增压温度传感器　12—进气歧管压力传感器　13—空—空中冷后（进气歧管）　14—百叶窗节温器　15—发动机冷却液排放口　16—百叶窗节温器端口　17—风扇传感器　18—冷却液温度传感器　19—加热器回流管接头　20—冷却液进口压力　21—散热器补水管　22—水泵压力　23—冷却液进口　24—机油排放塞　25—油底壳集油槽加热器

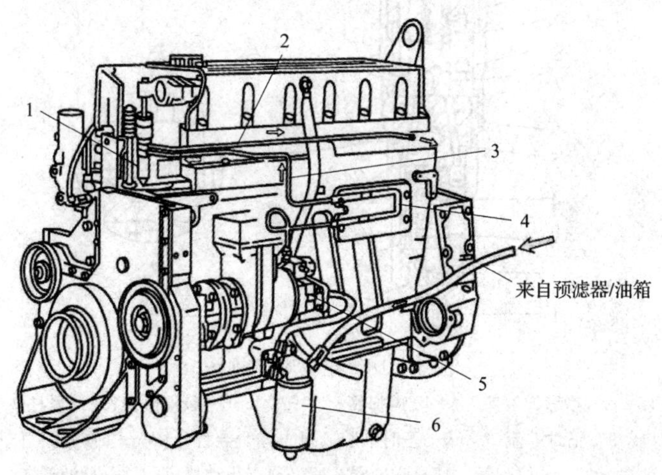

图 9—16　泵喷嘴燃油系统油路

1—喷油器　2—回油管　3—供油管　4—ECM 冷却板　5—燃油泵总成　6—滤清器

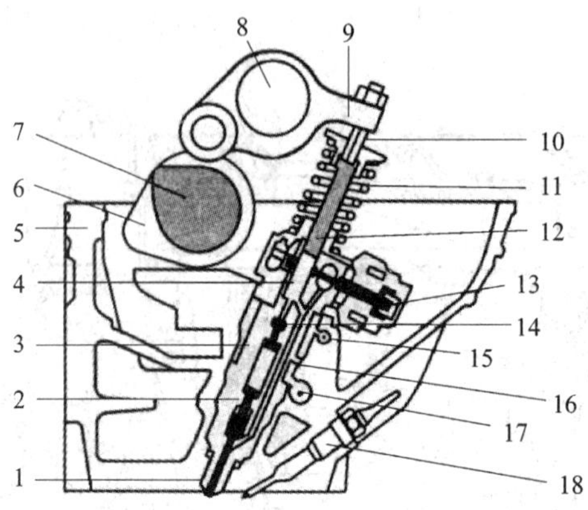

图 9—17　泵喷嘴结构原理

1—针阀　2—阻尼活塞　3—泵喷嘴壳体　4—高压腔　5—气缸盖　6—气门凸轮　7—喷射凸轮　8—摇臂轴　9—摇臂　10—推杆销　11—喷嘴弹簧　12—柱塞　13—喷嘴电磁阀　14—收缩活塞　15—缸盖内的回油油道　16—弹簧　17—缸盖内的进油油道　18—预热塞

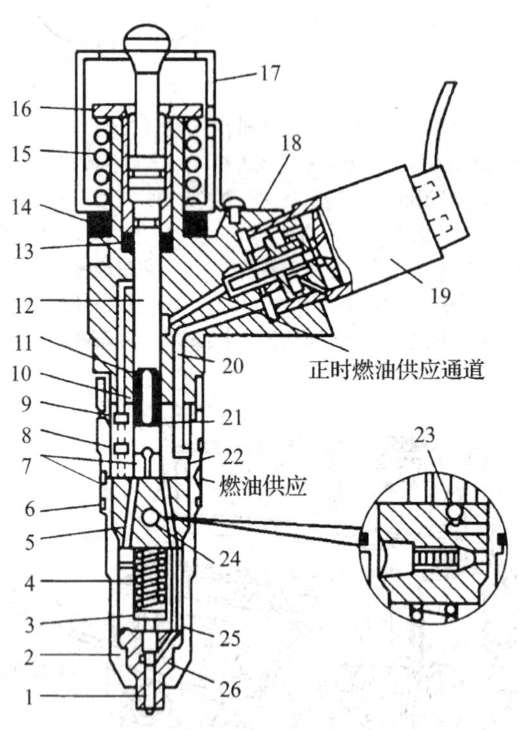

图 9—18　泵喷嘴剖视图

1—针阀　2—针阀座　3—喷嘴弹簧座　4—喷嘴弹簧　5—垫块　6—O 形圈　7—计量柱塞燃油供应（4 端口）　8—计量溢流口　9—正时溢流口　10—正时油腔　11—弹簧导管　12—正时柱塞　13—底部止动片　14—顶部止动片　15—复位弹簧　16—联轴器　17—顶部止动总成　18—喷油器体　19—电磁阀　20—燃油供应阀　21—偏移弹簧　22—计量柱塞囊　23—单向阀球　24—减压阀　25—弹簧支架　26—油杯

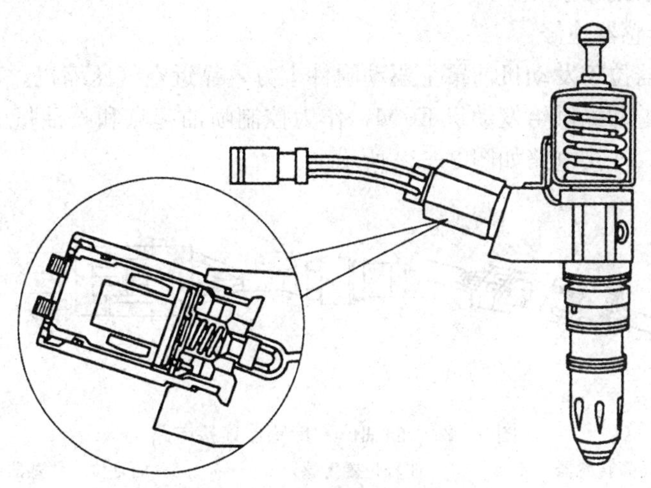

图 9—19　喷油器电磁阀

（2）主喷射。喷油器针阀关闭后的短时间内，由于喷油器电磁阀仍然关闭，并且泵活塞继续下移。所以高压腔内的压力立即重新上升，当压力达到 35 MPa 时，主喷射开始。柴油发动机最大功率时的喷油压力可达 205 MPa。

当柴油发动机控制单元使喷油器电磁阀断电时，电磁阀针阀回位，此时燃油被泵活塞排到供油管，压力下降，喷油器针阀关闭，并且把收缩活塞压回初始位置，主喷射结束。主喷射工作过程如图 9—21 所示。

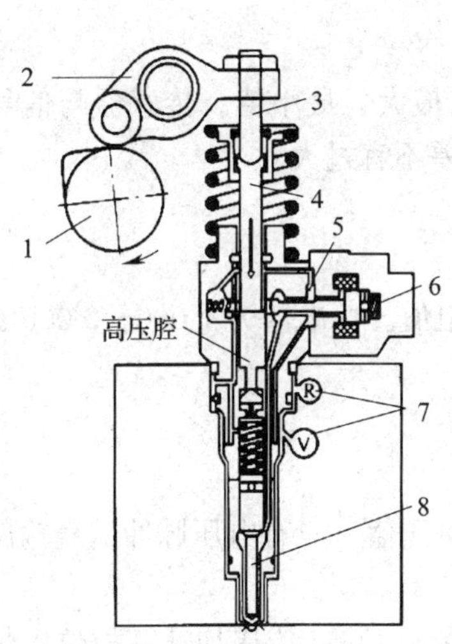

图 9—20　预喷射工作过程

1—喷射凸轮　2—摇臂　3—调整螺钉　4—泵活塞
5—电磁阀座　6—电磁阀针阀　7—收缩腔、供油管
8—喷油器针阀

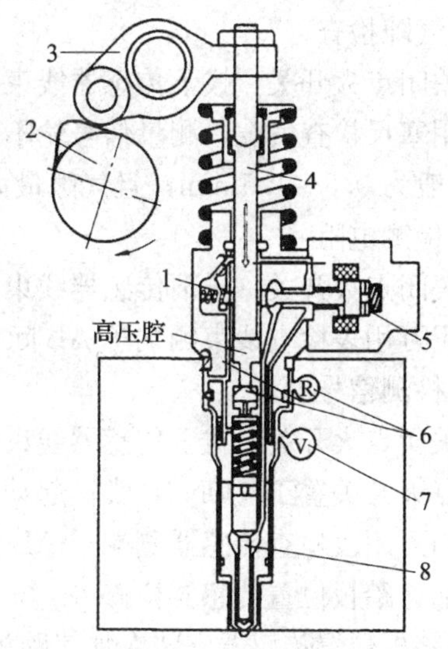

图 9—21　主喷射工作过程

1—电磁阀弹簧　2—喷射凸轮　3—摇臂　4—泵活塞
5—喷油器电磁阀　6—收缩腔、收缩活塞
7—供油管　8—喷油器针阀

三、电子控制系统检修

1. 曲轴位置传感器检修

曲轴位置传感器位于发动机前罩上驱动附件上方，靠近空气压缩机。其作用是检测曲轴位置和发动机转速，并提供给发动机 ECM，作为控制喷油起点和喷油量的主控信号。采用电磁感应式传感器，连接电路如图 9—22 所示。

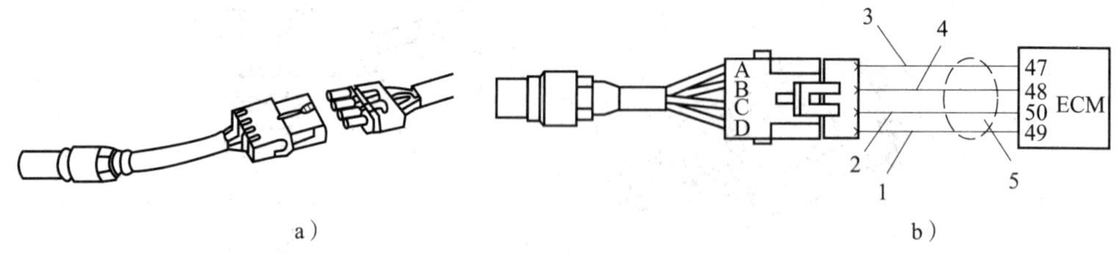

图 9—22 曲轴位置传感器连接电路

1—曲轴位置传感器 2（－） 2—曲轴位置传感器 2（＋） 3—曲轴位置传感器 1（＋）
4—曲轴位置传感器 1（－） 5—发动机线束

（1）外观检查

1）关闭点火开关，拔下传感器线束连接端子。

2）目视检查插接器壳体是否有损坏。

3）目视检查触针座内是否有灰尘、碎屑或潮气。

4）目视检查触针是否弯曲、断裂、缩进或伸出。

5）拆下传感器，检查永久磁铁部位是否吸附有铁屑。

（2）气隙检查

1）关闭点火开关，拔下传感器线束连接端子。

2）用塞尺检查气隙，测量信号轮不同位置，找出最大、最小值。传感器与信号轮的标准间隙一般为 0.8～1.5 mm，且气隙最大、最小值相差不宜过大。

（3）检测电阻

1）关闭点火开关，拔下传感器线束连接端子。

2）用万用表检查线束侧端子 AB 间、CD 间的电阻值。标准值为 1 000～2 000 Ω。

（4）检测信号电压

1）关闭点火开关，拔下传感器线束连接端子。

2）点火开关置于“ON”，尝试起动发动机。

3）用万用表检查传感器侧端子 AB 间、CD 间的电压值。应有电压脉冲信号输出。

2. 加速踏板位置传感器检修

加速踏板位置传感器安装在加速踏板上。其作用是向 ECM 传递加速踏板位置信号。加速踏板位置传感器连接电路如图 9—23 所示。

（1）外观检查

1）关闭点火开关，拔下传感器线束连接端子。

2）目视检查插接器壳体是否有损坏。

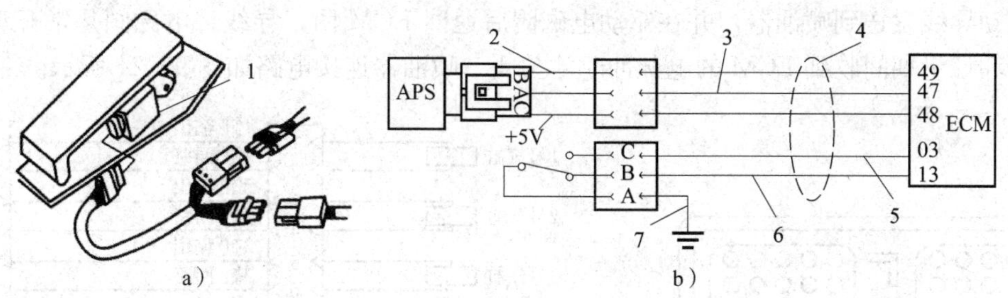

图 9—23　加速踏板位置传感器连接电路

1—加速踏板位置传感器　2—加速踏板回路　3—加速踏板信号　4—OEM 线束
5—非怠速开关　6—怠速开关　7—接地

3）目视检查触针座内是否有灰尘、碎屑或潮气。

4）目视检查触针是否弯曲、断裂、缩进或伸出。

（2）检测工作电压

1）关闭点火开关，拔下传感器线束连接端子。

2）用万用表检测加速踏板位置传感器线束侧插头 C、B 端子与回路之间的电压值。标准值为 4.75～5.25 V。

（3）检测电阻

1）关闭点火开关，拔下传感器线束连接端子。

2）测量传感器侧 C、A 端子之间的电阻。释放踏板时，测量 B、A 端子之间的电阻；踩下踏板时，测量 B、A 端子之间的电阻。标准值：C、A 端子之间电阻为 2～3 kΩ；释放踏板时，B、A 端子之间电阻为 1.5～3 kΩ；踩下踏板时，B、A 端子之间电阻为 0.25～1.5 kΩ。

（4）检测信号电压

1）点火开关置于“ON”。

2）用万用表测量传感器侧 A、B 端子之间的电压值。

3）改变加速踏板开度，观察电压表读数。电压值应随加速踏板开度的变化在 0.5～4.5 V之间变化。

（5）检测怠速开关、非怠速开关的导通性

1）关闭点火开关，拔下传感器线束连接端子。

2）用万用表电阻挡检测怠速开关信号（B）端子与怠速回路（A）端子之间、非怠速开关信号（C）端子与怠速回路（A）端子之间的导通性。

3）改变加速踏板开度，观察电压表读数。加速踏板完全放松时，怠速开关信号（B）端子与怠速回路（A）端子之间应导通；踩下加速踏板时应不导通。加速踏板踩到底时，非怠速开关信号（C）端子与怠速回路（A）端子之间应导通；加速踏板踩下深度小于 95%时应不导通。

3. 泵喷嘴喷油器检修

泵喷嘴喷油器安装在气缸盖上。电子控制模块（ECM）通过喷油器电磁阀来控制燃油计量和正时。每个喷油器电磁阀通过驱动导线和回路导线连接到 ECM。电脉冲信号从 ECM

上的驱动导线发送到喷油器，并在驱动电磁阀后返回 ECM 回路导线。电磁阀是常开型，仅在喷油和计量期间收到 ECM 的电脉冲时才关闭。喷油器连接电路如图 9—24 所示。

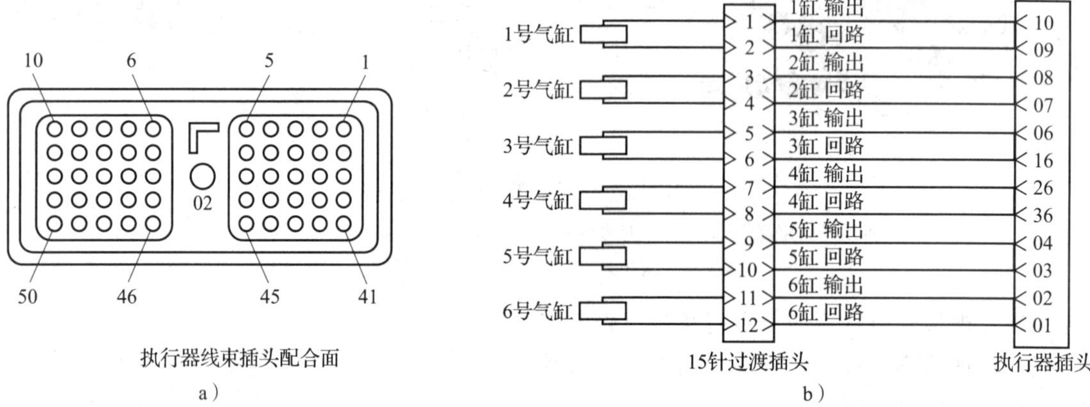

图 9—24　喷油器连接电路

（1）检测电磁阀工作电压

1）起动发动机。

2）用万用表检测喷油器电磁阀输出端子与回路之间电压值。喷油器电磁阀端子处应有 5 V 脉冲电压输入。

（2）检测电磁阀电阻

1）关闭点火开关，拔下喷油器电磁阀线束连接端子。

2）测量喷油器电磁阀侧两端子之间的电阻。标准值为 0.5～1.5 Ω，若不符应更换喷油器。

4. 燃油含水传感器检修

燃油含水传感器安装在柴油滤清器中，靠近发动机中部的缸盖侧。燃油含水传感器与燃油滤清器相连，当水积累到某一设定体积时，燃油含水传感器向 ECM 发出信号，水位警告灯点亮，提示驾驶员放水。燃油含水传感器连接电路如图 9—25 所示。

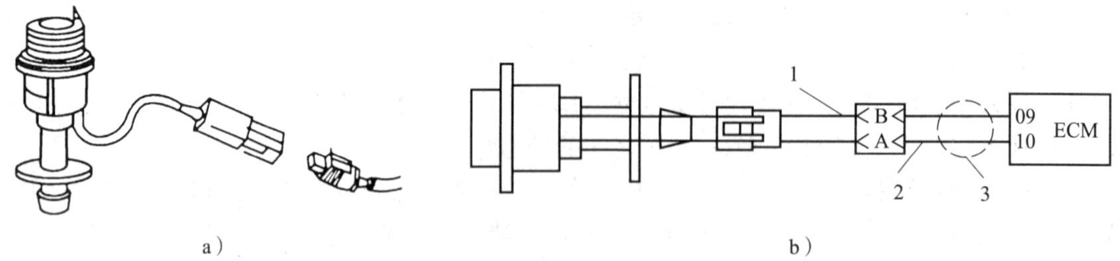

图 9—25　燃油含水传感器连接电路

1—燃油含水传感器信号　2—回路　3—发动机线束

（1）外观检查

1）关闭点火开关，拔下传感器线束连接端子。

2）目视检查插接器壳体是否有损坏。

3）目视检查触针座内是否有灰尘、碎屑或潮气。

4）目视检查触针是否弯曲、断裂、缩进或伸出。

（2）检测 ECM 供电电压

1）关闭点火开关，拔下传感器线束连接端子。

2）点火开关置于“ON”。

3）用万用表检查线束侧端子 A、B 间的电压值。标准值为 4.75～5.25 V。

（3）检测信号电压

1）水中探头：0.5～3 V。

2）油中探头：4～4.5 V。

5. 燃油进油阻力传感器检修

燃油进油阻力传感器安装在燃油泵进口，其作用是向 ECM 提供燃油初级压力信号。燃油进油阻力传感器连接电路如图 9—26 所示。

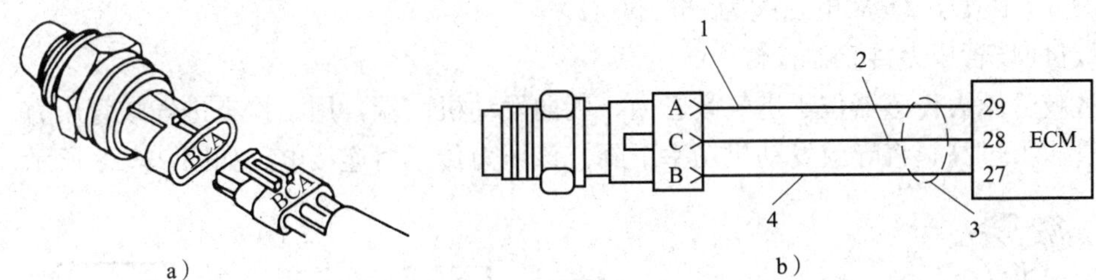

图 9—26　燃油进油阻力传感器连接电路

1—＋5 V 电源　2—燃油阻力信号　3—执行器线束　4—回路

（1）外观检查

1）关闭点火开关，拔下传感器线束连接端子。

2）目视检查插接器壳体是否有损坏。

3）目视检查触针座内是否有灰尘、碎屑或潮气。

4）目视检查触针是否弯曲、断裂、缩进或伸出。

（2）检测 ECM 供电电压

1）关闭点火开关，拔下传感器线束连接端子。

2）点火开关置于“ON”。

3）用万用表检查线束侧端子 A、B 间的电压值。标准值为 4.75～5.25 V。

（3）检测电阻

1）关闭点火开关，拔下传感器线束连接端子。

2）用万用表检查传感器侧端子 A、B 间，端子 A、C 间，端子 C、B 间的电阻值。标准值：端子 A、B 间为 13.35 kΩ，端子 A、C 间为 1.77 kΩ，端子 C、B 间为 14.68 kΩ。

6. 断油电磁阀检修

断油电磁阀位于靠近燃油出口管的燃油泵壳体上，是 ECM 用来控制燃油供应的装置，可用来关闭发动机。ECM 检测到车辆点火开关打开时，打开断油电磁阀；而检测到点火开关关闭，或当发动机超速时，关闭断油电磁阀。断油电磁阀连接电路如图 9—27 所示。

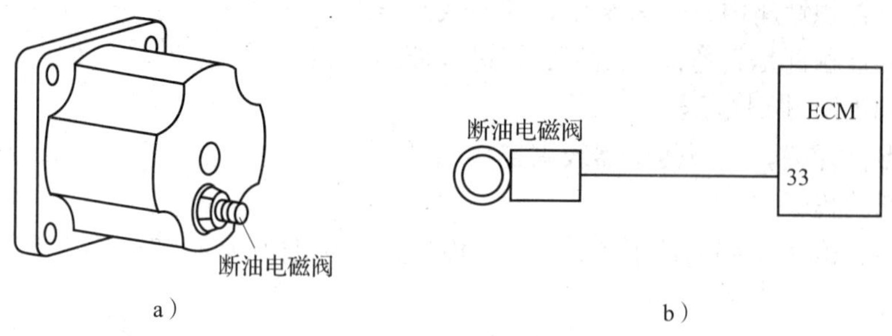

图 9—27　发动机断油电磁阀连接电路

检测电磁阀电阻的方法如下：

（1）关闭点火开关，拆下连线。

（2）用万用表检查电磁阀端子与搭铁间的电阻值。标准值：6 V 电磁阀为 1～5 Ω，12 V 电磁阀为 6～15 Ω，24 V 电磁阀为 24～50 Ω。

7. 进气歧管压力传感器检修

进气歧管压力传感器位于进气歧管内，朝向发动机前端，用于检查进气歧管压力。如果进气歧管压力过高，将导致发动机功率下降。该压力传感器连接电路如图 9—28 所示。

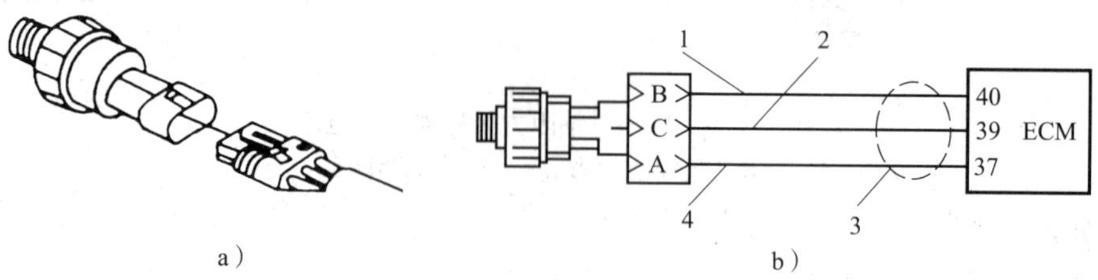

图 9—28　进气歧管压力传感器电路

1—回路　2—信号线　3—发动机线束　4—+5 V 电源

（1）外观检查

1）关闭点火开关，拔下传感器线束连接端子。

2）目视检查插接器壳体是否有损坏。

3）目视检查触针座内是否有灰尘、碎屑或潮气。

4）目视检查触针是否弯曲、断裂、缩进或伸出。

（2）检测 ECM 供电电压

1）关闭点火开关，拔下传感器线束连接端子。

2）点火开关置于“ON”。

3）用万用表检查线束侧端子 A、B 间的电压值。标准值为 4.75～5.25 V。

（3）检测信号电压

1）点火开关置于“ON”。

2）用万用表检查传感器端子 B、C 间的电压值。标准值：在 100 kPa 下端子 B、C 间电压值为 0.7～1.4 V。

8. 进气歧管温度传感器检修

进气歧管温度传感器位于进气歧管上半部前端，其作用是检测发动机进气歧管温度。ECM 将此信号用于发动机保护系统及正时和供油控制。该传感器连接电路如图 9—29 所示。

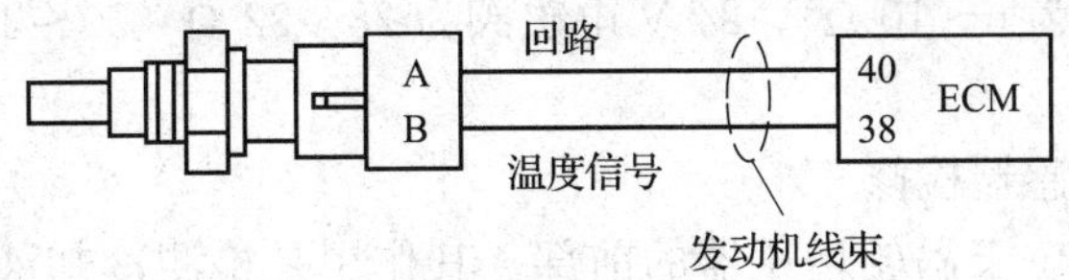

图 9—29　进气歧管温度传感器连接电路

(1) 外观检查

1) 关闭点火开关，拔下传感器线束连接端子。

2) 目视检查插接器壳体是否有损坏。

3) 目视检查触针座内是否有灰尘、碎屑或潮气。

4) 目视检查触针是否弯曲、断裂、缩进或伸出。

(2) 检测 ECM 供电电压

1) 关闭点火开关，拔下传感器线束连接端子。

2) 点火开关置于“ON”。

3) 用万用表检查线束侧端子 A、B 间的电压值。标准值为 4.75～5.25 V。

(3) 检测电阻

1) 关闭点火开关，拔下传感器线束连接端子。

2) 用万用表检查传感器侧端子 A、B 间的电阻值。标准值见表 9—1，若超过标准值过多，则应更换进气歧管温度传感器。

表 9—1　　进气歧管/冷却液/机油温度传感器标准电阻值

温度（℃）	1	25	50	75	100
电阻值（kΩ）	30～36	9～11	3～4	1.35～1.5	0.6～0.675

9. 废气旁通阀检修

废气旁通阀位于进气喇叭口上，是 ECM 用来控制增压压力的装置。其连接电路如图 9—30 所示。

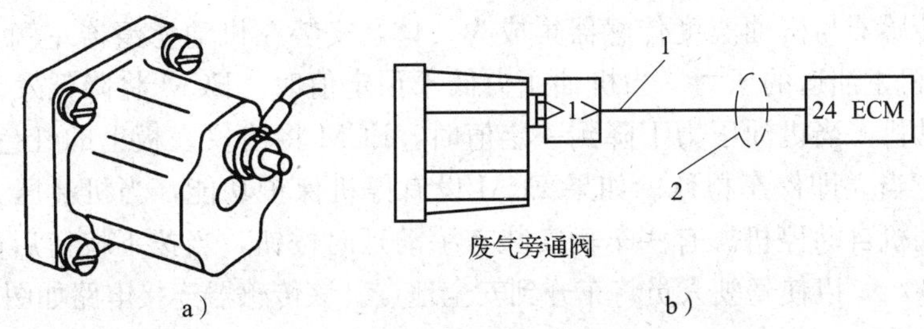

图 9—30　废气旁通阀电路

1—执行器信号　2—执行器线束

检测电磁阀电阻的方法如下：

（1）关闭点火开关，拆下连线。

（2）用万用表检查电磁阀端子与搭铁间的电阻值。标准值：12 V 电磁阀为 7～8 Ω（20～25℃，其他温度时可能为 6～10 Ω），24 V 电磁阀为 28～32 Ω（20～25℃，其他温度时可能为 24～40 Ω）。

10. 冷却液温度传感器检修

冷却液温度传感器位于涡轮增压器的前部，其作用是检测冷却液温度并将信号提供给 ECM，ECM 将此信号用于发动机保护系统及正时和供油控制。该传感器连接电路如图 9—31所示。

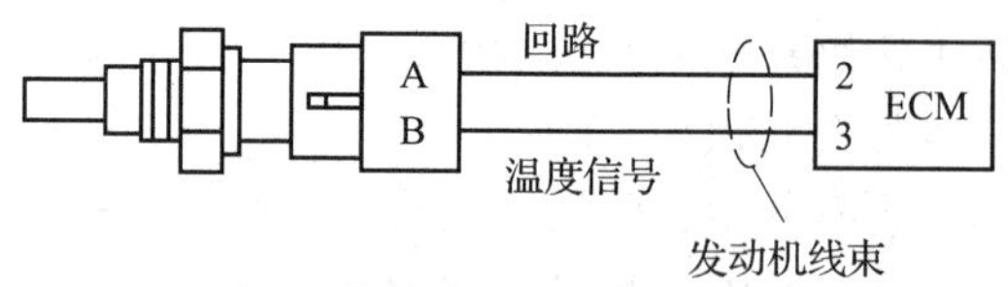

图 9—31　冷却液温度传感器连接电路

（1）外观检查

1）关闭点火开关，拔下传感器线束连接端子。

2）目视检查插接器壳体是否有损坏。

3）目视检查触针座内是否有灰尘、碎屑或潮气。

4）目视检查触针是否弯曲、断裂、缩进或伸出。

（2）检测 ECM 供电电压

1）关闭点火开关，拔下传感器线束连接端子。

2）点火开关置于“ON”。

3）用万用表检查线束侧端子 A、B 间的电压值。标准值为 4.75～5.25 V。

（3）检测电阻值

1）关闭点火开关，拔下传感器线束连接端子。

2）用万用表检查传感器侧端子 A、B 间的电阻值。标准值见表 9—1。若超过标准值过多，则应更换冷却液温度传感器。

11. 机油压力传感器检修

机油压力传感器与机油温度传感器集成为一体，安装在机油滤清器左侧。其作用是向 ECM 输入发动机主油道的压力。当机油压力低于预定值时，ECM 将降低发动机转速和功率，以保护发动机。当机油压力下降到一定值时，ECM 将使仪表板上的红色警告灯闪亮，以提醒驾驶员应当立即停车检修。如果 ECM 设有停机保护功能，当机油压力低于极限值 30 s 后会使发动机自动停机。有些车辆安装有手动延时按钮，当按下按钮后，发动机运转时间将再延长 30 s，以使驾驶人员将车开到安全地点。该传感器连接电路如图 9—32 所示。

（1）外观检查

1）关闭点火开关，拔下传感器线束连接端子。

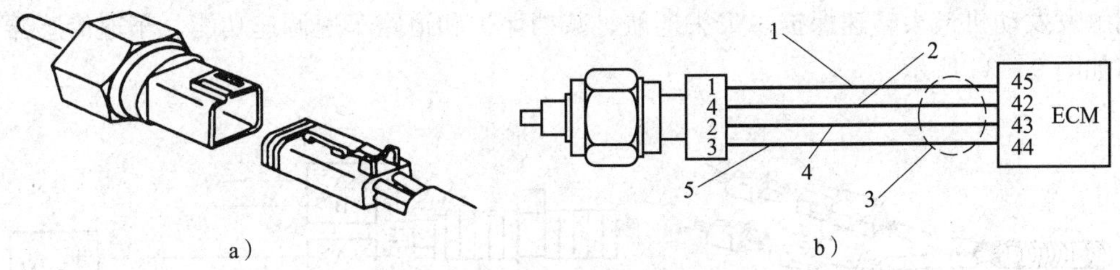

图 9—32　机油压力及温度传感器连接电路

1—＋5 V 电源　2—机油温度信号　3—发动机线束　4—回路　5—机油压力信号

2）目视检查插接器壳体是否有损坏。

3）目视检查触针座内是否有灰尘、碎屑或潮气。

4）目视检查触针是否弯曲、断裂、缩进或伸出。

（2）检测 ECM 供电电压

1）关闭点火开关，拔下传感器线束连接端子。

2）点火开关置于“ON”。

3）用万用表检查线束侧端子 1、2 间的电压值。标准值为 4.75～5.25 V。

（3）检测传感器电压

1）关闭点火开关，拔下机油压力传感器线束连接端子。

2）用万用表检查线束侧端子 2、3 间的电压值。标准值为 0.5～1.4 V。

12. 机油温度传感器检修

机油温度传感器与机油压力传感器集成为一体，安装在机油滤清器左侧、空气压缩机后侧发动机缸体上。其作用是测量发动机的机油温度。机油温度变高，则发动机保护特性起作用。该传感器连接电路如图 9—32 所示。

（1）外观检查

1）关闭点火开关，拔下传感器线束连接端子。

2）目视检查插接器壳体是否有损坏。

3）目视检查触针座内是否有灰尘、碎屑或潮气。

4）目视检查触针是否弯曲、断裂、缩进或伸出。

（2）检测 ECM 供电电压

1）关闭点火开关，拔下传感器线束连接端子。

2）点火开关置于“ON”。

3）用万用表检查线束侧端子 1、2 间的电压值。标准值为 4.75～5.25 V。

（3）检测电阻

1）关闭点火开关，拔下传感器线束连接端子。

2）用万用表检查传感器侧端子 2、4 间的电阻值。标准值见表 9—1。若超过标准值过多，则应更换机油温度传感器。

13. 车速传感器检修

车速传感器安装在变速器后部。其作用是检测车速并提供给发动机 ECM。该传感器失效则触发发动机最大转速保护，失去巡航、减挡保护和道路车速调速功能。车速传感器连接电路如图 9—33 所示。

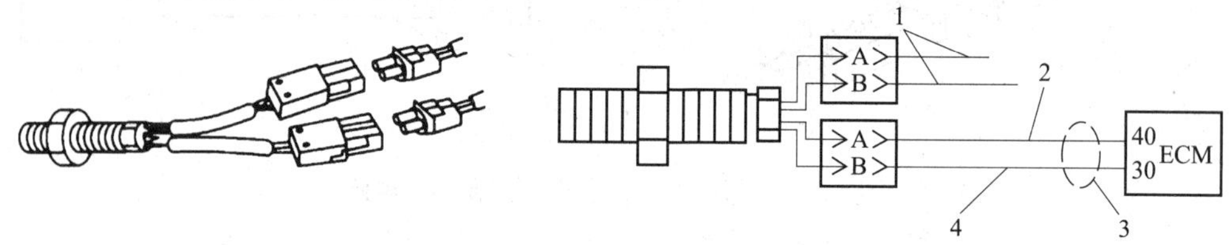

图 9—33 车速传感器连接电路

1—至车速表 2—车速信号 3—执行器线束 4—回路

(1) 外观检查

1) 关闭点火开关，拔下传感器线束连接端子。

2) 目视检查插接器壳体是否有损坏。

3) 目视检查触针座内是否有灰尘、碎屑或潮气。

4) 目视检查触针是否弯曲、断裂、缩进或伸出。

5) 拆下传感器，检查永久磁铁部位是否吸附有铁屑。

(2) 气隙检查

1) 关闭点火开关，拔下传感器线束连接端子。

2) 用塞尺检查气隙。测量信号轮不同位置，找出最大、最小值。传感器与信号轮的标准间隙一般为 0.8～1.5 mm，且气隙最大、最小值相差不宜过大。

(3) 检测传感器电阻

1) 关闭点火开关，拔下传感器线束连接端子。

2) 用万用表检查传感器侧 A、B 端子间的电阻值。标准值为 750～1 500 Ω。

(4) 检测信号电压

1) 关闭点火开关，拔下传感器线束连接端子。

2) 点火开关置于“ON”，尝试起动发动机。

3) 用万用表检查传感器侧端子 A、B 间的电压值。应有电压脉冲信号输出。

第三节 电子控制共轨燃油系统

一、高压共轨电控柴油发动机概述

1. 高压共轨电控柴油发动机的特点

康明斯 ISLe 高压共轨电控柴油发动机为直列六缸，排量为 8.9 L，水冷，涡轮增压中冷，功率覆盖 200～300 kW 范围，发动机比功率高，噪声低，尾气排放可达欧Ⅲ标准。该系列机型还具有以下特点：

(1) 双核控制模块。增加了 OBD 和 UDS/ODX 功能，处理速度更快，功能更强大，实现负载需求、燃油效率及排放控制之间的最佳平衡。

(2) 高压共轨燃油喷射系统。可实现多次喷射，喷射压力在 30～180 MPa 范围，大大提高低速性能和燃油经济性。

(3) 动力性能。最大输出转矩达到 1 700 N·m，大大提高发动机动力储备和瞬态响应性能，加速快，爬坡性能好。

(4) 冷起动性能。进气预热，即使在－35℃超低温状态下，发动机也能顺利起动。

(5) 安全性能。发动机安装有杰克博（JACOBS）发动机制动装置，驾驶员根据坡道情况控制发动机的有效转速范围，可操纵发动机制动选择开关产生有效制动力，车辆行驶安全可靠。

2. 高压共轨电控柴油发动机外观

ISLe 发动机外观如图 9—34～图 9—39 所示。

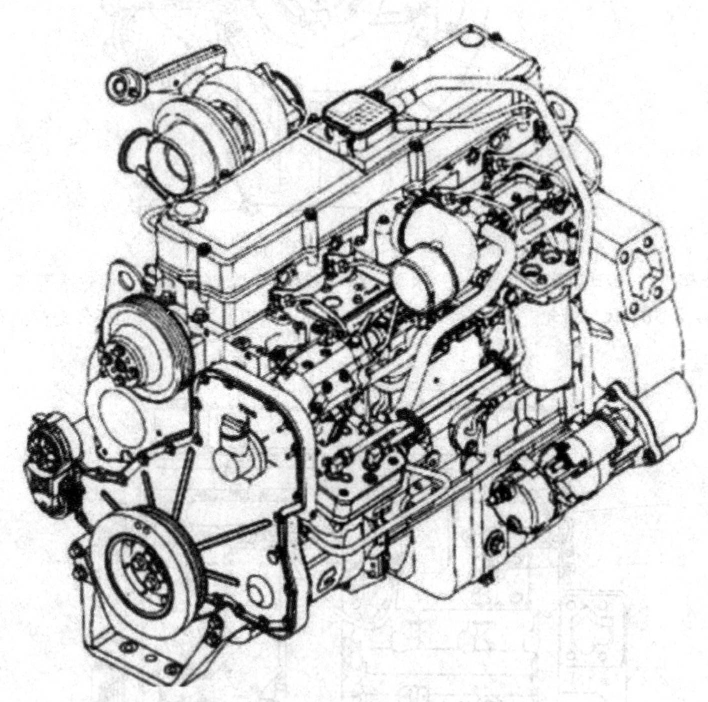

图 9—34　ISLe 发动机总体外观

二、共轨燃油系统

1. 共轨燃油系统的组成

康明斯 ISLe CM2150 发动机燃油系统为高压共轨燃油系统。该系统由电子控制模块（ECM）、高压油泵（CAPSⅡ型）、燃油油轨和喷油器等组成，如图 9—40 所示。

打开点火开关后，电动输油泵运转 30 s，用于向燃油系统预注燃油。安装在高压油泵上的电子燃油控制执行器阀（EFC）控制进入高压油泵的低压燃油量，从而控制了高压油泵输入油轨的燃油量。而油轨上的燃油压力控制阀控制着油轨燃油压力，使之保持不变。高压油泵向油轨提供的高压燃油与发动机转速无关。电子控制模块通过操纵喷油器电磁阀的开闭，

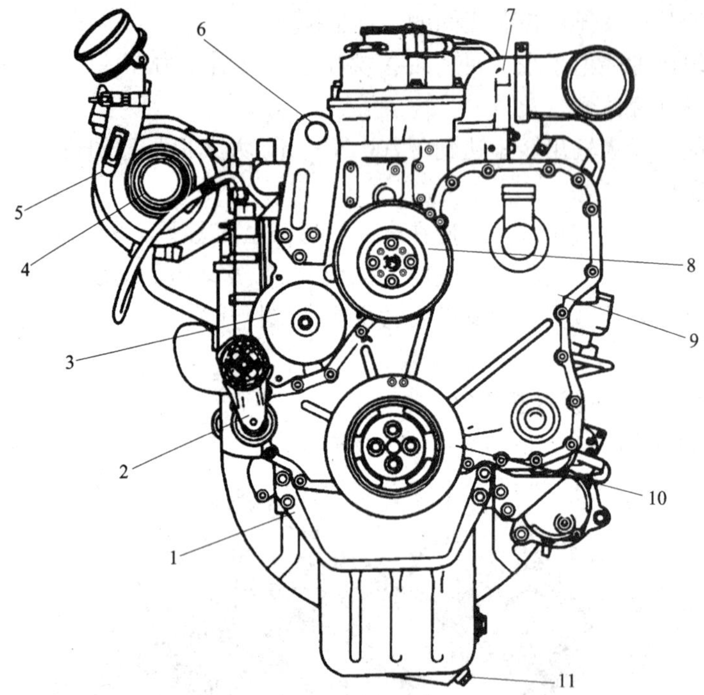

图 9—35　ISLe 发动机前视图

1—发动机前安装支架　2—传动带张紧装置　3—水泵　4—涡轮增压器进气口　5—涡轮增压器　6—发动机前吊耳　7—进气管接头　8—风扇带轮　9—前齿轮室盖　10—曲轴带轮及减振器　11—发动机油底壳放油塞

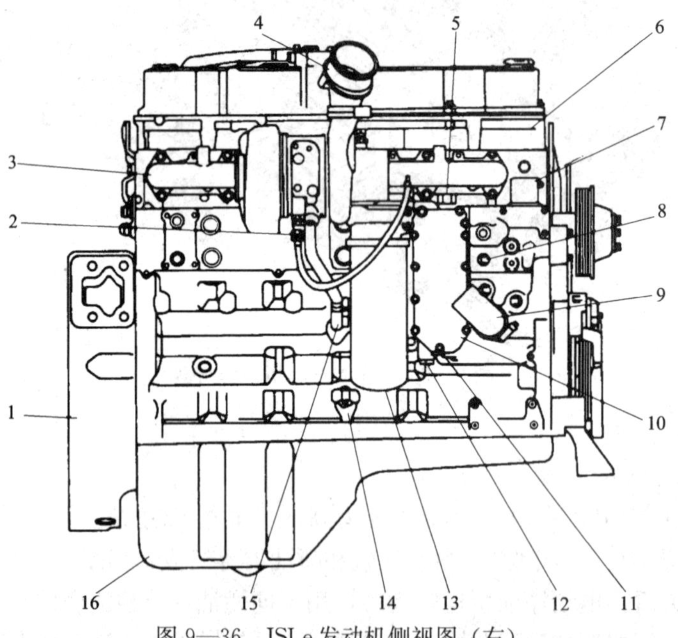

图 9—36　ISLe 发动机侧视图（右）

1—飞轮壳　2—涡轮增压器机油供应管　3—排气歧管　4—涡轮增压器压缩机出口接头　5—机油节温器　6—摇臂室壳体　7—冷却液出口接头　8—冷却液温度传感器　9—冷却液进口接头　10—机油冷却器　11—冷却液排放旋塞　12—机油压力调节器　13—机油滤清器　14—标尺位置　15—涡轮增压器机油回油管　16—油底壳

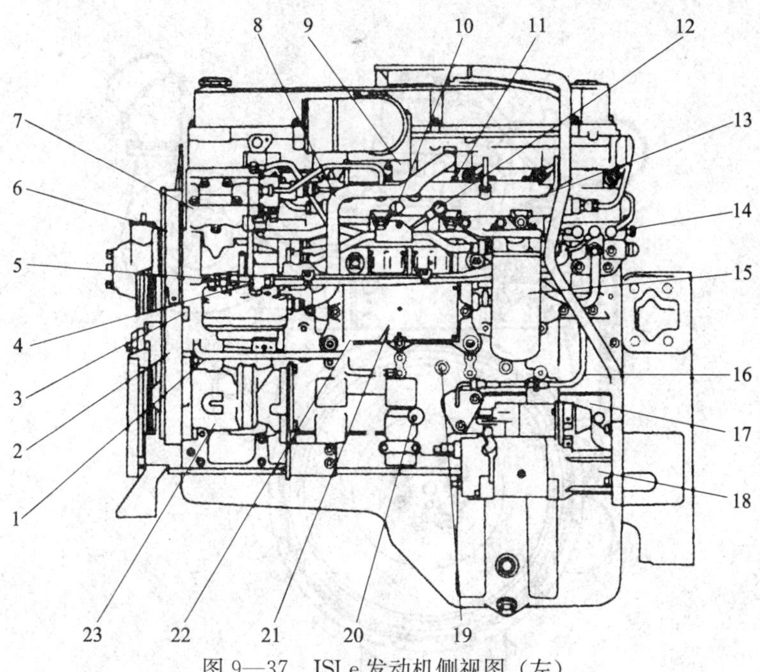

图 9—37　ISLe 发动机侧视图（左）

1—空气压缩机供油管　2—齿轮室　3—凸轮轴位置传感器　4—空气压缩机冷却液回流管　5—空气压缩机冷却液供应管　6—发动机铭牌　7—燃油泵　8—大气压力传感器　9—进气加热器　10—燃油油轨压力传感器　11—进气歧管温度和压力传感器　12—高压燃油油轨减压阀　13—燃油油轨　14—燃油回油歧管　15—燃油滤清器　16—曲轴箱通风机构机油回油管　17—曲轴位置传感器　18—起动机　19—机油压力传感器　20—标尺位置　21—燃油输油泵　22—电控单元　23—空气压缩机

控制发动机的供油量和喷油正时。在燃油系统的低压侧有燃油冷却式 ECM 冷却板/电动输油泵，燃油从 OEM（原始设备制造商）燃油供应管接头进入 ECM 冷却板，从 ECM 冷却板出来后进入电动输油泵。

对于带电动输油泵的发动机，油水分离器位于电动输油泵的出口和齿轮泵的进口之间。电动输油泵的出口压力约为 75 kPa，使燃油滤清器的燃油通过油水分离器，将水沉积在燃油滤清器的底部，以便于及时排出。

ISLe 共轨发动机燃油系统使用 CAPSⅡ燃油泵，该泵为径向柱塞泵。进入高压油泵的燃油通过两个径向泵油室增压，其压力为 30～180 MPa；而进入高压油泵的燃油量则通过电子燃油控制执行器阀（EFC）进行调节。通过调节，EFC 阀用来自 ECM 的信号使油轨处的压力保持在期望的水平。而不能进入两个径向泵油室的燃油直接通过溢流阀进入回油油管，然后流回燃油箱。

燃油油轨起到燃油支管的作用，用于收集燃油并将燃油分配到每个喷油器供应管。在燃油油轨上安装有油轨压力传感器，用于监测从高压油泵提供的燃油油轨的压力。ECM 根据燃油油轨压力传感器测量的压力来调节高压油泵的燃油输出。燃油油轨上还有一个燃油减压阀，该减压阀是一个安全阀，可在油轨压力超过预设值时释放过高的压力。从燃油油轨减压阀排出的燃油通过与油轨连接的回油管流回燃油箱。

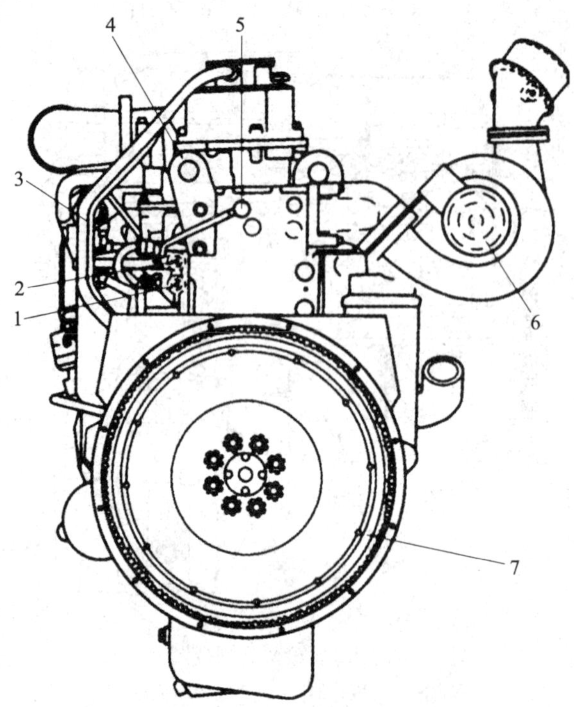

图 9—38 ISLe 发动机后视图

1—OEM 供油管接头 2—OEM 燃油回油管接头 3—曲轴箱通风机构导流管 4—发动机后吊耳
5—喷油器回油管接头 6—涡轮增压器排气口 7—飞轮

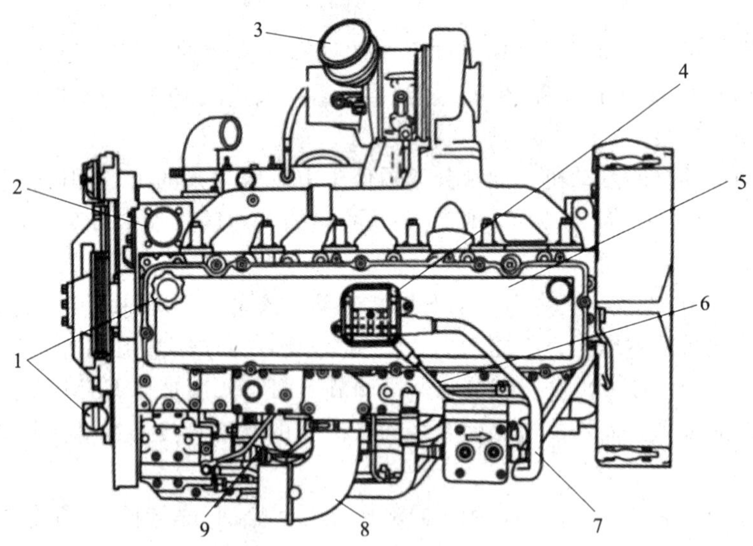

图 9—39 ISLe 发动机俯视图

1—发动机机油加注口 2—节温器 3—涡轮增压器出气口 4—曲轴箱通风机构
5—摇臂室盖 6—曲轴箱通风机构机油回流管 7—曲轴箱通风机构导流管
8—进气管接头 9—燃油泵执行器

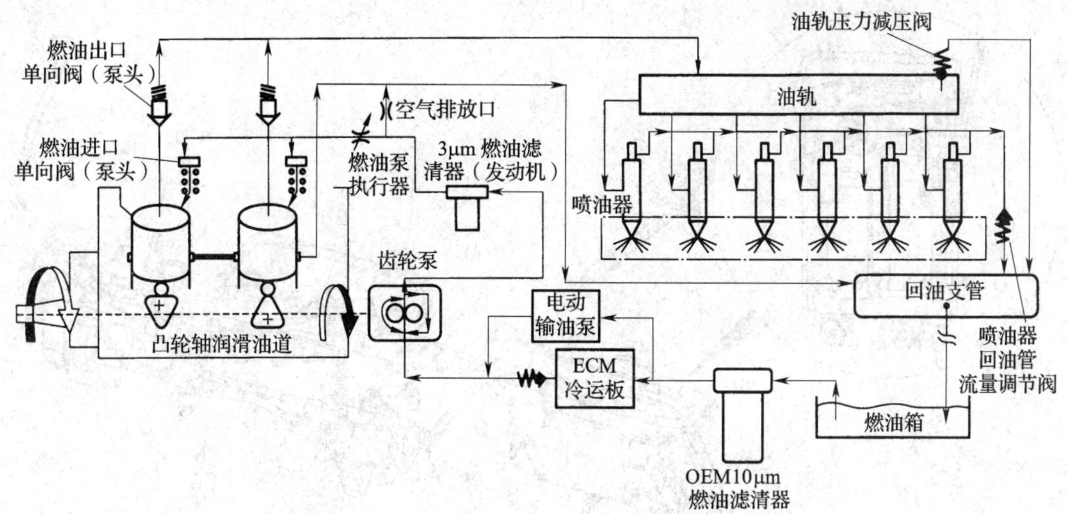

图 9—40　ISLe 发动机共轨燃油系统的结构

ECM 控制发动机喷油器可进行多次喷射，即预喷射、主喷射和后喷射三个过程，能够产生 30～180 MPa 的喷射压力，且喷射动作与机械系统没有关联；喷射压力柔性可调，对不同的工况可确定最佳的喷射压力，从而优化发动机的性能，可柔性控制发动机的喷油正时；配合高的喷射压力，可同时控制氮氧化物和颗粒物的生成，以满足排放法规要求。该燃油系统可用在中、重型马力和大马力发动机平台上。

2. 共轨燃油系统的使用要求

(1) 使用康明斯发动机的用户，应具有该发动机燃油系统技术规范文本和使用要求。

(2) 发动机燃油系统配备有供油和回油切断阀，在拖动或起动发动机之前，一定要确保切断阀置于打开位置；否则会产生高压回油阻力。高压回油阻力会导致喷油器损坏，或燃油进入曲轴箱与机油混合受到污染，或损坏燃油冷却器。

(3) 低压侧 OEM 10 μm 燃油滤清器可以预先注满燃油；但压力侧 3 μm 燃油滤清器不能预先注满燃油，否则会导致燃油系统和发动机发生故障，甚至损坏。

(4) 高压油泵、高压油管和油轨中含有压力非常高的燃油，不要在发动机运行时松开任何管接头；否则会造成人身伤害和财产损失。若需要维修，必须松开管接头，应在发动机熄火后至少等待 10 min，同时等到油压下降到较低值后，才能松开高压燃油系统的管接头。

(5) 应正确使用燃油系统的仪表。在发动机运转时，不要松开真空表接头；否则会使空气进入燃油系统，从而造成发动机运转困难。为确保压力表读数正确，读数前应排出压力表管路中的空气。

(6) 在更换燃油滤清器滤芯后，对于 10 μm 燃油滤清器，可用手动油泵向燃油系统预注燃油。

3. 燃油系统流程

ISLe 发动机带电动输油泵的燃油系统流程如图 9—41 所示。

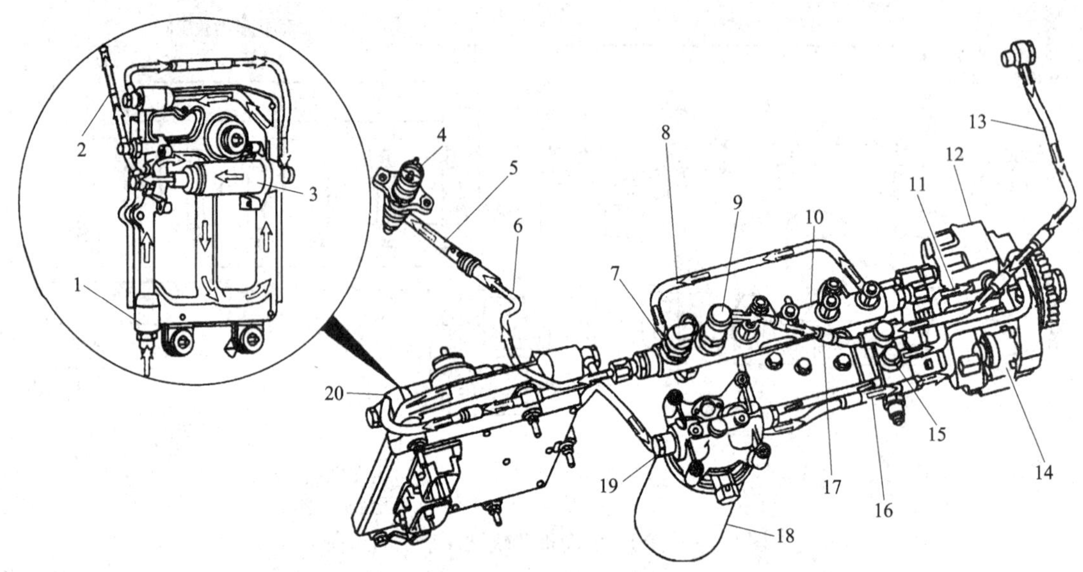

图 9—41　ISLe 发动机带电动输油泵的燃油系统流程

1—ECM 冷却板燃油进口　2—燃油管　3—输油泵　4—喷油器　5—高压接头至喷油器　6—高压燃油管（油轨至喷油器）　7—油轨压力传感器　8—高压燃油管（高压油泵至油轨）　9—燃油减压阀　10—油轨　11—高压油泵回油管　12—高压油泵（CAPSⅡ）　13—喷油器回油管　14—电子燃油控制执行器（EFC）　15—燃油回油支管　16—燃油泵进口到齿轮泵　17—减压回油管　18—燃油滤清器　19—燃油管　20—ECM 冷却板

三、电子控制系统

ISLe 发动机电子控制系统可分为三大部分，即传感器、电子控制模块（ECM）和执行器，如图 9—42 所示。电子控制模块是电控共轨燃油系统的核心部分。根据各传感器的信息，电子控制模块进行计算，完成各种处理后，计算最佳喷油时间和最合适的喷油量，向喷油器发出开启电磁阀或关闭电磁阀的指令，从而精确控制发动机的工作过程。

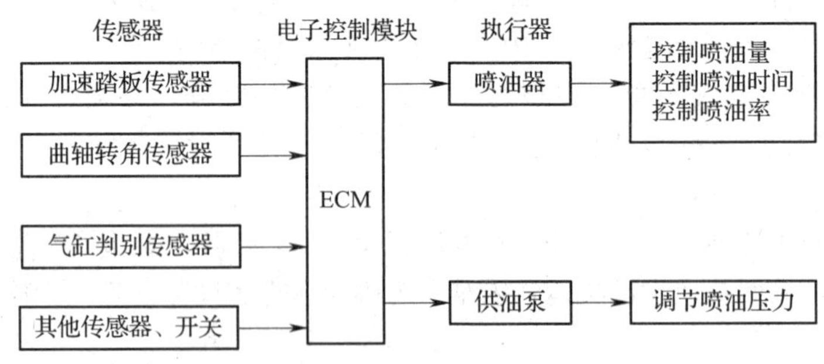

图 9—42　电子控制系统框图

1. 电子控制模块（ECM）

在发动机电子控制系统中，ECM 用于发动机喷油正时、喷油量控制、故障诊断、故障码存储和用户特性标定等。

ECM安装在发动机气缸体侧面。ECM出现故障，不能维修，只能更换。在使用中，对于电子控制模块，应注意防水、防潮、防尘、防磁场干扰。严禁用水冲洗ECM，否则会造成损坏。严禁碰撞、冲击，严禁使用任何液体清洗。ECM印制电路板外包装是钢壳，不能磕碰，以防止造成损坏。在维修中，不能私自拆卸ECM插头，不能用手触摸金属触针，以防静电损坏电路板。应保持ECM插头密封良好，插头或密封圈损坏应及时更换。

2. 加速踏板位置传感器

ISLe CM2150发动机配备的是霍尔式加速踏板位置传感器。传感器与ECM的连接电路如图9—43所示。

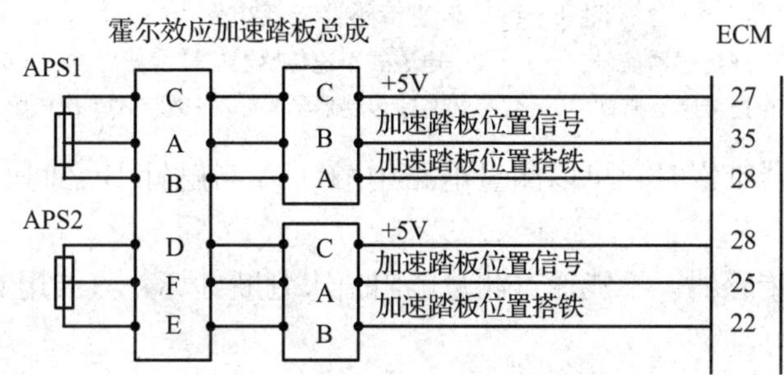

图9—43 加速踏板位置传感器与ECM的连接电路

3. 燃油含水（W/F）传感器

燃油含水（W/F）传感器安装在燃油滤清器壳体内，当壳体内积累了一定量的水后，燃油含水（W/F）传感器就会向ECM发出信号，仪表板上的燃油含水（W/F）指示灯闪烁，表明应该放掉燃油滤清器壳体中的水。

燃油中水过多会导致发动机起动困难，工作不稳。用诊断仪可以读取故障码。若存在燃油含水（W/F）传感器故障码，说明燃油含水量不合格，应将燃油滤清器中的水放掉。

燃油含水（W/F）传感器连接电路如图9—44所示。

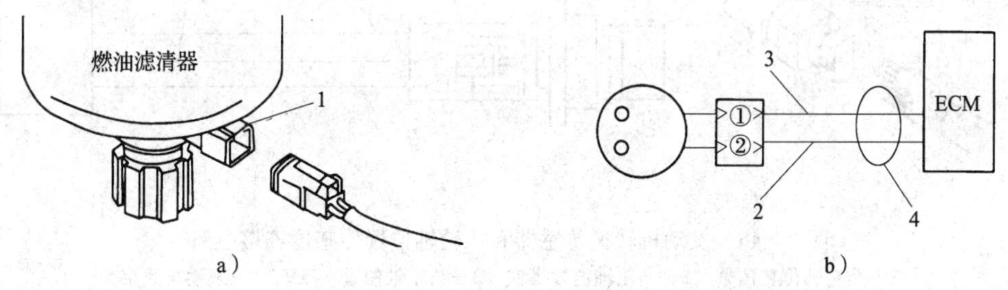

图9—44 燃油含水（W/F）传感器连接电路

1—燃油含水传感器 2—燃油含水搭铁 3—燃油含水信号 4—发动机线束

4. 车速传感器

车速传感器有电磁式和数字式两种，其连接电路如图9—45所示。电磁式车速传感器使用两个独立的线圈，对通过传感器前端的轮齿计数，ECM通过一个线圈感应车辆的速度，OEM通过另一个线圈将车辆速度信号传递给车辆速度表。车速传感器安装在变速器输出轴上。

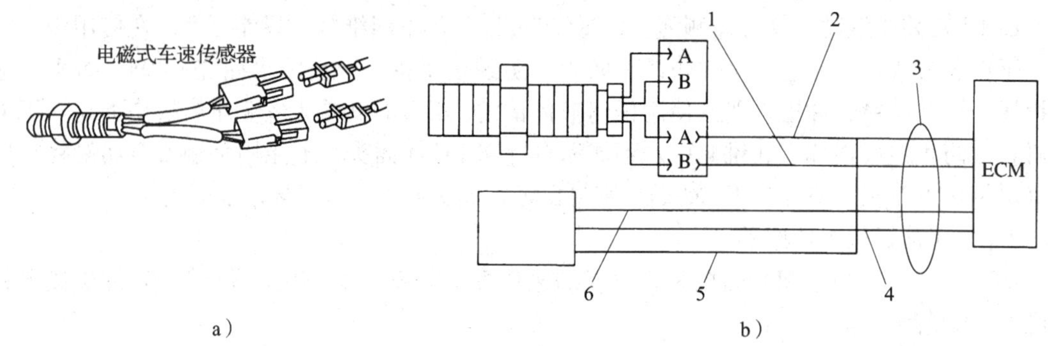

图 9—45 车速传感器连接电路

1—电磁式车速传感器信号（－） 2—电磁式车速传感器信号（＋） 3—OEM 线束
4—数字式车速传感器搭铁 5—数字式车速传感器信号 6—数字式车速传感器＋5 V

电磁式车速传感器维修时，可以测量电路中触针 A 与触针 B 之间的电阻值，标准值应为 750～1 500 Ω。

对于数字式车速传感器，不能通过测量电阻值来判断好坏，只能用专用诊断仪检查工作状况，从而判断性能好坏。

5. 发动机转速传感器和凸轮轴位置传感器

发动机转速和凸轮轴位置传感器通过发动机线束向 ECM 提供发动机转速和位置信号，两个传感器的连接电路如图 9—46 所示。

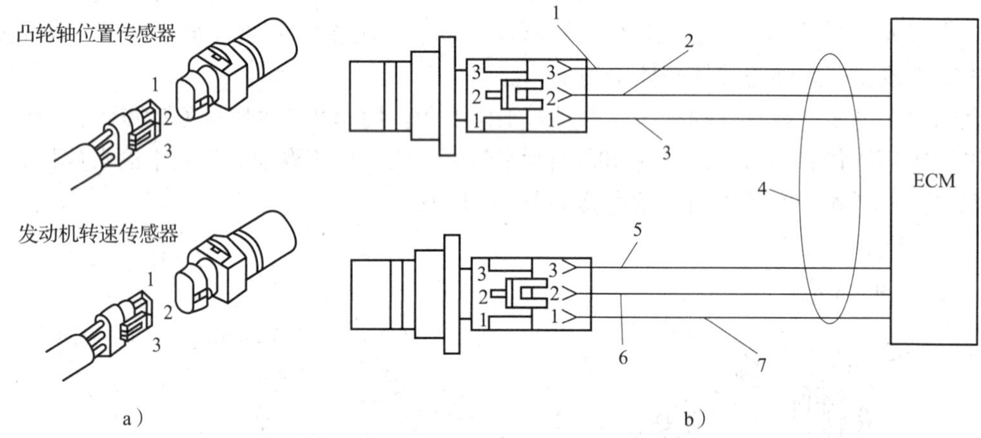

图 9—46 发动机转速传感器和凸轮轴位置传感器连接电路

1—凸轮轴位置信号 2—凸轮轴位置搭铁 3—凸轮轴位置＋5 V 4—发动机线束
5—发动机转速信号 6—发动机转速搭铁 7—发动机转速＋5 V

发动机转速传感器安装在发动机进气侧曲轴中心线上，靠近六缸；凸轮轴位置传感器在齿轮室的背面。这两个传感器的安装位置比较靠近。两个传感器在结构和工作原理方面是相同的。发动机线束上的 P 形夹阻止线束插头连接到错误的传感器上。如果除去 P 形夹，则可能会使导线线束插头插错。如果发生这种情况，ECM 检测到故障并且发动机将无法起动。插头插错故障排除后，发动机可以起动并且将该故障码变成非现行故障码。

当凸轮轴位置传感器有故障时，ECM 使用发动机转速传感器确定发动机的位置；而当转速传感器有故障时，ECM 使用凸轮轴位置传感器监测发动机转速，发动机可以继续运转。

当发动机转速和凸轮轴位置传感器损坏或受到干扰时，发动机转速信号指示发动机转速超出发动机保护极限，停止向喷油器供油，直到发动机转速降低到超速极限以下。

6. 进气歧管压力和进气温度传感器

进气歧管压力和进气温度传感器安装在进气歧管盖板上，用于监测进气歧管压力（即增压压力）和进气温度，并通过发动机线束将信号输入 ECM，ECM 根据此信号控制供油量。传感器的连接电路如图 9—47 所示。

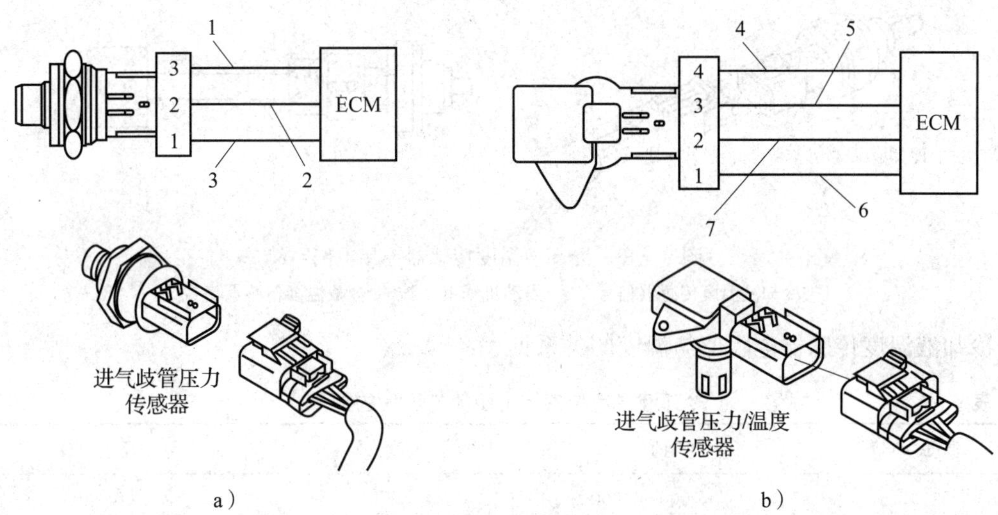

图 9—47　进气歧管压力和进气温度传感器连接电路

1—进气歧管压力信号　2—进气歧管压力搭铁　3—进气歧管压力＋5 V　4—进气歧管压力/温度搭铁　5—进气歧管温度信号　6—进气歧管压力信号　7—进气歧管压力/温度＋5 V

7. 机油压力传感器

机油压力传感器安装在发动机气缸体主油道上。ECM 接收机油压力传感器的电压信号并将其转换成压力值，该机油压力值用于保护发动机运行。机油压力传感器连接电路如图 9—48 所示。

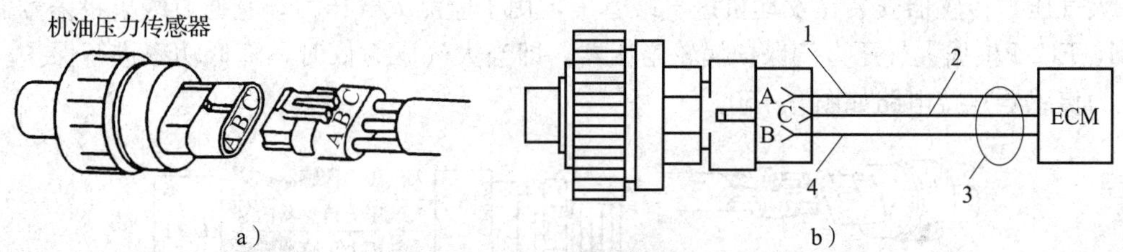

图 9—48　机油压力传感器连接电路

1—机油压力＋5 V　2—机油压力信号　3—发动机线束　4—机油压力搭铁

当机油压力传感器信号电压过高或过低时，说明机油压力传感器出现故障。当机油压力过高时，机油压力使用缺省值，发动机失去对机油压力的保护功能。当机油压力传感器信号指示机油压力低于发动机下限时，发动机的停机保护功能起作用，发动机功率将下降，并可能使发动机停机。

8. 冷却液温度传感器

冷却液温度传感器安装在节温器壳体下面。ECM 通过冷却液温度传感器监测发动机冷却液的温度，用冷却液温度值修正喷油量和喷油正时以及保护发动机运行。冷却液温度传感器连接电路如图 9—49 所示。

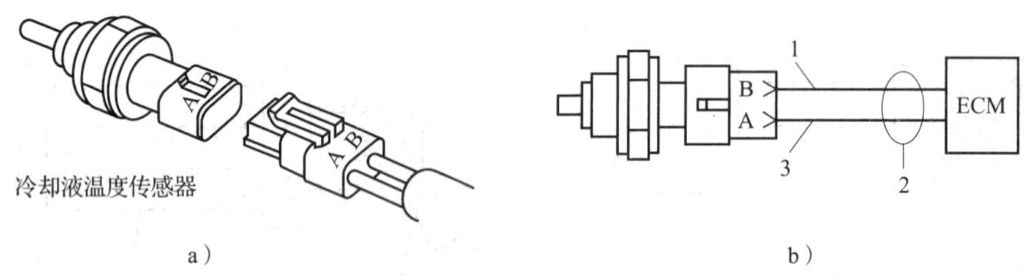

图 9—49　冷却液温度传感器连接电路

1—冷却液温度传感器信号　2—发动机线束　3—冷却液温度传感器搭铁

冷却液温度传感器电阻值与温度的关系见表 9—2。

表 9—2　　冷却液温度传感器电阻值与温度的关系

温度（℃）	电阻值（Ω）	温度（℃）	电阻值（Ω）
0	5 000～7 000	75	300～450
25	1 700～2 500	100	150～220
50	700～1 000		

在冷却液温度传感器信号触针处检测到信号电压偏高或偏低时，发动机冷却液温度使用缺省值，发动机将失去对冷却液温度的保护功能。而当冷却液温度信号指示温度已超过发动机保护极限时，发动机功率将下降并使发动机停机。

9. 大气压力传感器

大气压力传感器安装在发动机进气歧管上，用于监测大气压力。它通过线束将信号输入 ECM，ECM 根据大气压力值保护涡轮增压器，即当大气压力低时，降低功率进行保护。大气压力传感器连接电路如图 9—50。

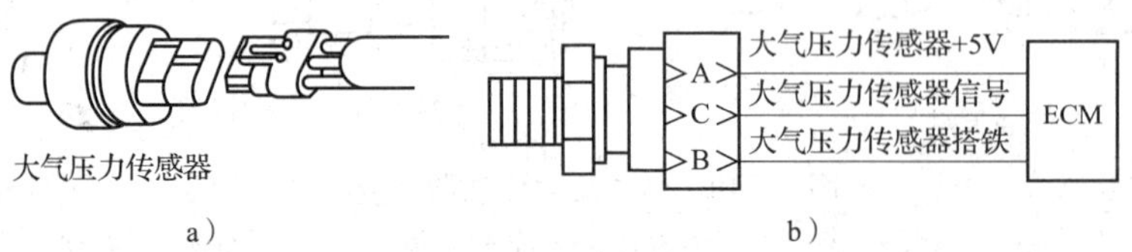

图 9—50　大气压力传感器连接电路

若在大气压力传感器电路上检测到信号电压偏高或偏低，发动机功率将降低15%以进行保护。

在不同的海拔高度，其信号电压值见表9—3。

表9—3 **信号电压值与海拔高度的关系**

海拔高度（km）	信号电压值（V）	海拔高度（km）	信号电压值（V）
0	4.00～4.58	2 790	3.00～3.80
930	3.60～4.40	3 720	2.60～3.40
1 860	3.20～4.00		

若大气压力传感器出现故障，发动机可能冒黑烟，发动机保护将会受到影响，发动机根据海拔高度的调节功能将不起作用。

10. 冷却液液位传感器

冷却液液位传感器用于监测发动机冷却液的位置，并将该信号输入ECM。当ECM监测到散热器中的冷却液下降到一定程度时，发动机功率或转速会逐渐下降；如果已设定了发动机停机保护功能，发动机会停机。冷却液液位传感器安装在发动机散热器顶部或膨胀罐中。冷却液液位传感器连接电路如图9—51所示。

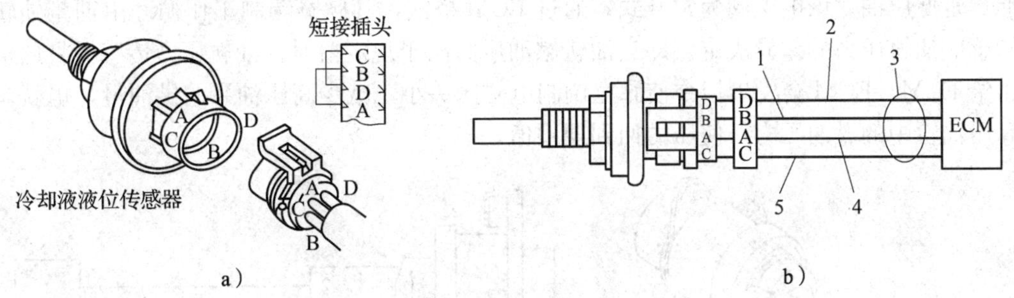

图9—51 冷却液液位传感器连接电路

1—冷却液液位搭铁 2—冷却液高液位信号 3—发动机线束 4—冷却液低液位信号 5—冷却液液位+5 V

在冷却液液位传感器电路中，若在信号触针D、A处的冷却液液位信号显示冷却液液位偏低，则发动机功率会下降，并可能停机。

11. 机油油位传感器

在接通点火开关时，机油油位传感器将监测油底壳内的机油油位。如果机油油位传感器监测到油位过低，则黄色的发动机故障指示灯将闪亮30 s并记录一个故障码。如果驾驶员接通点火开关时发现这种情况（黄色指示灯闪亮），则必须用机油标尺检查机油油位，若机油油位不在规定刻线位置，应补充添加到规定位置。

机油油位传感器向ECM提供脉冲宽度调制（PWM）信号。在信号中，机油油位传感器可发送发动机机油油位读数、机油温度及机油油位传感器的故障码信息。机油油位传感器连接电路如图9—52所示。

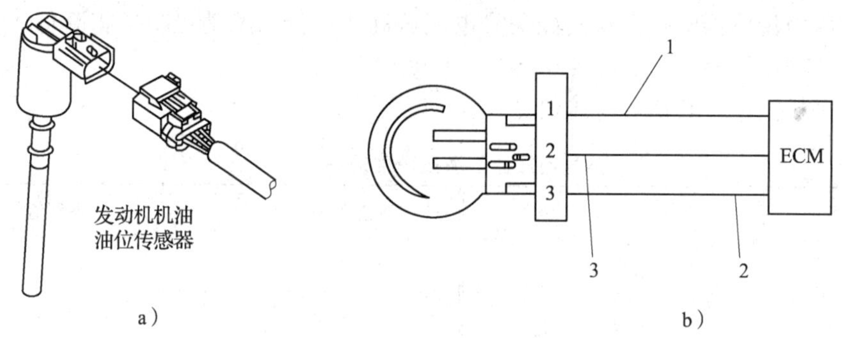

图 9—52 机油油位传感器连接电路

1—发动机机油油位传感器电源 2—发动机机油油位信号 3—发动机机油油位传感器搭铁

机油油位传感器安装在发动机机油标尺前部端口上。当 ECM 诊断系统诊断到机油油位传感器内部短路或开路故障时，将使故障指示灯点亮，并停用机油油位传感器。这时应断开点火开关，从发动机线束上断开机油油位传感器并拆下该传感器，检查机油油位传感器体和插头有无损坏，若有损坏应更换。

12. 电子燃油控制（EFC）执行器

电子燃油控制（EFC）执行器连接电路如图 9—53 所示。电子燃油控制执行器是 ECM 控制高压油泵供油量的脉冲宽度调制（PWM）电磁阀，它安装在高压油泵上，它所控制的供油量是低压油。该电磁阀为常开式，通过 ECM 搭铁，其脉宽调制工作循环由期望油轨压力和感应油轨压力的差异决定。即当油轨燃油压力高于规定值时，油轨压力传感器将此信号传送给 ECM，ECM 会发出指令使脉宽调制电磁阀关小，减少高压油泵的供油量，也就调整了高压油轨中的燃油压力，使压力回到期望值。

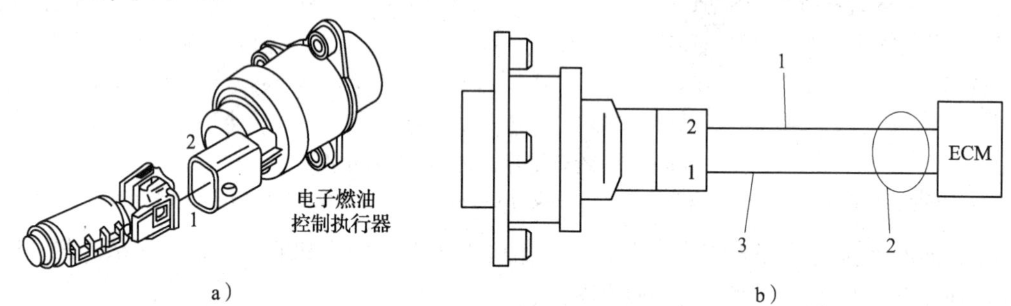

图 9—53 电子燃油控制（EFC）执行器连接电路

1—电子燃油控制执行器搭铁 2—发动机线束 3—电子燃油控制执行器信号

在电子燃油控制（EFC）执行器或发动机线束出现故障时，执行器会失控打开，导致高压油泵产生最大的供油量和压力，油轨中的压力也升高。这时，应检查电子燃油控制（EFC）执行器电路是否存在断路、短路故障。

13. 油轨压力传感器

ECM 通过安装在油轨上的油轨压力传感器监测燃油油轨上的燃油压力，并将监测到的信号触针上的电压转换成压力值。油轨压力传感器连接电路如图 9—54 所示。

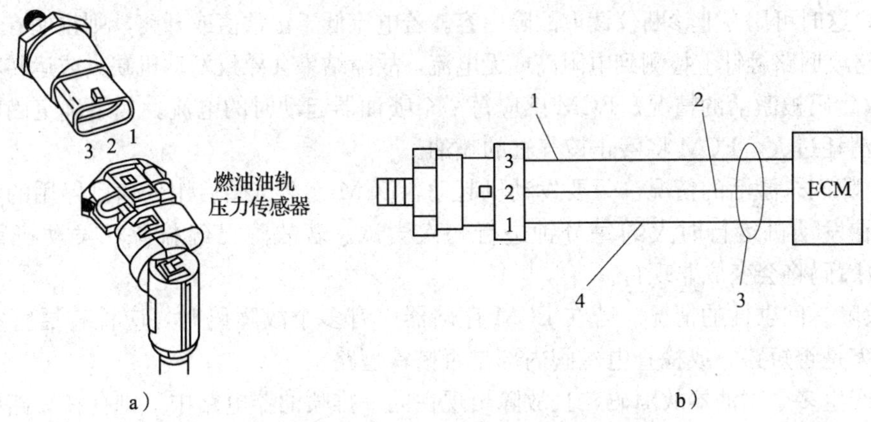

图 9—54　油轨压力传感器连接电路

1—燃油油轨压力＋5 V　2—燃油油轨压力信号　3—发动机线束　4—燃油油轨压力搭铁

油轨压力传感器有电源触针、信号触针和回路触针。它与发动机进气歧管压力传感器、备用的发动机位置传感器共用由 ECM 提供的＋5 V 电源。当发动机增加负荷时，ECM 若监测到油轨压力无变化，则说明油轨压力传感器出现故障，需要进一步确认是电路连接不良还是传感器故障。

14. 喷油器电磁阀

喷油器电磁阀驱动电路如图 9—55 所示。ECM 通过关闭高端开关和低端开关给喷油器电磁阀供电，喷油器电磁阀控制喷油量和喷油正时。在 ECM 内部有两个高端开关和六个低端开关。1、2、3 缸的喷油器共用单个高端开关，将喷油器电路与高压电源连接；而每个喷油器电路都有专用的低端开关。高端开关与低端开关电路接通，用于驱动喷油器电磁阀工作。4、5、6 缸的喷油器也共用单个高端开关，4、5、6 缸喷油器电路也都有专用的低端开关，搭铁组成完整的驱动电路。

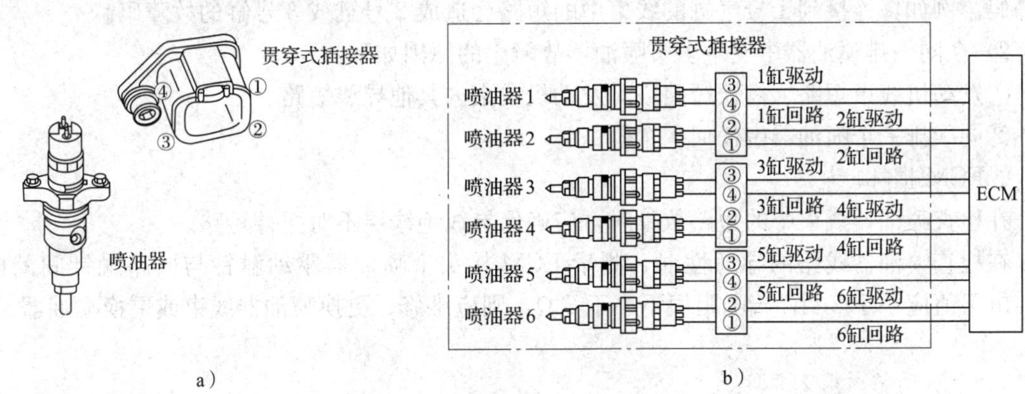

图 9—55　喷油器电磁阀驱动电路

发动机线束将 ECM 与三个位于摇臂室壳体内的喷油器电路使用贯穿式插接器连接。每个贯穿式插接器给两个喷油器供电，并提供回路。

（1）喷油器电磁阀驱动电路故障现象。当黄色指示灯点亮时，说明某个喷油器驱动电路出现了故障，这时可用专业诊断仪读取故障内容。若电流低于正常值或开路，则说明在某个喷油器驱动电路或回路触针上检测到电阻高或无电流，故障结果会导致发动机缺火或运转粗暴。

1）故障码被激活的情况。ECM 感应每一个喷油器起动时的电流。如果确定因电路故障造成电流消耗过大，ECM 将停止该气缸的喷油。

2）故障码未激活的情况。只要发动机起动，ECM 就会试图启用任何已停用的喷油器电路，并且在发动机运行时大约每分钟进行一次尝试。若故障已经排除，发动机重新起动 1 min，故障码将会变成非现行。

3）故障是间歇性的情况。若在 ECM 存储器中有多个故障码时，应检查摇臂室壳体内的导线线束是否短路，或检查电磁阀内部是否搭铁短路。

如果产生多个喷油器故障码，且故障出现在同一排喷油器电路中，则存在短路故障。

如果故障是间歇性发生的，则即使喷油器电路故障码始终无记录，发动机也可能出现缺火。用诊断仪可以确定是否存在间歇性故障。在发动机运行时，观察六个缺火指示器监测参数。监测参数将指示气缸的喷油器脉冲是否即刻不起作用。在对 ECM 电路故障进行检测后，监测参数将显示“MISFIRE”（缺火）几秒钟。如果单个缸出现缺火，应检查断路故障。如果同时一排的几个缸缺火，则在该排中检查短路故障位置。

（2）故障原因分析

1）单个喷油器故障原因大致是下面几种情况：

①发动机线束或喷油器电磁阀内线束断路。

②单个喷油器或喷油器电磁阀内电阻高。

③喷油器电磁阀内的电阻过低。

④ECM 损坏。

⑤间歇性短路。

如果线束绝缘层在摇臂附近磨穿，则会造成间歇性故障。间歇性故障会导致一个喷油器故障码。例如，连接到 1 号气缸的线束中的短路会造成 2 号缸或 3 号缸的故障码。

2）在同一排喷油器中发生多个喷油器故障码的原因如下：

①发动机线束短路、搭铁短路或对发动机线束内其他导线短路。

②同一排三个喷油器中任何一个短路。

③ECM 损坏。

在检查喷油器线束中的短路故障时，应确保导线绝缘层不对摇臂短路。

在检查喷油器线路的导通性时，测量 ECM 接头上喷油器驱动触针与回路触针间的电阻，电阻值应小于 2 Ω；若电阻值不小于 2 Ω，则应维修、更换喷油器线束或更换喷油器。

复习思考题

一、填空题

1. 柴油发动机单体泵供油系统的每一个喷油器上都带有一个________。

2. 单体泵由________驱动。

3. 电控单体泵燃油系统大体划分为________和________两个部分。

4. 康明斯 ISMe 型发动机燃油系统为________燃油系统。

5. 每个泵喷嘴都由________和________构成。喷射定时和喷油量由电控单元控制整体式喷油器中的________来决定。

6. 泵喷嘴喷油器的工作过程包括________和________。

7. 进气歧管压力传感器的工作电压为________。

8. 康明斯 ISLe CM2150 型发动机燃油系统为________燃油系统，该系统由________、________、________和________等组成。

二、判断题

1. 单体泵燃油系统的喷油规律为后三角形，初期喷射率低，后期高。（　　）

2. 单体泵燃油系统输油泵的供油量与单体泵的出油量大体相等。（　　）

3. 蓄电池电压在发动机未工作时，正负极间电压为 24 V 左右；发动机工作时为 28 V 左右。（　　）

4. 泵喷嘴燃油系统的喷射定时和喷油量由电控单元控制整体式喷油器中的电磁阀来决定。该电磁阀为常开式。（　　）

5. 康明斯 ISMe 型发动机的机油压力传感器与机油温度传感器集成为一体，安装在机油滤清器左侧。（　　）

三、思考题

1. 电控单体泵燃油系统的优点是什么？

2. 曲轴位置传感器与凸轮轴位置传感器的检修过程是什么？

3. 泵喷嘴喷油器工作过程是什么？

4. 康明斯 ISMe 型发动机曲轴位置传感器和加速踏板位置传感器的检修过程是什么？

5. 康明斯 ISLe 型高压共轨电控柴油发动机的特点是什么？

第十章　柴油发动机进排气控制系统

第一节　柴油发动机排放控制概述

随着社会发展和人们生活水平的提高，环境问题日益成为人们关注的焦点。欧美地区很早就开始着手进行柴油发动机排放污染的研究和治理工作，实施了非常严苛的排放法规。我国也于2013年7月1日开始在全国范围内对重型柴油发动机实施国Ⅳ阶段的排放标准。全国自2017年1月1日起，所有制造、进口、销售和注册登记的轻型汽油车、重型柴油车（客车和公交、环卫、邮政用途）须符合国Ⅴ标准要求。

一、柴油发动机排放的主要污染物

在柴油发动机排放的废气中，氮气约占75.2%，二氧化碳约占7.1%，氧气及其他成分约占16.89%，有害物排放约占0.81%。排放的有害物主要包括：氮氧化物（NO_x）约占35.4%，一氧化碳（CO）约占35.3%，碳氢化合物（CH）约占8.5%，氧硫化物（SO_x）及微粒（PM）等约占20.76%。

二、柴油发动机排气污染物生成机理及危害

1. 氮氧化物（NO_x）排放的生成机理及危害

氮氧化物（NO_x）主要包括各种NO、NO_2、N_2O、N_2O_3、N_2O_4、N_2O_5及NO_3，是各种氮氧化合物的总称。柴油中含氮量不超过0.02%，排气中的NO_x主要是由于空气中的氮在高温条件下氧化而成。NO_x是进入气缸内的空气在燃烧室内的高温条件下，空气中的氮气与氧气发生化学反应所形成的。与其他废气成分不同，NO_x并不是燃料燃烧的产物。

影响NO_x生成率和排放率的根本因素是燃烧温度、氧原子浓度和在高温环境下所持续的时间。然而对NO_x排放影响的主要因素是柴油发动机喷油系统参数、运转参数、进气系统参数、燃烧室结构参数以及其他参数等。发动机的负荷越大，则NO_x的排放率也就越高。

NO_x中对环境危害最大，且经常被提到的主要成分是NO和NO_2，其他成分可忽略不计。而且在柴油发动机排放的尾气中，NO_2的浓度比NO要低得多，占5%左右。因此，控制NO_x的危害，对于汽车来说主要是控制NO的排放。NO中的氮主要来自于空气，少量来自于燃料的含氮成分。汽车燃料的含氮量较低，占0.02%左右，所以反应温度对NO的

生成最为重要。柴油发动机燃烧过程中喷射各区均可生成 NO，其生成浓度与局部温度、局部氮原子和氧原子的浓度、燃烧产物的冷却速度和滞留时间等因素有关。

NO 是无色气体，低浓度时毒性不大，但高浓度会引起人体中枢神经的瘫痪和痉挛。NO_2是一种红色的具有恶臭刺激性的气体，其毒性约为 NO 的 5 倍，对人的呼吸器官有刺激作用，会引起气管炎、肺炎和肺气肿。NO_2参加大气中的光化学反应形成光化学烟雾，毒性更大。人们生活的安全环境中，NO_2浓度不能超过百万分之五（5×10^{-6}）。

从理论上讲，柴油发动机 NO_x 排放形成是无法避免的，但通过控制燃烧过程的最高温度和富氧空气在高温中的滞留时间等，可对 NO_x 排放加以限制。

2. 碳氢化合物（HC）排放的生成机理及危害

碳氢化合物（HC）是燃料燃烧后生成的多种化合物的总称，主要包括未燃烧或未完全燃烧的燃料、润滑油及其裂解和部分氧化产物与中间产物，如醛酮和芳香烃等。内燃机排放的有害污染物中，未燃碳氢化合物是最复杂的有害物质。

柴油发动机在压缩过程要结束、活塞接近上止点时才开始喷射燃油，故 HC 排放量比汽油机少。柴油发动机中的 HC 生成直接与负荷变化有关。当油量变化时，引起喷注燃油分布状况、沉积在壁面上的油量、气缸燃气压力和温度及喷射持续期的变化（负荷增大，喷射期延长），最后喷入的那部分燃油的反应时间较短，空燃比的减小导致氧浓度降低，HC 浓度增加；在极小负荷，空燃比较大，局部温度很低，燃烧分子扩散浓度很低，HC 排放物燃烧速率被进一步减弱。因此，在怠速和小负荷，HC 排放量是很高的。

HC 的生成机理非常复杂，凡是影响着火延迟期的因素，均对 HC 排放有明显影响。对于柴油来说，主要原因还是由于柴油颗粒与压缩空气混合不均匀，导致混合气局部过浓或过稀，以致出现不能燃烧或不能完全燃烧等燃烧不良现象。HC 会对人的眼睛和呼吸器官造成损害，而且它还是一种致癌物质。

3. 一氧化碳（CO）排放的生成机理及危害

一氧化碳（CO）是燃料在气缸内不完全燃烧的产物。气缸内氧气浓度分布不均匀，若局部区域发生缺氧现象，燃料中的碳就不能够完全燃烧氧化成 CO_2，于是碳氢燃料在局部缺氧的条件下燃烧生成了中间产物 CO。温度、反应时间和氧浓度是影响 CO 生成的三个根本因素。相对于汽油机而言，柴油发动机气缸内的燃烧属于富氧型燃烧，所以其废气中 CO 浓度要比汽油机低得多。

CO 是一种无色、无味、无刺激性的气体，是一种对人体毒性较大的污染物，主要是对人体的血液和神经系统产生很强的毒性和损害。当 CO 通过人体呼吸系统进入血液后，会与人体血液中的载体血红蛋白结合。而 CO 与血红蛋白的结合力是氧气与血红蛋白结合力的 200～300 倍。当超过千分之一浓度的 CO 被人体吸收后，就会破坏人体血液输送氧气的功能，造成人体缺氧，最终导致窒息死亡。

4. 颗粒物（PM）排放的生成机理及危害

颗粒物（PM）是造成大气污染阴霾的一个重要原因。柴油发动机的颗粒由在燃烧时生成的含碳粒子（炭烟）及其表面上吸附的多种有机物组成。可熔性有机物来源于燃料中的硫（S）等有机物，含量约占 30%。炭烟是不完全燃烧产物，由于柴油发动机混合气形成的不均匀性，即使过量空气系数大于 1，仍不可避免产生局部空气不足，此时燃烧温度又较高，燃料在高温缺氧的情况下，由裂解过程释放并经聚合过程形成炭烟。

由以上分析可知，颗粒物生成的主要原因是高温和缺氧，由于柴油发动机的燃烧是无序的扩散燃烧方式，喷入气缸的燃油由于时间极短，来不及与空气混合均匀，尽管总体上是富氧燃烧，但还是会造成燃油局部缺氧，导致炭烟颗粒的生成。柴油车排放的颗粒物是汽油车的 30～60 倍。由于颗粒物的危害与颗粒粒径大小及其组成有关，粒径小的危害性大。通常把颗粒物分为两类，即粗颗粒 PM10 和细颗粒 PM2.5。粗颗粒 PM10 是指直径在 10 μm 以下的颗粒，称为可吸入颗粒。它可以通过呼吸系统过滤掉，不会进入肺泡，对人体危害相对较小。粗颗粒 PM10 可随人的呼吸沉积于肺部，累积在呼吸系统中，引发许多疾病。而细颗粒 PM2.5 是指直径在 2.5 μm 以下的颗粒，又称可入肺颗粒。细颗粒对人体的危害更大。细小的颗粒可以进入肺泡、血液，引发严重疾病。人类发病率的增高与空气中的颗粒物，尤其是柴油车排出的细颗粒物密切相关。颗粒物排放的严重危害性一直是制约柴油轿车在我国大规模使用的主要原因。

三、柴油发动机排气污染物的控制

柴油发动机的燃烧过程是在过量空气系数较大的条件下进行的，所以，柴油发动机排气中 CO、HC 含量比汽油机少得多，柴油发动机的主要有害排放物是 NO_x 和 PM。而 NO_x 和 PM 的控制技术相互矛盾。如何同时降低 NO_x 和 PM 排放，是车用柴油发动机面临的至今尚未完全解决的课题。现代柴油发动机集中体现在进气系统、燃烧系统、喷射系统以及后处理系统的发展上。控制和降低柴油发动机的排放主要从以下几个方面入手：

1）采取提高燃油品质、进气质量等手段，如采用增压中冷、多气门技术、EGR 等。

2）现代柴油发动机对柴油喷射技术的要求是准确的燃油计量，灵活的喷油定时，最佳的喷油压力，优化喷油规律。通常把这些方法称为机内净化方法。

3）在柴油发动机排气尾部加装废气净化装置，以进一步降低有害排放物直接进入大气的量。如采用催化转换器和颗粒捕集器等，可以有效地降低 NO_x 和 PM 的排放。这种方法称为机外净化方法。

4）合理地维护和管理。超负荷使用、保养及维护不当或检修及调整不良等使用中的问题，都会使柴油发动机的性能恶化，导致污染物增加。在使用及维护中，有必要采取严格的管理规范和技术措施。要选用规定质量等级和黏度的机油。要选用十六烷值适中的柴油，并尽可能选用低硫柴油。在柴油中掺入高效柴油添加剂，有效控制炭烟的排放。

柴油发动机 NO_x 排放的控制技术，除燃烧系统改善等机内措施之外，很有效的方法之一就是采用排气再循环技术。而 PM 的控制主要采用后处理装置，即捕集器。

第二节　柴油发动机进气和排气系统

发动机的进气系统主要由空气滤清器、进气管、涡轮增压器、中冷器、进气歧管等组成，排气系统主要由排气歧管、排气管和排气消声器等组成，如图 10—1 所示。

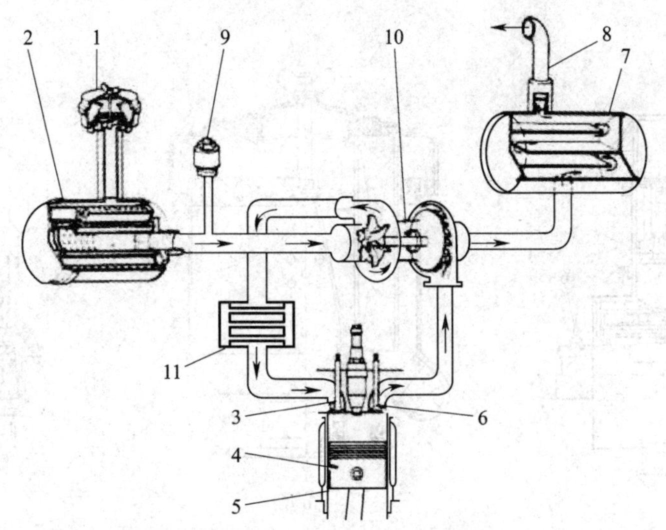

图 10—1　柴油发动机进、排气系统的组成

1—除尘器　2—空气滤清器　3—进气门　4—活塞　5—缸体　6—排气门　7—消声器　8—排气管　9—尘埃指示器　10—涡轮增压器　11—中冷器

一、空气滤清器

1. 空气滤清器的作用和要求

空气滤清器的作用是把进入发动机的空气中的灰尘和沙土等杂质过滤掉，从而保证进入气缸内的空气清洁，减少气缸、活塞、活塞环、气门和气门座等零件的磨损。空气滤清器一般安装在进气管的上方。有的为了降低发动机的高度，将空气滤清器安装在更合理的位置，中间用软管或金属管相连。

空气滤清器要具有长期稳定、高效率的滤清能力，而且气流阻力小，维护周期长，维护、修理操作方便。此外，还要求尺寸小，质量轻，结构简单，制造成本低，适用于柴油发动机的恶劣工作环境，使用寿命长。

2. 空气滤清器的类型

柴油发动机空气滤清器的滤清方法主要有以下三种：

（1）惯性式。气流在急速改变流动方向时，因尘土具有较大的惯性而被清除，空气在通过滤芯之前先进行惯性分离处理，可将绝大部分粗颗粒尘土清除掉。

（2）油浴式。空气进入滤芯前，在气流转向处流过机油表面，使大颗粒的杂质因惯性甩向油面而被机油黏附。

（3）过滤式。引导气流流过滤芯，使尘土和杂质被隔离并黏附在滤芯上。经过油浴的空气再过滤称为湿过滤，不经过油浴的空气过滤称为干过滤。

使用中的空气滤清器大多为采用上述几种滤清方法的多级滤清器。常见的有带旋流管干式滤清器、带叶片环干式滤清器、油浴式复合滤清器等，如图 10—2 所示。

1）带旋流管干式滤清器。带有旋流管的干式空气滤清器（附有安全滤芯）如图 10—2a 所示，其滤清效果最好，滤清效率可达 99.5%以上，使用也最广泛。这种滤清器主要由旋

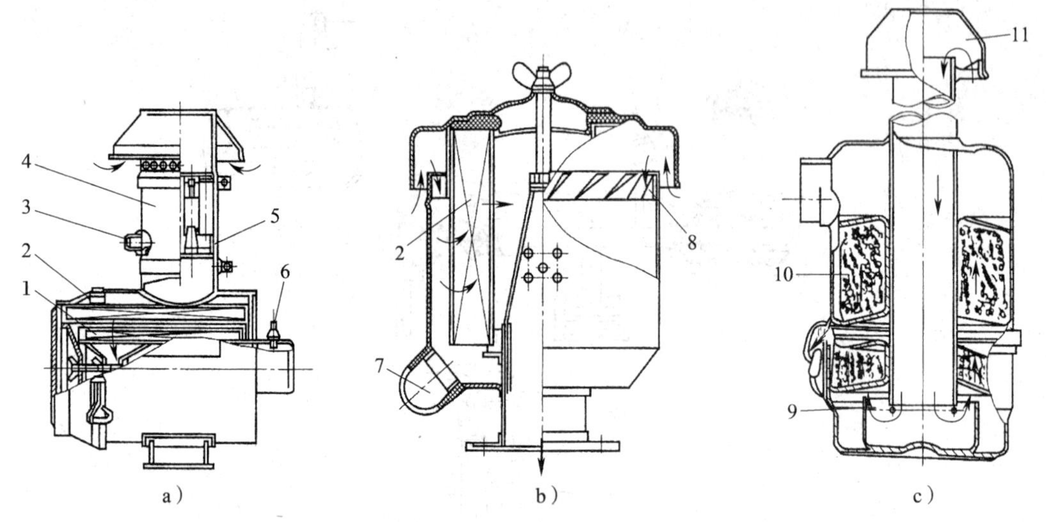

图 10—2　柴油发动机常见的空气滤清器

a）带旋流管干式滤清器　b）带叶片环干式滤清器　c）油浴式复合滤清器

1—安全滤芯　2—纸质主滤芯　3—引射管接口　4—旋流管粗滤器　5—集尘腔　6—维护指示器

7—排尘口　8—叶片环粗滤器　9—油池　10—滤芯　11—粗滤帽

流粗滤器（竖置旋流管）、纸质主滤芯（卧置纸滤芯）及安全滤芯等部分组成。空气经竖置旋流管离心力的作用，使空气中约 99%的沙尘落入旋流管下端集尘腔；经过粗滤后，较清洁的空气通过纸质滤芯滤清及安全滤芯后进入进气管。纸质滤芯是由树脂处理的微孔滤纸制成的，具有质量轻、高度低、成本低廉及滤清效率高等优点；其缺点是使用寿命短，对油类污染敏感。

在空气滤清器出口端装有维护指示器，可根据进气阻力的变化发出警报信号。即当滤芯受阻、真空度达到一定数值时，提醒人们及时维护滤芯。

2）带叶片环干式滤清器。带叶片环干式滤清器如图 10—2b 所示。叶片环粗滤器外面有很多叶片，空气进入后通过叶片产生旋转运动，在离心力作用下将质量大的尘土甩向外壁，并经由排尘口排出。经过粗滤后的空气再经过纸质主滤芯过滤后，经进气管进入气缸。

3）油浴式复合滤清器。油浴式复合滤清器如图 10—2c 所示。发动机工作时，空气以很高的速度经粗滤帽后流入并下行，然后又上行。较大颗粒的尘土具有较大的惯性，冲向油池，被机油所黏附；较轻的尘土随空气向滤芯流去，被滤芯粘附。已滤清的空气经进气管进入气缸。

3. 滤清器的使用

空气滤清器应定期进行维护。对油浴式空气滤清器，应仔细用汽油清洗滤芯和壳体，将油池中的机油和污物倒出并清洗干净，最后加注规定容量的新机油。

对采用纸质滤芯的干式空气滤清器，维护时切忌使纸质滤芯接触油质；否则将增大过滤阻力。清除纸质滤芯的尘土时，可将其放在平板上轻轻拍打或从滤芯的内侧向外吹气，也可用软毛刷将尘土去除。当达到规定的更换周期时，应更换滤芯。另外，滤芯如有破损也应更换。

二、排气消声器

1. 排气消声器的作用及原理

排气消声器的作用是减小排气噪声及消除废气中的火焰和火星，使废气安全地排入大气。具有一定压力的高温废气在排气管中呈脉动形式流出时会产生强烈的排气噪声。为减小噪声及消除废气中的火焰和火星，在排气管出口处装有排气消声器。

对排气消声器的要求，一是降低排气噪声；二是排气阻力小，柴油发动机的功率损失一般不宜超过3%。

排气消声器的基本原理是消耗废气流的能量，平衡气流的压力波动。一般可采用多次改变气流方向，使气流重复通过收缩又扩张的断面，将气流分割为许多小支流并沿着不平滑的平面流动，将气流冷却等方法。

2. 排气消声器的结构

如图10—3所示，典型排气消声器的外壳用薄钢板制成，消声器两端有入口和出口，中间用隔板将其分割成几个尺寸不同的消声室，各消声室之间由带小孔的管连接。废气进入多孔管和消声室后，在这里膨胀冷却，受到反射后又多次与消声器内壁碰撞消耗能量，结果压力降低、振动减轻，最后从多孔管排到大气，使噪声显著降低。

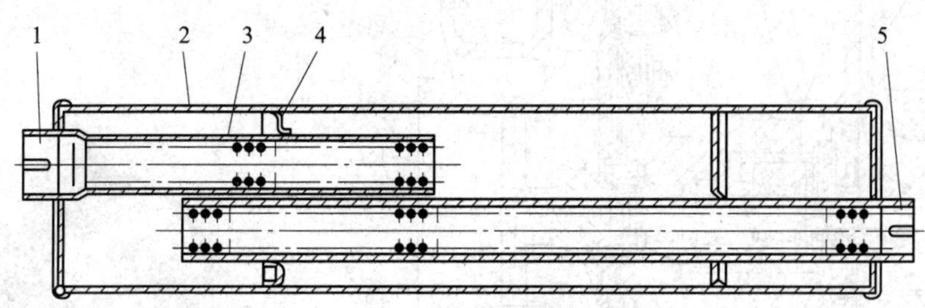

图10—3 排气消声器的结构

1—排气入口 2—外壳 3—多孔管 4—隔板 5—排气出口

三、涡轮增压器

利用增压器提高进气压力以增加柴油发动机充气量的方法称为增压。根据驱动增压器的方法不同，增压分为机械增压（柴油发动机曲轴驱动）、废气涡轮增压（废气驱动）、复合增压（上述两种方法组合而成）三类。由于废气涡轮增压结构紧凑、体积小、效率高，故柴油发动机常采用废气涡轮增压。

废气涡轮增压器安装位置如图10—4所示。柴油发动机采用废气涡轮增压，不仅可提高功率30%～100%，由于燃烧完全，还可以降低排烟浓度，废气中CO和HC含量明显减少，NO_x含量也较少，对减少排气污染有利。由于增压技术在节约能源、防止大气污染和降低噪声等方面所发挥的重大作用，目前已成为柴油发动机的发展趋势之一，并已得到广泛应用。

1. 废气涡轮增压器的构造

废气涡轮增压器的构造如图10—5所示。它由压气机、涡轮机和中间壳体三部分组成。压气机部分由压气机叶轮2、压气机壳3和扩压器4等组成单级离心式压气机。涡轮机部分由涡轮壳12、涡轮机叶轮15、喷嘴环18和涡轮端盖板17等组成单级径流式涡轮机。压气机叶轮2与涡轮机叶轮15装在同一根轴上构成转子组，并支承在中间支承体两端的浮动轴承21上。中间支承体左端装有压气机壳3，右端装有涡轮壳12。

a）

b）

图 10—4　废气涡轮增压器安装位置

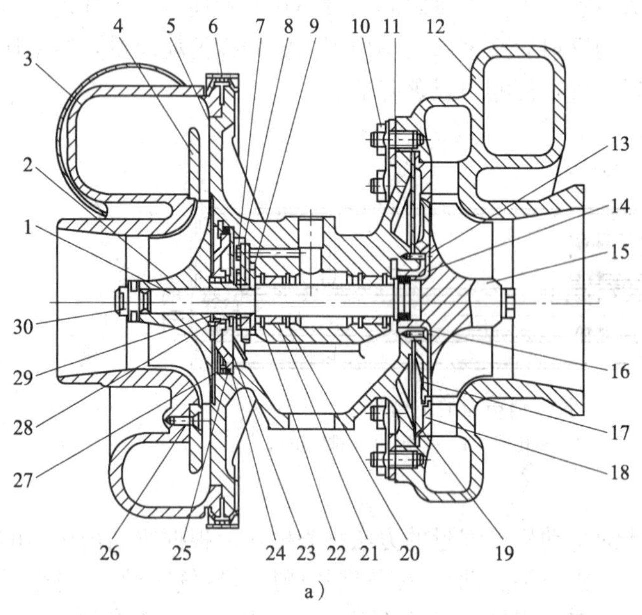

a）

b）

图 10—5　废气涡轮增压器的构造

1—转子轴　2—压气机叶轮　3—压气机壳　4—扩压器　5—中间壳　6—V 形夹箍总成　7—螺栓组件　8—推力轴承　9—推力片　10—螺栓和止动垫片　11—涡轮端压板　12—涡轮壳　13—衬套　14—弹力密封环　15—涡轮机叶轮　16—螺钉　17—涡轮端盖板　18—喷嘴环　19—隔热板　20—弹簧卡环　21—浮动轴承　22—推力环　23—挡油板　24—压气机端气封板　25—密封圈　26—沉头螺钉　27—挡圈　28—弹力密封环　29—压气机端轴封　30—自锁螺母

密封装置部分由压气机端轴封 29、弹力密封环 14、压气机端气封板 24、挡油板 23、涡轮端密封环、隔热板 19 等组成。压气机端密封装置的作用是密封压气机内的高压空气，并防止中间壳体油腔内的润滑油进入压气机。涡轮机端密封装置的作用是阻止涡轮内的高温废气进入润滑油腔，并起隔热作用，以保持润滑油的质量，保证增压器正常工作。

该涡轮增压器采用压力润滑。润滑油来自柴油发动机的主油道，经过增压器机油滤清器再次滤清后，进入增压器的中间壳油腔，分两边流向浮动轴承进行润滑和冷却，经其下部出油口流回曲轴箱，形成一条不断循环的润滑油路。

废气涡轮增压器转子体转速高达每分钟数万转甚至数十万转以上，因轴表面与轴承内表面间的相对滑动速度相当高，故采用浮动轴承。浮动轴承与转子轴、轴承壳之间均有间隙。当转子轴高速旋转时，具有压力的润滑油从中间壳油腔进入轴承内、外间隙，使浮动轴承在内、外两层油膜中随转子轴同时旋转，但其转速比转子轴低得多，从而使轴承对轴承孔和转子轴的相对速度大大下降。

2. 废气涡轮增压器的工作原理

如图 10—6 所示，排气管接到增压器的涡轮壳上，柴油发动机排出的具有高温、高压的废气经排气管进入涡轮壳内的喷嘴环，按一定的方向冲击涡轮，使涡轮高速运转（通过涡轮的废气最后排入大气）；与涡轮固装在同一转子轴上的压气机叶轮也以相同的速度旋转，将经过空气滤清器的空气吸入压气机壳，高速旋转的压气机叶轮把空气甩向叶轮的外缘，使其速度和压力增加，这些压缩的空气经柴油发动机进气管进入气缸与更多的柴油混合燃烧，以保证发动机发出更大的功率。

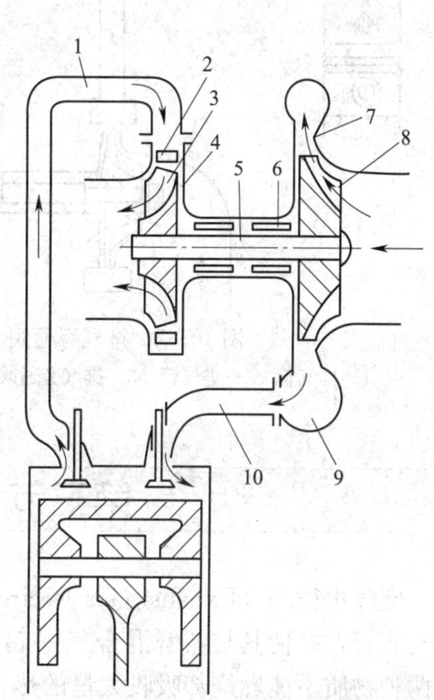

图 10—6　废气涡轮增压器的工作原理

1—排气管　2—喷嘴环　3—涡轮　4—涡轮壳　5—转子轴　6—轴承　7—扩压器　8—压气机叶轮　9—压气机壳　10—进气管

3. 涡轮增压器使用注意事项

涡轮增压器是在高温和高转速条件下工作的。为保证其工作正常，使用时应注意以下事项：

（1）新的或刚维修好的增压器，使用前用手拨动转子轴，检查有无卡滞现象和不正常的声音，安装前加注润滑油。

（2）加强空气滤清器的维护，不得有异物进入涡轮增压器。

（3）起动发动机时，严禁急加速，保持发动机暖机过程，保证涡轮增压器可靠润滑。

（4）柴油发动机熄火时，怠速运转 3～5 min，发动机降温，以便让润滑油将热量带走，以免 O 形密封环烧坏、轴承咬死和中间壳变形。

4. 排气旁通阀

为了防止增压后柴油发动机在高速、高负荷时排气流量过大，造成增压器转速过大和增压过高，多加设排气旁通阀，如图 10—7 所示。当排气量大时，旁通阀打开，放掉一部分废气，以降低增压器转速，控制增压比。

四、中间冷却器

发动机采用的高增压式增压器常安装有中间冷却器（简称中冷器），使增压后的空气温度降低，密度增大，从而增加进气量，大大提高柴油发动机的功率并改善其经济性。

如图 10—1 所示，中冷器安装于发动机水箱前部或与水箱并联处。而图 10—8 所示为空气冷却式中冷器，从压气机输出的部分高温、高压空气经中冷器进入发动机进气总管，风扇将周围空气吹向中冷器芯子，以冷却进入进气管的压缩空气。

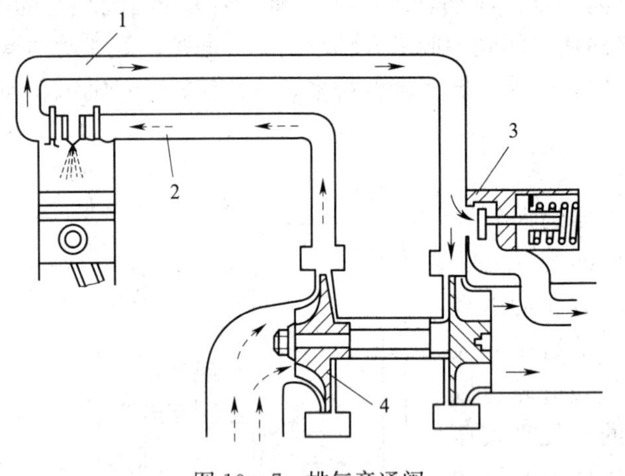

图 10—7 排气旁通阀

1—排气管 2—进气管 3—排气旁通阀 4—增压器

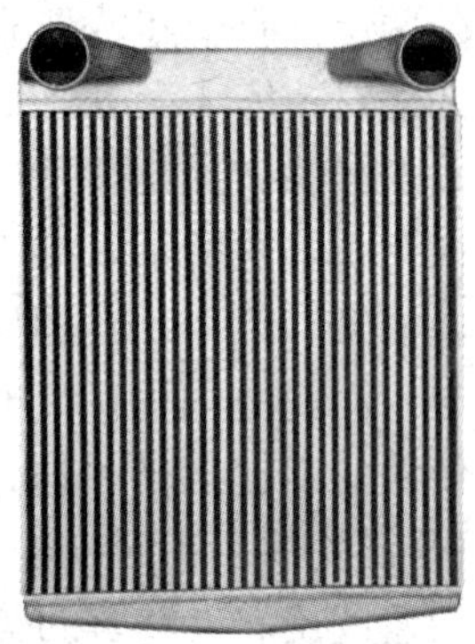

图 10—8 空气冷却式中冷器

第三节 废气再循环技术

废气再循环（Exhaust Gas Recirculation，EGR）是指把发动机排出的部分废气回送到进气支管，并使其与新鲜混合气一起再次进入气缸。由于废气中含有大量的 CO_2 和 H_2O，这两种物质不能燃烧却吸收大量的热，使气缸内的燃烧温度降低。NO_x 是空气中的氮气在高温、高压条件下形成的。发动机排出的 NO_x 量主要与气缸内的最高温度有关，气缸内最高温度越高，排出的 NO_x 量越多。废气再循环用于抑制燃烧室内由于高温、高压形成的 NO_x，该技术在现代车用发动机中得到广泛的应用。

一、废气再循环（EGR）原理

1. EGR 率

废气混入的多少用 EGR 率来表示，定义为废气量与废气量加新鲜空气量的比值。

随着 EGR 率的增加，NO_x 的排放量会迅速下降。新鲜混合气混入废气后，其热值下降，燃烧速度和燃烧温度下降，发动机在全负荷时的最大输出功率会有所下降。中等负荷时，采用较大的 EGR 率会使燃油消耗率升高，HC 排放上升；小负荷特别是怠速时，使用 EGR 会使燃烧不稳定甚至导致缺火。为了使 EGR 系统能更有效地发挥作用，保证发动机的动力性能，其关键在于根据发动机的温度及负荷的大小控制 EGR 率，使之在不同工况下得到各种性能的最佳折中，实现减少 NO_x 生成量的控制目标。当发动机起动、暖机时，冷却液温度和进气温度较低，发动机怠速或小负荷运转时，NO_x 的生成量很少，通常不使用 EGR。当发动机水温达到正常工作温度、负荷增大运转时，燃烧室内温度升高，促使 NO_x 的生成，此时最好的方法是降低燃烧室温度，采用 EGR。由于 NO_x 生成量随负荷的增大而增大，应相应增大 EGR 率（一般不超过 20%）。由此 NO_x 的排放可降低 50%～70%。如果 EGR 率超过这个界限，燃烧速度太慢，燃烧波动增加，HC 排放增加，动力性和经济性就随之恶化。但在全负荷运行时，由于最大输出功率会下降，为保持发动机的动力性，即使 NO_x 生成量多，也不宜采用 EGR。

此外，要保证再循环的废气在各缸之间均匀分配。

为了精确控制 EGR 率，最好采用电子控制 EGR 阀系统。为提高降低 NO_x 排放的效果，可采取中冷 EGR，将废气冷却后再还流回气缸使进气温度降低。中冷 EGR 技术不仅可以降低 NO_x 排放，还可使其他有害排放降低。

2. EGR 系统的组成及工作原理

EGR 系统的工作原理如图 10—9 所示。EGR 系统的任务就是使废气的再循环量在每一个工作点都达到最佳状况，从而使燃烧过程始终处于最理想的状态，最终保证排放物中的污染成分最低。EGR 阀通常在柴油发动机暖机运转或转速超过怠速时开启。尽管提高废气再循环率对减少 NO_x 排放有积极的影响，但同时也会对颗粒物和其他污染成分的减少产生消极影响。

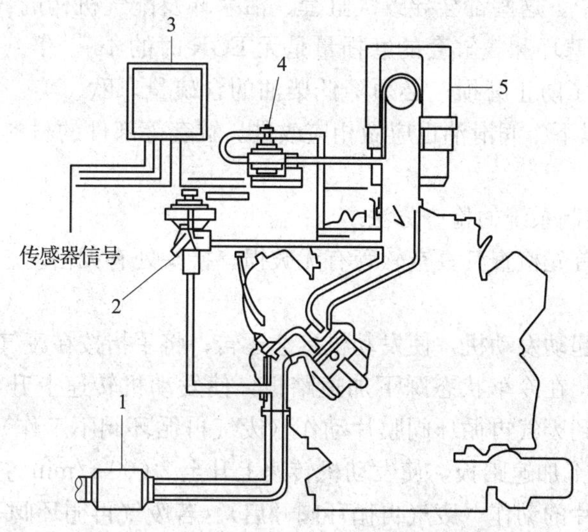

图 10—9　废气再循环系统的工作原理

1—催化转换器　2—废气再循环阀　3—MPI 控制装置　4—废气再循环频率阀　5—空气滤清器

增压中冷柴油发动机实现废气再循环一般有两种方式。一种是将涡轮前的排气引入中冷器之后，称为高压废气反向。采用可变截面涡轮增压器，可以扩大废气再循环有效工作范围，降低 NO_x 和 PM 排放，燃油消耗也不升高，这是将高压废气再循环系统用于增压中冷柴油发动机的最好方法。另一种是将涡轮后的排气引入压气机之前，称为低压废气再循环系统。它可有效降低 NO_x 浓度，而废气循环工作范围较大，与柴油发动机匹配能有效发挥其功能。

现在运用最多的是低压废气再循环系统，其系统的主要元件是数控式 EGR 阀。数控式 EGR 阀安装在排气歧管上，其作用是对再循环到柴油发动机的废气量进行准确控制，而不管歧管真空度的大小。EGR 阀通过三个孔径递增的计量孔控制从排气歧管流回进气歧管的废气量，以产生七种不同流量的组合。每个计量孔都由一个电磁阀和针阀组成，当电磁阀通电时，电枢便被磁铁吸向上方，使计量孔开启。旋转式针阀的特性保证了当EGR阀关闭时具有良好的密封性。

目前采用的废气再循环系统还有一种类型，即脉冲式废气再循环系统。在柴油发动机进气过程中，排气门稍有提升，使部分高压废气回流到气缸内，排气门的这个作用是通过修改排气门凸轮的形状和将废气再循环系统微升来实现的。在脉冲式废气再循环系统中，废气被重新送回气缸内，因此，废气的压力应高到足以使气流反向。要达到这样高的压力，只有通过优化气门微升和定时，从而利用废气的压力波才能实现。在这种废气再循环系统中，废气压力“脉冲”被有效利用。

二、废气再循环（EGR）系统的使用注意事项

1. EGR引起的异常磨损

由于柴油中含有硫，排气中会生成SO_2，最终可能会生成硫酸（H_2SO_4），这对系统的管路、阀门及气缸壁面会造成腐蚀，并使润滑油劣化；排气中的微粒流回气缸，易附着在摩擦面上或混入润滑油中。这些都会导致气缸套、活塞环及配气机构的异常磨损。在EGR率为20%时，第一道活塞环和气缸套的磨损量是无EGR时的4～5倍（试验时使用的柴油的含硫量为0.5%）。为了防止磨损，必须降低柴油的含硫量，欧、美、日等国已将柴油中的含硫量降至0.005%以下。润滑油也应做相应改进。缸套等部件的材料也应考虑耐腐蚀和耐磨损的问题。

2. 废气再循环控制系统的检查方法

（1）初步检查。首先检查其真空软管有无破损，接头处有无松动、漏气等；若无，再进一步检查。

（2）就车检查。起动发动机，使发动机怠速运转；将手指按在废气再循环阀上，检查废气再循环阀有无动作；在冷车状态踩下加速踏板，使发动机转速上升至2 000 r/min左右，此时手指上应感觉不到废气再循环阀膜片动作（废气再循环阀不工作）；在发动机热车（水温高于50℃）后再踩下加速踏板，使发动机转速上升至2 000 r/min左右，此时手指应能感觉到废气再循环阀膜片的动作（废气再循环阀开启）。若废气再循环阀不能按上述规律动作，则废气再循环控制系统工作不正常，应检查该系统的各零部件。

（3）检查控制电磁阀。将点火开关置于“OFF”位置，拔下废气再循环控制电磁阀线束连接器，用万用表电阻挡测量电磁阀电磁线圈的电阻，其电阻值应符合规定（一般为20～500 Ω）；否则，应更换电磁阀。拔下与废气再循环控制电磁阀相连的各真空软管，从发动机上拆下废气再循环控制电磁阀；分别在废气再循环控制电磁阀的电磁线圈不通电及通电情况下检查各管口之间的导通情况，应符合相关车型维修手册的规定，否则应更换电磁阀。

（4）检查废气再循环阀。起动发动机，使发动机怠速运转，拔下连接废气再循环阀与废气调整阀的真空软管，用手动真空泵对废气再循环阀真空室施加19.95 kPa的真空度。若此时发动机怠速运转情况变差甚至熄火，说明废气再循环阀工作正常；若发动机运转情况无变化，则是废气再循环阀损坏，应更换。对设有位置传感器的废气再循环阀，可在发动机停机情况下拔下废气再循环阀位置传感器的导线连接器，用万用表电阻挡测量连接器端子B与C

间的电阻，其电阻值应符合规定。然后拔下连接废气再循环阀与废气调整阀的真空软管，在用手动真空泵对废气再循环阀真空室施加真空的同时，用万用表电阻挡测量废气再循环阀位置传感器连接器端子A与C之间的电阻值，电阻值应随着真空度的增大而连续增大，不允许有间断现象（电阻值突然变为无穷大后又回落）；否则，说明废气再循环阀损坏，应更换。

（5）检查废气调整阀。起动发动机，并将其预热至正常工作温度。拔下连接废气调整阀与废气再循环阀的真空软管，用手指按住真空管接口，然后检查管接口内是否有真空吸力。在发动机怠速运转时，管接口内应无真空吸力；当踩下加速踏板使发动机转速上升至2 000 r/min左右时，管接口内应有真空吸力。如废气调整阀的状态与上述情况不符，则为废气调整阀工作不正常，应拆下该阀进一步检查。拆下废气调整阀，在连接废气再循环控制电磁阀的接口处接上手动真空泵，再用手指堵住连接废气再循环阀真空管的接口，向连接排气管的管接口内泵入空气；与此同时，用手动真空泵向废气再循环控制电磁阀的接口内抽真空。此时，在连接废气再循环阀真空管的管接口处应能感到有真空吸力；在停止抽真空后，真空吸力应能保持住，无明显下降；释放连接排气管的管接口内的压力后，真空吸力也应随之消失。

第四节　排放后处理技术

柴油发动机在节能与CO_2排放方面的优势是包括汽油机在内的所有热力发动机无法取代的。柴油发动机排气中有PM、NO_x、HC和CO等有害污染物，其中PM和NO_x是排放法规的主要控制对象。为减轻柴油发动机对大气环境的污染，各国排放法规越来越严格。在发动机常用工况范围内，仅采用机内措施降低PM和NO_x排放已逐渐趋于极限。只有对柴油发动机排气采取后处理净化措施，才能满足未来更为严格的排放法规要求。目前常用的排气后处理技术主要有两种技术路线：一种是采用选择性催化还原（SCR）技术路线，该技术路线通过优化燃烧降低PM排放，依靠SCR后处理降低NO_x排放；另一种是采用前面介绍的EGR技术路线，通过EGR来降低NO_x排放，依靠微粒捕集器（DPF）或微粒氧化催化转化器（DOC）等后处理装置降低PM排放。

一、几种常见的柴油发动机排放后处理技术

1. 柴油微粒捕集器（DPF）

柴油微粒捕集技术是目前公认的有效的柴油发动机微粒后处理技术。它利用过滤体对排气中的PM进行过滤处理，所以需定时对过滤器内的沉积PM进行清除，即DPF再生。再生通常采用PM燃烧的方式来实现。一般情况下，PM起燃温度为550～650℃，要高于柴油发动机的正常排气温度。因此，要使PM燃烧，可通过在燃油或者过滤体表面加入催化剂，降低PM的反应活化能，从而降低PM的起燃温度，在正常排气温度下使其氧化。

DPF系统由能够高效捕捉PM的耐热过滤器和将捕集到过滤器的颗粒通过酸化处理等去除的过滤再生装置组成。如果从现状、功能、实用性和可靠性等方面进行综合评价，目前最好的DPF装置是陶瓷壁的DPF装置，如图10—10所示。DPF的主要功能是捕集PM，降低压力损失，它应具有耐热冲击性和耐热性。

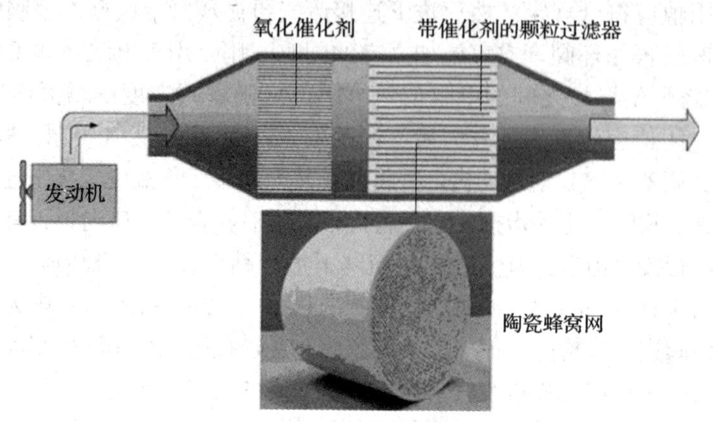

图 10—10　陶瓷式 DPF 装置

从再生方法来看，目前 DPF 采用的再生方法主要分强制再生和连续再生。

2. 连续再生式捕集器（CRT）

连续再生式捕集器（CRT）是一种机外净化系统。该系统能不停地捕集炭油微粒，并通过控制发动机和加速共轨的喷射，提高排出废气的温度而使捕集到的炭油微粒重新燃烧。

但是，实际上连续再生式捕集器（CRT）也存在许多不足。例如，系统连续工作所要求的温度并非在任何情况下都能得到调节。此外，串联的氧化催化转化器对含硫量比较敏感，如果含硫量过高，就会朝着完全相反的方向调节，从而使 CO 和 HC 自由通过而依附在硫氧化物上，并立即形成二氧化硫（SO_2），最后形成硫。这不仅助长了微粒的生成，而且还会堵塞捕集器，并可能缩短系统的使用寿命。不仅如此，随着时间的推移，机油里聚集的烟灰必然会逐渐堵塞微粒捕集器。微粒捕集器堵塞后会使废气背压提高，从而使油耗增加。

目前，依维柯的欧Ⅳ、欧Ⅴ发动机上除采用了 EGR、SCR、AdBlue 系统外，在总质量大于 5 t 的车辆上还配置了 CRT 系统。

3. SCR（Selective Catalytic Reduction）技术

对于排气中的 NO_x，目前采用的比较成熟的后处理技术是利用尿素水溶液（体积分数为 32.5±0.5%），将 NO_x 还原为 N_2 和 H_2O，即选择性催化还原技术 SCR。

SCR 是一种机外净化系统，其基本原理是在热的尾气中添加 32.5%的尿素溶剂（AdBlue）作为还原剂。SCR 系统主要由 SCR 催化转化器、电控单元、尿素罐、尿素泵（尿素溶液供给模块）、计量模块、喷雾器及各种传感器组成，如图 10—11 所示为 BOSCH 公司典型的 SCR 系统工作原理。电控单元按照控制策略发出需求的尿素水溶液流量的控制指令，驱动电路驱动计量阀动作，尿素水溶液与雾化空气混合经喷雾器进入排气管，然后在 SCR 系统的催化器中使 NO_x 加速转换成纯净的氮气和水蒸气。由于转换率高达 80%，因此可大大降低颗粒物的排放，还可降低油耗。经测试，SCR 技术与欧Ⅲ标准的汽车相比，能够节省 3%～5%的燃油，NO_x 的排放可低于欧Ⅳ限值。SCR 技术的最大优点在于，不仅可以达到欧Ⅳ限值，而且只要增加还原剂的剂量，还可满足欧Ⅴ标准。

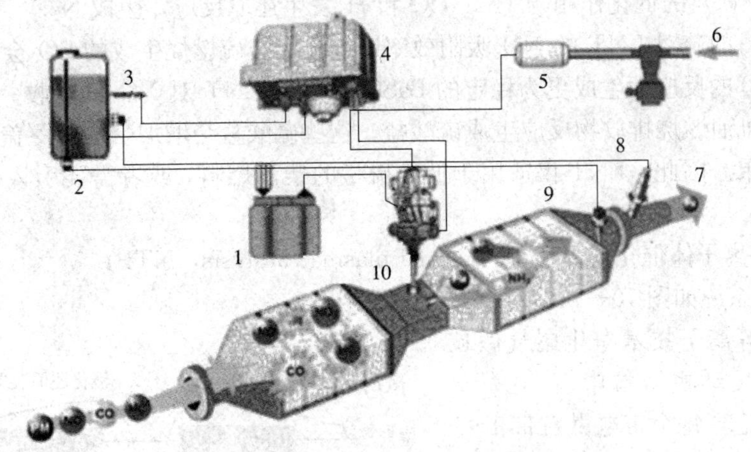

图 10—11　SCR 系统工作原理

1—控制单元　2—液位传感器　3—温度传感器　4—传递模块　5—空气罐　6—空气入口　7—干净的尾气　8—尾气传感器　9—温度传感器　10—计量模块

另外，SCR 催化器还具有不需要维护、对柴油含硫无特别要求的优点。

奔驰公司已开始着手下一代 SCR 系统的研发工作，目标是将目前的控制型 SCR 催化器变成调节型催化器，最终目的是使其排出的氨气和 NO_x 尽可能少，直至为零。

4. LNT 技术

降低 NO_x 的另一个研究方向是稀燃 NO_x 捕集（Lean NO_x Trap，LNT）技术。LNT 的 NO_x 吸收率可达 90%以上，与发动机系统进行合理集成后可有效减少排气中的 NO_x。LNT 关键部件是具有 NO_x 吸附能力的碱金属化合物。以含碱金属钡（Ba）的吸附材料为例，LNT 工作原理如图 10—12 所示。

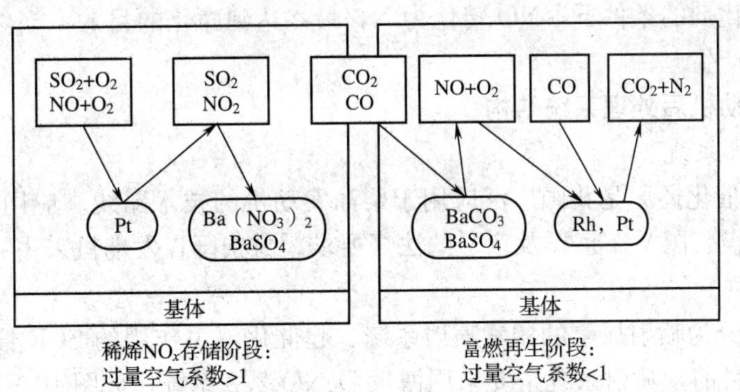

图 10—12　LNT 工作原理

ECM 通过分析 LNT 前后温度、NO_x 浓度等传感器测得的信号，来控制 LNT 进行捕集吸附 NO_x 或是还原再生。当 ECM 判断出 LNT 载体还未达到 NO_x 吸附饱和状态时，则控制 LNT 继续捕集吸附 NO_x，排气中的 NO 在金属铂（Pt）的催化作用下被氧化成 NO_2，然后与吸附剂中的碱金属钡反应生成较稳定的化合物 Ba（NO_3）$_2$；当判断已达到饱和状态时，则调整发动机的工况使其达到富燃条件，此时 Ba（NO_3）$_2$ 分解释放 NO_x。NO_x 再通过金属铑（Rh）、铂（Pt）的催化作用与 HC、CO 和 H_2发生还原反应，生成 N_2。

燃油中含有的硫对 LNT 的 NO_x吸附效率影响极大，硫燃烧生成的 SO_2会与吸附催化剂发生类似于 NO 的反应而生成更为稳定的 $BaSO_4$，阻碍 LNT 对 NO_x的吸收。另外，燃烧生成的 SO_2可与机油燃烧排放物反应生成硫酸盐。这些硫酸盐会增加烟度或覆盖在催化剂的表面影响催化效果。因此，LNT 仅适用于低含硫量的柴油燃料，或者需要引入硫捕集器来净化排气中的硫。

5. 低温等离子体催化器（non - thermal plasma catalysis，NTP）

NTP 工作系统如图 10—13 所示。

（1）低温等离子技术净化尾气微粒的方法。柴油发动机微粒中有 70% ～ 80% 呈带电状态，每个带电微粒带 1～5 个基本正电荷或负电荷，微粒的电阻率一般在106～108 Ω·cm之间，符合静电捕集对电阻率的要求（104～1 011 Ω ·cm）。

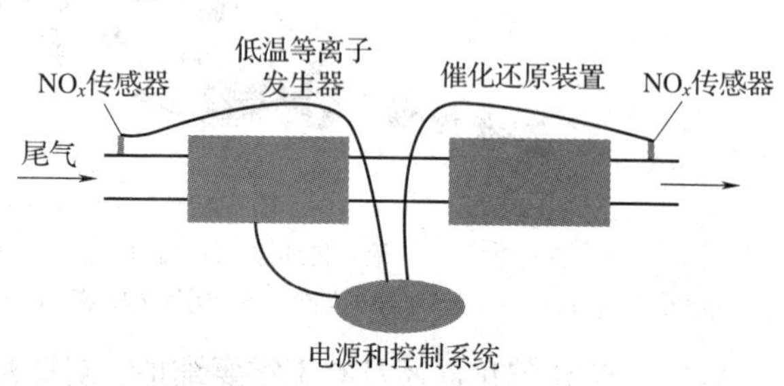

图 10—13　NTP 工作系统

低温等离子体物理净化方法即通过静电捕集的方法来达到去除微粒的目的。当含有微粒的排气流经等离子体反应区时，其微粒就被赋电。在其后的流动过程中，这些被赋电的微粒可能发生凝聚，微粒直径增大，并按其电荷的性质向两个电极运动，最终被吸附在相应的电极上，从而达到净化微粒的目的。

（2）尾气中有害气体的净化。低温等离子催化辅助系统的净化方法净化过程主要分为两步：第一步，尾气通过低温等离子发生器，NO_x转化为 NO；第二步，尾气再通过催化剂反应器，在拥有催化剂的条件下，NO 转化为 N，最终达到净化的目的。当然在此过程中也会有少量副产物的产生。

二、潍柴发动机后处理系统结构

1. 潍柴 SCR 系统

SCR 选择性催化还原是我国广泛应用于柴油发动机的技术路线。应用 SCR 技术可以达到我国现行的国Ⅳ、国Ⅴ、京Ⅳ及京Ⅴ的法规要求。潍柴国Ⅳ发动机采用“高压共轨喷射+SCR”技术路线。

SCR 系统可分为喷射尿素的尿素喷射系统、起催化消声作用的 SCR 催化箱总成以及传感器等零部件。目前，喷射系统主要采用博世 $DeNO_x$2.2 系统，如图 10—14 所示。

2. SCR 系统的使用要求

按照现行国Ⅳ OBD 法规要求，当尿素箱液位低于 10%时，仪表板相应的指示灯闪烁报警，此时需及时加注尿素溶液。

尿素溶液需向授权零售商或专业厂家购买。由于目前加注尿素溶液的基础设施建设尚不完全，为防止因缺少尿素导致发动机限制转矩，可备用适量的尿素溶液。禁止使用私自配置或不达标的尿素溶液以及其他替代液体。杂质和金属离子会影响系统正常工作，缩短系统使用寿命。

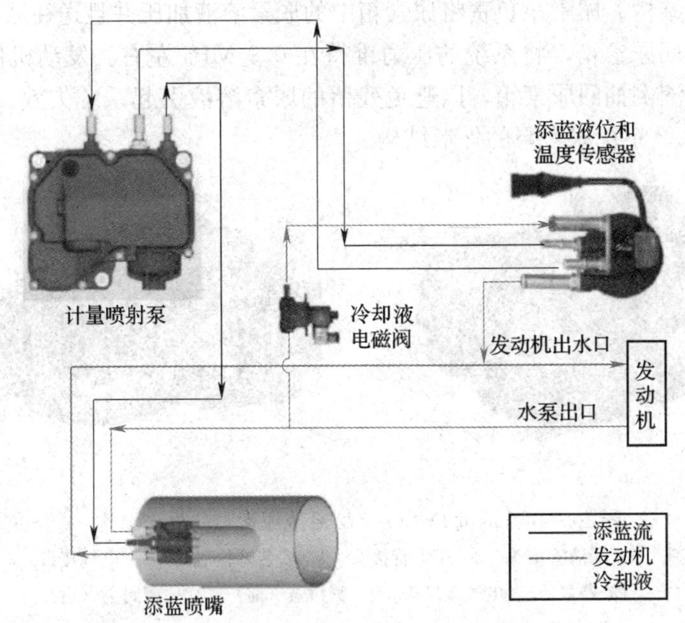

图 10—14　DeNO$_x$ 2.2 系统连接

起动柴油发动机时，当发动机转速和排气温度达到设定值后，DeNO$_x$ 2.2 系统开始工作。发动机停机后，系统进入倒抽阶段，清空系统内的尿素溶液，该阶段将持续 2～3 min，注意不要在系统尚处于工作状态时断开电源总开关。

DeNO$_x$ 2.2 系统正常关闭（整个倒抽过程结束）后，在－40～25℃的环境中可停机四个月而无须拆卸保存；在较高的温度下，无拆卸停机时间上限会相应缩短。但此期间不得断开液力和电气连接。应避免尿素喷嘴和泵中尿素蒸气的蒸发，建议停机前注满尿素箱以减少管路中的蒸发。超过该时限后，起动系统前应先预运转，以保证系统能正常起动，具体步骤如下：

（1）将尿素箱重新注满尿素溶液。

（2）更换泵中的过滤器。

（3）起动 DeNO$_x$ 2.2 系统。

若系统起动异常，应关闭系统，在 DCU/ECU 主继电器停止后（停止时间以不同应用而异）重启系统。如果仍然起动失败，则寻求服务站帮助。

检修 DeNO$_x$ 2.2 系统需要专业的诊断仪，在各服务站中均应配备该诊断仪。

在没有诊断仪的条件下，可进行简单的外观检查。驾驶室仪表板尿素箱灯亮，表明尿素水溶液剩余不足 10%，应及时添加。

若需要更换、拆卸尿素喷嘴，须在发动机完全停机 1 h，排气管冷却后方可进行。注意底部的密封片为一次性器件，每次安装时均需更换。

车辆每使用三年或者行驶 10 万 km 后，需要更换一次尿素泵的滤芯。

3. 博世 DeNO$_x$2.2 系统零部件结构

（1）尿素泵的结构。尿素泵负责将尿素箱中的尿素溶液加压并且送往尿素喷嘴，同时将多余的尿素溶液泵回尿素箱，将系统的压力维持在 0.9 MPa 左右。发动机停机后，尿素泵将系统中的尿素溶液倒抽回尿素箱，以避免残留的尿素溶液引起系统失效。如图 10—15 所示为博世 $DeNO_x$ 2.2 系统尿素泵的外形结构。

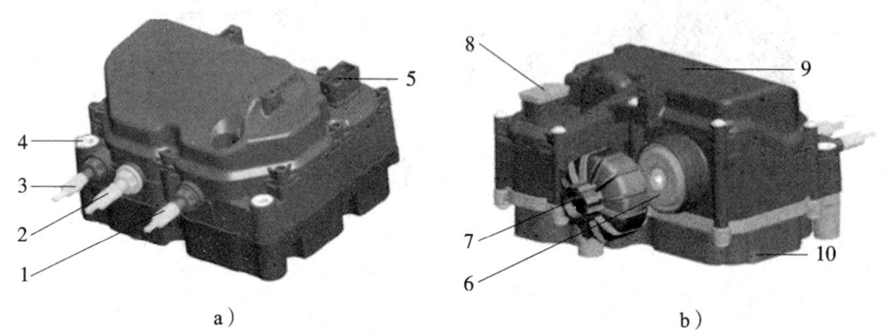

图 10—15　博世 $DeNO_x$ 2.2 系统尿素泵的外形结构

1—进液管接头　2—回液管接头　3—压力管接头　4—安装螺栓通孔　5—电气接口　6—过滤芯　7—过滤器盖　8—电气接口盖　9—密封盖（前）　10—密封盖（后）

尿素泵有三个液力管路接头，分别是进液管接头、回液管接头和压力管接头，提供尿素水溶液从尿素箱到尿素喷嘴的通路。接头规格满足 SAE J2044 标准。

尿素泵内有一个可更换的过滤器，防止尿素溶液中的微尘颗粒（直径大于 30 μm）进入喷射阀。滤芯及其附属平衡元件需定期更换。

尿素泵前端密封盖上留有电气接口，作为 DCU/ECU 控制接口使用。

（2）尿素喷嘴的结构。尿素喷嘴将经尿素泵加压的尿素喷入尾气中。如图 10—16 所示为尿素喷嘴的外形结构，其中包含一个尿素管接头和两个冷却液接头，接头规格均满足 SAE J2044 标准。尿素管接头规格为 0.8 cm（5/16 in），与尿素压力管相连。两个冷却液接头规格为 1.0 cm（3/8 in），分别是发动机冷却液对尿素喷嘴进行冷却的进水口和回水口，以防止尿素喷嘴高温失效。冷却液接头不区分进水和回水，可互换。尿素喷嘴冷却液在发动机上的取水位置可参考尿素箱加热冷却液的取水和回水位置。

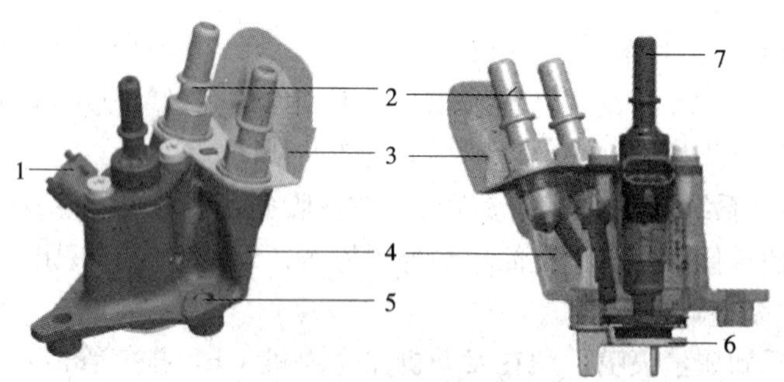

图 10—16　尿素喷嘴的外形结构

1—电气接口（控制阀门关闭）　2—冷却液接头　3—隔热板　4—冷却液壳体　5—安装孔　6—密封片　7—尿素管接头

（3）尿素箱的外形结构。尿素箱主要用来存储尿素溶液，潍柴集成式尿素箱将尿素泵集成在尿素箱上。如图 10—17 所示为潍柴集成式尿素箱的外形结构，尿素箱液位温度传感器的外形结构如图 10—18 所示。

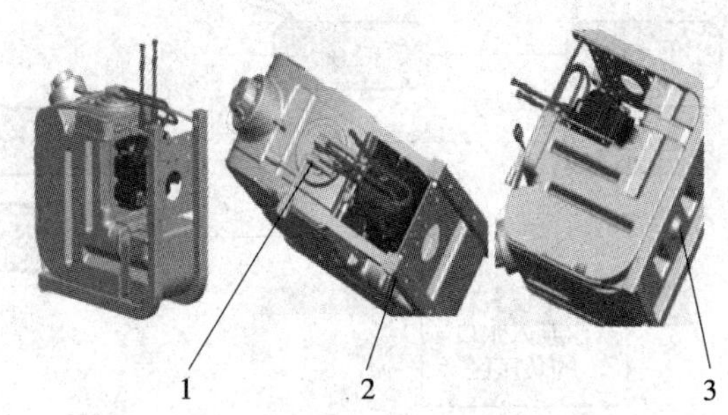

图 10—17　潍柴集成式尿素箱的外形结构

1—液位温度传感器　2—托架　3—放液螺栓

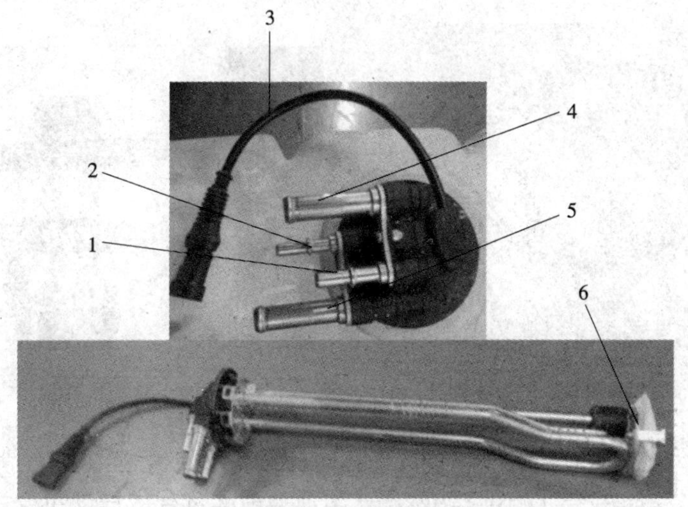

图 10—18　液位温度传感器的外形结构

1—出液接头　2—回液接头　3—液位温度传感器接线　4—加热进水口　5—加热出水口　6—过滤网

尿素溶液的冰点为－11.5℃，系统在低温下工作时，尿素会结冰，从而导致系统无法工作，因此需要对尿素箱进行解冻。尿素箱采用发动机的冷却液进行解冻和加热，加热水路的走向如图 10—19 所示。

（4）尿素管路。尿素管路即尿素的通道，在安装前应保证两端防护良好（见图10—20），防止污物和杂质进入管路，进而进入系统，导致系统失效。

尿素管路安装要对应正确，不正确会导致系统无法工作。安装前确认尿素管接头尺寸，各接头型号与箱、泵和尿素喷嘴上的型号匹配正确。安装时尿素管不能弯折，若管路弯折严重（见图 10—21）将导致系统不能工作。

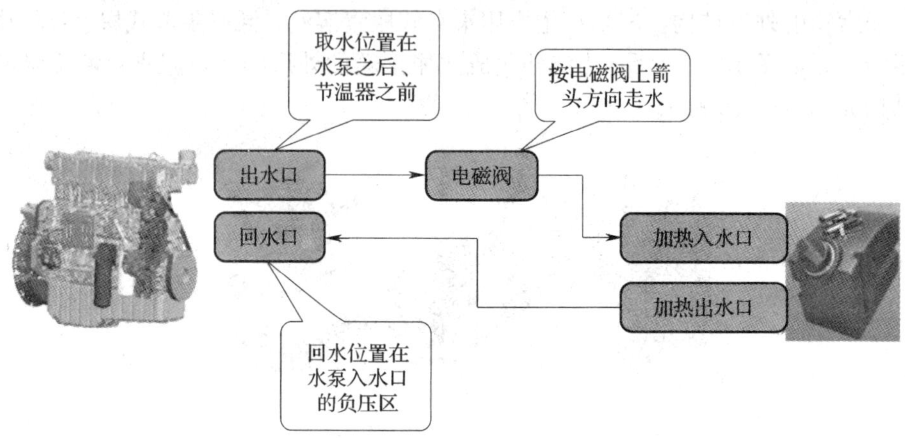

图 10—19 系统加热水路走向

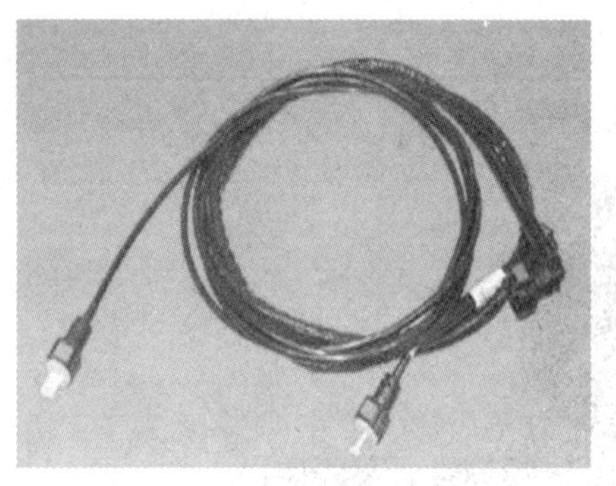

图 10—20 安装前确认防护良好

图 10—21 尿素管路弯折严重

（5）SCR 箱。SCR 箱总成分为箱式和桶式两种。其中桶式 SCR 箱总成有两种外观，一种是侧面进气、后端面出气（侧进端出）；另一种是前端进气、后端出气（端进端出）。图 10—22 所示为 SCR 箱总成外观。SCR 箱总成集成了尿素喷嘴、排温传感器及氮氧传感器。为了防止在运输和搬运过程中磕碰等造成尿素喷嘴和氮氧传感器失效，分别设计了尿素喷嘴保护架和氮氧传感器保护架，如图 10—23 所示。SCR 箱总成通过进气法兰与发动机排气连接管相连，如图 10—24 所示。

SCR 箱总成需要用整车的 SCR 箱托架和拉带固定在整车上。

（6）传感器。$DeNO_x$2.2 国Ⅳ/国Ⅴ系统与后处理相关的传感器除集成在尿素箱上的液位温度传感器外，还有排温传感器（见图 10—25）、氮氧传感器（见图 10—26）和环境温度传感器（见图 10—27）。

（7）尿素水溶液。在 $DeNO_x$ 2.2 系统中，使用的是国际上标准的质量分数为 32.5%的尿素水溶液（Diesel Emission Fluid，DEF），其主要成分见表 10—1。DEF 更详细的信息可参阅 DIN 70070/ISO 22241 标准。

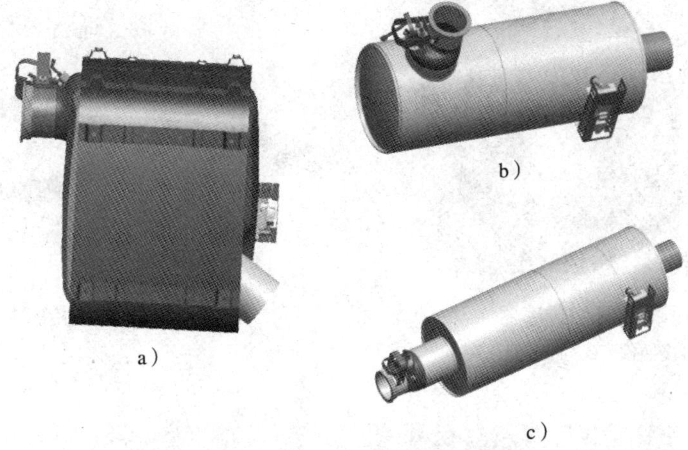

图 10—22　SCR 箱总成外观

a）箱式 SCR 箱总成　b）桶式 SCR 箱总成——侧进端出　c）桶式 SCR 箱总成——端进端出

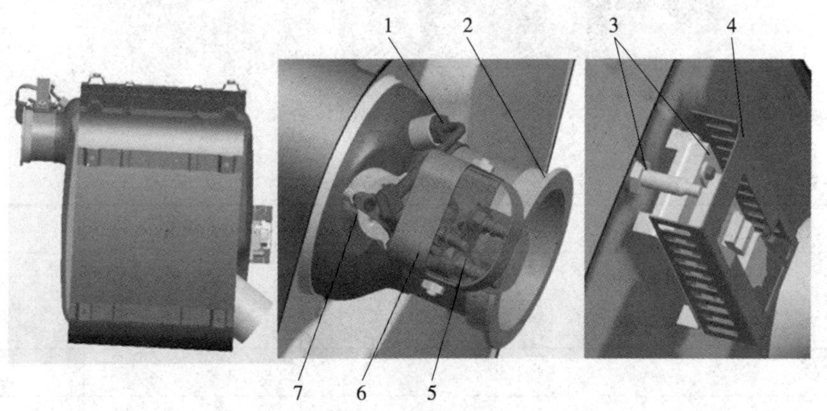

图 10—23　SCR 箱总成与保护架

1—排温传感器　2—进气法兰　3—氮氧传感器　4—氮氧传感器保护架
5—尿素喷嘴　6—尿素喷嘴保护架　7—喷嘴座

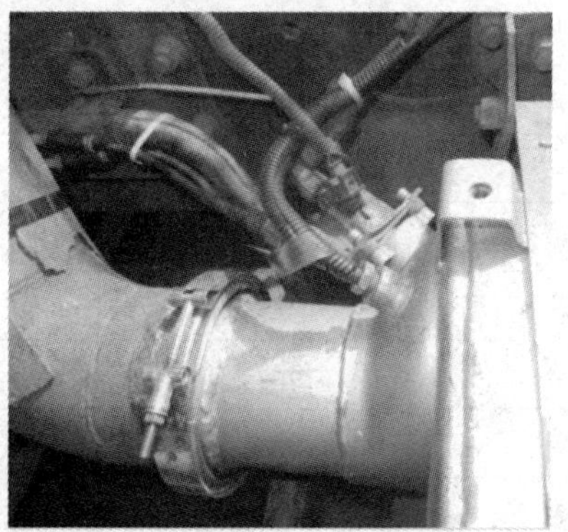

图 10—24　SCR 箱总成通过进气法兰与发动机排气连接管连接

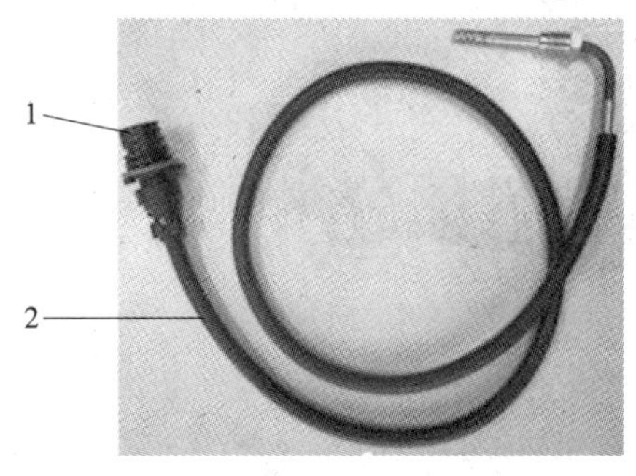

图 10—25 排温传感器

1—传感器接插件 2—传感器线束

图 10—26 氮氧传感器

图 10—27 环境温度传感器

表 10—1 **尿素水溶液的成分**

特性	单位	最小值	特征值	最大值
尿素	%	31.8	32.5	33.3
氨	%	—	—	0.2
缩二脲	%	—	—	0.3
不可溶物	mg/kg	—	—	20
磷酸盐（PO_4）	mg/kg	—	—	0.5
钙	mg/kg	—	—	0.5
铁	mg/kg	—	—	0.5
铜	mg/kg	—	—	0.2
锌	mg/kg	—	—	0.2
铬	mg/kg	—	—	0.2
铝	mg/kg	—	—	0.5
镍	mg/kg	—	—	0.2
镁	mg/kg	—	—	0.5
钠	mg/kg	—	—	0.5
钾	mg/kg	—	—	0.5

注意

尿素水溶液应该保存在密闭容器中，储存于阴凉、干燥的仓库，远离强氧化剂存放。加注时，直接将尿素倒入尿素箱易溅洒并污染环境，建议使用专业加注设备。

尿素水溶液对于皮肤有腐蚀性，在添加尿素水溶液时若不慎碰到皮肤或眼睛，应尽快用水冲洗；若持续疼痛，应请求医生帮助；若不慎吞服，禁止催吐，应迅速就医。

三、柴油发动机后处理系统检修

1. 尿素泵的检修

尿素泵的故障主要有机械故障与电气故障两个方面。电气故障一般指 12 孔接插件相关的电气元件故障，包括尿素泵电动机、尿素压力传感器、换向阀及尿素泵加热电阻丝，故障率相对较高；机械故障指尿素泵堵塞，尿素泵内部机械件故障引起的建压失败等。

（1）尿素泵无法正常建压

1）故障现象。MIL 灯常亮；尿素泵工作一段时间，就停止转动；尿素不消耗。

2）可能原因。尿素进液管严重漏气，尿素进液管漏尿素，尿素进、回液管接反，尿素进液管严重弯折。

3）解决方法。检查尿素吸液管是否接插牢靠，吸液管与回液管是否接反。

（2）尿素泵温度不正常

1）故障现象。MIL 灯常亮；与环境温度相差较大，后处理系统不能进入正常工作状态。

2）可能原因。尿素泵电源端开路，尿素泵控制端开路。

尿素泵与 ECU 连接如图 10—28 所示。

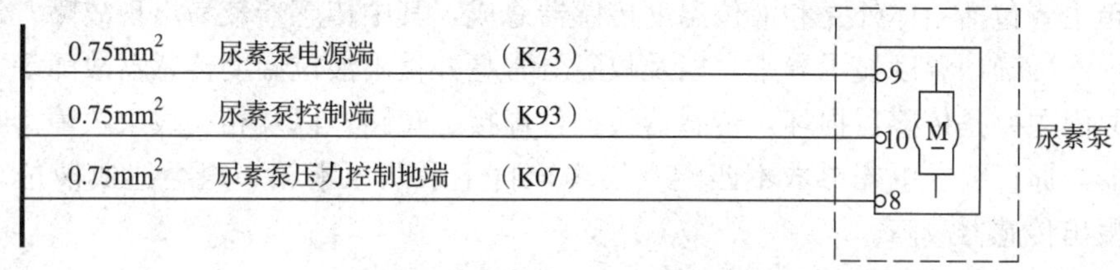

图 10—28 尿素泵与 ECU 连接

3）解决方法。检查尿素泵针脚情况，检查尿素泵端接插件端子插入是否较短或虚插。

（3）尿素喷射压力压降错误

1）故障现象。MIL 灯常亮；尿素泵工作一段时间后停止工作；尿素始终不喷射；后处理系统不能进入正常工作状态。

2）可能原因。尿素压力管路存在堵塞现象。

3）解决方法。拆下尿素管，用水进行冲洗；在装配过程中注意不要弯折。

（4）尿素换向阀执行高端开路

1）故障现象。故障灯、MIL 灯常亮，尿素不消耗。

2）故障机理。尿素换向阀在尿素泵12孔接插件内由EDC17控制，其作用是防止尿素溶液残留在管路和泵内，每次发动机熄火后，换向阀工作，90 s内将管路内的尿素溶液倒吸回尿素箱。像这种同时报出多个故障，且在同一个接插件内，接插件出现故障的可能性较大，如锁片松动导致退针，或者接插件进水等。

3）可能原因。接插件松动或退针，接插件进水，相关线束故障。

4）解决方法。检查尿素泵接插件，检查接插件内个别针脚是否退针。

（5）SCR尿素压力建立错误

1）故障现象。运行几分钟到几十分钟后，故障灯、MIL灯常亮，报出441（SCR尿素压力建立错误）故障，尿素不消耗。

2）故障机理。尿素喷射前，尿素泵将尿素建立到0.9 MPa的压力，通过尿素泵内的压力传感器进行检测。发动机起动后，尿素泵多次尝试对尿素建压，如尿素压力仍达不到0.9 MPa，就会报出此故障。此故障的原因一般是尿素量过少、尿素管路接反、吸液管堵塞或漏气、压力管泄漏等，极少数是因为尿素泵有故障。

3）可能原因。尿素量过少，吸液管接错、堵塞或漏气，压力管泄漏，尿素泵堵塞或者尿素泵机械故障。

4）实际解决方法与步骤

①检查尿素液位是否足量。

②检查尿素管路是否接错、接反。

③检查吸液管是否弯折、堵塞。

④检查吸液管、压力管是否存在泄漏的痕迹。

⑤排除以上因素后，检查尿素泵接口是否有明显堵塞现象。

2. 尿素箱的检修

尿素箱主要包括箱体外壳和液位温度传感器总成，其中传感器较易出现故障，常见故障为液位显示不准确，温度显示异常，以及故障灯常亮并报出液位温度传感器故障等。引起这类故障的原因主要是传感器损坏，传感器接插件虚接、短路，以及相关线束故障。有时液位温度传感器与原厂要求电器参数不匹配（如客户自主采购尿素箱）也会造成液位、温度异常，甚至报出传感器故障。

（1）尿素液位传感器电压高于上限

1）故障现象。故障灯、MIL灯常亮，报出闪码445（尿素液位传感器电压高于上限）故障，仪表板中尿素液位的显示不准确。

2）故障机理。如果整车出厂前没有此故障，车辆运行一段时间后报出此故障，一般是由于传感器线束或接插件开路引起的，检查传感器接插件1号针脚（ECU针脚K57）是否出现开路、与电源短路故障。如果不能解决，进一步检查其他针脚、线束是否有故障。

3）可能原因。传感器接插件或整车线束大插头退针；线束开路或虚接；K57与电源短路；传感器损坏或传感器参数与潍柴要求不匹配。

4）实际解决方法与步骤

①从简单入手，检查故障率最高的传感器接插件和线束。

②拔下传感器接插件后，查看针脚。

③重新固定插针。

（2）尿素液位、温度显示异常

1）故障现象。尿素液位显示不准确（如尿素很少时，仪表板显示尿素液位为100%），尿素温度与当前环境温度差别很大，且没有报出相关传感器故障。

2）故障机理。这种故障一般是由于尿素箱传感器与潍柴指定的不匹配，或者整车最近更换过尿素箱，但尿素箱内部的传感器与原车的型号不同。传感器的电器参数不同，导致数据标定不匹配，液位温度显示错误。

3）可能原因。客户更换了尿素箱，与原车尿素箱不同；整车厂配套时，自主采购尿素箱，但没有通知潍柴技术人员重新标定数据；传感器或相关线束损坏，导致电器参数变化（这种可能性较小），但没有报出传感器相关故障。

4）实际解决方法与步骤

①检查尿素箱及传感器，核实与原车尿素箱是否相同。

②检查尿素箱是否属于不同厂家。

（3）尿素液位、温度显示异常检测维修案例

1）故障现象。某车为国Ⅳ试装样车，尿素液位、温度显示不准确。尿素很少时，仪表板显示尿素液位为100%；用EOL测得环境温度为21℃时，尿素箱温度却达42℃，明显不符。尿素液位传感器没有其他故障。

2）故障机理。这种故障一般由尿素箱与潍柴指定产品不符导致；但也有特殊情况，如线路电阻值过大、ECU内阻过大或者其他电气故障。

3）可能原因。尿素箱与潍柴指定产品不符，传感器相关线束内阻过大，ECU传感器针脚两端内阻过大。

4）实际解决方法与步骤

①检查尿素箱及传感器，核实是否为潍柴指定尿素箱。

②若尿素箱正常，检查传感器线束；若正常接通，检查电阻是否正常。

③测量ECU尿素液位温度传感器K57和K52、K80和K64之间的电阻值。

④如果针脚内阻都为3.675 kΩ，则为新ECU，需要检查数据是否与新ECU相符。

3. 加热部件的检修

如图10—29所示为加热系统电路图。加热系统包括水加热和电加热，其中电加热由于继电器较多（加热电阻丝共有五个继电器，有泵到箱继电器、泵到嘴继电器、箱到泵继电器、尿素泵继电器、主加热继电器）、线束较多，加热电阻丝较多，所以故障率较高。主要表现为继电器损坏，加热电阻丝开路及线束开路、短路等。

（1）加热电阻丝的故障自检。首先，继电器1闭合（K94变为0 V），其他继电器全部保持断开状态（控制针脚电压与K90电压相同，都为24 V）。正常情况下，K58、K36、K20、K33的电压约为24 V。如果测得某一管路的电压不正常，就会报出相关管路“加热电阻丝无负载”或“加热电阻丝短路”等故障，需检查各加热电阻丝及K58、K36、K20、K33是否出现开路、短路等故障。

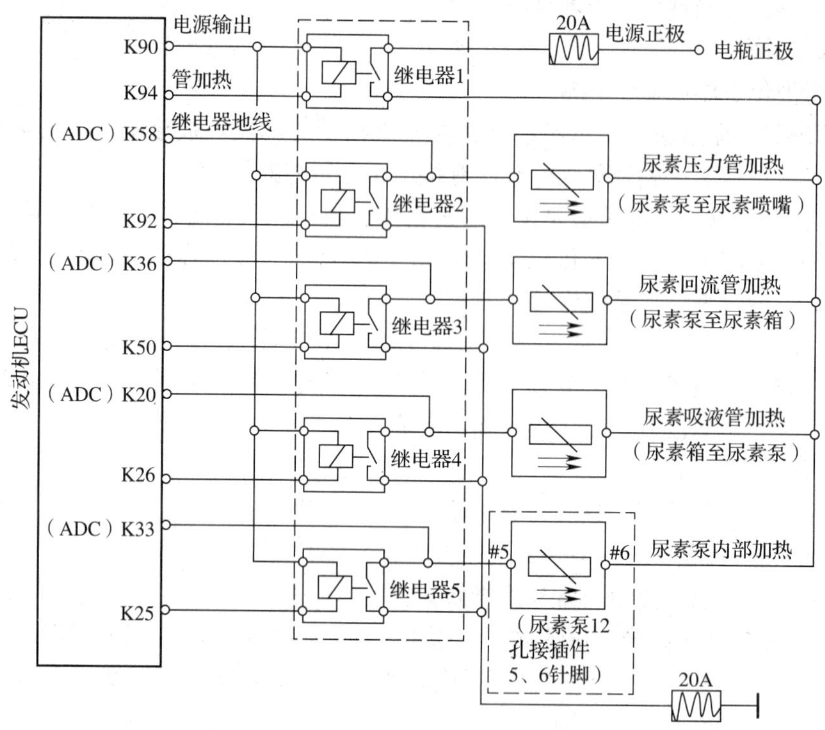

图 10—29　加热系统电路图

（2）继电器故障检测。ECU 能够检测各继电器是否正确安装，如果继电器漏装、损坏或线路故障，就会报出“某尿素管路加热继电器开路、短路”等故障，这时就要检查相关继电器、线束及接插件是否正常。水加热的故障主要有水加热电磁阀线束、接插件故障；水加热电磁阀机械故障，如磨损、卡死等，可能导致尿素箱加热失效、尿素箱温度过低，也可能导致尿素箱持续加热、尿素温度过高，尿素挥发导致排放不达标；水加热管路弯曲、堵塞，管路及接口泄漏、堵塞等，会造成加热失效或冷却液泄漏。

（3）尿素箱过度加热

1）故障现象。车辆行驶一段时间后，闪码灯、MIL 灯常亮，并报出 446（尿素箱过度加热）故障。

2）故障机理。尿素箱通过发动机冷却液进行加热，由 EDC17 控制水加热电磁阀。由于尿素易挥发，因此尿素箱的温度不可太高。如果水加热电磁阀不能正常关闭，导致发动机冷却液一直对尿素箱加热，就可能导致尿素箱温度过高，并报出此故障；其他原因导致尿素箱温度过高时，也会报出此故障。

3）可能原因。尿素箱水加热电磁阀卡死，处于常开状态；尿素箱温度传感器故障。

4）实际解决方法与步骤

①检查尿素箱的实际温度，确定温度传感器工作是否正常。

②检查尿素箱水加热电磁阀，检查开关状态。

（4）尿素管加热继电器开路

1）故障现象。故障灯、MIL 灯常亮，并报出尿素加热主继电器、尿素管路加热继电器、尿素泵加热继电器开路故障。

2）故障机理。继电器 1 是尿素加热主继电器，继电器 2、3、4 是尿素管路加热继电器，继电器 5 是尿素泵加热继电器，如果以上继电器漏装或线路损坏，就会报出开路故障。

3）可能原因。继电器漏装；继电器相关线束、接插件故障。

4）实际解决方法与步骤

①检查以上五个继电器安装情况。

②正确安装五个继电器。

（5）尿素管加热电阻丝开路

1）故障现象。故障灯、MIL 灯常亮，并报出尿素管加热电阻丝、尿素泵加热电阻丝开路故障。

2）故障机理。如果尿素管路、尿素泵仅连接了加热继电器，而没有连接加热电阻丝，或者电阻丝没有完全按照针脚图要求进行连接，ECU 也能检测出此故障。

3）可能原因。加热电阻丝漏接；K58、K36、K20、K33 没有按照针脚图接线，或者有开路故障；其他接线没有完全按照针脚图要求接线。

4）实际解决方法与步骤

①检查是否安装电阻丝。

②正确连接电阻丝，保证 K58、K36、K20、K33 连接正确。

4. 尿素喷嘴的检修

喷嘴的结构相对简单，所以涉及的故障也比较典型，主要有喷嘴电磁阀故障；接插件、线束损坏，造成开路、短路等；电磁阀线圈烧毁，可以通过测量电阻进行判断。

（1）喷嘴机械故障。由于添加的尿素质量差，或者喷嘴老化，造成尿素喷嘴磨损（往往会造成尿素消耗高）；由于尿素结晶或其他颗粒物质进入，导致喷嘴堵塞；或由于其他原因，造成喷嘴变形、断裂等。以上凡是会影响尿素喷射及排放的故障，都有可能限制发动机转矩。

（2）尿素喷嘴驱动高端对电源短路

1）故障现象。故障灯、MIL 灯常亮，并报出 453（SCR 尿素喷嘴驱动高端对电源短路）故障。

2）故障机理。如图 10—30 所示，尿素喷嘴电磁阀有两个针脚，K09、K10 对应接插件 2、1，K10 为电磁阀的驱动高端，K09 为驱动低端。此故障是指 K10 针脚与电源短路，应检查 K10 接插件及线束。

3）可能原因。接插件故障，导致 K10 电源短路；K10 相关线束故障，导致与外部电源短路。

4）实际解决方法与步骤

①检查喷嘴接插件是否损坏或短路。

②测量 K10 针脚电压。

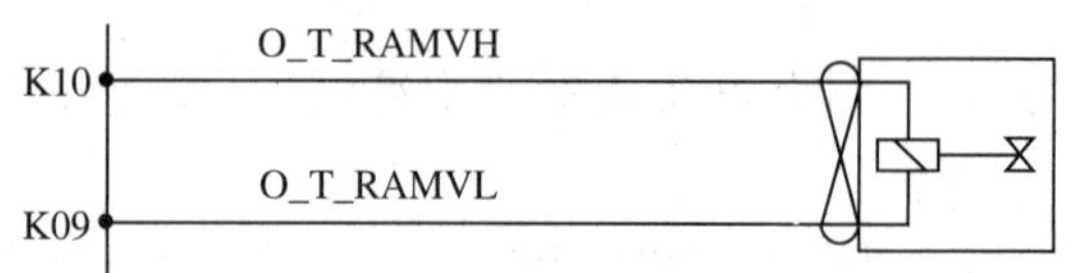

图 10—30　尿素喷嘴电磁阀电路

③检查整车线束大插头。

（3）尿素消耗量较大

1）故障现象。客户反映尿素消耗量偏高，与燃油消耗比远大于 1/20。此外没有其他相关故障。

2）故障机理。如果没有报故障，说明后处理系统的线束、电气元件等基本正常。可能的故障原因是尿素管路泄漏、尿素泵泄漏、尿素箱泄漏等，另外尿素喷嘴磨损导致尿素从喷嘴处泄漏。

3）可能原因。管路及相关器件出现尿素泄漏；喷嘴磨损，导致尿素喷射量增加。

4）实际解决方法与步骤

①检查尿素箱、尿素泵、尿素管路等是否有尿素泄漏的痕迹。

②如果没有尿素泄漏，就起动车辆，使车辆保持较高功率运行，使排气温度达到尿素泵建压的最低温度 200℃，EOL 检测尿素泵压力，直到稳定在 0.9 MPa 左右。

③发动机不要熄火，保持发动机继续怠速运行。

④将尿素喷嘴取出排气管，观察喷嘴是否有泄漏情况。

5. SCR 转换效率及排气管故障的检修

SCR 箱内有载体和催化剂，如果发生故障，可能会造成排放不达标，限制发动机转矩等。故障主要有以下几类：

（1）催化剂失效。由于 SCR 箱被撞击，或者被其他污染物质覆盖（如黑烟中的颗粒），造成催化还原效率降低，最终造成排放不达标，限制发动机转矩。

（2）SCR 箱堵塞。SCR 箱变形或因其他原因堵塞，造成排气背压高，严重者会出现冒黑烟、发动机抖动、动力不足等故障，同时排放也会受到影响。

（3）排气管被腐蚀。由于尿素水溶液具有腐蚀性，所以要求排气管使用不锈钢材料，且内表面应光滑，尽可能减少排气管焊接口。如果排气管不能满足以上要求，就有可能造成尿素在排气管上残留、腐蚀，造成排气管损坏。

（4）排气管生锈、腐蚀

1）故障现象。排气管一个多月时间就腐蚀掉，更换排气管后仍然如此。

2）故障机理。尿素水溶液有很强的腐蚀性，喷嘴下游排气管的加工要求：材料为不锈钢；内表面非常光滑，且不允许有焊接痕迹；减少管路接口。如果达不到以上要求，就容易造成尿素残留，腐蚀排气管。

3）可能原因。排气管材料问题，耐腐蚀性差；排气管内表面不光滑，造成尿素残留结晶；排气管内部有焊接痕迹；排气管连接口较多。

4）实际解决方法与步骤

①检查排气管是否符合加工及安装要求。

②检查排气管是否为普通钢管，加工是否粗糙。

③如果不符合要求，更换符合标准的排气管。

（5）SCR 箱实际平均转换效率低于阈值 1（阈值 2）

1）故障现象。故障灯、MIL 灯常亮，尿素喷射正常，没有其他相关故障。

2）故障机理。这两个故障是指尾气中 NO_x 浓度较高，已经超出了国Ⅳ标准要求，如不及时修复，就会导致发动机转矩限制。

3）可能原因。发动机原始排放劣化，后处理系统上游从增压器出来的尾气排放质量太差；SCR 箱劣化，导致转换效率低；尿素喷射量误差大，实际喷射量比设定值少；油品不好。

4）实际解决方法与步骤

①首先检查、判断发动机原始排放是否严重恶化，如严重冒黑烟等。

②检验油品是否合格。

③检查尿素喷嘴是否堵塞、泄漏，导致喷射量控制不准。

④检查 SCR 箱是否老化或有尿素结晶，是否被炭烟覆盖、堵塞等。

6. 尿素管路故障的检修

后处理系统共包括三段尿素管路，最容易出现三类故障，即管路堵塞、管路泄漏及管路弯折。管路堵塞一般由于尿素结晶或者尿素质量差引起，会影响尿素喷射和建压，造成排放不达标。管路泄漏的原因主要有两种，管路接口型号不符或者接口密封不好，管路老化或磨损，都会造成尿素泄漏。管路弯折会造成尿素建压失败或者喷射故障，导致排放不达标。

（1）SCR 尿素压力建立错误

1）故障现象。故障灯、MIL 灯常亮，NO_x 排放超标，尿素不能正常喷射。

2）故障机理。当排气管温度达到建压的最低温度时，尿素泵就开始尝试建压，并检测所有尿素管路及尿素泵、喷嘴是否存在泄漏或堵塞的故障。如果长时间尿素压力达不到 0.9 MPa，ECU 就怀疑有尿素泄漏，并报出此故障，后处理系统停止工作。

3）可能原因。尿素管路接错，或吸液管有尿素泄漏；压力管有泄漏；尿素泵故障。

4）实际解决方法与步骤

①检查吸液管是否有接错、泄漏、弯折的地方。

②检查压力管是否泄漏。

③检查压力管与尿素泵接口密封情况。

（2）上次驾驶循环 SCR 未排空

1）故障现象。T15 上电后，故障灯、闪码灯常亮，读取闪码 447（上次驾驶循环未排空），之前没有此故障。

2）故障机理。为防止尿素残留在管路和泵内结晶，造成堵塞或对尿素泵造成损坏，要求驾驶员熄火后 90 s 内不得切断整车电源。在这 90 s 内，尿素泵继续工作，将管路、尿素泵内的尿素倒吸回尿素箱。如果驾驶员没有按照此要求操作，如过早关闭整车开关，就会导致此故障。

3）可能原因。驾驶员违规操作。

4）实际解决方法与步骤

①询问驾驶员上次驾驶熄火后，是否等到 90 s 后才关闭整车开关。

②驾驶员关闭整车开关过早，没有达到 90 s。

③再次起动。下次驾驶循环熄火后，驾驶员正确操作，等待 90 s 后再关闭整车电源。

7. 后处理相关传感器故障的检修

后处理相关的传感器主要指上游排气温度传感器、环境温度传感器和 NO_x 传感器。

上游排气温度传感器和环境温度传感器主要有两类故障：一类是传感器电压信号高于上限或者低于下限，高于上限一般是由于线束、接插件开路或与电源短路引起，低于下限一般是线束、接插件与地短路引起；另一类是温度示数不准，这时就要考虑传感器安装是否到位，安装位置是否合适，或者传感器是否损坏。环境温度传感器有故障时，会影响尿素的加热功能，造成尿素结晶、尿素泵堵塞等。上游排气温度传感器出现故障时，会造成尿素喷射控制失效，尾气排放不达标等。所有造成排放不达标的故障，如果不及时修复，都将导致发动机转矩限制。

NO_x 传感器出现故障时，测得的 NO_x 浓度无法经过 AT101 报文发送给 EDC17，就会报出“AT101 报文超时”故障，一般主要由接线问题引起。NO_x 传感器有四根线连接整车线束，分别为电源正、电源负、通信 CAN 低、通信 CAN 高，应检查线束及接插件的电压是否正常，线束和接插件是否有开路、短路等故障。在保证线束、接插件没有故障的前提下，可以怀疑 NO_x 传感器是否损坏，尝试更换 NO_x 传感器进行确认。

（1）SCR 催化剂上游温度传感器电压信号高于上限

1）故障现象。故障灯、闪码灯常亮，报出 SCR 催化剂上游温度传感器电压信号高于上限故障；使用 EOL 测量上游排气温度，示数明显不准确且不变化。

2）故障机理。上游排气温度传感器及相关线路、接插件故障，导致传感器开路。当检测到此故障时，EOL 测得的上游排气温度为默认值。

3）可能原因。上游排气温度传感器接插件、线路开路；传感器老化、损坏；传感器 ECU 大插头线路故障，导致传感器开路。

4）实际解决方法与步骤

①检查上游排气温度传感器接插件。

②检查传感器线束是否正常导通。

（2）环境温度信号不可信

1）故障现象。车辆运行一段时间后，故障灯、闪码灯常亮，并报出闪码 235（环境温度信号不可信）故障。

2）故障机理。环境温度用来测量当前的大气温度。如果 ECU 检测环境温度明显不符，如过高或者过低，就会报出此故障。此故障的原因一般为环境温度传感器安装位置错误（如装在发动机舱内，离热源太近）、传感器线路电阻异常、传感器本身故障。

3）可能原因。环境温度传感器的安装位置错误，传感器的线路电阻太大，环境温度传感器损坏。

4）实际解决方法与步骤

①检查环境温度传感器安装位置是否符合要求。

②检查传感器是否靠近热源。

③按照要求，调整环境温度传感器安装位置。

（3）CAN 接受帧 AT101 超时错误

1）故障现象。闪码灯、MIL 灯常亮，并报出 421（CAN 接受帧 AT101 超时错误）故障。

2）故障机理。NO_x 传感器测得 NO_x 浓度后，不断地将测量结果通过 CAN 总线中的 AT101 报文发送给 ECU，如果 ECU 接收不到 AT101 报文，就会报出此故障。

3）可能原因。NO_x 传感器接线故障，导致 AT101 没有发送出去；NO_x 传感器损坏；CAN 总线网络故障。

4）实际解决方法与步骤。如图 10—31 所示，检查 NO_x 传感器中四根针脚电压（1、2、3、4 号针脚电压应分别为 24 V、0 V、2.2 V、2.8 V），判断是否存在接错、开路、短路等故障。

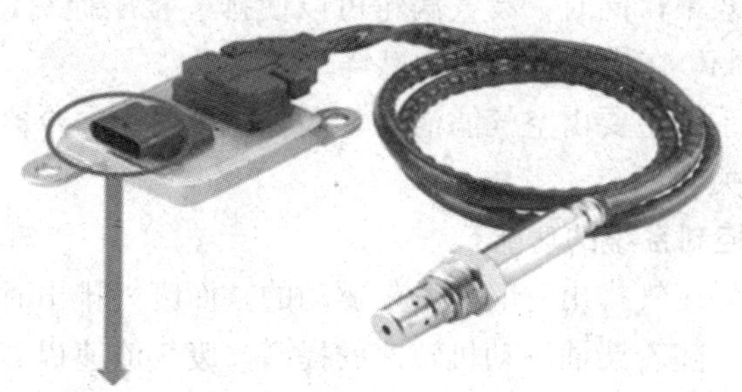

No_x 传感器接插件号	针脚定义
1	电源正（+24 V）
2	电源负（0 V）
3	通信 CAN 总线低
4	通信 CAN 总线高

图 10—31　NO_x 传感器总成

8. 小结

SCR 系统不工作时一般有以下几种情况：

1）尿素管路漏气，结晶堵塞。

2）尿素管接头松动，存在漏气情况，但不漏尿素。

3）尿素喷射管路和回流管路接反。

4）尿素泵线束、接插件存在短路、断路、接错等情况。

5）SCR 系统在整车放置位置不合理，导致尿素管路有弯折或者线路进水短路的情况。

6）排气温度传感器没接、断接或者接错。

7）尿素箱温度传感器异常，导致 SCR 系统处于停止状态。

8）ECU 或 ECU 线束有问题，ECU 接插件或传感器接插件退针。

9）尿素加热电阻丝熔断器熔丝熔断，报出加热相关的 OL 故障。

10）喷嘴、排气温度传感器、尿素液位传感器等故障。

第五节　废气涡轮增压控制技术

柴油发动机与汽油发动机相比，优点是燃油消耗率低，经济性高，并且通过增压可以达到提高输出功率的目的。汽油机中如果进行增压控制，则极易引起汽油发动机爆燃，不利于汽油发动机的正常工作。但在柴油发动机中进行增压，会使压缩压力上升，同时也会提高压缩时的空气温度，能够缩短柴油的着火延迟期，达到良好的燃烧状态。因此，增压技术多在柴油发动机中采用。增压的方式很多，如废气涡轮增压、机械增压、气波增压、复合增压等。增压器中一般多使用涡轮增压器，这是由于采用废气涡轮增压不仅能够充分利用废气能量，提高柴油发动机热效率；同时，废气涡轮可以使排气背压提高，有利于降低排气噪声，也有利于废气中 CO 和 HC 在排气管内继续燃烧。

常用废气涡轮增压系统主要由空气滤清器、涡轮增压器、中冷器等组成，详见柴油发动机进气和排气系统的相关知识。

一、废气涡轮增压控制系统的功能

废气涡轮增压器是靠废气排出时的能量来驱动的，而废气排出时的能量主要取决于柴油发动机排出的废气流速。随着柴油发动机转速的提高，废气流速提高，使涡轮增压器的转动速度提高，增压压力变大；反之，当柴油发动机怠速或柴油发动机转速低时，废气涡轮增压器的压力会降低。由于柴油发动机的转速变化范围大，废气涡轮增压器的工作特性难以在各种工况下均与柴油发动机实现良好的匹配。如柴油发动机低速大负荷时，会因增压压力低导致进气量不足，造成柴油发动机燃烧不完全、冒黑烟、动力性和经济性下降等后果；反之，当柴油发动机高速大负荷时，容易造成增压器超速、燃烧压力过高等不良后果。

由此可见，根据柴油发动机工况变化，控制增压压力的大小十分重要。增压控制系统的主要作用就是根据柴油发动机工况的变化改变涡轮增压器的增压压力，优化柴油发动机的工作性能。另外，部分柴油发动机还设有循环控制系统。该系统是通过将压气机出气口与进气口连通使增压空气循环的方法来控制供给柴油发动机的增压空气量，以避免柴油发动机在怠速工况时废气涡轮增压器内部产生气体冲击，同时，也可在转速过高或小负荷时降低柴油发动机进气噪声和燃油消耗。

二、废气涡轮增压压力控制系统

废气涡轮增压压力取决于废气流经涡轮的转速，柴油发动机负荷和转速越高，废气流速越快，冲击涡轮的速度也越快，增压压力就越大。因此，改变废气流经涡轮的速度即可实现对增压压力的控制。

目前，柴油发动机实现增压压力控制的方法主要有三种，即旁通阀式、节流阀式和可调叶片式。旁通阀式增压控制是通过旁通阀的开启与关闭改变流经涡轮的废气量，节流阀式增压控制是通过节流阀的动作改变涡轮进气口处流通截面积，可调节叶片式增压控制是通过可调叶片控制涡轮受力的有效截面，最终都是通过改变废气流经涡轮的速度来实现对增压压力的控制。

1. 旁通阀式

旁通阀式增压压力控制系统如图 10—32 所示。旁通阀受驱动气室的控制。增压压力控制电磁阀安装在增压器压气机出口与驱动气室之间的高压空气管中，电磁阀受 ECM 控制，控制进气驱动气室的气体压力。ECM 根据柴油发动机负荷信号和转速信号，按预存的增压压力脉谱图查得此负荷和转速下的增压压力，将该增压压力与增压压力传感器检测到的实际增压压力进行比较，若实际增压压力低于预定值时，ECM 控制电磁阀断电，电磁阀关闭。此时，由增压器压气机出口引入的增压压力经电磁阀进入驱动气室，旁通阀将进入涡轮的废气通道打开，同时将旁通道关闭，此时废气流经涡轮使进气得到增压。

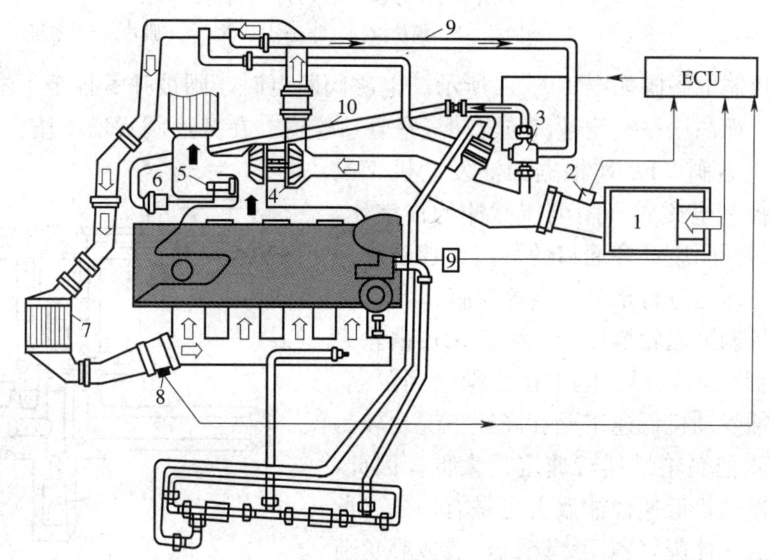

图 10—32　旁通阀式增压压力控制系统

1—空气滤清器　2—空气流量传感器　3—增压压力控制电磁阀　4—废气涡轮增压器
5—旁通阀　6—驱动气室　7—中冷器　8—增压压力传感器　9，10—高压空气管

当实际增压压力高于预定值时，ECM 给电磁阀通电，电磁阀开启，通往驱动气室一侧的压力空气被切断，驱动旁通阀关闭进入涡轮的废气通道，同时将废气旁通口打开，废气不经涡轮而直接排出，涡轮增压器停止工作，使进气压力降低。当增压压力降到规定的压力时，ECM 又将电磁阀关闭，旁通阀又将进入涡轮的废气通道打开，增压器又开始工作。

旁通阀式增压压力控制装置如图 10—33 所示。当给电磁阀断电关闭高压空气管路时，膜片左侧无空气压力，弹簧推动膜片向左移动，通过膜片拉杆和控制杆驱动旁通阀向右关闭废气旁通口。当给电磁阀通电开启高压空气管路时，来自压气机出口的高压空气作用在膜片上，使膜片压缩膜片弹簧向右移动，并通过膜片拉杆和控制杆驱动旁通阀向左开启废气旁通口。

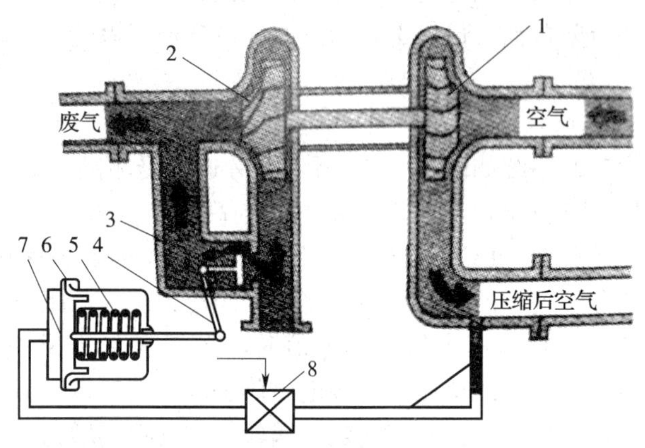

图 10—33　旁通阀式增压压力控制装置

1—废气机　2—涡轮　3—旁通阀　4—控制杆　5—膜片拉杆　6—膜片弹簧　7—膜片　8—增压压力控制电磁阀

增压压力控制电磁阀如图 10—34 所示。电磁阀断电时，阀被弹簧推至下端，低压空气侧管口被关闭，而高压空气侧管口与驱动气室管口连通。在旁通阀式增压压力控制系统中，也可采用线性电磁阀，ECM 根据柴油发动机工况的变化，改变控制电磁阀开闭电压脉冲的占空比，从而改变旁通阀开闭废气旁通口的截面，控制废气旁通量，对增压压力进行精确、连续控制。

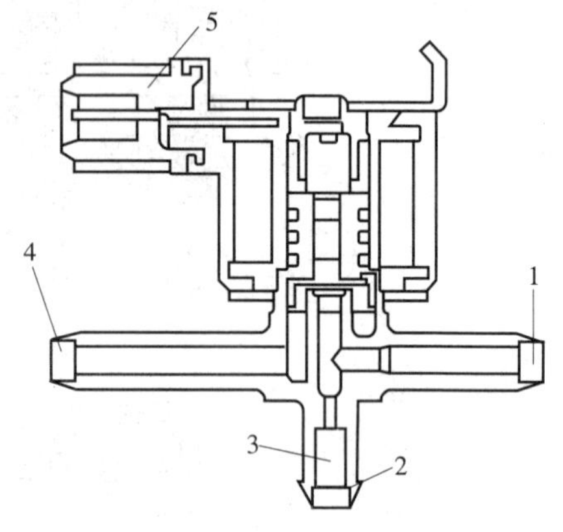

图 10—34　增压压力控制电磁阀

1—通驱动气室管口　2—低压空气侧管口　3—阀　4—高压空气侧管口　5—线束插接器

采用旁通控制式涡轮增压器，可以采用涡轮壳面积比较小的涡轮增压器，但工作范围受到限制，同时要兼顾柴油发动机低速工况和高速工况比较困难，所以，不能把涡轮最佳转速定得太低。因此，它对增压柴油发动机低速性能改善也是有限的。此外，高速时的放气使废气利用率降低，造成高负荷时燃油消耗率增加，影响高速工况下的经济性。因此，在大排量重型汽车上增压柴油发动机应用较少。

2. 节流阀式

节流阀安装在增压器的涡轮进口处，当柴油发动机转速低时，节流阀关闭，以减小涡轮进口截面积，废气流速加快，增压器转速升高，以避免低速时增压压力不足。当柴油发动机转速较高时，节流阀开启，以增大涡轮进口截面积，使废气流速减慢，以防止高速时增压器超速现象。节流阀的开启和关闭由 ECM 根据柴油发动机转速信号来控制。节流阀式增压压力控制装置如图 10—35 所示。

3. 可调叶片式

可调叶片式增压压力控制系统如图 10—36 所示。调整环安装在增压器的涡轮壳上，与可调叶片和轴制成一体的叶片拨销位于调整环相应的卡槽内，叶片轴由支承环支承，调整环转动时，即可通过相应的卡槽驱动叶片拨销和叶片一起转动，从而改变叶片角度。控制连杆通过调整环拨销相应的卡槽驱动调整环转动，而控制连杆的转动则由 ECM 通过电磁阀和驱动气室来控制。电磁阀采用线性脉冲电磁阀，但只有四个位置变化，相应的可调叶片也有四个角度位置，能够对废气涡轮增压器实现四级转换控制。

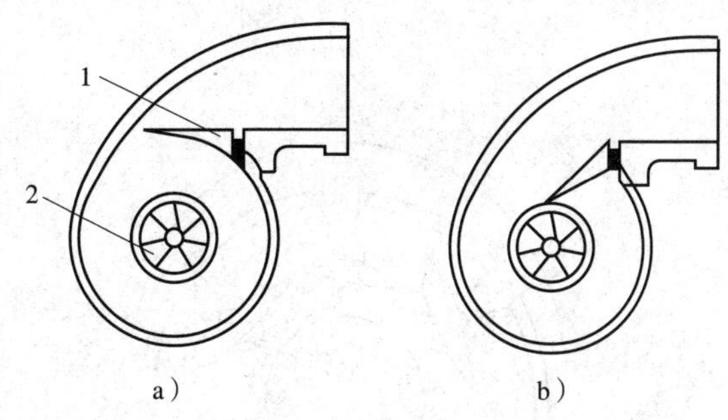

图 10—35　节流阀式增压压力控制装置

a）低速时节流阀关闭　b）高速时节流阀开启

1—增压器涡轮　2—节流阀

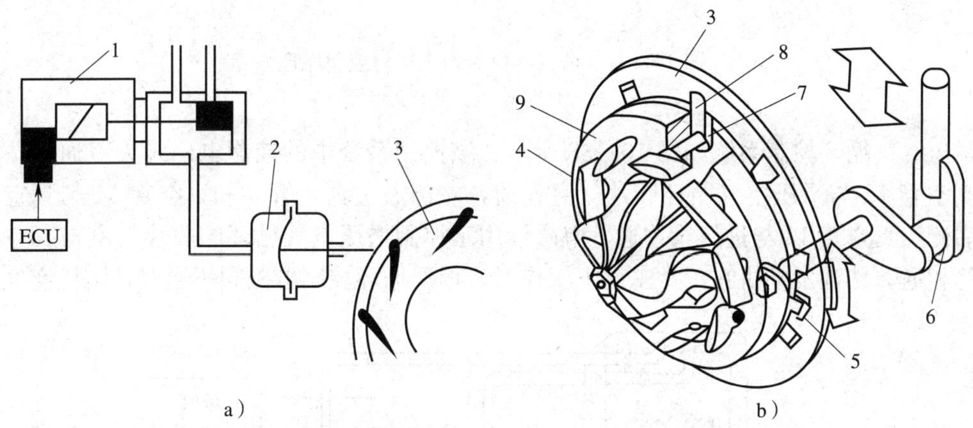

图 10—36　可调叶片式增压压力控制系统

a）系统组成　b）控制装置结构

1—控制电磁阀　2—驱动气室　3—调整环　4—可调叶片　5—调整环拨销

6—控制连杆　7—叶片轴　8—叶片拨销　9—支承环

柴油发动机高速时，ECM 通过电磁阀和驱动气室控制调整环转动，使可调叶片角度增大，由于废气经过可调叶片流向涡轮时的通道截面积变大，使废气流速减慢，而且废气冲击涡轮叶片的内边缘，减小了涡轮驱动力矩，因此废气涡轮增压器转速较低，增压压力相对较小；反之，当柴油发动机转速低时，可调叶片角度减小，废气经过可调叶片流向涡轮时的通道截面积变小，使废气流速变快，同时，废气冲击涡轮叶片外缘，增大了涡轮的驱动力矩，涡轮增压器转速提高，增压压力变大，其控制原理如图 10—37 所示。

三、增压空气循环控制系统

增压空气循环是指将压气机压缩后的空气重新引回到压气机进气口。增压空气循环控制系统主要是根据柴油发动机转速和负荷的变化控制增压空气循环量，以调节供给柴油发动机的增压空气量。在柴油发动机转速高时，增压空气循环可以防止柴油发动机超速；在柴油发动机转速低时，增压空气循环可以避免废气涡轮增压器产生气体冲击；柴油发动机小负荷工况运转时，增压空气循环可防止供气量过多，并可同时降低进气噪声。

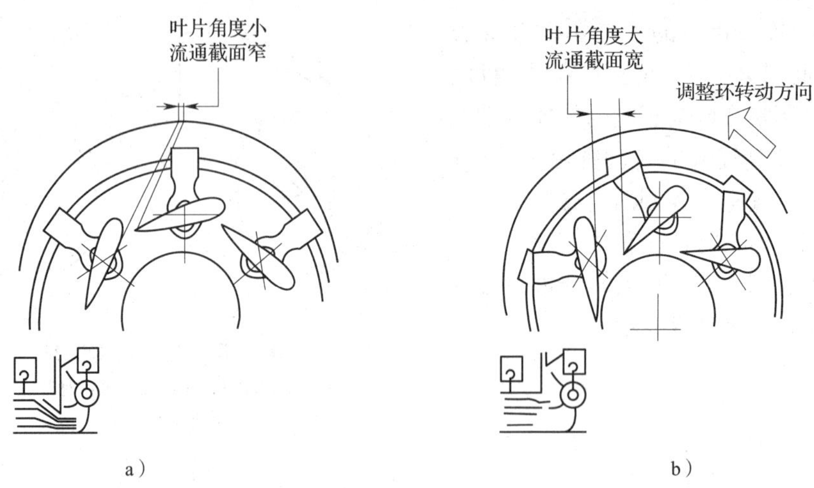

图 10—37　可调叶片式增压压力控制原理

a）叶片角度小　b）叶片角度大

增压空气循环控制系统如图 10—38 所示。该控制系统中的控制电磁阀为三通阀，下部通过真空管 12 与增压空气循环膜片气室连通，左侧通过真空管 9 和真空管 14 与真空罐相通，右侧经真空管 13 与进气管连通。电磁阀用于控制增压空气循环阀膜片气室与真空罐或进气管相通。柴油发动机在正常工况下工作时，增压循环控制电磁阀不通电，增压空气循环

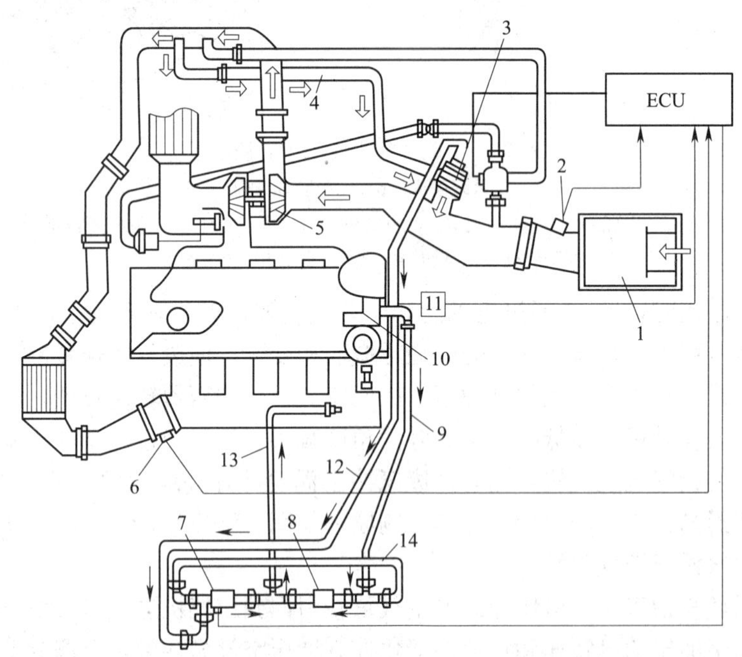

图 10—38　增压空气循环控制系统

1—空气滤清器　2—空气流量计　3—空气循环控制阀　4—空气循环管　5—压气机　6—增压压力传感器

7—空气循环控制电磁阀　8—单向阀　9，12，13，14—真空管　10—真空罐　11—转速传感器

阀膜片气室与真空罐之间的真空管路不通，此时，利用进气管真空度通过真空管 13、电磁阀、真空管 12 控制增压空气循环（真空通路见图 10—38 中小箭头所示方向）；随着柴油发动机转速的提高，进气管真空度增大，增压空气循环控制阀开度增大，增压空气循环量增多，从而使供给柴油发动机的增压空气量受到限制；当柴油发动机转速降低时，进气管真空度减小，增压空气循环量减小，从而可以防止柴油发动机低速时供气量不足。增压空气循环是经增压空气循环管 4 和控制阀 3 进行的（图 10—38 中空心箭头所示方向）。在真空管 13 与真空管 9 之间装有单向阀 8，利用进气管真空度吸出真空罐内的空气，使真空罐内保持一定真空度。当柴油发动机转速突然降低，或负荷很小、转速过高时，ECM 接通增压空气循环控制电磁阀电路，电磁阀通电后，使增压空气循环阀与进气管之间的真空通路关闭，而利用真空罐中的真空经真空管 9、真空管 14、电磁阀、真空管 12 强制开启增压空气循环阀，此时由于真空罐中的真空度较大，因此增压空气循环阀达到最大开度。此时，增压后的空气压力因循环而得到全部释放，供往柴油发动机气缸的空气几乎没有增压效果。

四、惯性增压

通过涡轮增压器的增压是柴油发动机低速时吸入空气量不足的主要原因，不能得到充分的增压效果。而惯性增压装置利用柴油发动机低速时进气行程中发生的压力波，可以增加吸入空气量。这样，因为两种装置在不同转速领域中的特性不同，在低速时通过惯性增压装置能够达到增压的效果。

如图 10—39 所示，进气行程中进气门打开后，通过活塞的吸入作用在进气阀背面产生负压力波。该负压力波在进气歧管和进气管内以声速传播，到达进气管开口部后，变化成正压力波，之后方向改变，通过进气管和进气歧管，再次返回进气阀背面。然后再次反向，向开口部传播。也就是说，这些压力波在进气阀背面和进气管开口部分往复，所以在进气管内反复波动。于是，正压力波在进气阀背面和进气管开口部分往复，所以在进气管内反复波动。负压力波在进气阀打开前到达进气阀背面时，吸入空气量减少；相反，正压力波到达时吸入空气量增加，如图 10—40 所示。

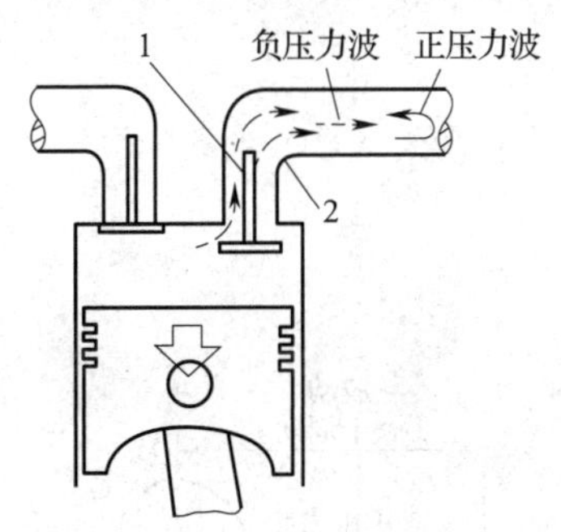

图 10—39　负压力波和正压力波
1—进气阀　2—进气管

一个进气行程中发生的吸入效果称为惯性效果。进气行程中发生的压力波，即使进气行程结束后也残留在进气管内，并对接下来的进气行程产生影响，以此重新产生吸入效果。这种吸入效果称为振动效果。图 10—41 所示为单气缸进气管的压力波变动。

利用惯性效果，在进气阀打开前、关闭前，正压力波相叠加，使吸入空气量增大。利用振动效果，与进气阀打开前正时相吻合，此时吸气管内残留的正压力波重叠，使吸入空气量增大。同时，压力波传播的时间受进气管长度和形状的影响，所以在低速旋转领域以通过正压力波得到吸入效果来决定进气管的长度和形状（高速旋转领域得不到该效果）。但是，在实际中使用的柴油发动机为多气缸的，所以多分进气歧管集中为一个，进行吸气气缸的压力波互相之间会发生干扰，压力波被减弱。

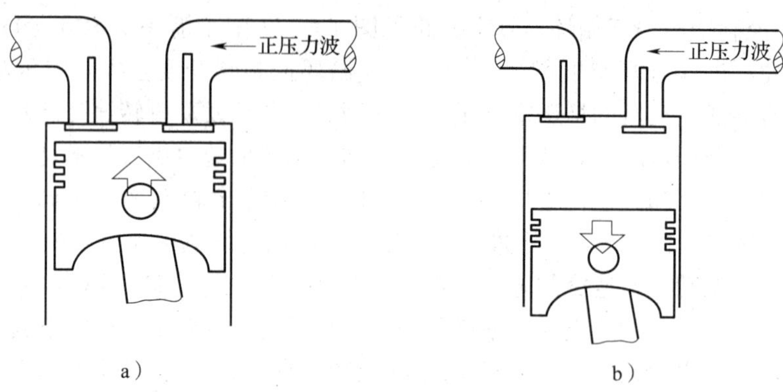

图 10—40　进气阀开闭时正压力波的重叠

a）阀门开启前　b）阀门开启后

惯性增压在实际使用中，可以采用电子控制式惯性增压装置，将六根进气管根据阀门分为 1、2、3 号气缸和 4、5、6 号气缸两组，来实现无压力波干涉，如图 10—42 所示。ECM 根据从传感器得到的柴油发动机状态，经过计算，适时地向电磁阀发出指示信号。于是，电磁阀切换空气通路，从空气箱输出的空气输送到空气控制气缸使分割阀工作。由此根据运行状态来控制歧管的分割，从而可以最大限度地利用惯性增压装置的吸入效果。

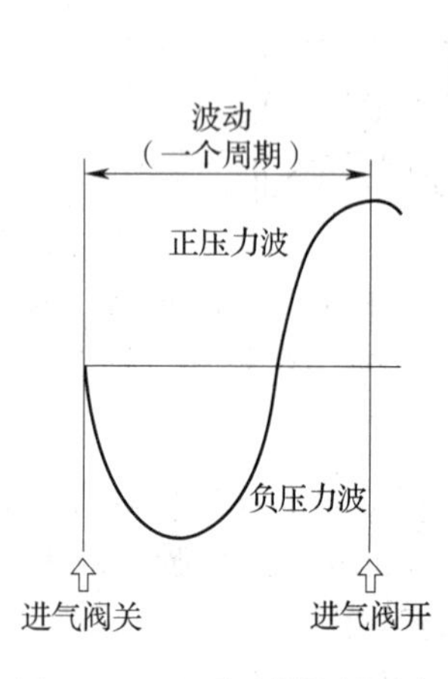

图 10—41　通过惯性效果产生的压力波变动

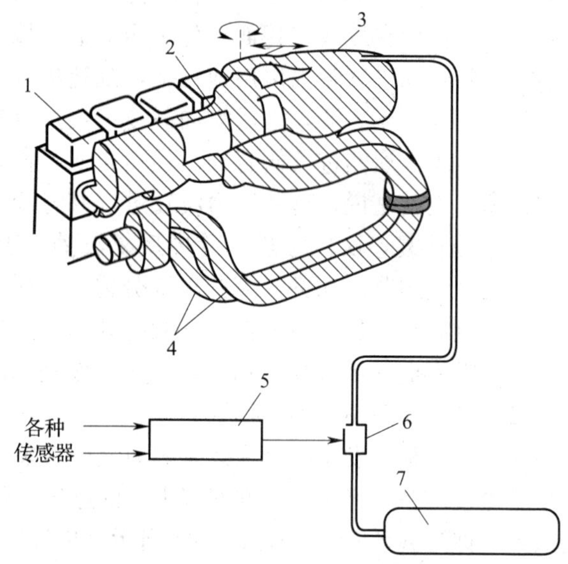

图 10—42　电子控制惯性增压装置

1—进气歧管　2—分割阀　3—空气控制气缸　4—惯性增压管
5—电控单元　6—电磁阀　7—空气箱

第六节　可变进气涡流控制技术

对于车用柴油发动机，螺旋进气道设计并不能满足柴油发动机所有运行工况对涡流强度的要求。在柴油发动机运行中，某些工况下燃料和空气的混合、燃烧所要求的涡轮强度可能不足，而在另一些工况下又显得过强。不适宜的涡流强度导致柴油发动机性能下降，排放恶化。为弥补螺旋进气道设计的不足，需要对进气涡流进行可变控制。

对自然吸气的柴油发动机，特别是有涡流直喷式柴油发动机，燃烧系统中油气混合和燃烧过程中的空气涡流对着火时油束穿透率（从喷油器喷孔到油束前端到达位置的距离，喷孔到燃烧室壁面的距离）有明显的影响。有涡流直喷式燃烧系统中的空气涡流主要由进气道产生绕气缸中心和燃烧室中心旋转的进气涡流，其次是由燃烧室缩口或燃烧室特殊形状产生的挤气涡流等其他附加涡流。进气涡流的强弱对混合气的形成和燃烧具有很大影响，因而对柴油发动机的功率、燃油消耗率、排放和噪声等有很大影响。一般情况下，进气涡流随柴油发动机转速升高而增强；但当转速升高到一定程度时，进气涡流过强会使充气效率下降，燃烧恶化，气缸盖和活塞的热负荷升高，NO_x排放增加，燃油消耗率增加。因此，在高速时为降低气缸盖和活塞的热负荷，降低 NO_x 排放和燃油消耗率，需要较低的涡流比。然而在中、低速运转时，进气涡流相对减弱，也会使燃烧恶化，烟度增加，燃油消耗率增加。为改善燃烧，降低烟度，降低燃油消耗率，需要较高的涡流比。由于进气涡流与气缸盖中进气道的设计直接有关，而进气道通常是按照柴油发动机在额定工况或最大转矩工况下的性能要求设计的，因此，若采用高涡流比的进气道，虽然能改善低速时的烟度及燃油消耗率，但高速时则会使流量系数下降，充气效率下降，燃烧恶化，泵气损失增加，燃油消耗率增加；反之，若采用低涡流比的进气道，尽管有利于改善冷起动并能减少白烟，然而在低速下烟度会恶化，限制了低速转矩的提高。如果选择折中方案，采用中等强度涡流比的进气道，则很难实现燃烧过程的优化，也无法满足进气涡流随柴油发动机工况而变化的要求。为优化柴油发动机的混合气形成和燃烧过程，现代柴油发动机的进气涡流控制系统利用电控装置来改变进气道结构或干扰进气道中气流运动，实现进气涡流控制。

进气涡流的控制方法有许多种，但无论采用哪一种方法，都应保证在不降低进气流量的前提下，能在较大范围内调节进气涡流强度，并尽量减少对进气系统结构的改变。

一、进气涡流的控制方法

1. 喷气式

喷气式进气涡流控制装置如图 10—43 所示。喷气孔布置在进气道下方。当柴油发动机低转速工作时，喷气孔关闭，原有进气道可以产生较强的进气涡流。柴油发动机高速工作时，喷气孔开启并向进气道喷入空气，喷入的空气与进气道的空气流相撞，使进气涡流强度降低。通过改变由喷气孔向进气道喷气的角度或速度，可增大控制涡流强度的变化范围。通过喷气孔向进气道喷入的空气一般来源于储气筒。

此种方法通过向进气道喷入空气，从而对进气流进行干扰来降低进气涡流强度。采用此方法对进气系统结构改动小，对充气效率影响小，控制系统简单，容易实现。

2. 双气道式

双气道式可变涡流进气系统是在原进气道的基础上设置了一个可以降低涡流强度的副气道。副气道在转换阀的控制下，从主气道上方以一定的角度把进气引入主气道。这种可变涡流进气系统只能用于原来涡流较强的进气系统，降低涡流强度。由于副气道的角度要求非常严格，使进气系统结构改动大，加工工艺非常复杂。

双气道式进气涡流控制装置如图 10—44 所示。该控制装置设有主、副两个进气道，副进气道以一定的角度与主进气道相连。主进气道能够产生低速时所需强进气涡流，副进气道用于控制主进气道的进气涡流。当柴油发动机低速运转时，利用转换阀关闭副进气道，利用主进气道产生强大的主涡流。而当柴油发动机高速运转时，利用转换阀开启副进气道，主、副两个进气道同时进气，既能保证较高的充气效率，又能利用副进气道产生的反向涡流降低主进气道进气涡流的强度。

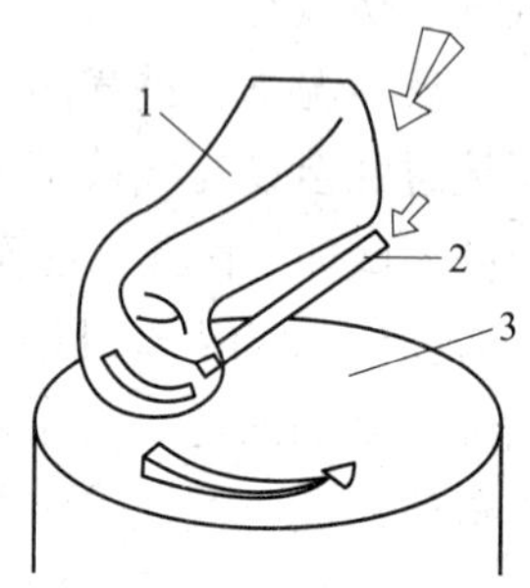

图 10—43　喷气式进气涡流控制装置

1—进气道　2—喷气孔　3—气缸

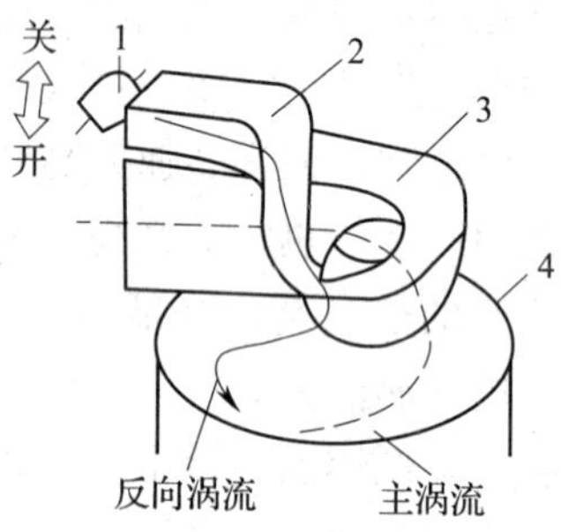

图 10—44　双气道式进气涡流控制装置

1—转换阀　2—副进气道　3—主进气道　4—气缸

双气道式可变涡流控制系统原理如图 10—45 所示。在这种系统中，ECM 接收柴油发动机转速和负荷信号，根据存储在 ECM 中随负荷和转速变化的最佳涡流比脉谱图，通过脉冲伺服电动机驱动一个电磁—气动控制阀来控制副进气道的开闭，调节由储气筒经副进气道进入气

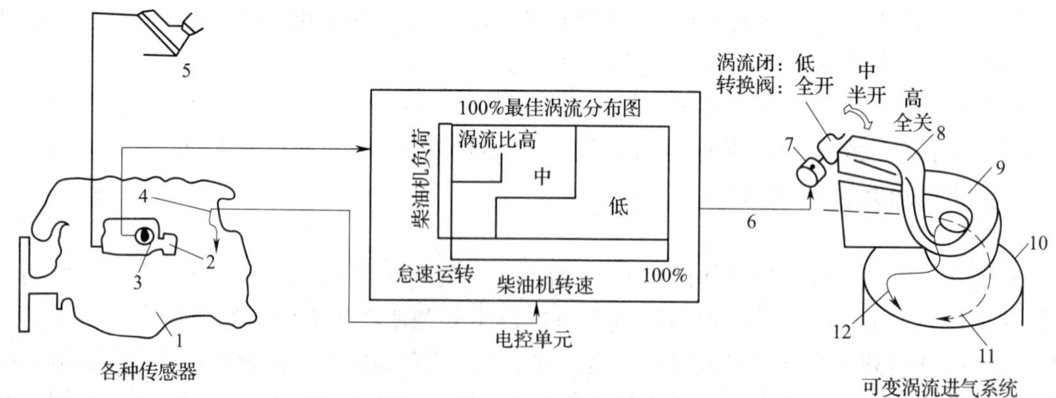

图 10—45　具有副进气道的可变涡流控制系统原理

1—柴油发动机　2—喷油泵　3—齿轮杆位置传感器　4—转速传感器　5—加速踏板　6—涡流调节信号　7—执行机构　8—副进气道　9—主进气道　10—气缸　11—主涡流　12—反向涡流

缸的压缩空气量，实现对进气涡流强度的控制。柴油发动机转速升高，进气涡流过分增强时，ECM 发出指令，控制阀将副进气道打开，进入气缸的压缩空气使进气涡流强度得到抑制；反之，当柴油发动机转速下降，进气涡流过分降低时，副进气道关闭，全部空气从主进气道流入气缸，进气涡流强度得到提高。当柴油发动机处于冷起动工况，需要控制起动后冒白烟现象时，ECM 根据冷却液温度信号，使进气涡流保持低涡流比。由于副进气道的形状、位置及流通面积可以选择，使进气涡流强度高低比可达 1.5 左右。

3. 气道分隔式

气道分隔式进气涡流控制是在进气道内部布置水平隔板，把进气道分为上下两层。如果关闭上层气道，空气只由下层气道进入，流速较高，在气缸内形成较强的涡流。若打开上层气道，则可在气缸内形成较弱的涡流。此种结构类似于汽油机的动力阀控制系统，通过改变进气道流通截面的方法来调节进气流的速度，从而改变进气涡流的强度。这种方法虽然简单，但在较强的充气涡流时，充气面积减小，空气流速提高，会造成充气系数降低。

气道分隔式进气涡流控制装置如图 10—46 所示。柴油发动机低速运转时，控制阀关闭上层进气道，进气道流通面积变小，进气流速度提高，进气涡流增强。柴油发动机高速运转时，控制阀开启上层进气道，两层进气道进气使进气道流通截面积增大，进气流速度降低，进气涡流减弱。

4. 导气屏式

导气屏实际就是导向叶片，它安装在进气门上，并可绕气门旋转，如图 10—47 所示。气缸进气时，利用导向叶片对进气流的导向作用，在气缸内产生绕气缸轴线旋转的进气涡流，进气涡流的强度取决于导向叶片的包角和方位角，改变导向叶片的包角或方位角，均可达到调节进气涡流强度的目的。

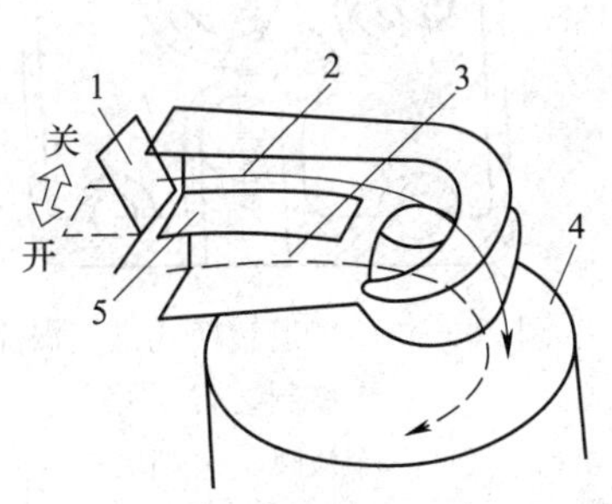

图 10—46　气道分隔式进气涡流控制装置

1—控制阀　2—上层进气道

3—下层进气道　4—气缸　5—隔板

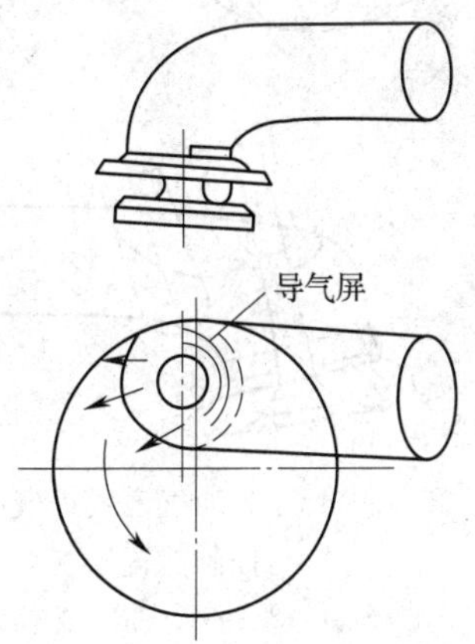

图 10—47　导气屏式进气涡流控制装置

导气屏式可变涡流进气控制系统的缺点在于导气屏部分占进气门周边的 1/4～1/3，对柴油发动机冲量系数影响较大。另外，该可变涡流进气系统还必须设置一套进气门控制机构，不仅要限制进气门的自由转动，同时还要便于导气屏位置的调整，这使得该系统的结构比较复杂，制造成本高。另外，由于进气门不能自由转动，使气门与气门座之间的密封性易遭破坏，气门容易磨损，且会增大进气阻力。这种控制方法常用在试验单缸机上，为新气道的设计提供参考数据。

5．旁通气道式

旁通气道式进气涡流控制与气道分隔式基本相同，它利用从气道上部凸出到下部的隔板将气道分为螺旋气道和旁通气道，并利用旁通阀关闭或开启旁通气道来改变进气流通截面积的大小，从而实现对进气涡流的控制。旁通气道式进气涡流控制装置如图 10—48 所示。采用此方法控制进气涡流，缺点是气道内隔板固定困难，而且由于隔板和旁通阀的存在，会影响充气效率。

6．气道转换式

气道转换式进气涡流控制装置是在不同的柴油发动机转速下，通过不同的进气道进气实现进气涡流控制的，如图 10—49 所示，挡块将进气道分为螺旋气道和直气道，在两气道下部会合处设有气道转换阀，在螺旋气道内装有一个节流阀。柴油发动机高转速时，利用转换阀关闭能产生较强涡流的螺旋气道，由直气道进气，进气涡流较弱。中等转速时，利用转换阀关闭直气道，由能产生较强涡流的螺旋气道进气，节流阀也部分关闭。由于节流阀使进气流通截面积变小，且由能产生较强涡流的螺旋气道进气，因此能产生很强的进气涡流。

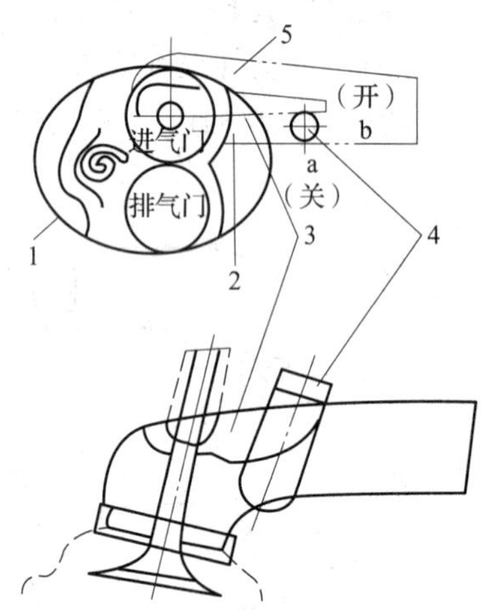

图 10—48　旁通气道式进气涡流控制装置

1—气缸　2—旁通气道　3—隔板　4—旁通阀　5—螺旋气道

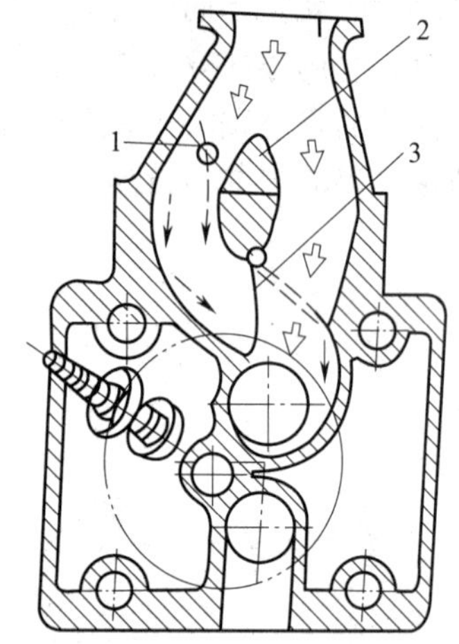

图 10—49　气道转换式进气涡流控制装置

1—节流阀　2—挡块　3—气道转换阀

二、进气涡流控制系统的组成

下面以日本五十铃 6SDI－TC 型柴油发动机为例，介绍进气涡流控制系统的组成。如图 10—50 所示，该系统采用喷气式进气涡流控制，由 ECM 根据柴油发动机转速和加速踏板位置信号，通过一个电磁阀和一个气动膜片阀来控制喷气孔的开闭，调节由储气筒经喷气孔喷入进气道的压缩空气量，实现对进气涡流强度的控制。柴油发动机转速较低、进气涡流较弱时，ECM 发出控制指令，电磁阀断电，使气动膜片阀的气压通道阻断，气动膜片阀关闭喷气孔，停止向进气道喷气，以增强进气涡流强度；反之，当柴油发动机转速较高、进气涡流过强时，ECM 发出指令，电磁阀通电，接通气动膜片阀的气压通道，使气动膜片阀开启喷气孔，同时来自储气筒的压缩空气经喷气孔喷入进气道，以抑制进气涡流强度。

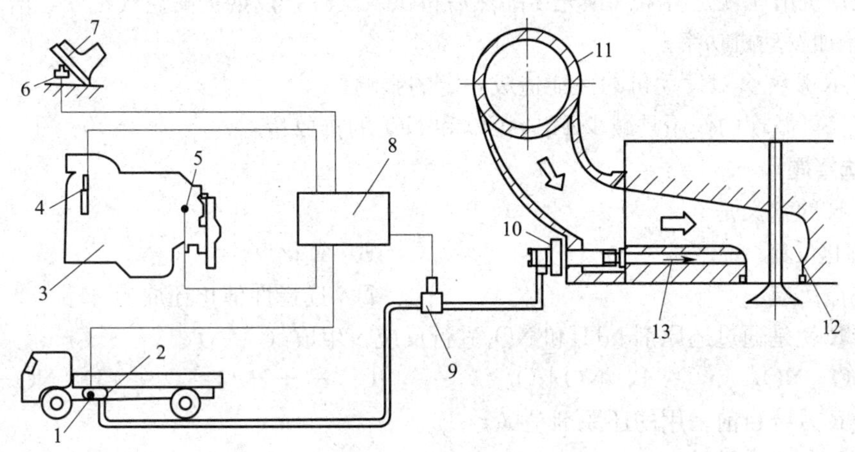

图 10—50 进气涡流控制系统的组成

1—空气压力传感器 2—储气筒 3—柴油发动机 4—发动机转速传感器 5—冷却液温度传感器 6—加速踏板位置传感器 7—加速踏板 8—ECM 9—电磁阀 10—气动膜片阀 11—进气管 12—进气道 13—喷气孔

当 ECM 根据冷却液温度传感器信号确定柴油发动机的温度低于正常工作温度时，即使柴油发动机处于起动或怠速这样的低速工况，进气涡流控制系统也保持向进气道喷气，以降低进气涡流强度的工作状态，这样可减少由于气缸内气流运动引起的散热损失，从而改善柴油发动机冷起动性能，缩短暖机时间，也有利于减轻柴油发动机低温时冒白烟的现象。

日本五十铃 6SDI－TC 型柴油发动机进气涡流控制系统中采用的电磁阀为二位二通开关型电磁阀，只有开或关两种状态，这使其对进气涡流的控制也只有强、弱两个变化。若采用占空比控制型电磁阀或步进电动机控制，即可实现气动膜片阀开度由最小到最大开度的连续变化，从而实现对进气涡流强度的连续控制。

复习思考题

一、填空题

1. 柴油发动机排放的主要有害成分是________和________。
2. 废气涡轮增压器由________及________组成。
3. 增压器有________和________两种驱动方式。
4. 排气消声器的作用是降低________并消除废气中的________。其消声的基本方式有

________和________两种。

5. EGR 率是指________。

二、判断题

1. 废气涡轮增压的任务是把柴油发动机排出的废气能量全部转换成机械功。 ( )

2. 增压柴油发动机进、排气门重叠角比无增压柴油发动机大得多。 ( )

3. 发动机增压就是将空气预先压缩然后再供入气缸，以期提高空气密度，增加进气量，从而可以增加发动机功率。 ( )

4. EGR 系统会对发动机的性能造成一定的影响。 ( )

5. 废气再循环的作用是减少 HC、CO 和 NO_x的排放量。 ( )

三、选择题

1. SCR 的含义是（ ）。

A. 催化反应　　B. 氧化反应

C. 还原反应　　D. 选择性催化还原

2. SCR 就是通过还原剂 NH_3和 NO_x进行反应，生成（ ）。

A. $NO+NO_2$　　B. $NO+O_2$　　C. N_2+H_2O　　D. $NO+NO_2$

3. SCR 系统目前采用的还原剂是（ ）。

A. 32.5%氨水溶液　　B. 42.5%尿素水溶液

C. 32.5%尿素水溶液　　D. 纯氨水

4. SCR 后处理控制器和发动机控制器通过（ ）进行通信。

A. CAN 线　　B. K 线

C. 电源线　　D. 以上选项均不正确

5. NO_x传感器的作用是（ ）。

A. 控制 NO 排放　　B. 控制 NO_2排放　　C. 监控 NO_x排放　　D. 排放报警

四、思考题

1. 如何缓解柴油发动机微粒排放与 NO_x排放？

2. 什么是废气再循环？试简述其原理。

3. 重载车用柴油发动机排放控制标准历经欧Ⅰ、欧Ⅱ、欧Ⅲ、欧Ⅳ等，为满足今后较为严格的法规要求如欧Ⅳ或欧Ⅴ，有两条基本技术路线，试分别解释其应用原理并分析其优缺点。